CARNET
DE
L'INGÉNIEUR

CARNET

DE L'INGÉNIEUR

La première édition de ce Carnet a été publiée en 1842, par MATHIAS, aidé de la collaboration de plusieurs ingénieurs distingués de l'époque.

En 1856, ce Carnet est devenu la propriété de M. EUG. LACROIX. Cet ouvrage, d'une utilité si reconnue, a été à cette époque revu et augmenté par TOM RICHARD, puis ensuite par M. GAUDRY.

Enfin, depuis la fondation des *Annales du Génie civil*, de nouvelles éditions du Carnet sont tous les ans tenues au courant du progrès, par les soins de MM. les rédacteurs de ce recueil.

Imprimerie et Librairie de E. LACROIX, rue des Saints-Pères, 54, à Paris.

BIBLIOTHÈQUE DES PROFESSIONS INDUSTRIELLES ET AGRICOLES, SÉRIE C, N° 3.

CARNET
DE L'INGÉNIEUR

RECUEIL DE TABLES, DE FORMULES

ET DE RENSEIGNEMENTS USUELS ET PRATIQUES

SUR LES SCIENCES APPLIQUÉES A L'INDUSTRIE

CHIMIE — PHYSIQUE — MÉCANIQUE — MACHINES A VAPEUR
HYDRAULIQUE — RÉSISTANCE — FROTTEMENTS, ETC.

A L'USAGE DES INGÉNIEURS-CONSTRUCTEURS

des Architectes, des Chefs d'usines industrielles, des Mécaniciens
des Directeurs et Conducteurs de travaux
des Agents voyers, des Manufacturiers et des Industriels

PUBLIÉ PAR LES

RÉDACTEURS DES ANNALES DU GÉNIE CIVIL

AVEC LA COLLABORATION

D'INGÉNIEURS ET DE SAVANTS FRANÇAIS ET ÉTRANGERS

EUG. LACROIX, DIRECTEUR DE LA PUBLICATION

DIX-HUITIÈME ÉDITION

1873

PARIS

LIBRAIRIE SCIENTIFIQUE, INDUSTRIELLE ET AGRICOLE

Eugène LACROIX, Imprimeur-Éditeur

Libraire de la Société des ingénieurs civils de France, de celle des anciens élèves
des Écoles d'arts et métiers, de celle des Conducteurs des ponts et chaussées
de MM. les Mécaniciens de la Marine, Fournisseur des Écoles professionnelles

54, RUE DES SAINTS-PÈRES, 54

PRÉFACE

DE LA DIX-HUITIÈME ÉDITION.

La première édition du *Carnet de l'Ingénieur* a été publiée en 1842 par M. MATHIAS. A cette époque, cet éditeur avait publié de nombreux ouvrages sur les sciences, sur l'industrie et sur la pratique des grandes professions industrielles, et il était en même temps propriétaire, en tout ou en partie, d'un grand nombre d'autres ouvrages de première importance. Mais la plupart de ces livres étant d'un prix élevé, ne pouvaient aller aussi vite et aussi directement à leur but que l'exigeait le progrès des connaissances spéciales ; en outre, l'embarras d'un lourd bagage scientifique pour les personnes qui sont exposées très-fréquemment à des changements de résidence, tels que MM. les ingénieurs, les architectes, les conducteurs de travaux, etc., restreignait encore la valeur commerciale et enseignante des livres volumineux. Un troisième inconvénient s'ajoutait aux deux premiers : comment satisfaire aux exigences des travaux à calculer, à déterminer sur place, dans les chantiers, sur le terrain, dans les visites d'expertise, à moins d'avoir en mémoire les innombrables données numériques se rapportant à la solution des problèmes d'application usuelle, ou d'avoir sous la main les nombreux volumes où ils sont formulés et condensés sous la forme de tableaux nombrés ? Dans cette alternative, on avait d'un côté l'impossibilité d'obliger la mémoire à retenir tout ce qu'il était nécessaire de connaître, et de l'autre côté un embarras matériel et une perte de temps pour la recherche des documents momentanément utiles. M. Mathias eut l'heureuse idée de résumer dans un petit livre de poche les différentes conclusions numériques disséminées dans les ouvrages dont il disposait en qualité d'éditeur, et ainsi fut créé le *Carnet de l'Ingénieur*. Le public accueillit avec reconnaissance une œuvre en apparence si peu importante et si utile en réalité.

En 1855, époque à laquelle nous fîmes l'acquisition de la librairie Mathias pour la joindre à celle du *Comptoir des Imprimeurs unis* que nous dirigions déjà, notre premier soin fut de continuer la publication du *Carnet de l'Ingénieur*, en le mettant au niveau du progrès de la science et de l'industrie. M. l'ingénieur Jules Gaudry voulut bien se charger d'une première refonte de cet ouvrage qui se trouvait alors épuisé, et la vogue dont ce petit livre redevint l'objet dans le public auquel il s'adressait, prouva que le savoir et l'intelligence avaient rajeuni l'œuvre.

En 1866, une nouvelle révision étant devenue nécessaire, parce que le progrès est incessant, nous l'avons

confiée à plusieurs collaborateurs dont le désintéresse-
ment, la bienveillance et le mérite ne nous ont pas fait
défaut, et M. Tronquoy, ingénieur civil, a bien voulu
accepter la tâche délicate de mettre dans l'ensemble
l'arrangement et l'esprit de méthode dont on ne man-
quera pas d'apprécier la valeur.

Les idées et les faits poussent aujourd'hui au progrès
rapide des sciences pures et des sciences appliquées.
Une seule personne, croyons-nous, ne peut satisfaire
en tous points à la perfection que nous cherchons à atteindre dans la publication de cet ouvrage, afin que le *Carnet
de l'Ingénieur* reste toujours en première ligne dans la
confiance du public d'élite auquel il s'adresse, nous
nous sommes adjoints tous les rédacteurs des *Annales
du Génie civil* et nous continuons à solliciter le concours de tous ceux qui auraient de nouveaux documents
utiles à faire admettre dans le cadre que ce livre com-
porte, ou des corrections à indiquer dans les renseignements qu'on y trouve. Pour l'édition prochaine, nous
accueillerons avec reconnaissance toutes les communications dans les deux sens.

Eugène LACROIX, éditeur.

Jours de la semaine, avec la date correspondante pour l'année 1873.

MOIS.	DIMANCHE.	LUNDI.	MARDI.	MERCREDI.	JEUDI.	VENDREDI.	SAMEDI.
Janvier..	..	..	..	1	2	3	4
	5	6	7	8	9	10	11
	12	13	14	15	16	17	18
	19	20	21	22	23	24	25
	26	27	28	29	30	31	
Février ...	..	..	..	..	..	..	1
	2	3	4	5	6	7	8
	9	10	11	12	13	14	15
	16	17	18	19	20	21	22
	23	24	25	26	27	28	
Mars	..	..	..	..	..	..	1
	2	3	4	5	6	7	8
	9	10	11	12	13	14	15
	16	17	18	19	20	21	22
	23	24	25	26	27	28	29
	30	31					
Avril....	..	..	1	2	3	4	5
	6	7	8	9	10	11	12
	13	14	15	16	17	18	19
	20	21	22	23	24	25	26
	27	28	29	30			
Mai	..	..	..	..	1	2	3
	4	5	6	7	8	9	10
	11	12	13	14	15	16	17
	18	19	20	21	22	23	24
	25	26	27	28	29	30	31
Juin.......	1	2	3	4	5	6	7
	8	9	10	11	12	13	14
	15	16	17	18	19	20	21
	22	23	24	25	26	27	28
	29	30					

MOIS.	DIMANCHE.	LUNDI.	MARDI.	MERCREDI.	JEUDI.	VENDREDI.	SAMEDI.
Juillet....	..	..	1	2	3	4	5
	6	7	8	9	10	11	12
	13	14	15	16	17	18	19
	20	21	22	23	24	25	26
	27	28	29	30	31		
Août	..	..	..	..	..	1	2
	3	4	5	6	7	8	9
	10	11	12	13	14	15	16
	17	18	19	20	21	22	23
	24	25	26	27	28	29	30
	31						
Septembre.	..	1	2	3	4	5	6
	7	8	9	10	11	12	13
	14	15	16	17	18	19	20
	21	22	23	24	25	26	27
	28	29	30				
Octobre...	..	..	..	1	2	3	4
	5	6	7	8	9	10	11
	12	13	14	15	16	17	18
	19	20	21	22	23	24	25
	26	27	28	29	30	31	
Novembre.	..	..	..	..	..	..	1
	2	3	4	5	6	7	8
	9	10	11	12	13	14	15
	16	17	18	19	20	21	22
	23	24	25	26	27	28	29
	30						
Décembre.	..	1	2	3	4	5	6
	7	8	9	10	11	12	13
	14	15	16	17	18	19	20
	21	22	23	24	25	26	27
	28	29	30	31			

TABLES USUELLES

Facteurs usuels dans les calculs.

π désignant la demi-circonférence dont le rayon est de 1, on a :

$\pi = 3.141\ 592\ 653\ 589\ 793\ 238\ldots$ $\quad \dfrac{1}{\pi} = 0,318\ 309\ 886\ 183\ 791.$

$\log \pi = 0,497\ 149\ 872\ 694\ 133\ldots$

$\log$ hyp. $\pi = 1,144\ 729\ 885\ 849\ldots$

$2\,\pi = 6,283\ 185\ 307\ 179\ 586\ 476\ldots$ $\quad \dfrac{2}{\pi} = 0,636\ 619\ 772\ 367\ 582.$

$4\,\pi = 12,566\ 370\ 614\ 359\ 172\ 952\ldots$ $\quad \dfrac{4}{\pi} = 1,273\ 239\ 544\ 735\ 164.$

$\dfrac{\pi}{2} = $ arc de $90° = 1,570\ 796\ 326\ 794\ 896$

$\pi^2 = 9,869\ 604\ 4.$

$\log \pi^2 = 0,994\ 299\ 745\ 388\ 266.$

$\dfrac{\pi}{4} = $ arc de $45° = 0,785\ 398\ 163\ 397$

$\pi^3 = 31,006\ 276\ 7$

$\log \pi^3 = 1,491\ 449\ 648\ 082\ 399.$

$\dfrac{1}{\pi^2} = 0,101\ 321\ 18.$

$\dfrac{\pi}{6} = $ arc de $30° = 0,523\ 598\ 775\ 598$

$\dfrac{\pi}{8} = 0,392\ 699\ 081\ 698\ 7$

$\sqrt{\pi} = 1,772\ 453\ 850$

$\log. \sqrt{\pi} = 0,248\ 574\ 936\ 347$

$\dfrac{\pi}{12} = 0,261\ 799\ 387\ 799$

$\dfrac{1}{\sqrt{\pi}} = \sqrt{\dfrac{1}{\pi}} = 0,564\ 189\ 58$

Longueur de l'arc de un degré dans le cercle de rayon 1 ou :

$$\frac{\pi}{180} = 0,017\ 453\ 293$$

Arc de une minute dans le cercle de rayon 1 ou

$$\frac{\pi}{10800} = 0,000\ 290\ 888$$

Arc de une seconde dans le cercle de rayon 1 ou

$$\frac{\pi}{648000} = 0,000\ 004\ 848$$

1

L'arc d'une longueur égale au rayon a pour graduation :

en degrés $\quad 57° 295\,779\,513\,08 = \dfrac{180°}{\pi}$

en minutes $3437'.\,746\,770\,784 = \dfrac{10800'}{\pi}$

en secondes $206\,264''.\,806\,247\,09 = \dfrac{648000''}{\pi}$

ou bien $\quad 57°.\,17'.\,44''.\,48'''.\,22^{IV}.\,29^{V}.\,21^{VI}\ldots$

son sinus $= 0,84\,147\,098\,480\,514$

son cosinus $= 0,54\,030\,230\,584\,341$

Équations relatives à la valeur g.

Accélération g d'un corps qui tombe à Paris, dans le vide :

$$g = 9^m,80896 \qquad g^2 = 96^m,212\,56$$

$$\log. g = 0,991\,615\,9$$

$$2g = 19^m,61792 \qquad 4g^2 = 384^m,850\,24$$

$$\frac{g}{2} = 4^m,90448$$

$$\sqrt{2g} = 4,429 \qquad \frac{1}{g^2} = 0^m,010\,39$$

$$\frac{1}{g} = 0^m,10194 \qquad \log. \frac{1}{g^2} = \overline{2},0167682$$

$$\log. \frac{1}{g} = \overline{1}.\,0083\,841 \qquad \sqrt{\frac{1}{g}} = 0,31920$$

$$\frac{1}{2g} = 0^m,05097 \qquad \log \sqrt{\frac{1}{g}} = \overline{1},5041921$$

Chute des corps.

FORMULES

$$v = gt = \sqrt{2gh}$$

$$h = \frac{gt^2}{2} = \frac{v^2}{2g}$$

$$t = \frac{v}{g} = \sqrt{\frac{2h}{g}}$$

v est la vitesse acquise au bas de la chute ; h, la hauteur d'où le corps est parti ; t, le temps ou durée de la chute.

Longueur du *pendule simple* qui, dans le vide et en moyenne, bat la seconde à Paris : $l = 0^m,993855$.

III. Logarithmes et Réciproques.

Les réciproques sont les résultats qu'on obtient en divisant l'unité par le nombre inscrit dans la colonne intitulée nombres, c'est la valeur de la fraction $\frac{1}{n}$, n étant un nombre entier. (Les réciproques sont plus petites que l'unité.)

Nombre	LOGA-RITHMES	RÉCIPROQUES.	Nombre	LOGA RITHMES.	RÉCIPROQUES.
1	0.00000		31	1.49136	032 258 065
2	0.30103	500 000 000	32	1.50515	031 250 000
3	0.47712	333 333 333	33	1.51851	030 303 030
4	0.60206	250 000 000	34	1.53148	029 411 765
5	0.69897	200 000 000	35	1.54407	028 571 429
6	0.77815	166 666 667	36	1.55630	027 777 778
7	0.84510	142 857 143	37	1.56820	027 027 027
8	0.90309	125 000 000	38	1.57978	026 315 789
9	0.95424	111.111 111	39	1.59106	025 641 026
10	1.00000	100 000 000	40	1.60206	025 000 000
11	1.04139	090 909 091	41	1.61278	024 390 244
12	1.07918	083 333 333	42	1.62325	023 809 524
13	1.11394	076 923 077	43	1.63347	023 255 814
14	1.14613	071 428 571	44	1.64345	022 727 273
15	1.17609	066 666 667	45	1.65321	022 222 222
16	1.20412	062 500 000	46	1.66276	021 739 130
17	1.23045	058 823 529	47	1.67210	021 276 600
18	1.25527	055 555 556	48	1.68124	020 833 333
19	1.27875	052 631 579	49	1.69020	020 408 163
20	1.30103	050 000 000	50	1.69897	020 000 000
21	1.32222	047 619 048	51	1.70757	019 607 843
22	1.34242	045 454 545	52	1.71600	019 230 769
23	1.36173	043 478 261	53	1.72428	018 867 925
24	1.38021	041 666 667	54	1.73239	018 518 519
25	1.39794	040 000 000	55	1.74036	018 181 818
26	1.41497	038 461 538	56	1.74819	017 857 143
27	1.43136	037 037 037	57	1.75587	017 543 860
28	1.44716	035 714 286	58	1.76343	017 241 379
29	1.46240	034 482 759	59	1.77085	016 949 153
30	1.47712	033 333 333	60	1.77815	016 666 667

Nombre	LOGA-RITHMES.	RÉCIPROQUES.	Nombre	LOGA-RITHMES.	RÉCIPROQUES.
61	1.78533	016 393 443	101	2.00432	009 900 990
62	1.79239	016 129 032	102	2.00860	009 803 922
63	1.79934	015 873 016	103	2.01284	009 708 738
64	1.80618	015 625 000	104	2.01703	009 615 385
65	1.81291	015 384 615	105	2.02119	009 523 810
66	1.81954	015 151 515	106	2.02531	009 433 962
67	1.82607	014 925 373	107	2.02938	009 345 794
68	1.83251	014 705 882	108	2.03342	009 259 259
69	1.83885	014 492 754	109	2.03743	009 174 312
70	1.84510	014 285 714	110	2.04139	009 090 909
71	1.85126	014 084 517	111	2.04532	009 009 009
72	1.85733	013 888 889	112	2.04922	008 928 571
73	1.86332	013 698 630	113	2.05308	008 849 558
74	1.86923	013 513 514	114	2.05690	008 771 930
75	1.87506	013 333 333	115	2.06070	008 695 652
76	1.88081	013 157 895	116	2.06446	008 620 690
77	1.88649	012 987 013	117	2.06819	008 547 009
78	1.89209	012 820 513	118	2.07188	008 474 576
79	1.89763	012 658 228	119	2.07555	008 403 361
80	1.90309	012 500 000	120	2.07918	008 333 333
81	1.90849	012 345 679	121	2.08279	008 264 463
82	1.91381	012 195 122	122	2.08636	008 196 721
83	1.91908	012 048 193	123	2.08991	008 130 081
84	1.92428	011 904 762	124	2.09342	008 064 516
85	1.92942	011 764 706	125	2.09691	008 000 000
86	1.93450	011 627 907	126	2.10037	007 936 508
87	1.93952	011 494 253	127	2.10380	007 874 016
88	1.94448	011 363 636	128	2.10721	007 812 500
89	1.94939	011 235 955	129	2.11059	007 751 938
90	1.95424	011 111 111	130	2.11394	007 692 308
91	1.95904	010 989 011	131	2.11727	007 633 588
92	1.96379	010 869 565	132	2.12057	007 575 758
93	1.96848	010 752 688	133	2.12385	007 518 797
94	1.97313	010 638 298	134	2.12710	007 462 687
95	1.97772	010 526 316	135	2.13033	007 407 407
96	1.98227	010 416 667	136	2.13354	007 352 941
97	1.98677	010 309 278	137	2.13672	007 299 270
98	1.99123	010 204 082	138	2.13988	007 246 377
99	1.99564	010 101 010	139	2.14301	007 194 245
100	2.00000	010 000 000	140	2.14613	007 142 857

Nombre	LOGA-RITHMES.	RÉCIPROQUES.	Nombre	LOGA-RITHMES.	RÉCIPROQUES.
141	2.14922	007 092 199	181	2.25768	005 524 862
142	2.15229	007 042 254	182	2.26007	005 494 505
143	2.15534	006 993 007	183	2.26245	005 464 481
144	2.15836	006 944 444	184	2.26482	005 434 783
145	2.16137	006 896 552	185	2.26717	005 405 405
146	2.16435	006 849 315	186	2.26951	005 376 344
147	2.16732	006 802 721	187	2.27184	005 347 594
148	2.17026	006 756 757	188	2.27416	005 319 149
149	2.17319	006 711 409	189	2.27646	005 291 005
150	2.17609	006 666 667	190	2.27875	005 263 158
151	2.17898	006 622 517	191	2.28103	005 235 602
152	2.18184	006 578 947	192	2.28330	005 208 333
153	2.18469	006 535 948	193	2.28556	005 181 347
154	2.18752	006 493 506	194	2.28780	005 154 639
155	2.19033	006 451 613	195	2.29003	005 128 205
156	2.19312	006 410 256	196	2.29226	005 102 041
157	2.19590	006 369 427	197	2.29447	005 076 142
158	2.19866	006 329 114	198	2.29667	005 050 505
159	2.20140	006 289 308	199	2.29885	005 025 126
160	2.20412	006 250 000	200	2.30103	005 000 000
161	2.20683	006 211 180	201	2.30320	004 975 124
162	2.20952	006 172 840	202	2.30535	004 950 495
163	2.21219	006 134 969	203	2.30750	004 926 108
164	2.21484	006 097 561	204	2.30963	004 901 961
165	2.21748	006 060 606	205	2.31175	004 878 049
166	2.22011	006 024 096	206	2.31387	004 854 369
167	2.22272	005 988 024	207	2.31597	004 830 918
168	2.22531	005 952 381	208	2.31806	004 807 692
169	2.22789	005 917 160	209	2.32015	004 784 689
170	2.23045	005 882 353	210	2.32222	004 761 905
171	2.23300	005 847 953	211	2.32428	004 739 336
172	2.23553	005 818 053	212	2.32634	004 716 981
173	2.23805	005 780 347	213	2.32838	004 694 836
174	2.24055	005 747 126	214	2.33041	004 672 807
175	2.24304	005 714 286	215	2.33244	004 651 163
176	2.24551	005 681 818	216	2.33445	004 629 630
177	2.24797	005 649 718	217	2.33646	004 608 295
178	2.25042	005 617 978	218	2.33846	004 587 156
179	2.25285	005 586 592	219	2.34044	004 566 210
180	2.25527	005 555 556	220	2.34242	004 545 455

Nombre	LOGA-RITHMES.	RÉCIPROQUES.	Nombre	LOGA-RITHMES.	RÉCIPROQUES.
221	2.34439	004 524 887	261	2.41664	003 831 418
222	2 34635	004 504 505	262	2.41830	003 816 794
223	2.34830	004 484 305	263	2.41996	003 802 281
224	2.35025	004 464 286	264	2.42160	003 787 879
225	2.35218	004 444 444	265	2.42325	003 773 585
226	2.35411	004 424 779	266	2.42488	003 759 398
227	2.35603	004 405 286	267	2.42651	003 745 318
228	2.35793	004 385 905	268	2.42813	003 731 343
229	2.35984	004 366 812	269	2.42975	003 717 472
230	2.36173	004 347 826	270	2.43136	003 703 704
231	2.36361	004 329 004	271	2.43297	003 690 037
232	2.36549	004 310 345	272	2.43457	003 676 471
233	2.36736	004 291 845	273	2.43616	003 663 004
234	2 36922	004 273 504	274	2.43775	003 649 635
235	2.37107	004 255 319	275	2.43933	003 636 364
236	2 37291	004 237 286	276	2.44091	003 623 188
237	2.37475	004 219 409	277	2.44248	003 610 108
238	2.37658	004 201 681	278	2.44404	003 597 122
239	2.37840	004 184 100	279	2.44560	003 584 229
240	2.38021	004 166 667	280	2.44716	003 571 429
241	2.38202	004 149 378	281	2.44871	003 558 719
242	2.38382	004 132 231	282	2.45025	003 546 099
243	2.38561	004 115 226	283	2.45179	003 533 569
244	2.38739	004 098 361	284	2.45332	003 521 127
245	2.38917	004 081 633	285	2.45484	003 508 772
246	2.39094	004 065 041	286	2.45637	003 496 503
247	2.39270	004 048 583	287	2.45788	003 484 321
248	2.39445	004 032 258	288	2.45939	003 472 222
249	2.39620	004 016 064	289	2.46090	003 460 208
250	2.39794	004 000 000	290	2.46240	003 448 276
251	2.39967	003 984 064	291	2.46389	003 436 426
252	2.40140	003 968 254	292	2.46538	003 424 658
253	2.40312	003 952 569	293	2.46687	003 412 969
254	2.40483	003 937 008	294	2.46835	003 401 361
255	2.40654	003 921 569	295	2.46982	003 389 831
256	2.40824	003 906 250	296	2.47129	003 378 378
257	2.40993	003 891 051	297	2.47276	003 367 003
258	2.41162	003 875 969	298	2.47422	003 355 705
259	2.41330	003 861 004	299	2.47567	003 344 482
260	2.41497	003 846 154	300	2.47712	003 333 338

Nombre	LOGA-RITHMES.	RÉCIPROQUES.	Nombre	LOGA-RITHMES.	RÉCIPROQUES.
301	2.47857	003 322 259	341	2.53275	002 932 551
302	2.48001	003 311 258	342	2.53403	002 923 977
303	2.48144	003 300 330	343	2.53529	002 915 452
304	2.48287	003 289 474	344	2.53656	002 906 977
305	2.48430	003 278 689	345	2.53782	002 898 551
306	2.48572	003 267 974	346	2.53908	002 890 173
307	2.48714	003 257 329	347	2.54033	002 881 844
308	2.48855	003 246 753	348	2.54156	002 873 563
309	2.48996	003 236 246	349	2.54283	002 865 330
310	2.49136	003 225 806	350	2.54407	002 857 143
311	2.49276	003 215 434	351	2.54531	002 849 003
312	2.49415	003 205 128	352	2.54654	002 840 909
313	2.49554	003 194 888	353	2.54777	002 832 861
314	2.49693	003 184 713	354	2.54900	002 824 859
315	2.49831	003 174 603	355	2.55023	002 816 901
316	2.49969	003 164 557	356	2.55145	002 808 989
317	2.50106	003 154 574	357	2.55267	002 801 120
318	2.50243	003 144 654	358	2.55388	002 793 296
319	2.50379	003 134 706	359	2.55509	002 785 515
320	2.50515	003 125 000	360	2.55630	002 777 778
321	2.50651	003 115 265	361	2.55751	002 770 083
322	2.50786	003 105 500	362	2.55871	002 762 431
323	2.50920	003 095 975	363	2.55991	002 754 821
324	2.51055	003 086 420	364	2.56110	002 747 253
325	2.51188	003 076 923	365	2.56229	002 739 726
326	2.51322	003 067 485	366	2.56348	002 732 240
327	2.51455	003 058 104	367	2.56467	002 724 796
328	2.51587	003 048 780	368	2.56585	002 717 391
329	2.51720	003 039 514	369	2.56703	002 710 027
330	2.51851	003 030 303	370	2.56820	002 702 703
331	2.51983	003 021 148	371	2.56937	002 695 418
332	2.52114	003 012 048	372	2.57054	002 688 172
333	2.52244	003 003 003	373	2.57171	002 680 985
334	2.52375	002 994 012	374	2.57287	002 673 707
335	2.52504	002 985 075	375	2.57403	002 666 667
336	2.52634	002 976 190	376	5.57519	002 659 574
337	2.52763	002 967 350	377	2.57634	002 652 520
338	2.52892	002 958 580	378	2.57749	002 645 503
339	2.53020	002 949 853	379	2.57864	002 638 521
340	2.53148	002 941 176	380	2.57978	002 631 579

LOGARITHMES ET RÉCIPROQUES.

Nombre	LOGA-RITHMES.	RÉCIPROQUES.	Nombre	LOGA-RITHMES.	RÉCIPROQUES.
381	2.58092	002 624 672	421	2.62428	002 375 297
382	2.58206	002 617 801	422	2.62531	002 369 668
383	2.58320	002 610 966	423	2.62634	002 364 066
384	2.58433	002 604 167	424	2.62737	002 358 491
385	2.58546	002 597 403	425	2.62839	002 352 941
386	2.58659	002 590 674	426	2.62941	002 347 418
387	2.58771	002 583 979	427	2.63043	002 341 920
388	2.58883	002 577 320	428	2.63144	002 336 449
389	2.58995	002 570 694	429	2.63246	002 331 002
390	2.59106	002 564 103	430	2.63347	002 325 581
391	2.59218	002 557 545	431	2.63448	002 320 186
392	2.59329	002 551 020	432	2.63548	002 314 815
393	2.59439	002 544 529	433	2.63649	002 309 469
394	2.59550	002 538 071	434	2.63749	002 304 147
395	2.59660	002 531 646	435	2.63849	002 298 851
396	2.59770	002 525 253	436	2.63949	002 293 578
397	2.59879	002 518 892	437	2.64048	002 288 330
398	2.59988	002 512 563	438	2.64147	002 283 105
399	2.60097	002 506 266	439	2.64246	002 277 904
400	2.60206	002 500 000	440	2.64345	002 272 727
401	2.60314	002 493 766	441	2.64444	002 267 574
402	2 60423	002 487 562	442	2.64542	002 262 443
403	2.60531	002 481 390	443	2.64640	002 257 336
404	2.60638	002 475 248	444	2.64738	002 252 252
405	2.60746	002 469 136	445	2.64836	002 247 191
406	2.60853	002 463 054	446	2.64933	002 242 152
407	2.60960	002 457 002	447	2.65031	002 237 136
408	2.61066	002 450 980	448	2.65128	002 232 143
409	2.61172	002 444 988	449	2.65225	002 227 171
410	2.61278	002 439 024	450	2.65321	002 222 222
411	2.61384	002 433 090	451	2.65418	002 217 205
412	2.61490	002 427 184	452	2.65514	002 212 389
413	2.61595	002 421 308	453	2.65610	002 207 506
414	2.61700	002 415 459	454	2.65706	002 202 643
415	2.61805	002 409 630	455	2.65801	002 197 802
416	2.61909	002 403 846	456	5.65806	002 192 982
417	2.62014	002 398 082	457	2.65902	002 188 184
418	2.62118	002 392 344	458	2.65997	002 183 406
419	2.62221	002 386 635	459	2.66181	002 178 649
420	2.62325	002 380 952	460	2.66276	002 173 913

Nombre	LOGA-RITHMES.	RÉCIPROQUES.	Nombre	LOGA-RITHMES.	RÉCIPROQUES.
461	2.66370	002 160 197	501	2.69984	001 996 008
462	2.66464	002 164 502	502	2.70070	001 992 032
463	2.66558	002 159 827	503	2.70157	001 988 072
464	2.66652	002 155 172	504	2.70243	001 984 127
465	2.66745	002 150 538	505	2.70320	001 980 198
466	2.66830	002 145 923	506	2.70416	001 976 285
467	2.66932	002 141 328	507	2.70501	001 972 387
468	2.67025	002 136 752	508	2.70586	001 968 504
469	2.67117	002 132 106	509	2.70672	001 964 637
470	2.67210	002 127 600	510	2.70757	001 960 784
471	2.67302	002 123 142	511	2.70842	001 956 947
472	2.67394	002 118 644	512	2.70927	001 953 125
473	2.67486	002 114 165	513	2.71012	001 949 318
474	2.67578	002 109 705	514	2.71096	001 945 525
475	2.67669	002 105 263	515	2.71181	001 941 748
476	2.67761	002 100 840	516	2.71265	001 937 984
477	2.67852	002 096 486	517	2.71349	001 934 286
478	2.67943	002 092 050	518	2.71433	001 930 502
479	2.68034	002 087 683	519	2.71517	001 926 782
480	2.68124	002 083 333	520	2.71600	001 923 077
481	2.68215	002 079 002	521	2.71684	001 919 386
482	2.68305	002 074 689	522	2.71767	001 915 709
483	2.68395	002 070 393	523	2.71850	001 912 046
484	2.68485	002 066 116	524	2.71933	001 908 397
485	2.68574	002 061 856	525	2.72016	001 904 762
486	2.68664	002 057 613	526	2.72099	001 901 141
487	2.68753	002 053 388	527	2.72181	001 897 533
488	2.68842	002 049 180	528	2.72263	001 893 939
489	2.68931	002 044 990	529	2.72346	001 890 359
490	2.69020	002 040 816	530	2.72428	001 886 792
491	2.69108	002 036 660	531	2.72509	001 883 239
492	2.69197	002 032 520	532	2.72591	001 879 699
493	2.69285	002 028 398	533	2.72673	001 876 173
494	2.69373	002 024 291	534	2.72754	001 872 659
495	2.69461	002 020 202	535	2.72835	001 869 159
496	2.69548	002 016 129	536	2.72916	001 865 672
497	2.69636	002 012 072	537	2.72997	001 862 197
498	2.69723	002 008 032	538	2.73078	001 858 736
499	2.69810	002 004 008	539	2.73159	001 855 288
500	2.69897	002 000 000	540	2.73239	001 851 852

Nombre	LOGA-RITHMES.	RÉCIPROQUES.	Nombre	LOGA-RITHMES.	RÉCIPROQUES.
541	2.73320	001 848 420	581	2.76418	001 721 170
542	2.73400	001 845 018	582	2.76492	001 718 213
543	2.73480	001 841 621	583	2.76567	001 715 266
544	2.73560	001 838 235	584	2.76641	001 712 320
545	2.73640	001 834 862	585	2.76716	001 709 402
546	2.73719	001 831 502	586	2.76790	001 706 485
547	2.73799	001 828 154	587	2.76864	001 703 578
548	2.73878	001 824 818	588	2.76938	001 700 680
549	2.73957	001 821 494	589	2.77012	001 697 793
550	2.74036	001 818 182	590	2.77085	001 694 915
551	2.74115	001 814 882	591	2.77159	001 692 047
552	2.74194	001 811 594	592	2.77232	001 689 189
553	2.74273	001 808 318	593	2.77305	001 686 341
554	2.74351	001 805 054	594	2.77379	001 683 502
555	2.74429	001 801 802	595	2.77452	001 680 672
556	2.74507	001 798 561	596	2.77525	001 677 852
557	2.74586	001 795 332	597	2.77597	001 675 042
558	2.74663	001 792 115	598	2.77670	001 672 241
559	2.74741	001 788 909	599	2.77743	001 669 440
560	2.74810	001 785 714	600	2 77815	001 666 667
561	2.74896	001 782 531	601	2.77887	001 663 894
562	2.74974	001 779 350	602	2.77960	001 661 130
563	2.75051	001 776 100	603	2.78032	001 658 375
564	2.75128	001 773 050	604	2.78104	001 655 620
565	2.75205	001 769 912	605	2.78176	001 652 893
566	2.75282	001 766 784	606	2.78247	001 650 165
567	2.75358	001 763 668	607	2.78319	001 647 446
568	2.75435	001 760 563	608	2.78390	001 644 787
569	2.75511	001 757 469	609	2.78462	001 642 036
570	2.75587	001 754 386	610	2.78533	001 639 344
571	2.75664	001 751 313	611	2.78604	001 636 661
572	2.75740	001 748 252	612	2.78675	001 633 987
573	2.75815	001 745 201	613	2.78746	001 631 321
574	2.75891	001 742 160	614	2.78817	001 628 664
575	2.75967	001 739 130	615	2.78888	001 626 016
576	2.76042	001 736 111	616	2.78958	001 623 377
577	2.76118	001 733 102	617	2.79029	001 620 746
578	2.76193	001 730 104	618	2.79099	001 618 123
579	2.76268	001 727 116	619	2.79169	001 615 509
580	2.76343	001 724 138	620	2.79230	001 612 903

Nombre	LOGA-RITHMES.	RÉCIPROQUES.	Nombre	LOGA-RITHMES.	RÉCIPROQUES.
621	2.79309	001 610 306	661	2.82020	001 512 859
622	2.79379	001 607 717	662	2.82086	001 510 574
623	2.79449	001 605 136	663	2.82151	001 508 296
624	2.79518	001 602 564	664	2.82217	001 506 024
625	2.79588	001 600 000	665	2.82282	001 503 759
626	2.79657	001 597 444	666	2.82347	001 501 502
627	2.79727	001 594 896	667	2.82413	001 499 250
628	2.79796	001 592 357	668	2.82478	001 497 006
629	2.79865	001 589 825	669	2.82543	001 494 768
630	2.79934	001 587 302	670	2.82607	001 492 537
631	2.80003	001 584 786	671	2.82672	001 490 313
632	2.80072	001 582 278	672	2.82737	001 488 095
633	2.80140	001 579 779	673	2.82802	001 485 884
634	2.80209	001 577 287	674	2.82866	001 483 680
635	2.80277	001 574 803	675	2.82930	001 481 481
636	2.80346	001 572 327	676	2.82995	001 479 290
637	2.80414	001 569 859	677	2.83059	001 477 105
638	2.80482	001 567 398	678	2.83123	001 474 926
639	2.80550	001 564 945	679	2.83187	001 472 754
640	2.80618	001 562 500	680	2.83251	001 470 588
641	2.80686	001 560 062	681	2.83315	001 468 429
642	2.80754	001 557 632	682	2.83378	001 466 276
643	2.80821	001 555 210	683	2.83442	001 464 129
644	2.80889	001 552 795	684	2.83506	001 461 988
645	2.80956	001 550 388	685	2.83569	001 459 854
646	2.81023	001 547 988	686	2.83632	001 457 726
647	2.81090	001 545 595	687	2.83696	001 455 604
648	2.81158	001 543 210	688	2.83759	001 453 488
649	2.81224	001 540 832	689	2.83822	001 451 379
650	2.81291	001 538 462	690	2.83885	001 449 275
651	2.81358	001 536 098	691	2.83948	001 447 178
652	2.81425	001 533 742	692	2.84011	001 445 087
653	2.81491	001 531 394	693	2.84073	001 443 001
654	2.81558	001 529 052	694	2.84136	001 440 922
655	2.81624	001 526 718	695	2.84198	001 438 849
656	2.81690	001 524 390	696	2.84261	001 436 782
657	2.81757	001 522 070	697	2.84323	001 434 720
658	2.81823	001 519 757	698	2.84386	001 432 665
659	2.81889	001 517 451	699	2.84448	001 430 615
660	2.81954	001 515 152	700	2.84510	001 428 571

Nombre	LOGA-RITHMES.	RÉCIPROQUES.	Nombre	LOGA-RITHMES.	RÉCIPROQUES.
701	2.84572	001 426 534	741	2.86982	001 349 528
702	2.84634	001 424 501	742	2.87040	001 347 709
703	2.84696	001 422 475	743	2.87099	001 345 895
704	2.34757	001 420 455	744	2.87157	001 344 086
705	2.84819	001 418 440	745	2.87216	001 342 282
706	2.84860	001 416 431	746	2.87274	001 340 483
707	2.84942	001 414 427	747	2.87332	001 338 688
708	2.85003	001 412 429	748	2.87390	001 336 898
709	2.85065	001 410 437	749	2.87448	001 335 113
710	2.85126	001 408 451	750	2.87506	001 333 333
711	2.85167	001 406 470	751	2.87564	001 331 558
712	2.85248	001 404 494	752	2.87622	001 329 787
713	2.85309	001 402 525	753	2.87679	001 328 021
714	2.85370	001 400 560	754	2.87737	001 326 260
715	2.85431	001 398 601	755	2.87795	001 324 503
716	2.85491	001 396 648	756	2.87852	001 322 751
717	2.85552	001 394 700	757	2.87910	001 321 004
718	2.85612	001 392 758	758	2.87967	001 319 261
719	2.85673	001 390 821	759	2.88024	001 317 523
720	2.85733	001 388 889	760	2.88081	001 315 789
721	2.85794	001 386 963	761	2.88138	001 314 060
722	2.85854	001 385 042	762	2.88195	001 312 336
723	2.85914	001 383 126	763	2.88252	001 310 616
724	2.85974	001 381 215	764	2.88309	001 308 901
725	2.86034	001 379 310	765	2.88366	001 307 190
726	2.86094	001 377 410	766	2.88423	001 305 483
727	2.86153	001 375 516	767	2.88480	001 303 781
728	2.86213	001 373 626	768	2.88536	001 302 083
729	2.86273	001 371 742	769	2.88593	001 300 390
730	2.86332	001 369 863	770	2.88649	001 298 701
731	2.86392	001 367 989	771	2.88705	001 297 017
732	2.86451	001 366 120	772	2.88762	001 295 337
733	2.86510	001 364 256	773	2.88818	001 293 661
734	2.86570	001 362 398	774	2.88874	001 291 990
735	2.86629	001 360 544	775	2.88930	001 290 323
736	2.86688	001 358 696	776	2.88986	001 288 660
737	2.86747	001 356 852	777	2.89042	001 287 001
738	2.86806	001 355 014	778	2.89098	001 285 347
739	2.86864	001 353 180	779	2.89154	001 283 697
740	2.86923	001 351 351	780	2.89209	001 282 051

Nombre	LOGA-RITHMES.	RÉCIPROQUES.	Nombre	LOGA-RITHMES.	RÉCIPROQUES.
781	2.89265	001 280 410	821	2.91434	001 218 027
782	2.89321	001 278 772	822	2.91487	001 216 545
783	2.89376	001 277 139	823	2.91540	001 215 067
784	2.89432	001 275 510	824	2.91593	001 213 592
785	2.89487	001 273 885	825	2.91645	001 212 121
786	2.89542	001 272 265	826	2.91698	001 210 654
787	2.89597	001 270 648	827	2.91751	001 209 190
788	2.89653	001 269 036	828	2.91803	001 207 729
789	2.89708	001 267 427	829	2.91855	001 206 273
790	2.89763	001 265 823	830	2.91908	001 204 819
791	2.89818	001 264 223	831	2.91960	001 203 369
792	2.89873	001 262 626	832	2.92012	001 201 923
793	2.89927	001 261 034	833	2.92065	001 200 480
794	2.89982	001 259 446	834	2.92117	001 199 041
795	2.90037	001 257 862	835	2.92169	001 197 605
796	2.90091	001 256 281	836	2.92221	001 196 172
797	2.90146	001 254 705	837	2.92273	001 194 743
798	2.90200	001 253 133	838	2.92324	001 193 317
799	2.90255	001 251 564	839	2.92376	001 191 895
800	2.90309	001 250 000	840	2.92428	001 190 476
801	2.90363	001 248 439	841	2.92480	001 189 061
802	2.90417	001 246 883	842	2.92531	001 187 648
803	2.90472	001 245 330	843	2.92583	001 186 240
804	2.90526	001 243 781	844	2.92634	001 184 834
805	2.90580	001 242 236	845	2.92686	001 183 432
806	2.90634	001 240 695	846	2.92737	001 182 033
807	2.90687	001 239 157	847	2.92788	001 180 638
808	2.90741	001 237 624	848	2.92840	001 179 245
809	2.90795	001 236 094	849	2.92891	001 177 856
810	2.90849	001 234 568	850	2.92942	001 176 471
811	2.90902	001 233 046	851	2.92993	001 175 088
812	2.90956	001 231 527	852	2.93044	001 173 709
813	2.91009	001 230 012	853	2.93095	001 172 333
814	2.91062	001 228 501	854	2.93146	001 170 960
815	2.91116	001 226 994	855	2.93197	001 169 591
816	2.91169	001 225 490	856	2.93247	001 168 224
817	2.91222	001 223 990	857	2.93298	001 166 861
818	2.91275	001 222 494	858	2.93349	001 165 501
819	2.91328	001 221 001	859	2.93399	001 164 144
820	2.91381	001 219 512	860	2.93450	001 162 791

Nombre	LOGA- RITHMES.	RÉCIPROQUES.	Nombre	LOGA- RITHMES.	RÉCIPROQUES.
861	2.93500	001 161 440	901	2.95472	001 109 878
862	2.93551	001 160 093	902	2.95521	001 108 647
863	2.93601	001 158 749	903	2.95569	001 107 420
864	2.93651	001 157 407	904	2.95617	001 106 195
865	2.93702	001 156 069	905	2.95665	001 104 972
866	2.93752	001 154 734	906	2.95713	001 103 753
867	2.93802	001 153 403	907	2.95761	001 102 536
868	2.93852	001 152 074	908	2.95809	001 101 322
869	2.93902	001 150 748	909	2.95856	001 100 110
870	2.93952	001 149 425	910	2.95904	001 098 901
871	2.94002	001 148 106	911	2.95952	001 097 695
872	2.94052	001 146 789	912	2.95999	001 096 491
873	2.94101	001 145 475	913	2.96047	001 095 290
874	2.94151	001 144 165	914	2.96095	001 094 092
875	2.94201	001 142 857	915	2.96142	001 092 896
876	2.94250	001 141 553	916	2.96190	001 091 703
877	2.94300	001 140 251	917	2.96237	001 090 513
878	2.94349	001 138 952	918	2.96284	001 089 325
879	2.94399	001 137 656	919	2.96332	001 088 139
880	2.94448	001 136 364	920	2.96379	001 086 957
881	2.94498	001 135 074	921	2.96426	001 085 776
882	2.94547	001 133 787	922	2.96473	001 084 599
883	2.94596	001 132 503	923	2.96520	001 083 423
884	2.94645	001 131 222	924	2.96567	001 082 251
885	2.94694	001 129 944	925	2.96614	001 081 081
886	2.94743	001 128 668	926	2.96661	001 079 914
887	2.94792	001 127 396	927	2.96708	001 078 749
888	2.94841	001 126 126	928	2.96755	001 077 586
889	2.94890	001 124 850	929	2.96802	001 076 426
890	2.94939	001 123 596	930	2.96848	001 075 269
891	2.94988	001 122 334	931	2.96895	001 074 114
892	2.95036	001 121 076	932	2.96942	001 072 961
893	2.95085	001 119 821	933	2.96988	001 071 811
894	2.95134	001 118 568	934	2.97035	001 070 664
895	2.95182	001 117 318	935	2.97081	001 069 519
896	2.95231	001 116 071	936	2.97128	001 068 376
897	2.95279	001 114 827	937	2.97174	001 067 286
898	2.95328	001 113 586	938	2.97220	001 066 098
899	2.95376	001 112 347	939	2.97267	001 064 963
900	2.95424	001 111 111	940	2.97313	001 063 830

Nombre	LOGA-RITHMES.	RÉCIPROQUES.	Nombre	LOGA-RITHMES	RÉCIPROQUES.
941	2.97359	001 062 699	971	2 98722	001 029 866
942	2.97405	001 061 571	972	2 98767	001 028 807
943	2.97451	001 060 445	973	2 98811	001 027 749
944	2.97497	001 059 322	974	2.98856	001 026 694
945	2.97543	001 058 201	975	2.98900	001 025 641
946	2.97589	001 057 082	976	2 98945	001 024 590
947	2.97635	001 055 966	977	2 98989	001 023 541
948	2.97681	001 054 852	978	2.99034	001 022 495
949	2.97727	001 053 741	979	2.99078	001 021 450
950	2.97772	001 052 632	980	2.99123	001 020 408
951	2.97818	001 051 525	981	2.99167	001 019 368
952	2.97864	001 050 420	982	2.99211	001 018 330
953	2.97909	001 049 318	983	2 99255	001 017 294
954	2.97955	001 048 218	984	2.99300	001 016 260
955	2.98000	001 047 120	985	2.99344	001 015 228
956	2.98046	001 046 025	986	2.99388	001 014 199
957	2.98091	001 044 932	987	2.99432	001 013 171
958	2.98137	001 043 841	988	2.99476	001 012 146
959	2.98182	001 042 753	989	2.99520	001 011 122
960	2.98227	001 041 667	990	2.99564	001 010 101
961	2.98272	001 040 583	991	2 99607	001 009 082
962	2.98318	001 039 501	992	2.99651	001 008 065
963	2.98363	001 038 422	993	2.99695	001 007 049
964	2.98408	001 037 344	994	2.99739	001 006 036
965	2.98453	001 036 269	995	2.99782	001 005 025
966	2.98498	001 035 197	996	2.99826	001 004 016
967	2.98543	001 034 126	997	2.99870	001 003 009
968	2.98588	001 033 058	998	2.99913	001 002 004
969	2 98632	001 031 992	999	2.99957	001 001 001
970	2.98677	001 030 928	1000	3 00000	001 000 000

CÔTÉ	CARRÉ	CUBE	CÔTÉ	CARRÉ	CUBE
1	1	1	31	9 61	29 791
2	4	8	32	10 24	32 768
3	9	27	33	10 89	35 937
4	16	64	34	11 56	39 304
5	25	125	35	12 25	42 875
6	36	216	36	12 96	46 656
7	49	343	37	13 69	50 653
8	64	512	38	14 44	54 872
9	81	729	39	15 21	59 319
10	1 00	1 000	40	16 00	64 000
11	1 21	1 331	41	16 81	68 921
12	1 44	1 728	42	17 64	74 088
13	1 69	2 197	43	18 49	79 507
14	1 96	2 744	44	19 36	85 184
15	2 25	3 375	45	20 25	91 125
16	2 56	4 096	46	21 16	97 336
17	2 89	4 913	47	22 09	103 823
18	3 24	5 832	48	23 04	110 592
19	3 61	6 859	49	24 01	117 649
20	4 00	8 000	50	25 00	125 000
21	4 41	9 261	51	26 01	132 651
22	4 84	10 648	52	27 04	140 608
23	5 29	12 167	53	28 09	148 877
24	5 76	13 824	54	29 16	157 464
25	6 25	15 625	55	30 25	166 375
26	6 76	17 576	56	31 36	175 616
27	7 29	19 683	57	32 49	185 193
28	7 84	21 952	58	33 64	195 112
29	8 41	24 389	59	34 81	205 379
30	9 00	27 000	60	36 00	216 000

CÔTÉ	CARRÉ	CUBE	CÔTÉ	CARRÉ	CUBE
61	37 21	226 981	101	1 02 01	1 030 301
62	38 44	238 328	102	1 04 04	1 061 208
63	39 69	250 047	103	1 06 09	1 092 727
64	40 96	262 144	104	1 08 16	1 124 864
65	42 25	274 625	105	1 10 25	1 157 625
66	43 56	287 496	106	1 12 36	1 191 010
67	44 89	300 763	107	1 14 49	1 225 043
68	46 24	314 432	108	1 16 64	1 259 712
69	47 61	328 509	109	1 18 81	1 295 029
70	49 00	343 000	110	1 21 00	1 331 000
71	50 41	357 911	111	1 23 21	1 367 631
72	51 84	373 248	112	1 25 44	1 404 928
73	53 29	389 017	113	1 27 69	1 442 897
74	54 76	405 224	114	1 29 96	1 481 544
75	56 25	421 875	115	1 32 25	1 520 875
76	57 76	438 976	116	1 34 56	1 560 896
77	59 29	456 533	117	1 36 89	1 601 613
78	60 84	474 552	118	1 39 24	1 643 032
79	62 41	493 039	119	1 41 61	1 685 159
80	64 00	512 000	120	1 44 00	1 728 000
81	65 61	531 441	121	1 46 41	1 771 561
82	67 24	551 368	122	1 48 84	1 815 848
83	68 89	571 787	123	1 51 29	1 860 867
84	70 56	592 704	124	1 53 76	1 906 624
85	72 25	614 125	125	1 56 25	1 953 125
86	73 96	636 056	126	1 58 76	2 000 376
87	75 69	658 503	127	1 61 29	2 048 383
88	77 44	681 472	128	1 63 84	2 097 152
89	79 21	704 969	129	1 66 41	2 146 689
90	81 00	729 000	130	1 69 00	2 197 000
91	82 81	753 571	131	1 71 61	2 248 091
92	84 64	778 088	132	1 74 24	2 299 968
93	86 49	804 357	133	1 76 89	2 352 637
94	88 36	830 584	134	1 79 56	2 406 104
95	90 25	857 375	135	1 82 25	2 460 375
96	92 16	884 736	136	1 84 96	2 515 456
97	94 09	912 673	137	1 87 69	2 571 353
98	96 04	941 192	138	1 90 44	2 628 072
99	98 01	970 299	139	1 93 21	2 685 619
100	1 00 00	1 000 000	140	1 96 00	2 744 000

COTÉ	CARRÉ	CUBE	COTÉ	CARRÉ	CUBE
141	1 98 81	2 803 221	181	3 27 61	5 929 741
142	2 01 64	2 863 288	182	3 31 24	6 028 568
143	2 04 49	2 924 207	183	3 34 89	6 128 487
144	2 07 36	2 985 984	184	3 38 56	6 229 504
145	2 10 25	3 048 625	185	3 42 25	6 331 625
146	2 13 16	3 112 136	186	3 45 96	6 434 856
147	2 16 09	3 170 523	187	3 49 69	6 539 203
148	2 19 04	3 241 792	188	3 53 44	6 644 672
149	2 22 01	3 307 949	189	3 57 21	6 751 269
150	2 25 00	3 375 000	190	3 61 00	6 859 000
151	2 28 01	3 442 951	191	3 64 81	6 967 871
152	2 31 04	3 511 808	192	3 68 64	7 077 888
153	2 34 09	3 581 577	193	3 72 49	7 189 057
154	2 37 16	3 652 264	194	3 76 36	7 301 384
155	2 40 25	3 723 875	195	3 80 25	7 414 875
156	2 43 36	3 796 416	196	3 84 16	7 529 536
157	2 46 49	3 869 893	197	3 88 09	7 645 373
158	2 49 64	3 944 312	198	3 92 04	7 762 392
159	2 52 81	4 019 679	199	3 96 01	7 880 599
160	2 56 00	4 096 000	200	4 00 00	8 000 000
161	2 59 21	4 173 281	201	4 04 01	8 120 601
162	2 62 44	4 251 528	202	4 08 04	8 242 408
163	2 65 69	4 330 747	203	4 12 09	8 365 427
164	2 68 96	4 410 944	204	4 16 16	8 489 664
165	2 72 25	4 492 125	205	4 20 25	8 615 125
166	2 75 56	4 574 296	206	4 24 36	8 741 816
167	2 78 89	4 657 463	207	4 28 49	8 869 743
168	2 82 24	4 741 632	208	4 32 64	8 998 912
169	2 85 61	4 826 809	209	4 36 81	9 129 329
170	2 89 00	4 913 000	210	4 41 00	9 261 000
171	2 92 41	5 000 211	211	4 45 21	9 393 931
172	2 95 84	5 088 448	212	4 49 44	9 528 128
173	2 99 29	5 177 717	213	4 53 69	9 663 597
174	3 02 76	5 268 024	214	4 57 96	9 800 344
175	3 06 25	5 359 375	215	4 62 25	9 938 375
176	3 09 76	5 451 776	216	4 66 56	10 077 696
177	3 13 29	5 545 233	217	4 70 89	10 218 313
178	3 16 84	5 639 752	218	4 75 24	10 360 232
179	3 20 41	5 735 339	219	4 79 61	10 503 459
180	3 24 00	5 832 000	220	4 84 00	10 648 000

COTÉ	CARRÉ	CUBE	COTÉ	CARRÉ	CUBE
221	4 88 41	10 793 861	261	6 81 21	17 779 581
222	4 92 84	10 941 048	262	6 86 44	17 984 728
223	4 97 29	11 089 567	263	6 91 69	18 191 447
224	5 01 76	11 239 424	264	6 96 96	18 399 744
225	5 06 25	11 390 625	265	7 02 25	18 609 625
226	5 10 76	11 543 176	266	7 07 56	18 821 096
227	5 15 29	11 697 083	267	7 12 89	19 034 163
228	5 19 84	11 852 352	268	7 18 24	19 248 832
229	5 24 41	12 008 989	269	7 23 61	19 465 109
230	5 29 00	12 167 000	270	7 29 00	19 683 000
231	5 33 61	12 326 391	271	7 34 41	19 902 511
232	5 38 24	12 487 168	272	7 39 84	20 123 648
233	5 42 89	12 649 337	273	7 45 29	20 346 417
234	5 47 56	12 812 904	274	7 50 76	20 570 824
235	5 52 25	12 977 875	275	7 56 25	20 796 875
236	5 56 96	13 144 256	276	7 61 76	21 024 576
237	5 61 69	13 312 053	277	7 67 29	21 253 033
238	5 66 44	13 481 272	278	7 72 84	21 484 052
239	5 71 21	13 651 919	279	7 78 41	21 717 639
240	5 76 00	13 824 000	280	7 84 00	21 952 000
241	5 80 81	13 997 521	281	7 89 61	22 188 041
242	5 85 64	14 172 488	282	7 95 24	22 425 768
243	5 90 49	14 348 907	283	8 00 89	22 665 187
244	5 95 36	14 526 784	284	8 06 56	22 906 304
245	6 00 25	14 706 125	285	8 12 25	23 149 125
246	6 05 16	14 886 936	286	8 17 96	23 393 656
247	6 10 09	15 069 223	287	8 23 69	23 639 903
248	6 15 04	15 252 992	288	8 29 44	23 887 872
249	6 20 01	15 438 249	289	8 35 21	24 137 569
250	6 25 00	15 625 000	290	8 41 00	24 389 000
251	6 30 01	15 813 251	291	8 46 81	24 642 171
252	6 35 04	16 003 008	292	8 52 64	24 897 088
253	6 40 09	16 194 277	293	8 58 49	25 153 757
254	6 45 16	16 367 064	294	8 64 36	25 412 184
255	6 50 25	16 581 375	295	8 70 25	25 672 375
256	6 55 36	16 777 216	296	8 76 16	25 934 336
257	6 60 49	16 974 593	297	8 82 09	26 198 073
258	6 65 64	17 173 512	298	8 88 04	26 463 592
259	6 70 81	17 373 979	299	8 94 01	26 730 899
260	6 76 00	17 576 000	300	9 00 00	27 000 000

COTÉ	CARRÉ	CUBE	COTÉ	CARRÉ	CUBE
301	9 06 01	27 270 901	341	11 62 81	39 651 821
302	9 12 04	27 543 608	342	11 69 64	40 001 688
303	9 18 09	27 818 127	343	11 76 49	40 353 607
304	9 24 16	28 094 464	344	11 83 36	40 707 584
305	9 30 25	28 372 625	345	11 90 25	41 063 625
306	9 36 36	28 652 616	346	11 97 16	41 421 736
307	9 42 49	28 934 443	347	12 04 09	41 781 923
308	9 48 64	29 218 112	348	12 11 04	42 144 192
309	9 54 81	29 503 629	349	12 18 01	42 508 549
310	9 61 00	29 791 000	350	12 25 00	42 875 000
311	9 67 21	30 080 231	351	12 32 01	43 243 551
312	9 73 44	30 371 328	352	12 39 04	43 614 208
313	9 79 69	30 664 297	353	12 46 09	43 986 977
314	9 85 96	30 959 144	354	12 53 16	44 361 864
315	9 92 25	31 255 875	355	12 60 25	44 738 875
316	9 98 56	31 554 496	356	12 67 36	45 118 016
317	10 04 89	31 855 013	357	12 74 49	45 499 293
318	10 11 24	32 157 432	358	12 81 64	45 882 712
319	10 17 61	32 461 759	359	12 88 81	46 268 279
320	10 24 00	32 768 000	360	12 96 00	46 656 000
321	10 30 41	33 076 161	361	13 03 21	47 045 881
322	10 36 84	33 386 248	362	13 10 44	47 437 928
323	10 43 29	33 698 267	363	13 17 69	47 832 147
324	10 49 76	34 012 224	364	13 24 96	48 228 544
325	10 56 25	34 328 125	365	13 32 25	48 627 125
326	10 62 76	34 645 976	366	13 39 56	49 027 896
327	10 69 29	34 965 783	367	13 46 89	49 430 863
328	10 75 84	35 287 552	368	13 54 24	49 836 032
329	10 82 41	35 611 289	369	13 61 61	50 243 409
330	10 89 00	35 937 000	370	13 69 00	50 653 000
331	10 95 61	36 264 691	371	13 76 41	51 064 811
332	11 02 24	36 594 368	372	13 83 84	51 478 848
333	11 08 89	36 926 037	373	13 91 29	51 895 117
334	11 15 56	37 259 704	374	13 98 76	52 313 624
335	11 22 25	37 595 375	375	14 06 25	52 734 375
336	11 28 96	37 933 056	376	14 13 76	53 157 376
337	11 35 69	38 272 753	377	14 21 29	53 582 633
338	11 42 44	38 614 472	378	14 28 84	54 010 152
339	11 49 21	38 958 219	379	14 36 41	54 439 939
340	11 56 00	39 304 000	380	14 44 00	54 872 000

COTÉ	CARRÉ	CUBE	COTÉ	CARRÉ	CUBE
381	14 51 61	55 306 341	421	17 72 41	74 618 461
382	14 59 24	55 742 968	422	17 80 84	75 151 448
383	14 66 89	56 181 887	423	17 89 29	75 686 967
384	14 74 56	56 623 104	424	17 97 76	76 225 024
385	14 82 25	57 066 625	425	18 06 25	76 765 625
386	14 89 96	57 512 456	426	18 14 76	77 308 776
387	14 97 69	57 960 603	427	18 23 29	77 854 483
388	15 05 44	58 411 072	428	18 31 84	78 402 752
389	15 13 21	58 863 869	429	18 40 41	78 953 589
390	15 21 00	59 319 000	430	18 49 00	79 507 000
391	15 28 81	59 776 471	431	18 57 61	80 062 991
392	15 36 64	60 236 288	432	18 66 24	80 621 568
393	15 44 49	60 698 457	433	18 74 89	81 182 737
394	15 52 36	61 162 984	434	18 83 56	81 746 504
395	15 60 25	61 629 875	435	18 92 25	82 312 875
396	15 68 16	62 099 136	436	19 00 96	82 881 856
397	15 76 09	62 570 773	437	19 09 69	83 453 453
398	15 84 04	63 044 792	438	19 18 44	84 027 672
399	15 92 01	63 521 199	439	19 27 21	84 604 519
400	16 00 00	64 000 000	440	19 36 00	85 184 000
401	16 08 01	64 481 201	441	19 44 81	85 766 121
402	16 16 04	64 964 808	442	19 53 64	86 350 888
403	16 24 09	65 450 827	443	19 62 49	86 938 307
404	16 32 16	65 939 264	444	19 71 36	87 528 384
405	16 40 25	66 430 125	445	19 80 25	88 121 125
406	16 48 36	66 923 416	446	19 89 16	88 716 536
407	16 56 49	67 419 143	447	19 98 09	89 314 623
408	16 64 64	67 917 312	448	20 07 04	89 915 392
409	16 72 81	68 417 929	449	20 16 01	90 518 849
410	16 81 00	68 921 000	450	20 25 00	91 125 000
411	16 89 21	69 426 531	451	20 34 01	91 733 851
412	16 97 44	69 934 528	452	20 43 04	92 345 408
413	17 05 69	70 444 997	453	20 52 09	92 959 677
414	17 13 96	70 957 944	454	20 61 16	93 576 664
415	17 22 25	71 473 375	455	20 70 25	94 196 375
416	17 30 56	71 991 296	456	20 79 36	94 818 816
417	17 38 89	72 511 713	457	20 88 49	95 443 993
418	17 47 24	73 034 632	458	20 97 64	96 071 912
419	17 55 61	73 560 059	459	21 06 81	96 702 579
420	17 64 00	74 088 000	460	21 16 00	97 336 000

CÔTÉ	CARRÉ	CUBE	CÔTÉ	CARRÉ	CUBE
461	21 25 21	97 972 181	501	25 10 01	125 751 501
462	21 34 44	98 611 128	502	25 20 04	126 506 008
463	21 43 69	99 252 847	503	25 30 09	127 263 527
464	21 52 96	99 897 344	504	25 40 16	128 024 064
465	21 62 25	100 544 625	505	25 50 25	128 787 625
466	21 71 56	101 194 696	506	25 60 36	129 554 216
467	21 80 89	101 847 563	507	25 70 49	130 323 843
468	21 90 24	102 503 232	508	25 80 64	131 096 512
469	21 99 61	103 161 709	509	25 90 81	131 872 229
470	22 09 00	103 823 000	510	26 01 00	132 651 000
471	22 18 41	104 487 111	511	26 11 21	133 432 831
472	22 27 84	105 154 048	512	26 21 44	134 217 728
473	22 37 29	105 823 817	513	26 31 69	135 005 697
474	22 46 76	106 496 424	514	26 41 96	135 796 744
475	22 56 25	107 171 875	515	26 52 25	136 590 875
476	22 65 76	107 850 176	516	26 62 56	137 388 096
477	22 75 29	108 531 333	517	26 72 89	138 188 413
478	22 84 84	109 215 352	518	26 83 24	138 991 832
479	22 94 41	109 902 239	519	26 93 61	139 798 359
480	23 04 00	110 592 000	520	27 04 00	140 608 000
481	23 13 61	111 284 641	521	27 14 41	141 420 761
482	23 23 24	111 980 168	522	27 24 84	142 236 048
483	23 32 89	112 678 587	523	27 35 29	143 055 667
484	23 42 56	113 379 904	524	27 45 76	143 877 824
485	23 52 25	114 084 125	525	27 56 25	144 703 125
486	23 61 96	114 791 256	526	27 66 76	145 531 576
487	23 71 69	115 501 303	527	27 77 29	146 363 183
488	23 81 44	116 214 272	528	27 87 84	147 197 952
489	23 91 21	116 930 169	529	27 98 41	148 035 889
490	24 01 00	117 649 000	530	28 00 00	148 877 000
491	24 10 81	118 370 771	531	28 19 61	149 721 291
492	24 20 64	119 095 488	532	28 30 24	150 568 768
493	24 30 49	119 823 157	533	28 40 89	151 419 437
494	24 40 36	120 553 784	534	28 51 56	152 273 304
495	24 50 25	121 287 375	535	28 62 25	153 130 375
496	24 60 16	122 023 936	536	28 72 96	153 990 656
497	24 70 09	122 763 473	537	28 83 69	154 854 153
498	24 80 04	123 505 992	538	28 94 44	155 720 872
499	24 90 01	124 251 499	539	29 05 21	156 590 819
500	25 00 00	125 000 000	540	29 16 00	157 464 000

CÔTÉ	CARRÉ	CUBE	CÔTÉ	CARRÉ	CUBE
541	29 26 81	158 340 421	581	33 75 61	196 122 941
542	29 37 64	159 220 088	582	33 87 24	197 137 368
543	29 48 49	160 103 007	583	33 98 89	198 155 287
544	29 59 36	160 989 184	584	34 10 56	199 176 704
545	29 70 25	161 878 625	585	34 22 25	200 201 625
546	29 81 16	162 771 336	586	34 33 96	201 230 056
547	29 92 09	163 667 323	587	34 45 69	202 262 003
548	30 03 04	164 566 592	588	34 57 44	203 297 472
549	30 14 01	165 469 149	589	34 69 21	204 336 469
550	30 25 00	166 375 000	590	34 81 00	205 379 000
551	30 36 01	167 284 151	591	34 92 81	206 425 071
552	30 47 04	168 196 608	592	35 04 64	207 474 688
553	30 58 09	169 112 377	593	35 16 49	208 527 857
554	30 69 16	170 031 464	594	35 28 36	209 584 584
555	30 80 25	170 953 875	595	35 40 25	210 644 875
556	30 91 36	171 879 616	596	35 52 16	211 708 736
557	31 02 49	172 808 693	597	35 64 09	212 776 173
558	31 13 64	173 741 112	598	35 76 04	213 847 192
559	31 24 81	174 676 879	599	35 88 01	214 921 799
560	31 36 00	175 616 000	600	36 00 00	216 000 000
561	31 47 21	176 558 481	601	36 12 01	217 081 801
562	31 58 44	177 504 328	602	36 24 04	218 167 208
563	31 69 69	178 453 547	603	36 36 09	219 256 227
564	31 80 96	179 406 144	604	36 48 16	220 348 864
565	31 92 25	180 362 125	605	36 60 25	221 445 125
566	32 03 56	181 321 496	606	36 72 36	222 545 016
567	32 14 89	182 284 263	607	36 84 49	223 648 543
568	32 26 24	183 250 432	608	36 96 64	224 755 712
569	32 37 61	184 220 009	609	37 08 81	225 866 529
570	32 49 00	185 193 000	610	37 21 00	226 981 000
571	32 60 41	186 169 411	611	37 33 21	228 099 131
572	32 71 84	187 149 248	612	37 45 44	229 220 928
573	32 83 29	188 132 517	613	37 57 69	230 346 397
574	32 94 76	189 119 224	614	37 69 96	231 475 544
575	33 06 25	190 109 375	615	37 82 25	232 608 375
576	33 17 76	191 102 976	616	37 94 56	233 744 896
577	33 29 29	192 100 033	617	38 06 89	234 885 113
578	33 40 84	193 100 552	618	38 19 24	236 029 032
579	33 52 41	194 104 539	619	38 31 61	237 176 659
580	33 64 00	195 112 000	620	38 44 00	238 328 000

COTÉ	CARRÉ	CUBE	COTÉ	CARRÉ	CUBE
621	38 56 41	239 483 001	661	43 69 21	288 804 781
622	38 68 84	240 641 848	662	43 82 44	290 117 528
623	38 81 29	241 804 367	663	43 95 69	291 434 247
624	38 93 76	242 970 624	664	44 08 96	292 754 944
625	39 06 25	244 140 625	665	44 22 25	294 079 625
626	39 18 76	245 314 376	666	44 35 56	295 408 296
627	39 31 29	246 491 883	667	44 48 89	296 740 963
628	39 43 84	247 673 152	668	44 62 24	298 077 632
629	39 56 41	248 858 189	669	44 75 61	299 418 309
630	39 69 00	250 047 000	670	44 89 00	300 763 000
631	39 81 01	251 239 591	671	45 02 41	302 111 711
632	39 94 24	252 435 968	672	45 15 84	303 464 448
633	40 06 89	253 636 137	673	45 29 29	304 821 217
634	40 19 56	254 840 104	674	45 42 76	306 182 024
635	40 32 25	256 047 875	675	45 56 25	307 546 875
636	40 44 96	257 259 456	676	45 69 76	308 915 776
637	40 57 69	258 474 853	677	45 83 29	310 288 733
638	40 70 44	259 694 072	678	45 96 84	311 665 752
639	40 83 21	260 917 119	679	46 10 41	313 046 839
640	40 96 00	262 144 000	680	46 24 00	314 432 000
641	41 08 81	263 374 721	681	46 37 61	315 821 241
642	41 21 04	264 609 288	682	46 51 24	317 214 568
643	41 34 49	265 847 707	683	46 64 89	318 611 987
644	41 47 36	267 089 984	684	46 78 56	320 013 504
645	41 60 25	268 836 125	685	46 92 25	321 419 125
646	41 73 16	269 586 136	686	47 05 96	322 828 856
647	41 86 09	270 840 023	687	47 19 69	324 242 703
648	41 99 04	272 097 792	688	47 33 44	325 660 672
649	42 12 01	273 359 449	689	47 47 21	327 082 769
650	42 25 00	274 625 000	690	47 61 00	328 509 000
651	42 38 01	275 894 451	691	47 74 81	329 939 371
652	42 51 04	277 167 808	692	47 88 64	331 373 888
653	42 64 09	278 445 077	693	48 02 49	332 812 557
654	42 77 16	279 726 264	694	48 16 36	334 255 384
655	42 90 25	281 011 375	695	48 30 25	335 702 375
656	43 03 36	282 300 416	696	48 44 16	337 153 536
657	43 16 49	283 593 393	697	48 58 09	338 608 873
658	43 29 04	284 890 312	698	48 72 04	340 068 392
659	43 42 81	286 191 179	699	48 86 01	341 532 099
660	43 56 00	287 496 000	700	49 00 00	343 000 000

CÔTÉ	CARRÉ	CUBE	CÔTÉ	CARRÉ	CUBE
701	49 14 01	344 472 101	741	54 90 81	406 869 021
702	49 28 04	345 948 408	742	55 05 64	408 518 488
703	49 42 09	347 428 927	743	55 20 49	410 172 407
704	49 56 16	348 913 664	744	55 35 36	411 830 784
705	49 70 25	350 402 625	745	55 50 25	413 493 625
706	49 84 36	351 895 816	746	55 65 16	415 160 936
707	49 98 49	353 393 243	747	55 80 09	416 832 723
708	50 12 64	354 894 912	748	55 95 04	418 508 992
709	50 26 81	356 400 829	749	56 10 01	420 189 749
710	50 41 00	357 911 000	750	56 25 00	421 875 000
711	50 55 21	359 425 431	751	56 40 01	423 564 751
712	50 69 44	360 944 128	752	56 55 04	425 259 008
713	50 83 69	362 467 097	753	56 70 09	426 957 777
714	50 97 96	363 994 344	754	56 85 16	428 661 064
715	51 12 25	365 525 875	755	57 00 25	430 368 875
716	51 26 56	367 061 696	756	57 15 36	432 081 216
717	51 40 89	368 601 813	757	57 30 49	433 798 093
718	51 55 24	370 146 232	758	57 45 64	435 519 512
719	51 69 61	371 694 959	759	57 60 81	437 245 479
720	51 84 00	373 248 000	760	57 76 00	438 976 000
721	51 98 41	374 805 361	761	57 91 21	440 711 081
722	52 12 84	376 367 048	762	58 06 44	442 450 728
723	52 27 29	377 933 067	763	58 21 69	444 194 947
724	52 41 76	379 503 424	764	58 36 96	445 943 744
725	52 56 25	381 078 125	765	58 52 25	447 697 125
726	52 70 76	382 657 176	766	58 67 56	449 455 096
727	52 85 29	384 240 583	767	58 82 89	451 217 663
728	52 99 84	385 828 352	768	58 98 24	452 984 832
729	53 14 41	387 420 489	769	59 13 61	454 756 609
730	53 29 00	389 017 000	770	59 29 00	456 533 000
731	53 43 61	390 617 891	771	59 44 41	458 314 011
732	53 58 24	392 223 168	772	59 59 84	460 099 648
733	53 72 89	393 832 837	773	59 75 29	461 889 017
734	53 87 56	395 446 904	774	59 90 76	463 684 824
735	54 02 25	397 065 375	775	60 06 25	465 484 375
736	54 16 96	398 688 256	776	60 21 76	467 288 576
737	54 31 69	400 315 553	777	60 37 29	469 097 433
738	54 46 44	401 947 272	778	60 52 84	470 910 952
739	54 61 21	403 583 419	779	60 68 41	472 729 139
740	54 76 00	405 224 000	780	60 84 00	474 552 000

CÔTÉ	CARRÉ	CUBE	CÔTÉ	CARRÉ	CUBE
781	60 99 61	476 379 541	821	67 40 41	553 387 661
782	61 15 24	478 211 768	822	67 56 84	555 412 248
783	61 30 89	480 048 687	823	67 73 29	557 441 767
784	61 46 56	481 890 304	824	67 89 76	559 476 224
785	61 62 25	483 736 625	825	68 06 25	561 515 625
786	61 77 96	485 587 656	826	68 22 76	563 559 976
787	61 93 69	487 443 403	827	68 39 29	565 609 283
788	62 09 44	489 303 872	828	68 55 84	567 663 552
789	62 25 21	491 169 069	829	68 72 41	569 722 789
790	62 41 00	493 039 000	830	68 89 00	571 787 000
791	62 56 81	494 913 671	831	69 05 61	573 856 191
792	62 72 64	496 793 088	832	69 22 24	575 930 368
793	62 88 49	498 677 257	833	69 38 89	578 009 537
794	63 04 36	500 566 184	834	69 55 56	580 093 704
795	63 20 25	502 459 875	835	69 72 25	582 182 875
796	63 36 16	504 358 336	836	69 88 96	584 277 056
797	63 52 09	506 261 573	837	70 05 69	586 376 253
798	63 68 04	508 169 592	838	70 22 44	588 480 472
799	63 84 01	510 082 399	839	70 39 21	590 589 719
800	64 00 00	512 000 000	840	70 56 00	592 704 000
801	64 16 01	513 922 401	841	70 72 81	594 823 321
802	64 32 04	515 849 608	842	70 89 04	596 947 688
803	64 48 09	517 781 627	843	71 06 49	599 077 107
804	64 64 16	519 718 464	844	71 23 36	601 211 584
805	64 80 25	521 660 125	845	71 40 25	603 351 125
806	64 96 36	523 606 616	846	71 57 16	605 495 736
807	65 12 49	525 557 943	847	71 74 09	607 645 423
808	65 28 64	527 514 112	848	71 91 04	609 800 192
809	65 44 81	529 475 129	849	72 08 01	611 960 049
810	65 61 00	531 441 000	850	72 25 00	614 125 000
811	65 77 21	533 411 731	851	72 42 01	616 295 051
812	65 93 44	535 387 328	852	72 59 04	618 470 208
813	66 09 69	537 367 797	853	72 76 09	620 650 477
814	66 25 96	539 353 144	854	72 93 16	622 835 864
815	66 42 25	541 343 375	855	73 10 25	625 026 375
816	66 58 56	543 338 496	856	73 27 36	627 222 016
817	66 74 89	545 338 513	857	73 44 49	629 422 793
818	66 91 24	547 343 432	858	73 61 64	631 628 712
819	67 07 61	549 353 259	859	73 78 81	633 839 779
820	67 24 00	551 368 000	860	73 96 00	636 056 000

CÔTÉ	CARRÉ	CUBE	CÔTÉ	CARRÉ	CUBE
861	74 13 21	638 277 381	901	81 18 01	731 432 701
862	74 30 44	640 503 928	902	81 36 04	733 870 808
863	74 47 69	642 735 647	903	81 54 09	736 314 327
864	74 64 96	644 972 544	904	81 72 16	738 763 264
865	74 82 25	647 214 625	905	81 90 25	741 217 625
866	74 99 56	649 461 896	906	82 08 36	743 677 416
867	75 16 89	651 714 363	907	82 26 49	746 142 643
868	75 34 24	653 972 032	908	82 44 64	748 613 312
869	75 51 61	656 234 909	909	82 62 81	751 089 429
870	75 69 00	658 503 000	910	82 81 00	753 571 000
871	75 86 41	660 776 311	911	82 99 21	756 058 031
872	76 03 84	663 054 848	912	83 17 44	758 550 528
873	76 21 29	665 338 617	913	83 35 69	761 048 497
874	76 38 76	667 627 624	914	83 53 96	763 551 944
875	76 56 25	669 921 875	915	83 72 25	766 060 875
876	76 73 76	672 221 376	916	83 90 56	768 575 296
877	76 91 29	674 526 133	917	84 08 89	771 095 213
878	77 08 84	676 836 152	918	84 27 24	773 620 632
879	77 26 41	679 151 439	919	84 45 61	776 151 559
880	77 44 00	681 472 000	920	84 64 00	778 688 000
881	77 61 61	683 797 841	921	84 82 41	781 229 961
882	77 79 24	686 128 968	922	85 00 84	783 777 448
883	77 96 89	688 465 387	923	85 19 29	786 330 467
884	78 14 56	690 807 104	924	85 37 76	788 889 024
885	78 32 25	693 154 125	925	85 56 25	791 453 125
886	78 49 96	695 506 456	926	85 74 76	794 022 776
887	78 67 69	697 864 103	927	85 93 29	796 597 983
888	78 85 44	700 227 072	928	86 11 84	799 178 752
889	79 03 21	702 595 369	929	86 30 41	801 765 089
890	79 21 00	704 969 000	930	86 49 00	804 357 000
891	79 38 81	707 347 971	931	86 67 61	806 954 491
892	79 56 64	709 732 288	932	86 86 24	809 557 568
893	79 74 49	712 121 957	933	87 04 89	812 166 237
894	79 92 36	714 516 984	934	87 23 56	814 780 504
895	80 10 25	716 917 375	935	87 42 25	817 400 375
896	80 28 16	719 323 136	936	87 60 96	820 025 856
897	80 46 09	721 734 273	937	87 79 69	822 656 953
898	80 64 04	724 150 792	938	87 98 44	825 293 672
899	80 82 01	726 572 699	939	88 17 21	827 936 019
900	81 00 00	729 000 000	940	88 36 00	830 584 000

CÔTÉ	CARRÉ	CUBE	CÔTÉ	CARRÉ	CUBE
941	88 54 81	833 237 021	971	94 28 41	915 498 011
942	88 73 64	835 896 888	972	94 47 84	918 330 048
943	88 92 49	838 561 807	973	94 67 29	921 167 317
944	89 11 36	841 232 384	974	94 86 76	924 010 424
945	89 30 25	843 908 625	975	95 06 25	926 859 875
946	89 49 16	846 590 536	976	95 25 76	929 714 176
947	89 68 09	849 278 123	977	95 45 29	932 574 833
948	89 87 04	851 971 392	978	95 64 84	935 441 352
949	90 06 01	854 670 349	979	95 84 41	938 313 739
950	90 25 00	857 375 000	980	96 04 00	941 192 000
951	90 44 01	860 085 351	981	96 23 61	944 076 141
952	90 63 04	862 801 408	982	96 43 24	946 966 168
953	90 82 09	865 523 177	983	96 62 89	949 862 087
954	91 01 16	868 250 664	984	96 82 56	952 763 904
955	91 20 25	870 983 875	985	97 02 25	955 671 625
956	91 39 36	873 722 816	986	97 21 96	958 585 256
957	91 58 49	876 467 493	987	97 41 69	961 504 803
958	91 77 64	879 217 912	988	97 61 44	964 430 272
959	91 96 81	881 974 079	989	97 81 21	967 361 669
960	92 16 00	884 736 000	990	98 01 00	970 299 000
961	92 35 21	887 503 681	991	98 20 81	973 242 271
962	92 54 44	890 277 128	992	98 40 64	976 191 488
963	92 73 69	893 056 347	993	98 60 49	979 146 657
964	92 92 96	895 841 344	994	98 80 36	982 107 784
965	93 12 25	898 632 125	995	99 00 25	985 074 875
966	93 31 56	901 428 696	996	99 20 16	988 047 936
967	93 50 89	904 231 063	997	99 40 09	991 026 973
968	93 70 24	907 039 232	998	99 60 04	994 011 992
969	93 89 61	909 853 209	999	99 80 01	997 002 999
970	94 09 00	912 673 000	1000	100 00 00	1 000 000 000

IV. — 4me et 5me puissances des nombres

COMPRIS ENTRE 1 ET 160.

Nomb.	4^e Puissance.	5^e Puissance.	Nomb.	4^e Puissance.	5^e Puissance.
1	1	1	41	2 825 761	115 856 201
2	16	32	42	3 111 696	130 691 232
3	81	243	43	3 418 801	147 008 443
4	256	1 024	44	3 748 096	164 916 224
5	625	3 125	45	4 100 625	184 528 125
6	1 296	7 776	46	4 477 456	205 962 976
7	2 401	16 807	47	4 879 681	229 345 007
8	4 096	32 768	48	5 308 416	254 803 968
9	6 561	59 049	49	5 764 801	282 475 249
10	10 000	100 000	50	6 250 000	312 500 000
11	14 641	161 051	51	6 765 201	345 025 251
12	20 736	248 832	52	7 311 616	380 204 032
13	28 561	371 293	53	7 890 481	418 195 493
14	38 416	537 824	54	8 503 056	459 165 024
15	50 625	759 375	55	9 150 625	503 284 375
16	65 536	1 048 576	56	9 834 496	550 731 776
17	83 521	1 419 857	57	10 556 001	601 692 057
18	104 976	1 889 568	58	11 316 496	656 356 768
19	130 321	2 476 099	59	12 117 361	714 924 299
20	160 000	3 200 000	60	12 960 000	777 600 000
21	194 481	4 084 101	61	13 845 841	844 596 301
22	234 256	5 153 632	62	14 776 336	916 132 832
23	279 841	6 436 343	63	15 752 961	992 436 543
24	331 776	7 962 624	64	16 777 216	1 073 741 824
25	390 625	9 765 625	65	17 850 625	1 160 290 625
26	456 976	11 881 376	66	18 974 736	1 252 332 576
27	531 441	14 348 907	67	20 151 121	1 350 125 107
28	614 656	17 210 368	68	21 381 376	1 453 933 568
29	707 281	20 511 149	69	22 667 121	1 564 031 349
30	810 000	24 300 000	70	24 010 000	1 680 700 000
31	923 521	28 629 151	71	25 411 681	1 804 229 351
32	1 048 576	33 554 432	72	26 873 856	1 934 917 632
33	1 185 921	39 135 393	73	28 398 241	2 073 071 593
34	1 336 336	45 435 424	74	29 986 576	2 219 006 624
35	1 500 625	52 521 875	75	31 640 625	2 373 046 875
36	1 679 616	60 466 176	76	33 362 176	2 535 525 376
37	1 874 161	69 343 957	77	35 153 041	2 706 784 157
38	2 085 136	79 235 168	78	37 015 056	2 887 174 368
39	2 313 441	90 224 199	79	38 950 081	3 077 056 399
40	2 560 000	102 400 000	80	40 960 000	3 276 800 000

4me ET 5me PUISSANCES DES NOMBRES.

Nomb.	4e Puissance.	5e Puissance.	Nomb.	4e Puissance.	5e Puissance.
81	43 046 721	3 486 784 401	121	214 358 881	25 937 424 601
82	45 212 176	3 707 398 432	122	221 533 456	27 027 081 632
83	47 458 321	3 939 040 643	123	228 886 641	28 153 056 843
84	49 787 136	4 182 119 424	124	236 421 376	29 316 250 624
85	52 200 625	4 437 053 125	125	244 140 625	30 517 578 125
86	54 700 816	4 704 270 176	126	252 047 376	31 757 969 376
87	57 289 761	4 984 209 207	127	260 144 641	33 038 369 407
88	59 969 536	5 277 319 168	128	268 435 456	34 359 738 368
89	62 742 241	5 584 059 449	129	276 922 881	35 723 051 649
90	65 610 000	5 904 900 000	130	285 610 000	37 129 300 000
91	68 574 961	6 240 321 451	131	294 499 921	38 579 489 651
92	71 639 296	6 590 815 232	132	303 595 776	40 074 642 432
93	74 805 201	6 956 883 693	133	312 900 721	41 615 795 893
94	78 074 896	7 339 040 224	134	322 417 936	43 204 003 424
95	81 450 625	7 737 809 375	135	332 150 625	44 840 334 375
96	84 934 656	8 153 726 976	136	342 102 016	46 525 874 176
97	88 529 281	8 587 340 257	137	352 275 361	48 261 724 457
98	92 236 816	9 039 207 968	138	362 673 936	50 049 003 168
99	96 059 601	9 509 900 499	139	373 301 041	51 886 844 099
100	100 000 000	10 000 000 000	140	384 160 000	53 782 400 000
101	104 060 401	10 510 100 501	141	395 254 161	55 730 836 701
102	108 243 216	11 040 808 032	142	406 586 896	57 735 339 232
103	112 550 881	11 592 740 743	143	418 161 601	59 797 108 943
104	116 985 856	12 166 529 024	144	429 981 696	61 917 364 224
105	121 550 625	12 762 815 625	145	442 050 625	64 097 340 625
106	126 247 696	13 382 255 776	146	454 371 856	66 338 290 976
107	131 079 601	14 025 517 307	147	466 948 881	68 641 485 507
108	136 048 896	14 693 280 768	148	479 785 216	71 008 211 968
109	141 158 161	15 386 239 549	149	492 884 401	73 439 775 749
110	146 410 000	16 105 100 000	150	506 250 000	75 937 500 000
111	151 807 041	16 850 581 551	151	519 885 601	78 502 725 751
112	157 351 936	17 623 416 832	152	533 794 816	81 136 822 032
113	163 047 361	18 424 351 793	153	547 081 281	83 841 135 993
114	168 896 016	19 254 145 824	154	562 448 656	86 617 093 024
115	174 900 625	20 113 571 875	155	577 200 625	89 466 096 875
116	181 063 936	21 003 416 576	156	592 240 896	92 389 579 776
117	187 388 721	21 924 480 357	157	607 573 201	95 388 992 557
118	193 877 776	22 877 577 568	158	623 201 296	98 465 804 768
119	200 533 921	23 863 536 599	159	639 428 961	101 621 504 799
120	207 360 000	24 883 200 000	160	655 360 000	104 857 600 000

NOMBRE	RACINE CARRÉE	RACINE CUBIQUE	NOMBRE	RACINE CARRÉE	RACINE CUBIQUE
1	1,000	1,000	31	5,568	3,141
2	1,414	1,260	32	5,657	3,175
3	1,782	1,442	33	5,745	3,208
4	2,000	1,587	34	5,831	3,240
5	2,236	1,710	35	5,916	3,271
6	2,449	1,817	36	6,000	3,302
7	2,646	1,913	37	6,083	3,332
8	2,828	2,000	38	6,164	3,362
9	3,000	2,080	39	6,244	3,391
10	3,162	2,154	40	6,325	3,420
11	3,316	2,224	41	6,403	3,448
12	3,464	2,289	42	6,481	3,476
13	3,605	2,351	43	6,557	3,503
14	3,741	2,410	44	6,633	3,530
15	3,873	2,466	45	6,708	3,557
16	4,000	2,520	46	6,782	3,583
17	4,123	2,571	47	6,856	3,609
18	4,242	2,621	48	6,928	3,634
19	4,359	2,668	49	7,000	3,659
20	4,472	2,714	50	7,071	3,684
21	4,583	2,759	51	7,141	3,708
22	4,690	2,802	52	7,211	3,733
23	4,706	2,844	53	7,280	3,756
24	4,899	2,884	54	7,348	3,780
25	5,000	2,924	55	7,416	3,803
26	5,099	2,962	56	7,483	3,826
27	5,196	3,000	57	7,550	3,848
28	5,292	3,037	58	7,616	3,871
29	5,385	3,072	59	7,681	3,893
30	5,477	3,107	60	7,746	3,915

NOMBRE	RACINE CARRÉE	RACINE CUBIQUE	NOMBRE	RACINE CARRÉE	RACINE CUBIQUE
61	7,810	3,936	101	10,049	4,657
62	7,874	3,957	102	10,099	4,672
63	7,937	3,979	103	10,148	4,687
64	8,000	4,000	104	10,198	4,702
65	8,062	4,020	105	10,246	4,717
66	8,124	4,041	106	10,295	4,732
67	8,185	4,061	107	10,344	4,747
68	8,246	4,081	108	10,392	4,762
69	8,306	4,101	109	10,440	4,776
70	8,366	4,121	110	10,488	4,791
71	8,426	4,141	111	10,535	4,805
72	8,485	4,160	112	10,583	4,820
73	8,544	4,179	113	10,630	4,834
74	8,602	4,198	114	10,677	4,848
75	8,660	4,217	115	10,723	4,862
76	8,718	4,236	116	10,770	4,876
77	8,775	4,254	117	10,816	4,890
78	8,832	4,272	118	10,862	4,904
79	8,888	4,291	119	10,908	4,918
80	8,944	4,309	120	10,954	4,932
81	9,000	4,326	121	11,000	4,946
82	9,055	4,344	122	11,045	4,959
83	9,110	4,362	123	11,090	4,973
84	9,165	4,379	124	11,135	4,986
85	9,220	4,397	125	11,180	5,000
86	9,274	4,414	126	11,224	5,013
87	9,327	4,431	127	11,269	5,026
88	9,381	4,448	128	11,313	5,039
89	9,434	4,464	129	11,357	5,052
90	9,487	4,481	130	11,401	5,065
91	9,539	4,498	131	11,445	5,078
92	9,592	4,514	132	11,489	5,091
93	9,644	4,530	133	11,532	5,104
94	9,695	4,546	134	11,575	5,117
95	9,747	4,562	135	11,618	5,129
96	9,798	4,578	136	11,661	5,142
97	9,849	4,594	137	11,704	5,155
98	9,899	4,610	138	11,747	5,167
99	9,950	4,626	139	11,789	5,180
100	10,000	4,641	140	11,832	5,192

NOMBRE	RACINE CARRÉE	RACINE CUBIQUE	NOMBRE	RACINE CARRÉE	RACINE CUBIQUE
141	11,874	5,204	181	13,453	5,656
142	11,916	5,217	182	13,490	5,667
143	11,958	5,229	183	13,527	5,677
144	12,000	5,241	184	13,564	5,687
145	12,041	5,253	185	13,601	5,693
146	12,083	5,265	186	13,638	5,708
147	12,124	5,277	187	13,674	5,718
148	12,165	5,289	188	13,711	5,728
149	12,206	5,301	189	13,747	5,738
150	12,247	5,313	190	13,784	5,748
151	12,289	5,325	191	13,820	5,758
152	12,328	5,336	192	13,856	5,768
153	12,369	5,348	193	13,892	5,778
154	12,409	5,360	194	13,928	5,788
155	12,449	5,371	195	13,964	5,798
156	12,490	5,383	196	14,000	5,808
157	12,529	5,394	197	14,035	5,818
158	12,569	5,406	198	14,071	5,828
159	12,609	5,417	199	14,106	5,838
160	12,649	5,428	200	14,142	5,848
161	12,689	5,440	201	14,177	5,857
162	12,727	5,451	202	14,212	5,867
163	12,767	5,462	203	14,247	5,877
164	12,800	5,473	204	14,282	5,886
165	12,845	5,484	205	14,317	5,896
166	12,884	5,495	206	14,352	5,905
167	12,922	5,506	207	14,387	5,915
168	12,961	5,517	208	14,422	5,924
169	13,000	5,528	209	14,456	5,934
170	13,038	5,539	210	14,491	5,943
171	13,070	5,550	211	14,525	5,953
172	13,114	5,561	212	14,560	5,962
173	13,152	5,572	213	14,594	5,972
174	13,190	5,582	214	14,628	5,981
175	13,228	5,593	215	14,662	5,990
176	13,266	5,604	216	14,696	6,000
177	13,304	5,614	217	14,730	6,009
178	13,341	5,625	218	14,764	6,018
179	13,379	5,635	219	14,798	6,027
180	13,416	5,646	220	14,832	6,036

2.

NOMBRE	RACINE CARRÉE	RACINE CUBIQUE	NOMBRE	RACINE CARRÉE	RACINE CUBIQUE
221	14,866	6,046	261	16,155	6,390
222	14,899	6,055	262	16,186	6,398
223	14,933	6,064	263	16,217	6,406
224	14,966	6,073	264	16,248	6,415
225	15,000	6,082	265	16,278	6,423
226	15,033	6,091	266	16,309	6,431
227	15,066	6,100	267	16,340	6,439
228	15,099	6,109	268	16,370	6,447
229	15,132	6,118	269	16,401	6,455
230	15,165	6,126	270	16,431	6,463
231	15,198	6,135	271	16,462	6,471
232	15,231	6,144	272	16,492	6,479
233	15,264	6,153	273	16,522	6,487
234	15,297	6,162	274	16,552	6,495
235	15,329	6,171	275	16,583	6,502
236	15,362	6,179	276	16,613	6,510
237	15,394	6,188	277	16,643	6,518
238	15,427	6,197	278	16,673	6,526
239	15,459	6,205	279	16,703	6,534
240	15,491	6,214	280	16,733	6,542
241	15,524	6,223	281	16,763	6,550
242	15,556	6,231	282	16,792	6,557
243	15,588	6,240	283	16,822	6,565
244	15,620	6,248	284	16,852	6,573
245	15,652	6,257	285	16,881	6,580
246	15,684	6,265	286	16,911	6,588
247	15,716	6,274	287	16,941	6,596
248	15,748	6,282	288	16,970	6,603
249	15,779	6,291	289	17,000	6,611
250	15,811	6,299	290	17,029	6,619
251	15,842	6,307	291	17,059	6,627
252	15,874	6,316	292	17,088	6,634
253	15,905	6,324	293	17,117	6,642
254	15,937	6,333	294	17,146	6,649
255	15,968	6,341	295	17,176	6,657
256	16,000	6,349	296	17,205	6,664
257	16,031	6,357	297	17,234	6,672
258	16,062	6,366	298	17,263	6,679
259	16,093	6,374	299	17,292	6,687
260	16,124	6,382	300	17,320	6,694

NOMBRE	RACINE CARRÉE	RACINE CUBIQUE	NOMBRE	RACINE CARRÉE	RACINE CUBIQUE
301	17,349	6,702	341	18,466	6,986
302	17,378	6,709	342	18,493	6,993
303	17,407	6,717	343	18,520	7,000
304	17,436	6,724	344	18,547	7,007
305	17,464	6,731	345	18,574	7,014
306	17,493	6,739	346	18,601	7,020
307	17,521	6,746	347	18,628	7,027
308	17,549	6,753	348	18,655	7,034
309	17,578	6,761	349	18,681	7,040
310	17,607	6,768	350	18,708	7,047
311	17,635	6,775	351	18,735	7,054
312	17,663	6,782	352	18,762	7,061
313	17,692	6,789	353	18,788	7,067
314	17,720	6,797	354	18,815	7,074
315	17,748	6,804	355	18,842	7,081
316	17,776	6,811	356	18,868	7,087
317	17,804	6,818	357	18,894	7,094
318	17,832	6,826	358	18,921	7,101
319	17,860	6,833	359	18,947	7,107
320	17,888	6,840	360	18,974	7,114
321	17,916	6,847	361	19,000	7,120
322	17,944	6,854	362	19,026	7,127
323	17,972	6,861	363	19,052	7,133
324	18,000	6,868	364	19,079	7,140
325	18,028	6,875	365	19,105	7,146
326	18,055	6,882	366	19,131	7,153
327	18,083	6,889	367	19,157	7,159
328	18,111	6,896	368	19,183	7,166
329	18,138	6,903	369	19,209	7,172
330	18,166	6,910	370	19,235	7,179
331	18,193	6,917	371	19,261	7,185
332	18,221	6,924	372	19,287	7,192
333	18,248	6,931	373	19,313	7,198
334	18,276	6,938	374	19,339	7,205
335	18,303	6,945	375	19,365	7,211
336	18,330	6,952	376	19,391	7,218
337	18,357	6,959	377	19,416	7,224
338	18,385	6,966	378	19,442	7,230
339	18,412	6,973	379	19,468	7,237
340	18,439	6,979	380	19,493	7,243

NOMBRE	RACINE CARRÉE	RACINE CUBIQUE	NOMBRE	RACINE CARRÉE	RACINE CUBIQUE
381	19,519	7,249	421	20,518	7,495
382	19,545	7,256	422	20,543	7,501
383	19,570	7,262	423	20,567	7,507
384	19,596	7,268	424	20,591	7,513
385	19,621	7,275	425	20,615	7,518
386	19,647	7,281	426	20,639	7,524
387	19,672	7,287	427	20,664	7,530
388	19,698	7,294	428	20,688	7,536
389	19,723	7,300	429	20,712	7,542
390	19,748	7,306	430	20,736	7,548
391	19,774	7,312	431	20,760	7,554
392	19,799	7,319	432	20,785	7,559
393	19,824	7,325	433	20,809	7,565
394	19,849	7,331	434	20,833	7,571
395	19,875	7,337	435	20,857	7,577
396	19,900	7,343	436	20,881	7,583
397	19,925	7,349	437	20,904	7,588
398	19,950	7,356	438	20,928	7,594
399	19,975	7,362	439	20,952	7,600
400	20,000	7,368	440	20,976	7,606
401	20,025	7,374	441	21,000	7,612
402	20,049	7,380	442	21,024	7,617
403	20,075	7,386	443	21,047	7,623
404	20,099	7,392	444	21,071	7,629
405	20,125	7,399	445	21,095	7,635
406	20,149	7,405	446	21,119	7,640
407	20,174	7,411	447	21,142	7,646
408	20,199	7,417	448	21,166	7,652
409	20,224	7,423	449	21,189	7,657
410	20,248	7,429	450	21,213	7,663
411	20,273	7,435	451	21,237	7,669
412	20,298	7,441	452	21,260	7,674
413	20,322	7,447	453	21,284	7,680
414	20,347	7,453	454	21,307	7,686
415	20,371	7,459	455	21,331	7,691
416	20,396	7,465	456	21,354	7,697
417	20,421	7,471	457	21,377	7,703
418	20,445	7,477	458	21,401	7,708
419	20,469	7,483	459	21,424	7,714
420	20,494	7,489	460	21,447	7,719

NOMBRE	RACINE CARRÉE	RACINE CUBIQUE	NOMBRE	RACINE CARRÉE	RACINE CUBIQUE
461	21,471	7,725	501	22,383	7,942
462	21,494	7,731	502	22,405	7,947
463	21,517	7,736	503	22,428	7,953
464	21,541	7,742	504	22,449	7,958
465	21,564	7,747	505	22,472	7,963
466	21,587	7,753	506	22,494	7,969
467	21,610	7,758	507	22,517	7,974
468	21,633	7,764	508	22,539	7,979
469	21,656	7,769	509	22,561	7,984
470	21,679	7,775	510	22,583	7,989
471	21,702	7,780	511	22,605	7,995
472	21,725	7,786	512	22,627	8,000
473	21,749	7,791	513	22,649	8,005
474	21,771	7,797	514	22,671	8,010
475	21,794	7,802	515	22,694	8,016
476	21,817	7,808	516	22,716	8,021
477	21,840	7,813	517	22,738	8,026
478	21,863	7,819	518	22,760	8,031
479	21,886	7,824	519	22,782	8,036
480	21,909	7,830	520	22,803	8,041
481	21,932	7,835	521	22,825	8,047
482	21,954	7,841	522	22,847	8,052
483	21,977	7,846	523	22,869	8,057
484	22,000	7,851	524	22,891	8,062
485	22,023	7,857	525	22,913	8,067
486	22,045	7,862	526	22,935	8,072
487	22,069	7,868	527	22,956	8,077
488	22,091	7,873	528	22,978	8,082
489	22,113	7,878	529	23,000	8,087
490	22,136	7,884	530	23,022	8,093
491	22,158	7,889	531	23,043	8,098
492	22,181	7,894	532	23,065	8,103
493	22,2[illegible]	7,899	533	23,087	8,108
494	22,[illegible]	7,905	534	23,108	8,113
495	22,248	7,910	535	23,130	8,118
496	22,271	7,915	536	23,152	8,123
497	22,293	7,921	537	23,173	8,128
498	22,316	7,926	538	23,195	8,133
499	22,338	7,932	539	23,216	8,138
500	22,361	7,937	540	23,238	8,143

NOMBRE	RACINE CARRÉE	RACINE CUBIQUE	NOMBRE	RACINE CARRÉE	RACINE CUBIQUE
541	23,259	8,148	581	24,104	8,344
542	23,281	8,153	582	24,125	8,349
543	23,302	8,158	583	24,145	8,354
544	23,324	8,163	584	24,166	8,359
545	23,345	8,168	585	24,187	8,363
546	23,367	8,173	586	24,207	8,368
547	23,388	8,178	587	24,228	8,373
548	23,409	8,183	588	24,249	8,378
549	23,431	8,188	589	24,269	8,382
550	23,452	8,193	590	24,290	8,387
551	23,473	8,198	591	24,310	8,392
552	23,495	8,203	592	24,331	8,397
553	23,516	8,208	593	24,351	8,401
554	23,537	8,213	594	24,372	8,406
555	23,558	8,218	595	24,393	8,411
556	23,579	8,223	596	24,413	8,415
557	23,601	8,228	597	24,433	8,420
558	23,622	8,233	598	24,454	8,425
559	23,643	8,238	599	24,474	8,429
560	23,664	8,242	600	24,495	8,434
561	23,685	8,247	601	24,515	8,439
562	23,706	8,252	602	24,536	8,444
563	23,728	8,257	603	24,556	8,448
564	23,749	8,262	604	24,576	8,453
565	23,769	8,267	605	24,597	8,458
566	23,791	8,272	606	24,617	8,462
567	23,812	8,277	607	24,637	8,467
568	23,833	8,282	608	24,658	8,472
569	23,854	8,286	609	24,678	8,476
570	23,875	8,291	610	24,698	8,481
571	23,896	8,296	611	24,718	8,485
572	23,916	8,301	612	24,739	8,490
573	23,937	8,306	613	24,759	8,495
574	23,958	8,311	614	24,779	8,499
575	23,979	8,315	615	24,799	8,504
576	24,000	8,320	616	24,819	8,509
577	24,021	8,325	617	24,839	8,513
578	24,042	8,330	618	24,859	8,518
579	24,062	8,335	619	24,879	8,522
580	24,083	8,339	620	24,900	8,527

NOMBRE	RACINE CARRÉE	RACINE CUBIQUE	NOMBRE	RACINE CARRÉE	RACINE CUBIQUE
621	24,910	8,532	661	25,710	8,711
622	24,930	8,536	662	25,720	8,715
623	24,950	8,541	663	25,740	8,719
624	24,980	8,545	664	25,768	8,724
625	25,000	8,549	665	25,787	8,728
626	25,019	8,554	666	25,807	8,733
627	25,040	8,550	667	25,826	8,737
628	25,050	8,563	668	25,846	8,742
629	25,070	8,568	669	25,865	8,746
630	25,099	8,573	670	25,884	8,750
631	25,110	8,577	671	25,904	8,754
632	25,139	8,582	672	25,928	8,759
633	25,159	8,586	673	25,942	8,763
634	25,170	8,591	674	25,961	8,768
635	25,190	8,595	675	25,981	8,772
636	25,219	8,599	676	26,000	8,776
637	25,239	8,604	677	26,019	8,781
638	25,250	8,609	678	26,038	8,785
639	25,278	8,613	679	26,058	8,789
640	25,298	8,618	680	26,077	8,794
641	25,318	8,622	681	26,096	8,798
642	25,338	8,627	682	26,115	8,802
643	25,357	8,631	683	26,134	8,807
644	25,377	8,636	684	26,153	8,811
645	25,397	8,640	685	26,172	8,815
646	25,416	8,644	686	26,192	8,819
647	25,436	8,649	687	26,211	8,824
648	25,456	8,653	688	26,230	8,828
649	25,475	8,658	689	26,240	8,832
650	25,495	8,662	690	26,268	8,836
651	25,515	8,667	691	26,287	8,841
652	25,534	8,671	692	26,306	8,845
653	25,554	8,676	693	26,325	8,849
654	25,573	8,680	694	26,344	8,853
655	25,593	8,684	695	26,363	8,858
656	25,612	8,689	696	26,382	8,862
657	25,632	8,693	697	26,401	8,866
658	25,651	8,698	698	26,419	8,870
659	25,671	8,702	699	26,439	8,875
660	25,690	8,706	700	26,457	8,879

NOMBRE	RACINE CARRÉE	RACINE CUBIQUE	NOMBRE	RACINE CARRÉE	RACINE CUBIQUE
701	26,470	8,888	741	27,221	9,049
702	26,495	8,887	742	27,239	9,053
703	26,514	8,692	743	27,258	9,057
704	26,533	8,806	744	27,270	9,061
705	26,552	8,900	745	27,295	9,065
706	26,571	8,904	746	27,313	9,069
707	26,589	8,908	747	27,331	9,073
708	26,608	8,913	748	27,349	9,077
709	26,627	8,917	749	27,368	9,081
710	26,645	8,921	750	27,386	9,085
711	26,664	8,925	751	27,404	9,089
712	26,683	8,929	752	27,423	9,094
713	26,702	8,934	753	27,441	9,098
714	26,721	8,938	754	27,459	9,102
715	26,739	8,942	755	27,477	9,106
716	26,758	8,946	756	27,495	9,110
717	26,777	8,950	757	27,514	9,114
718	26,795	8,954	758	27,532	9,118
719	26,814	8,959	759	27,550	9,122
720	26,833	8,963	760	27,568	9,126
721	26,851	8,967	761	27,586	9,130
722	26,870	8,971	762	27,604	9,134
723	26,889	8,975	763	27,622	9,138
724	26,907	8,979	764	27,640	9,142
725	26,926	8,983	765	27,659	9,146
726	26,944	8,988	766	27,677	9,150
727	26,963	8,992	767	27,695	9,154
728	26,981	8,996	768	27,713	9,158
729	27,000	9,000	769	27,731	9,162
730	27,018	9,004	770	27,749	9,166
731	27,037	9,008	771	27,767	9,170
732	27,055	9,012	772	27,785	9,174
733	27,074	9,016	773	27,803	9,178
734	27,092	9,020	774	27,821	9,182
735	27,111	9,024	775	27,839	9,185
736	27,129	9,029	776	27,857	9,189
737	27,148	9,033	777	27,875	9,193
738	27,166	9,037	778	27,893	9,197
739	27,184	9,041	779	27,911	9,201
740	27,203	9,045	780	27,928	9,205

NOMBRE	RACINE CARRÉE	RACINE CUBIQUE	NOMBRE	RACINE CARRÉE	RACINE CUBIQUE
781	27,946	9,209	821	28,653	9,364
782	27,964	9,213	822	28,671	9,368
783	27,982	9,217	823	28,688	9,371
784	28,000	9,221	824	28,705	9,375
785	28,018	9,225	825	28,723	9,379
786	28,036	9,229	826	28,740	9,383
787	28,054	9,233	827	28,758	9,386
788	28,071	9,237	828	28,775	9,390
789	28,089	9,240	829	28,792	9,394
790	28,107	9,244	830	28,810	9,398
791	28,125	9,248	831	28,827	9,402
792	28,142	9,252	832	28,844	9,405
793	28,160	9,256	833	28,862	9,409
794	28,178	9,260	834	28,879	9,413
795	28,196	9,264	835	28,896	9,417
796	28,213	9,268	836	28,914	9,420
797	28,231	9,272	837	28,931	9,424
798	28,249	9,275	838	28,948	9,428
799	28,267	9,279	839	28,965	9,432
800	28,284	9,283	840	28,983	9,435
801	28,302	9,287	841	29,000	9,439
802	28,320	9,291	842	29,017	9,443
803	28,337	9,295	843	29,034	9,447
804	28,355	9,299	844	29,052	9,450
805	28,373	9,302	845	29,069	9,454
806	28,390	9,306	846	29,086	9,458
807	28,408	9,310	847	29,103	9,462
808	28,426	9,314	848	29,120	9,465
809	28,443	9,318	849	29,138	9,469
810	28,460	9,322	850	29,155	9,473
811	28,476	9,326	851	29,172	9,476
812	28,496	9,329	852	29,189	9,480
813	28,513	9,333	853	29,206	9,484
814	28,531	9,337	854	29,223	9,488
815	28,548	9,341	855	29,240	9,491
816	28,566	9,345	856	29,257	9,495
817	28,583	9,348	857	29,275	9,499
818	28,601	9,352	858	29,292	9,502
819	28,618	9,356	859	29,309	9,506
820	28,636	9,360	860	29,326	9,510

NOMBRE	RACINE CARRÉE	RACINE CUBIQUE	NOMBRE	RACINE CARRÉE	RACINE CUBIQUE
861	29,343	9,514	901	30,017	9,658
862	29,360	9,517	902	30,033	9,662
863	29,377	9,521	903	30,050	9,666
864	29,394	9,524	904	30,067	9,669
865	29,411	9,528	905	30,083	9,673
866	29,428	9,532	906	30,100	9,676
867	29,445	9,535	907	30,116	9,680
868	29,462	9,539	908	30,133	9,683
869	29,479	9,543	909	30,150	9,687
870	29,496	9,546	910	30,166	9,691
871	29,513	9,550	911	30,183	9,694
872	29,530	9,554	912	30,199	9,698
873	29,547	9,557	913	30,216	9,701
874	29,563	9,561	914	30,232	9,705
875	29,580	9,565	915	30,249	9,708
876	29,597	9,568	916	30,265	9,712
877	29,614	9,572	917	30,282	9,715
878	29,631	9,576	918	30,299	9,719
879	29,648	9,579	919	30,315	9,722
880	29,665	9,583	920	30,332	9,726
881	29,682	9,586	921	30,348	9,729
882	29,698	9,590	922	30,364	9,733
883	29,715	9,594	923	30,381	9,736
884	29,732	9,597	924	30,397	9,740
885	29,749	9,601	925	30,414	9,743
886	29,766	9,605	926	30,430	9,747
887	29,783	9,608	927	30,447	9,750
888	29,799	9,612	928	30,463	9,754
889	29,816	9,615	929	30,480	9,758
890	29,833	9,619	930	30,496	9,761
891	29,850	9,623	931	30,512	9,764
892	29,866	9,626	932	30,529	9,768
893	29,883	9,630	933	30,545	9,771
894	29,900	9,633	934	30,561	9,775
895	29,917	9,637	935	30,578	9,778
896	29,933	9,641	936	30,594	9,782
897	29,950	9,644	937	30,610	9,785
898	29,967	9,648	938	30,627	9,789
899	29,983	9,651	939	30,643	9,792
900	30,000	9,655	940	30,659	9,796

NOMBRE	RACINE CARRÉE	RACINE CUBIQUE	NOMBRE	RACINE CARRÉE	RACINE CUBIQUE
941	30,676	9,799	971	31,161	9,902
942	30,692	9,803	972	31,177	9,906
943	30,708	9,806	973	31,193	9,909
944	30,725	9,810	974	31,209	9,913
945	30,741	9,813	975	31,225	9,916
946	30,757	9,817	976	31,241	9,919
947	30,773	9,820	977	31,257	9,923
948	30,790	9,824	978	31,273	9,926
949	30,806	9,827	979	31,289	9,930
950	30,822	9,830	980	31,305	9,933
951	30,838	9,834	981	31,321	9,936
952	30,854	9,837	982	31,337	9,940
953	30,871	9,841	983	31,353	9,943
954	30,887	9,844	984	31,369	9,946
955	30,903	9,848	985	31,385	9,950
956	30,919	9,851	986	31,401	9,953
957	30,935	9,855	987	31,417	9,956
958	30,952	9,858	988	31,432	9,960
959	30,968	9,861	989	31,448	9,963
960	30,984	9,865	990	31,464	9,967
961	31,000	9,868	991	31,480	9,970
962	31,016	9,872	992	31,496	9,973
963	31,032	9,875	993	31,512	9,977
964	31,048	9,879	994	31,528	9,980
965	31,064	9,882	995	31,544	9,983
966	31,081	9,885	996	31,559	9,987
967	31,097	9,889	997	31,575	9,990
968	31,113	9,892	998	31,591	9,993
969	31,129	9,896	999	31,607	9,997
970	31,145	9,899	1000	31,623	10,000

VI. — Cercle et Circonférence.

DIAMÈTRE.	CIRCONFÉRENCE.	SURFACE.	DIAMÈTRE.	CIRCONFÉRENCE.	SURFACE.
1	3,142	0,78 53 98 16	31	97,389	7 54,76 76 35
2	6,283	3,14 15 92 65	32	100,531	8 04,24 77 19
3	9,425	7,06 85 83 47	33	103,673	8 55,29 86 00
4	12,566	12,56 63 70 61	34	106,814	9 07,92 02 77
5	15,708	19,63 49 54 09	35	109,956	9 62,11 29 51
6	18,850	28,27 43 33 88	36	113,097	10 17,87 60 20
7	21,991	38,48 45 10 01	37	116,239	10 75,21 00 86
8	25,133	50,26 54 82 46	38	119,381	11 34,11 49 49
9	28,274	63,61 72 51 24	39	122,522	11 94,59 06 07
10	31,416	78,53 98 16 34	40	125,664	12 50,63 70 61
11	34,558	95,03 31 78	41	128,805	13 20,25 43 13
12	37,699	1 13,09 73 36	42	131,947	13 85,44 23 60
13	40,841	1 32,73 22 90	43	135,088	14 52,20 12 04
14	43,982	1 53,03 80 40	44	138,230	15 20,53 08 45
15	47,124	1 76,71 45 87	45	141,372	15 90,43 12 81
16	50,265	2 01,06 19 30	46	144,513	16 61,00 25 14
17	53,407	2 26,98 00 69	47	147,655	17 34,94 45 44
18	56,549	2 54,46 90 05	48	150,796	18 09,55 78 69
19	59,690	2 83,52 87 37	49	153,938	18 85,74 09 91
20	62,832	3 14,15 92 65	50	157,080	19 63,49 54 09
21	65,973	3 46,36 05 90	51	160,221	20 42,82 06 23
22	69,115	3 80,13 27 11	52	163,363	21 23,71 66 34
23	72,257	4 15,47 56 20	53	166,504	22 06,18 34 41
24	75,398	4 52,38 93 42	54	169,646	22 90,22 10 45
25	78,540	4 90,87 38 52	55	172,788	23 75,82 94 45
26	81,681	5 30,92 91 59	56	175,929	24 63,00 86 41
27	84,823	5 72,55 52 61	57	179,071	25 51,75 86 34
28	87,965	6 15,76 21 60	58	182,212	26 42,07 94 23
29	91,106	6 60,54 98 46	59	185,354	27 33,97 10 08
30	94,248	7 06,85 83 47	60	188,496	28 27,43 33 88

DIAMÈTRE.	CIRCON-FÉRENCE.	SURFACE.	DIAMÈTRE.	CIRCON-FÉRENCE.	SURFACE.
61	191,637	29 22,46 05 66	101	317,301	80 11,84 07
62	194,779	30 19,07 05 40	102	320,442	81 71,28 25
63	197,920	31 17,24 53 11	103	323,584	83 32,28 91
64	201,062	32 16,99 08 76	104	326,726	84 94,86 65
65	204,204	33 18,80 72 41	105	329,867	86 59,01 47
66	207,345	34 21,19 44 01	106	333,009	88 24,73 38
67	210,487	35 25,65 23 57	107	336,150	89 92,02 30
68	213,628	36 31,68 11 09	108	339,292	91 60,88 42
69	216,770	37 39,28 06 57	109	342,434	93 31,31 56
70	219,911	38 48,45 10 01	110	345,575	95 03,31 78
71	223,053	39 59,19 21 42	111	348,717	96 76,89 08
72	226,195	40 71,50 40 79	112	351,858	98 52,03 40
73	229,336	41 85,88 68 13	113	355,000	1 00 28,74 91
74	232,478	43 00,84 03 44	114	358,142	1 02 07,03 45
75	235,619	44 17,86 46 70	115	361,283	1 03 86,89 07
76	238,761	45 36,45 97 93	116	364,425	1 05 68,31 77
77	241,903	46 56,62 57 12	117	367,566	1 07 51,31 54
78	245,044	47 78,36 24 28	118	370,708	1 09 35,88 40
79	248,186	49 01,66 99 40	119	373,849	1 11 22,02 34
80	251,327	50 26,54 82 46	120	376,991	1 13 09,73 36
81	254,469	51 52,99 73 50	121	380,133	1 14 99,01 45
82	257,611	52 81,01 72 51	122	383,274	1 16 89,86 63
83	260,752	54 10,60 79 48	123	386,416	1 18 82,28 88
84	263,894	55 41,76 04 42	124	389,557	1 20 76,28 21
85	267,035	56 74,50 17 32	125	392,699	1 22 71,84 63
86	270,177	58 08,80 48 16	126	395,841	1 24 68,98 12
87	273,310	59 44,67 87 00	127	398,982	1 26 67,68 69
88	276,460	60 82,12 83 79	128	402,124	1 28 67,96 34
89	270,602	62 21,13 88 54	129	405,265	1 30 69,81 08
90	282,743	63 61,72 51 24	130	408,407	1 32 73,22 90
91	285,885	65 03,86 21 91	131	411,540	1 34 78,21 70
92	289,027	66 47,61 00 50	132	414,690	1 36 84,77 76
93	292,168	67 92,90 87 16	133	417,832	1 38 92,90 81
94	295,810	69 39,77 81 73	134	420,973	1 41 02,60 04
95	298,451	70 88,21 84 26	135	424,115	1 43 13,88 15
96	301,593	72 38,22 94 75	136	427,257	1 45 26,72 44
97	304,734	73 89,81 13 21	137	430,398	1 47 41,13 81
98	307,876	75 42,96 39 03	138	433,540	1 49 57,12 25
99	311,018	76 97,68 74 02	139	436,681	1 51 74,67 78
100	314,159	78 53,98 10 34	140	439,823	1 53 93,80 40

DIAMÈTRE.	CIRCON-FÉRENCE.	SURFACE.	DIAMÈTRE.	CIRCON-FÉRENCE.	SURFACE.
141	442,965	1 56 14,50 00	181	568,628	2 57 30,42 02
142	446,106	1 58 36,76 85	182	571,770	2 60 15,52 88
143	449,248	1 60 60,60 70	183	574,911	2 63 02,19 91
144	452,389	1 62 86,01 63	184	578,053	2 65 90,44 02
145	455,531	1 65 12,09 63	185	581,195	2 68 80,25 21
146	458,673	1 67 41,54 72	186	584,336	2 71 71,63 48
147	461,814	1 69 71,66 88	187	587,478	2 74 64,58 83
148	464,956	1 72 03,36 13	188	590,619	2 77 59,11 26
149	468,007	1 74 36,62 45	189	593,761	2 80 55,20 77
150	471,239	1 76 71,45 87	190	596,903	2 83 52,87 37
151	474,381	1 79 07,86 35	191	600,044	2 86 52,11 04
152	477,522	1 81 45,88 92	192	603,186	2 89 52,91 70
153	480,664	1 83 85,38 56	193	606,327	2 92 55,20 02
154	483,805	1 86 26,50 28	194	609,469	2 95 59,24 58
155	486,947	1 88 69,10 09	195	612,611	2 98 04,76 52
156	490,088	1 91 13,44 97	196	615,752	3 01 71,85 58
157	493,230	1 93 59,27 93	197	618,894	3 04 80,51 73
158	496,372	1 96 06,67 97	198	622,035	3 07 90,74 06
159	499,513	1 98 55,65 09	199	625,177	3 11 02,55 27
160	502,655	2 01 06,10 30	200	628,319	3 14 15,92 65
161	505,796	2 03 58,30 58	201	631,460	3 17 30,87 12
162	508,938	2 06 11,98 94	202	634,602	3 20 47,38 67
163	512,080	2 08 67,24 38	203	637,743	3 23 65,47 29
164	515,221	2 11 24,06 90	204	640,885	3 26 85,13 00
165	518,363	2 13 82,46 50	205	644,026	3 30 06,35 78
166	521,504	2 16 42,43 18	206	647,168	3 33 29,15 64
167	524,646	2 19 03,96 94	207	650,310	3 36 53,52 59
168	527,788	2 21 67,07 77	208	653,451	3 39 79,46 61
169	530,929	2 24 31,75 68	209	656,593	3 43 06,97 71
170	534,071	2 26 98,00 69	210	659,734	3 46 36,05 90
171	537,212	2 29 65,82 77	211	662,876	3 49 66,71 16
172	540,354	2 32 35,21 93	212	666,018	3 52 98,93 51
173	543,496	2 35 06,18 16	213	669,159	3 56 32,72 98
174	546,637	2 37 78,71 48	214	672,301	3 59 68,09 43
175	549,779	2 40 52,81 87	215	675,442	3 63 05,08 01
176	552,920	2 43 28,49 35	216	678,584	3 66 43,64 41
177	556,062	2 46 05,79 30	217	681,726	3 69 83,64 41
178	559,203	2 48 84,55 54	218	684,867	3 73 25,26 23
179	562,344	2 51 64,94 25	219	688,009	3 76 68,48 13
180	565,487	2 54 46,90 05	220	691,150	3 80 13,27 11

CERCLE.

DIAMÈTRE.	CIRCON-FÉRENCE.	SURFACE.	DIAMÈTRE.	CIRCON-FÉRENCE.	SURFACE.
221	694,292	3 83 59,63 17	261	819,956	5 35 02,10 83
222	697,434	3 87 07,56 81	262	823,097	5 39 12,87 15
223	700,575	3 90 57,06 53	263	826,239	5 43 25,20 56
224	703,717	3 94 08,13 82	264	829,380	5 47 39,11 04
225	706,858	3 97 60,78 20	265	832,522	5 51 54,58 60
226	710,000	4 01 14,09 66	266	835,664	5 55 71,63 25
227	713,142	4 04 70,78 20	267	838,805	5 59 90,24 97
228	716,283	4 08 28,13 81	268	841,947	5 64 10,43 77
229	719,425	4 11 87,06 51	269	845,088	5 68 32,19 65
230	722,566	4 15 47,56 20	270	848,230	5 72 55,52 61
231	725,708	4 19 09,63 14	271	851,372	5 76 80,42 65
232	728,850	4 22 73,27 08	272	854,513	5 81 06,89 77
233	731,991	4 26 38,48 00	273	857,655	5 85 34,03 97
234	735,133	4 30 05,26 18	274	860,796	5 89 64,55 25
235	738,274	4 33 73,61 80	275	863,938	5 93 95,78 01
236	741,416	4 37 43,53 61	276	867,080	5 98 28,49 05
237	744,557	4 41 15,02 04	277	870,221	6 02 62,81 57
238	747,699	4 44 88,00 36	278	873,363	6 06 98,71 17
239	750,841	4 48 62,72 85	279	876,504	6 11 36,17 84
240	753,982	4 52 38,93 42	280	879,646	6 15 75,21 60
241	757,124	4 56 16,71 07	281	882,788	6 20 15,82 44
242	760,265	4 59 96,05 81	282	885,929	6 24 58,00 36
243	763,407	4 63 76,07 62	283	889,071	6 29 01,75 35
244	766,549	4 67 59,40 51	284	892,212	6 33 47,07 43
245	769,690	4 71 43,52 48	285	895,354	6 37 93,96 68
246	772,832	4 75 29,15 53	286	898,496	6 42 42,42 82
247	775,973	4 79 16,35 65	287	901,637	6 46 92,46 13
248	779,115	4 83 05,12 86	288	904,779	6 51 44,06 63
249	782,257	4 86 95,47 15	289	907,920	6 55 07,24 00
250	785,398	4 90 87,38 52	290	911,062	6 60 51,08 56
251	788,540	4 94 80,86 97	291	914,203	6 65 08,30 10
252	791,681	4 98 75,92 50	292	917,345	6 69 66,18 00
253	794,823	5 02 72,55 11	293	920,487	6 74 25,64 70
254	797,965	5 06 70,74 70	294	923,628	6 78 86,67 57
255	801,106	5 10 70,51 50	295	926,770	6 83 49,27 52
256	804,248	5 14 71,85 40	296	929,911	6 88 13,44 55
257	807,389	5 18 74,76 38	297	933,053	6 92 79,18 06
258	810,531	5 22 79,24 33	298	936,195	6 97 46,49 85
259	813,673	5 26 85,20 42	299	939,336	7 02 15,38 12
260	816,814	5 30 92,91 50	300	942,478	7 06 85,83 47

DIAMÈTRE.	CIRCON-FÉRENCE.	SURFACE.	DIAMÈTRE.	CIRCON-FÉRENCE.	SURFACE.
301	945,619	7 11 57,85 90	341	1071,283	9 13 26,88 39
302	948,761	7 16 31,45 41	342	1074,425	9 18 63,31 08
303	951,903	7 21 06,62 00	343	1077,566	9 24 01,30 85
304	955,044	7 25 83,35 60	344	1080,708	9 29 40,87 71
305	958,186	7 30 61,66 41	345	1083,840	9 34 82,01 64
306	961,327	7 35 41,54 24	346	1086,991	9 40 24,72 65
307	964,469	7 40 22,99 15	347	1090,133	9 45 69,00 75
308	967,611	7 45 06,01 13	348	1093,274	9 51 14,85 92
309	970,752	7 49 90,60 20	349	1096,416	9 56 62,28 17
310	973,894	7 54 76,76 35	350	1099,557	9 62 11,27 51
311	977,035	7 59 64,49 58	351	1102,699	9 67 61,83 92
312	980,177	7 64 53,79 88	352	1105,841	9 73 18,07 41
313	983,318	7 69 44,67 27	353	1108,982	9 78 67,67 98
314	986,460	7 74 37,11 73	354	1112,124	9 84 22,05 63
315	989,602	7 79 31,13 28	355	1115,265	9 89 79,80 86
316	992,743	7 84 26,71 90	356	1118,407	9 95 38,22 17
317	995,884	7 89 23,67 60	357	1121,549	10 00 98,21
318	999,026	7 94 22,60 39	358	1124,690	10 06 59,77
319	1002,168	7 99 22,90 25	359	1127,832	10 12 22,90
320	1005,310	8 04 24,77 19	360	1130,973	10 17 87,60
321	1008,451	8 09 28,21 22	361	1134,115	10 23 53,87
322	1011,593	8 14 33,22 32	362	1137,257	10 29 21,72
323	1014,734	8 19 39,80 50	363	1140,398	10 34 91,13
324	1017,876	8 24 47,05 76	364	1143,540	10 40 62,12
325	1021,018	8 29 57,68 10	365	1146,681	10 46 34,67
326	1024,159	8 34 68,07 52	366	1149,823	10 52 08,80
327	1027,301	8 39 81,84 02	367	1152,965	10 57 84,49
328	1030,442	8 44 96,27 60	368	1156,106	10 63 61,76
329	1033,584	8 50 12,28 26	369	1159,248	10 69 40,60
330	1036,726	8 55 20,86 00	370	1162,380	10 75 21,01
331	1039,867	8 60 40,00 82	371	1165,531	10 81 02,99
332	1043,009	8 65 60,72 72	372	1168,672	10 86 86,54
333	1046,150	8 70 92,01 70	373	1171,814	10 92 71,60
334	1049,292	8 76 15,67 75	374	1174,956	10 98 58,35
335	1052,434	8 81 41,30 69	375	1178,097	11 04 46,62
336	1055,575	8 86 68,31 11	376	1181,239	11 10 36,45
337	1058,717	8 91 96,88 40	377	1184,380	11 16 27,86
338	1061,858	8 97 27,02 78	378	1187,522	11 22 20,83
339	1065,000	9 02 58,74 93	379	1190,664	11 28 15,38
340	1068,142	9 07 92,02 77	380	1193,805	11 34 11,40

DIAMÈTRE	CIRCONFÉRENCE	SURFACE.	DIAMÈTRE	CIRCONFÉRENCE	SURFACE.
381	1196,947	11 40 09,18	421	1322,611	13 92 04,76
382	1200,088	11 46 08,44	422	1325,752	13 98 66,89
383	1203,230	11 52 09,27	423	1328,894	14 05 30,51
384	1206,372	11 58 11,67	424	1332,035	14 11 95,74
385	1209,513	11 64 15,64	425	1335,177	14 18 62,54
386	1212,655	11 70 21,18	426	1338,318	14 25 30,92
387	1215,796	11 76 28,30	427	1341,460	14 32 00,86
388	1218,938	11 82 36,98	428	1344,602	14 38 72,38
389	1222,080	11 88 47,24	429	1347,743	14 45 45,40
390	1225,221	11 94 59,06	430	1350,885	14 52 20,12
391	1228,363	12 00 72,46	431	1354,026	14 58 96,35
392	1231,504	12 06 87,42	432	1357,168	14 65 74,15
393	1234,646	12 13 03,96	433	1360,310	14 72 53,52
394	1237,788	12 19 22,07	434	1363,451	14 79 34,40
395	1240,929	12 25 41,75	435	1366,593	14 86 16,97
396	1244,071	12 31 63,00	436	1369,734	14 93 01,05
397	1247,212	12 37 85,82	437	1372,876	14 99 86,70
398	1250,354	12 44 10,21	438	1376,018	15 06 73,08
399	1253,495	12 50 36,17	439	1379,159	15 13 62,72
400	1256,637	12 56 63,71	440	1382,301	15 20 53,08
401	1259,770	12 62 02,81	441	1385,442	15 27 45,02
402	1262,920	12 69 23,48	442	1388,584	15 34 36,53
403	1266,062	12 75 55,73	443	1391,726	15 41 38,00
404	1269,203	12 81 80,55	444	1394,867	15 48 80,25
405	1272,845	12 88 24,03	445	1398,000	15 56 28,47
406	1275,467	12 94 61,80	446	1401,150	15 62 28,20
407	1278,628	13 01 00,42	447	1404,292	15 69 20,02
408	1281,770	13 07 40,62	448	1407,434	15 76 32,55
409	1284,911	13 13 82,10	449	1410,575	15 83 37,06
410	1288,053	13 20 25,43	450	1413,717	15 90 43,13
411	1291,195	13 26 70,24	451	1416,858	16 07 50,77
412	1294,330	13 33 16,68	452	1420,000	16 05 50,00
413	1297,478	13 39 04,58	453	1423,141	16 11 70,77
414	1300,610	13 46 14,10	454	1426,283	16 18 83,13
415	1303,761	13 52 65,20	455	1429,425	16 25 07,06
416	1306,903	13 59 17,86	456	1432,566	16 33 12,55
417	1310,044	13 65 72,10	457	1435,708	16 40 20,62
418	1313,186	13 72 27,01	458	1438,840	16 47 46,20
419	1316,327	13 78 85,20	459	1441,991	16 54 68,47
420	1319,469	13 85 44,24	460	1445,138	16 61 90,25

DIAMÈTRE.	CIRCON-FÉRENCE.	SURFACE.	DIAMÈTRE.	CIRCON-FÉRENCE.	SURFACE.
461	1448,274	16 69 13,60	501	1573,938	19 71 35,72
462	1451,416	16 76 38,53	502	1577,080	19 79 23,48
463	1454,557	16 83 65,02	503	1580,221	19 87 12,80
464	1457,699	16 90 93,08	504	1583,363	19 95 03,70
465	1460,841	16 98 22,72	505	1586,504	20 02 96,17
466	1463,982	17 05 53,92	506	1589,646	20 10 90,20
467	1467,124	17 12 86,70	507	1592,787	20 18 85,81
468	1470,265	17 20 21,05	508	1595,929	20 26 82,99
469	1473,407	17 27 56,07	509	1599,071	20 34 81,74
470	1476,549	17 34 94,45	510	1602,212	20 42 82,06
471	1479,690	17 42 33,51	511	1605,354	20 50 83,95
472	1482,832	17 49 74,14	512	1608,495	20 58 87,42
473	1485,973	17 57 16,35	513	1611,637	20 66 92,45
474	1489,115	17 64 60,12	514	1614,779	20 74 99,05
475	1492,257	17 72 05,46	515	1617,920	20 83 07,23
476	1495,398	17 79 52,37	516	1621,062	20 91 16,07
477	1498,540	17 87 00,86	517	1624,203	20 99 28,29
478	1501,681	17 94 50,91	518	1627,345	21 07 41,18
479	1504,823	18 02 02,54	519	1630,487	21 15 55,63
480	1507,964	18 09 55,74	520	1633,628	21 23 71,66
481	1511,106	18 17 10,50	521	1636,770	21 31 89,26
482	1514,248	18 24 66,84	522	1639,911	21 40 08,43
483	1517,389	18 32 24,75	523	1643,053	21 48 29,17
484	1520,531	18 39 84,23	524	1646,195	21 56 51,40
485	1523,672	18 47 45,28	525	1649,336	21 64 75,37
486	1526,814	18 55 07,90	526	1652,478	21 73 00,82
487	1529,956	18 62 72,10	527	1655,619	21 81 27,85
488	1533,097	18 70 37,86	528	1658,761	21 89 56,44
489	1536,239	18 78 05,10	529	1661,903	21 97 86,61
490	1539,380	18 85 74,10	530	1665,044	22 06 18,34
491	1542,522	18 93 44,57	531	1668,186	22 14 51,05
492	1545,664	19 01 16,62	532	1671,327	22 22 86,53
493	1548,805	19 08 90,24	533	1674,469	22 31 22,98
494	1551,947	19 16 65,43	534	1677,610	22 39 61,00
495	1555,088	19 24 42,19	535	1680,752	22 48 00,50
496	1558,230	19 32 20,51	536	1683,894	22 56 41,75
497	1561,372	19 40 00,42	537	1687,035	22 64 84,48
498	1564,513	19 47 81,89	538	1690,177	22 73 28,77
499	1567,655	19 55 64,93	539	1693,318	22 81 74,66
500	1570,796	19 63 49,54	540	1696,460	22 90 22,10

DIAMÈTRE.	CIRCON-FÉRENCE.	SURFACE.	DIAMÈTRE.	CIRCON-FÉRENCE.	SURFACE.
541	1699,602	22 98 71,12	581	1825,265	26 51 19,70
542	1702,743	23 07 21,71	582	1828,407	26 60 33,21
543	1705,885	23 15 73,86	583	1831,549	26 69 48,20
544	1709,026	23 24 27,59	584	1834,690	26 78 64,76
545	1712,168	23 32 82,86	585	1837,832	26 87 82,80
546	1715,310	23 41 39,70	586	1840,973	26 97 02,59
547	1718,451	23 49 98,20	587	1844,115	27 06 23,86
548	1721,593	23 58 58,21	588	1847,257	27 15 46,70
549	1724,734	23 67 19,79	589	1850,398	27 24 71,12
550	1727,876	23 75 82,04	590	1853,540	27 33 97,10
551	1731,018	23 84 47,67	591	1856,681	27 43 24,66
552	1734,159	23 93 13,06	592	1859,823	27 52 53,78
553	1737,301	24 01 81,83	593	1862,964	27 61 84,48
554	1740,442	24 10 51,20	594	1866,106	27 71 16,75
555	1743,584	24 19 22,27	595	1869,248	27 80 50,59
556	1746,726	24 27 94,85	596	1872,389	27 89 85,00
557	1749,867	24 36 68,00	597	1875,531	27 99 22,07
558	1753,009	24 45 44,61	598	1878,672	28 08 61,53
559	1756,150	24 54 22,00	599	1881,814	28 18 01,65
560	1759,292	24 63 00,86	600	1884,956	28 27 43,34
561	1762,433	24 71 81,30	601	1888,097	28 36 86,60
562	1765,575	24 80 63,30	602	1891,239	28 46 31,44
563	1768,717	24 89 46,87	603	1894,380	28 55 77,84
564	1771,858	24 98 32,01	604	1897,522	28 65 25,82
565	1775,000	25 07 18,73	605	1900,664	28 74 75,80
566	1778,141	25 16 07,01	606	1903,805	28 84 26,48
567	1781,283	25 24 96,87	607	1906,947	28 93 70,17
568	1784,425	25 33 88,30	608	1910,088	29 03 33,43
569	1787,566	25 42 81,30	609	1913,230	29 12 80,26
570	1790,708	25 51 75,86	610	1916,372	29 22 40,66
571	1793,849	25 60 72,00	611	1919,513	29 32 05,03
572	1796,991	25 69 69,71	612	1922,655	29 41 60,17
573	1800,133	25 78 68,00	613	1925,706	29 51 28,28
574	1803,274	25 87 69,85	614	1928,038	29 60 91,97
575	1806,416	25 96 72,27	615	1932,080	29 70 57,22
576	1809,557	26 05 76,26	616	1935,221	29 80 24,05
577	1812,699	26 14 81,83	617	1938,363	29 89 92,44
578	1815,841	26 23 88,96	618	1941,504	29 99 62,41
579	1818,982	26 32 97,67	619	1944,646	30 09 33,05
580	1822,124	26 42 07,94	620	1947,787	30 19 07,05

DIAMÈTRE.	CIRCON-FÉRENCE.	SURFACE.	DIAMÈTRE.	CIRCON-FÉRENCE.	SURFACE.
621	1950,020	30 28 81,73	661	2076,593	34 31 56,05
622	1954,071	30 38 57,98	662	2079,734	34 41 96,03
623	1957,212	30 48 35,80	663	2082,876	34 52 30,09
624	1960,354	30 58 15,20	664	2086,018	34 62 78,91
625	1963,495	30 67 96,16	665	2089,159	34 73 22,70
626	1966,637	30 77 78,60	666	2092,301	34 83 68,07
627	1969,779	30 87 62,70	667	2095,442	34 94 15,00
628	1972,920	30 97 48,47	668	2098,584	35 04 63,51
629	1976,062	31 07 35,71	669	2101,725	35 15 13,59
630	1979,203	31 17 24,53	670	2104,867	35 25 65,24
631	1982,345	31 27 14,92	671	2108,009	35 36 18,45
632	1985,487	31 37 06,88	672	2111,150	35 46 73,24
633	1988,628	31 47 00,40	673	2114,202	35 57 29,60
634	1991,770	31 56 95,50	674	2117,433	35 67 87,54
635	1994,911	31 66 92,17	675	2120,575	35 78 47,04
636	1998,053	31 76 90,42	676	2123,717	35 89 08,11
637	2001,195	31 86 90,23	677	2126,858	35 99 70,75
638	2004,336	31 96 91,61	678	2130,000	36 10 34,07
639	2007,478	32 06 94,56	679	2133,141	36 21 00,75
640	2010,619	32 16 99,09	680	2136,283	36 31 68,11
641	2013,761	32 27 05,16	681	2139,425	36 42 37,04
642	2016,902	32 37 12,85	682	2142,566	36 53 07,54
643	2020,044	32 47 22,09	683	2145,708	36 63 79,60
644	2023,186	32 57 32,89	684	2148,849	36 74 53,24
645	2026,327	32 67 45,27	685	2151,991	36 85 28,45
646	2029,469	32 77 59,22	686	2155,133	36 96 05,23
647	2032,610	32 87 74,74	687	2158,274	37 06 83,50
648	2035,752	32 97 91,83	688	2161,416	37 17 63,51
649	2038,894	33 08 10,49	689	2164,557	37 28 45,00
650	2042,035	33 18 30,72	690	2167,699	37 39 28,07
651	2045,177	33 28 52,53	691	2170,841	37 50 12,70
652	2048,318	33 38 75,90	692	2173,982	37 60 08,91
653	2051,460	33 49 00,85	693	2177,124	37 71 86,68
654	2054,602	33 59 27,36	694	2180,265	37 82 76,03
655	2057,743	33 69 55,45	695	2183,407	37 93 66,95
656	2060,885	33 79 85,10	696	2186,549	38 04 59,44
657	2064,026	33 90 16,33	697	2189,690	38 15 53,50
658	2067,168	34 00 49,13	698	2192,832	38 26 49,13
659	2070,310	34 10 83,50	699	2195,973	38 37 46,33
660	2073,451	34 21 19,44	700	2199,115	38 48 45,40

DIAMÈTRE.	CIRCON-FÉRENCE.	SURFACE.	DIAMÈTRE.	CIRCON-FÉRENCE.	SURFACE.
701	2202,256	38 59 45,44	741	2327,920	43 12 47,21
702	2205,398	38 70 47,36	742	2331,062	43 24 11,95
703	2208,540	38 81 50,84	743	2334,203	43 35 78,27
704	2211,681	38 92 55,90	744	2337,345	43 47 46,16
705	2214,823	39 03 62,52	745	2340,487	43 59 15,62
706	2217,964	39 14 70,72	746	2343,628	43 70 86,64
707	2221,106	39 25 80,49	747	2346,770	43 82 59,24
708	2224,248	39 36 91,83	748	2349,911	43 94 33,41
709	2227,389	39 48 01,74	749	2353,053	44 06 09,16
710	2230,531	39 59 19,21	750	2356,195	44 17 86,47
711	2233,672	39 70 35,27	751	2359,336	44 29 65,35
712	2236,814	39 81 52,89	752	2362,478	44 41 45,80
713	2239,956	39 92 72,08	753	2365,619	44 53 27,83
714	2243,097	40 03 92,84	754	2368,761	44 65 11,42
715	2246,239	40 15 15,18	755	2371,902	44 76 96,59
716	2249,380	40 26 39,08	756	2375,044	44 88 83,32
717	2252,522	40 37 64,56	757	2378,186	45 00 71,63
718	2255,664	40 48 91,60	758	2381,327	45 12 61,51
719	2258,805	40 60 20,22	759	2384,469	45 24 52,96
720	2261,947	40 71 50,41	760	2387,610	45 36 45,98
721	2265,088	40 82 82,17	761	2390,752	45 48 40,57
722	2268,230	40 94 15,50	762	2393,894	45 60 36,73
723	2271,371	41 05 50,40	763	2397,035	45 72 34,46
724	2274,513	41 16 86,87	764	2400,177	45 84 33,77
725	2277,655	41 28 24,91	765	2403,318	45,96 34,64
726	2280,796	41 39 64,52	766	2406,460	46 08 37,08
727	2283,938	41 51 05,71	767	2409,602	46 20 41,10
728	2287,079	41 62 48,46	768	2412,743	46 32 46,69
729	2290,221	41 73 92,79	769	2415,885	46 44 53,84
730	2293,363	41 85 38,68	770	2419,026	46 56 62,57
731	2296,504	41 90 86,15	771	2422,168	46 68 72,87
732	2299,646	42 08 35,19	772	2425,310	46 80 84,74
733	2302,787	42 19 85,79	773	2428,451	46 92 08,18
734	2305,929	42 31 37,97	774	2431,593	47 05 13,19
735	2309,071	42 42 91,72	775	2434,734	47 17 20,77
736	2312,212	42 54 47,04	776	2437,876	47 29 47,92
737	2315,354	42 66 03,93	777	2441,018	47 41 07,65
738	2318,495	42 77 62,40	778	2444,159	47 53 88,94
739	2321,637	42 89 22,43	779	2447,301	47 66 11,81
740	2324,779	43 00 84,03	780	2450,442	47 78 36,24

DIAMÈTRE.	CIRCONFÉRENCE.	SURFACE.	DIAMÈTRE.	CIRCONFÉRENCE.	SURFACE.
781	2453,584	47 90 62,25	821	2579,248	52 93 90,56
782	2456,725	48 02 80,83	822	2582,389	53 06 80,07
783	2459,867	48 15 18,07	823	2585,531	53 19 72,95
784	2463,009	48 27 49,60	824	2588,672	53 32 66,50
785	2466,150	48 39 81,98	825	2591,814	53 45 61,63
786	2469,292	48 52 15,84	826	2594,956	53 58 58,32
787	2472,433	48 64 51,28	827	2598,097	53 71 56,58
788	2475,575	48 76 88,28	828	2601,239	53,84 56,41
789	2478,717	48 89 26,85	829	2604,380	53 97 57,82
790	2481,858	49 01 66,99	830	2607,522	54 10 60,70
791	2485,000	49 14 08,71	831	2610,664	54 23 65,34
792	2488,141	49 26 51,00	832	2613,805	54 36 71,40
793	2491,283	49 38 96,85	833	2616,947	54 49 79,15
794	2494,425	49 51 43,28	834	2620,088	54 62 88,40
795	2497,566	49 63 91,27	835	2623,230	54 75 99,28
796	2500,708	49 76 40,84	836	2626,371	54 89 11,63
797	2503,849	49 88 91,98	837	2629,513	55 02 25,61
798	2506,991	50 01 44,69	838	2632,655	55 16 41,15
799	2510,133	50 13 98,97	839	2635,796	55 28 58,26
800	2513,274	50 26 54,82	840	2638,938	55 41 70,04
801	2516,416	50 39 12,25	841	2642,079	55 54 97,20
802	2519,557	50 51 71,24	842	2645,221	55 68 10,02
803	2522,699	50 64 31,80	843	2648,363	55 81 42,42
804	2525,840	50 76 93,94	844	2651,504	55 94 67,80
805	2528,982	50 89 57,65	845	2654,646	56 07 03,92
806	2532,124	51 02 22,92	846	2657,787	56 21 22,03
807	2535,265	51 14 89,77	847	2660,929	56 34 51,71
808	2538,407	51 27 58,19	848	2664,071	56 47 82,06
809	2541,548	51 40 28,18	849	2667,212	56 61 15,78
810	2544,690	51 52 99,74	850	2670,354	56 74 50,17
811	2547,832	51 65 72,86	851	2673,495	56 87 86,14
812	2550,973	51 78 47,57	852	2676,637	57 01 23,67
813	2554,115	51 91 23,84	853	2679,779	57 14 62,77
814	2557,256	52 04 01,68	854	2682,920	57 28 03,45
815	2560,398	52 16 81,10	855	2686,062	57 41 45,60
816	2563,540	52 29 62,08	856	2689,203	57 54 89,51
817	2566,681	52 42 44,63	857	2692,345	57 68 34,90
818	2569,823	52 55 28,76	858	2695,486	57 81 81,86
819	2572,964	52 68 14,46	859	2698,628	57 95 30,38
820	2576,106	52 81 01,73	860	2701,770	58 08 80,48

DIAMÈTRE.	CIRCON-FÉRENCE.	SURFACE.	DIAMÈTRE.	CIRCON-FÉRENCE.	SURFACE.
861	2704,911	58 22 32,15	901	2830,575	63 75 87,01
862	2708,053	58 35 85,39	902	2833,717	63 90 03,09
863	2711,194	58 49 40,21	903	2836,858	64 04 20,73
864	2714,336	58 62 96,59	904	2840,000	64 18 39,95
865	2717,418	58 76 54,54	905	2843,141	64 32 60,73
866	2720,619	58 90 14,07	906	2846,283	04 46 83,09
867	2723,761	59 03 75,16	907	2849,425	64 61 07,01
868	2726,902	59 17 37,83	908	2852,566	64 75 32,54
869	2730,044	59 31 02,06	909	2855,708	64 89 59,58
870	2733,186	59 44 67,87	910	2858,849	65 03 88,21
871	2736,327	59 58 35,25	911	2861,990	65 18 18,43
872	2739,469	59 72 04,20	912	2865,133	65 32 50,24
873	2742,610	59 85 74,72	913	2868,274	65 46 83,50
874	2745,752	59 99 46,81	914	2871,416	65 61 18,48
875	2748,894	60 13 20,47	915	2874,557	65 75 54,98
876	2752,035	60 26 95,70	916	2877,699	65 89 93,04
877	2755,177	60 40 72,50	917	2880,841	66 04 32,68
878	2758,318	60 54 50,88	918	2883,982	66 18 73,88
879	2761,460	60 68 30,82	919	2887,124	66 33 10,66
880	2764,602	60 82 12,34	920	2890,265	66 47 64,01
881	2767,743	60 95 95,42	921	2893,407	66 62 00,92
882	2770,885	61 09 80,08	922	2896,548	66 76 54,41
883	2774,026	61 23 66,31	923	2899,690	66 91 03,47
884	2777,168	61 37 54,11	924	2902,832	67 05 54,10
885	2780,310	61 51 43,48	925	2905,973	67 20 06,30
886	2783,451	61 65 34,42	926	2909,115	07 34 60,08
887	2786,593	61 79 26,93	927	2912,256	67 49 15,42
888	2789,734	61 93 21,01	928	2915,308	67 63 72,33
889	2792,876	62 07 16,66	929	2918,540	67 78 30,82
890	2796,017	62 21 13,89	930	2921,681	67 92 90,87
891	2799,159	62 35 12,68	931	2924,823	68 07 52,50
892	2802,301	62 49 13,04	932	2927,964	68 22 15,69
893	2805,442	62 63 14,98	933	2931,106	68 36 80,46
894	2808,584	62 77 18,49	934	2934,248	68 51 46,80
895	2811,725	62 91 23,56	935	2937,389	68 66 14,71
896	2814,867	63 05 30,21	936	2940,531	68 80 84,19
897	2818,009	63 19 38,43	937	2943,672	68 95 55,24
898	2821,150	63 33 48,22	938	2946,814	69 10 27,86
899	2824,292	63 47 59,58	939	2949,955	69 25 02,05
000	2827,433	63 61 72,51	940	2953,097	69 39 77,82

DIAMÈTRE.	CIRCON-FÉRENCE.	SURFACE.	DIAMÈTRE.	CIRCON-FÉRENCE.	SURFACE.
941	2956,230	69 54 55,15	971	3050,486	74 05 05,50
942	2959,380	69 69 34,06	972	3053,628	74 20 31,62
943	2962,522	69 84 14,58	973	3056,770	74 35 59,22
944	2965,663	69 98 96,58	974	3059,911	74 50 68,39
945	2968,805	70 13 80,20	975	3063,053	74 66 19,13
946	2971,947	70 28 65,38	976	3066,194	74 81 51,44
947	2975,088	70 43 52,14	977	3069,336	74 96 85,32
948	2978,230	70 58 40,47	978	3072,478	75 12 20,78
949	2981,371	70 73 30,37	979	3075,619	75 27 57,80
950	2984,513	70 88 21,84	980	3078,761	75 42 96,40
951	2987,655	71 03 14,88	981	3081,902	75 58 36,56
952	2990,796	71 18 09,50	982	3085,044	75 73 78,30
953	2993,938	71 33 05,68	983	3088,186	75 89 21,61
954	2997,079	71 48 03,43	984	3091,327	76 04 66,48
955	3000,221	71 63 02,76	985	3094,469	76 20 12,03
956	3003,363	71 78 03,66	986	3097,610	76 35 60,05
957	3006,504	71 93 06,12	987	3100,752	76 51 10,54
958	3009,646	72 08 10,16	988	3103,894	76 66 61,71
959	3012,787	72 23 15,77	989	3107,035	76 82 14,44
960	3015,929	72 38 22,95	990	3110,177	76 97 68,74
961	3019,071	72 53 31,70	991	3113,318	77 13 24,61
962	3022,212	72 68 42,02	992	3116,460	77 28 82,06
963	3025,353	72 83 53,91	993	3119,602	77 44 41,07
964	3028,495	72 98 67,37	994	3122,743	77 60 01,66
965	3031,637	73 13 82,40	995	3125,885	77 75 63,82
966	3034,770	73 28 99,01	996	3129,026	77 91 27,54
967	3037,920	73 44 17,18	997	3132,168	78 06 92,84
968	3041,062	73 59 36,93	998	3135,309	78 22 59,71
969	3044,203	73 74 58,25	999	3138,451	78 38 28,16
970	3047,345	73 89 81,13	1000	3141,593	78 53 98,16

VII. — Arcs de cercle.

TABLE DONNANT LA LONGUEUR D'UN ARC DE CERCLE QUAND ON CONNAIT LE NOMBRE DE SES DEGRÉS, MINUTES ET SECONDES.

Le RAYON du CERCLE étant 1, on aura :

SECONDES	ARC	MINUTES	ARC
1	0,000005	1	0,000291
2	0,000010	2	0,000582
3	0,000015	3	0,000873
4	0,000019	4	0,001164
5	0,000024	5	0,001454
6	0,000029	6	0,001745
7	0,000034	7	0,002036
8	0,000039	8	0,002327
9	0,000044	9	0,002618
10	0,000048	10	0,002909
20	0,000097	20	0,005818
30	0,000145	30	0,008727
40	0,000194	40	0,011636
50	0,000242	50	0,014544

DEGRÉS	ARC	DEGRÉS	ARC	DEGRÉS	ARC
1	0,017453	11	0,191986	21	0,366519
2	0,034907	12	0,209440	22	0,383972
3	0,052360	13	0,226893	23	0,401426
4	0,069813	14	0,244346	24	0,418879
5	0,087266	15	0,261799	25	0,436332
6	0,104720	16	0,279253	26	0,453786
7	0,122173	17	0,296706	27	0,471239
8	0,139626	18	0,314159	28	0,488692
9	0,157080	19	0,331613	29	0,506145
10	0,174533	20	0,349066	30	0,523599

DEGRÉS	ARC	DEGRÉS	ARC	DEGRÉS	ARC
31	0,541052	61	1,064651	91	1,588250
32	0,558505	62	1,082104	92	1,605703
33	0,575959	63	1,099557	93	1,623156
34	0,593412	64	1,117010	94	1,640609
35	0,610865	65	1,134464	95	1,658063
36	0,628319	66	1,151917	96	1,675516
37	0,645772	67	1,169371	97	1,692969
38	0,663225	68	1,186824	98	1,710423
39	0,680678	69	1,204277	99	1,727876
40	0,698132	70	1,221730	100	1,745329
41	0,715585	71	1,239184	110	1,919862
42	0,733038	72	1,256637	120	2,094395
43	0,750492	73	1,274090	130	2,268928
44	0,767945	74	1,291544	140	2,443461
45	0,785398	75	1,308997	150	2,617994
46	0,802851	76	1,326450	160	2,792527
47	0,820305	77	1,343903	170	2,967060
48	0,837758	78	1,361357	180	3,141593
49	0,855211	79	1,378810	190	3,316126
50	0,872665	80	1,396263	200	3,490659
51	0,890118	81	1,413717	210	3,665101
52	0,907571	82	1,431170	220	3,839724
53	0,925024	83	1,448623	230	4,014257
54	0,942478	84	1,466077	240	4,188790
55	0,959931	85	1,483530	250	4,363323
56	0,977384	86	1,500983	260	4,537856
57	0,994838	87	1,518436	270	4,712389
58	1,012291	88	1,535890	280	4,886922
59	1,020744	89	1,553343	290	5,061455
60	1,047198	90	1,570796	300	5,235988

REMARQUE. En se servant de cette table, l'erreur qu'on commettra sera plus petite que un millionième du rayon du cercle auquel l'arc appartient.

VIII. — Longueur des Arcs de cercle.

TABLE DONNANT LA LONGUEUR D'UN ARC DE CERCLE QUAND ON CONNAIT SA FLÈCHE ET SA CORDE.

La *flèche* et *l'arc* étant exprimés en *millièmes* de la *corde*, on aura :

FLÈCHE	ARC	FLÈCHE	ARC	FLÈCHE	ARC
100	1026,5				
101	1027,0	131	1045,1	161	1067,7
102	1027,5	132	1045,8	162	1068,6
103	1028,1	133	1046,5	163	1069,4
104	1028,6	134	1047,2	164	1070,2
105	1029,1	135	1047,9	165	1071,1
106	1029,7	136	1048,6	166	1071,9
107	1030,3	137	1049,3	167	1072,8
108	1030,8	138	1050,0	168	1073,6
109	1031,4	139	1050,7	169	1074,5
110	1032,0	140	1051,5	170	1075,4
111	1032,5	141	1052,2	171	1076,2
112	1033,1	142	1053,0	172	1077,1
113	1033,7	143	1053,7	173	1078,0
114	1034,3	144	1054,4	174	1078,9
115	1034,9	145	1055,2	175	1079,8
116	1035,5	146	1055,9	176	1080,7
117	1036,1	147	1056,7	177	1081,6
118	1036,7	148	1057,4	178	1082,5
119	1037,3	149	1058,2	179	1083,4
120	1038,0	150	1059,0	180	1084,3
121	1038,6	151	1059,7	181	1085,2
122	1039,2	152	1060,5	182	1086,1
123	1039,9	153	1061,3	183	1087,0
124	1040,5	154	1062,1	184	1088,0
125	1041,2	155	1062,9	185	1088,9
126	1041,8	156	1063,7	186	1089,8
127	1042,5	157	1064,5	187	1090,8
128	1043,1	158	1065,3	188	1091,7
129	1043,8	159	1066,1	189	1092,7
130	1044,5	160	1066,9	190	1093,6

FLÈCHE	ARC	FLÈCHE	ARC	FLÈCHE	ARC
191	1094,6	231	1136,7	271	1185,6
192	1095,6	232	1137,9	272	1186,9
193	1096,5	233	1139,0	273	1188,2
194	1097,5	234	1140,2	274	1189,5
195	1098,5	235	1141,4	275	1190,8
196	1099,5	236	1142,5	276	1192,1
197	1100,5	237	1143,6	277	1193,4
198	1101,5	238	1144,8	278	1194,8
199	1102,5	239	1146,0	279	1196,1
200	1103,5	240	1147,1	280	1197,4
201	1104,5	241	1148,3	281	1198,8
202	1105,5	242	1149,5	282	1200,1
203	1106,5	243	1150,7	283	1201,5
204	1107,5	244	1151,9	284	1202,8
205	1108,5	245	1153,1	285	1204,2
206	1109,6	246	1154,3	286	1205,6
207	1110,6	247	1155,5	287	1207,0
208	1111,6	248	1156,7	288	1208,3
209	1112,7	249	1157,9	289	1209,7
210	1113,7	250	1159,1	290	1211,1
211	1114,8	251	1160,3	291	1212,4
212	1115,8	252	1161,6	292	1213,8
213	1116,9	253	1162,8	293	1215,2
214	1118,0	254	1164,0	294	1216,6
215	1119,0	255	1165,3	295	1217,9
216	1120,1	256	1166,5	296	1219,3
217	1121,2	257	1167,7	297	1220,6
218	1122,2	258	1169,0	298	1222,0
219	1123,3	259	1170,2	299	1223,5
220	1124,4	260	1171,5	300	1224,9
221	1125,5	261	1172,7	301	1226,3
222	1126,6	262	1174,0	302	1227,8
223	1127,7	263	1175,3	303	1229,2
224	1128,8	264	1176,5	304	1230,6
225	1130,0	265	1177,8	305	1232,0
226	1131,1	266	1179,1	306	1233,5
227	1132,2	267	1180,4	307	1234,9
228	1133,3	268	1181,6	308	1236,4
229	1134,4	269	1182,9	309	1237,8
230	1135,6	270	1184,3	310	1239,2

FLÈCHE	ARC	FLÈCHE	ARC	FLÈCHE	ARC
311	1210,7	351	1301,6	391	1367,7
312	1212,2	352	1303,1	392	1369,4
313	1213,6	353	1304,7	393	1371,1
314	1215,1	354	1306,3	394	1372,8
315	1216,5	355	1307,9	395	1374,5
316	1218,0	356	1309,5	396	1376,3
317	1219,5	357	1311,1	397	1378,0
318	1250,9	358	1312,8	398	1379,7
319	1252,4	359	1314,4	399	1381,5
320	1253,9	360	1316,0	400	1383,2
321	1255,4	361	1317,6	401	1385,0
322	1256,9	362	1319,2	402	1386,7
323	1258,4	363	1320,9	403	1388,5
324	1259,9	364	1322,5	404	1390,2
325	1261,4	365	1324,1	405	1392,0
326	1262,9	366	1325,8	406	1393,7
327	1264,4	367	1327,4	407	1395,5
328	1265,9	368	1329,0	408	1397,2
329	1267,4	369	1330,7	409	1399,0
330	1268,9	370	1332,3	410	1400,8
331	1270,4	371	1334,0	411	1402,5
332	1272,0	372	1335,6	412	1404,3
333	1273,5	373	1337,3	413	1406,1
334	1275,0	374	1339,0	414	1407,9
335	1276,6	375	1340,6	415	1409,7
336	1278,1	376	1342,3	416	1411,4
337	1279,6	377	1344,0	417	1413,2
338	1281,2	378	1345,6	418	1415,0
339	1282,7	379	1347,3	419	1416,8
340	1284,3	380	1349,0	420	1418,6
341	1285,8	381	1350,7	421	1420,4
342	1287,4	382	1352,4	422	1422,2
343	1288,9	383	1354,1	423	1424,0
344	1290,5	384	1355,7	424	1425,8
345	1292,1	385	1357,4	425	1427,6
346	1293,7	386	1359,1	426	1429,4
347	1295,2	387	1360,8	427	1431,3
348	1296,8	388	1362,5	428	1433,1
349	1298,4	389	1364,2	429	1434,9
350	1300,0	390	1366,0	430	1436,7

FLÈCHE	ARC	FLÈCHE	ARC	FLÈCHE	ARC
431	1438,6	456	1485,1	481	1533,2
432	1440,4	457	1487,0	482	1535,2
433	1442,2	458	1488,9	483	1537,1
434	1444,0	459	1490,8	484	1539,1
435	1445,9	460	1492,7	485	1541,1
436	1447,7	461	1494,6	486	1543,0
437	1449,6	462	1496,5	487	1545,0
438	1451,4	463	1498,4	488	1547,0
439	1453,3	464	1500,3	489	1548,9
440	1455,1	465	1502,2	490	1550,9
441	1457,0	466	1504,2	491	1552,0
442	1458,8	467	1506,1	492	1554,8
443	1460,7	468	1508,0	493	1556,8
444	1462,5	469	1509,9	494	1558,8
445	1464,4	470	1511,8	495	1560,8
446	1466,3	471	1513,8	496	1562,8
447	1468,1	472	1515,7	497	1564,8
448	1470,0	473	1517,6	498	1566,8
449	1471,9	474	1519,6	499	1568,8
450	1473,8	475	1521,5	500	1570,8
451	1475,6	476	1523,5		
452	1477,5	477	1525,4		
453	1479,4	478	1527,4		
454	1481,3	479	1529,3		
455	1483,2	480	1531,3		

REMARQUE. Nous ne donnons pas les longueurs d'arcs dans lesquels la flèche est plus petite que les cent millièmes, ou que le dixième de la corde, parce qu'il nous semble que ce cas ne se présente pas dans la pratique et qu'alors l'arc différa très-peu de sa corde. Quant à l'erreur qu'on commettra en faisant usage de cette table, elle sera plus petite que la dix-millième partie de la corde, ce qui semble suffisant pour la pratique.

EXEMPLE. Trouver la longueur d'un arc de 4ᵐ,28 de corde et de 0ᵐ,87 de flèche.

On divisera 0,87 par 4,28, ce qui donnera 0,203. On cherchera, dans la colonne intitulée Flèche, 203; on lira en regard, dans la colonne intitulée Arc, 1106,5 qu'on multipliera par 4,28, ce qui donne 4735,ᵐ20; on prend le millième du résultat et on a 4ᵐ,736 pour la longueur de l'arc cherché.

IX. — Segments circulaires.

TABLE DONNANT LA SURFACE D'UN SEGMENT DE CERCLE,
CONNAISSANT SA FLÈCHE ET SA CORDE.

La FLÈCHE *étant exprimée en* MILLIÈMES *de la* CORDE, *et la*
SURFACE *en* FRACTION DÉCIMALE *du* CARRÉ *de la* CORDE,
on aura :

FLÈCHE	SEGMENT	FLÈCHE	SEGMENT	FLÈCHE	SEGMENT
1	0,0007	31	0,0207	61	0,0408
2	0,0013	32	0,0214	62	0,0415
3	0,0020	33	0,0220	63	0,0421
4	0,0027	34	0,0227	64	0,0428
5	0,0033	35	0,0234	65	0,0435
6	0,0040	36	0,0240	66	0,0442
7	0,0047	37	0,0247	67	0,0448
8	0,0054	38	0,0254	68	0,0455
9	0,0060	39	0,0260	69	0,0462
10	0,0067	40	0,0267	70	0,0469
11	0,0073	41	0,0274	71	0,0475
12	0,0080	42	0,0280	72	0,0482
13	0,0087	43	0,0287	73	0,0489
14	0,0093	44	0,0294	74	0,0495
15	0,0100	45	0,0301	75	0,0502
16	0,0107	46	0,0307	76	0,0509
17	0,0113	47	0,0314	77	0,0516
18	0,0120	48	0,0321	78	0,0523
19	0,0127	49	0,0327	79	0,0529
20	0,0133	50	0,0334	80	0,0536
21	0,0140	51	0,0341	81	0,0543
22	0,0147	52	0,0347	82	0,0550
23	0,0153	53	0,0354	83	0,0557
24	0,0160	54	0,0361	84	0,0563
25	0,0167	55	0,0368	85	0,0570
26	0,0173	56	0,0374	86	0,0577
27	0,0180	57	0,0381	87	0,0584
28	0,0187	58	0,0388	88	0,0591
29	0,0193	59	0,0394	89	0,0597
30	0,0200	60	0,0401	90	0,0604

FLÈCHE	SEGMENT	FLÈCHE	SEGMENT	FLÈCHE	SEGMENT
91	0,0611	131	0,0886	171	0,1166
92	0,0618	132	0,0892	172	0,1173
93	0,0625	133	0,0899	173	0,1181
94	0,0632	134	0,0906	174	0,1188
95	0,0638	135	0,0913	175	0,1195
96	0,0645	136	0,0920	176	0,1202
97	0,0652	137	0,0927	177	0,1209
98	0,0659	138	0,0934	178	0,1216
99	0,0666	139	0,0941	179	0,1223
100	0,0672	140	0,0948	180	0,1231
101	0,0679	141	0,0955	181	0,1238
102	0,0686	142	0,0962	182	0,1245
103	0,0693	143	0,0969	183	0,1252
104	0,0700	144	0,0976	184	0,1259
105	0,0707	145	0,0983	185	0,1267
106	0,0714	146	0,0990	186	0,1274
107	0,0720	147	0,0997	187	0,1281
108	0,0727	148	0,1004	188	0,1288
109	0,0734	149	0,1011	189	0,1295
110	0,0741	150	0,1018	190	0,1302
111	0,0748	151	0,1025	191	0,1310
112	0,0755	152	0,1032	192	0,1317
113	0,0761	153	0,1039	193	0,1324
114	0,0768	154	0,1046	194	0,1332
115	0,0775	155	0,1053	195	0,1339
116	0,0782	156	0,1060	196	0,1346
117	0,0789	157	0,1067	197	0,1353
118	0,0796	158	0,1074	198	0,1361
119	0,0803	159	0,1081	199	0,1368
120	0,0810	160	0,1088	200	0,1375
121	0,0816	161	0,1095	201	0,1382
122	0,0823	162	0,1102	202	0,1390
123	0,0830	163	0,1109	203	0,1397
124	0,0837	164	0,1117	204	0,1404
125	0,0844	165	0,1124	205	0,1412
126	0,0851	166	0,1131	206	0,1419
127	0,0858	167	0,1138	207	0,1426
128	0,0865	168	0,1145	208	0,1434
129	0,0872	169	0,1152	209	0,1441
130	0,0879	170	0,1159	210	0,1448

FLÈCHE	SEGMENT	FLÈCHE	SEGMENT	FLÈCHE	SEGMENT
211	0,1456	251	0,1755	291	0,2066
212	0,1463	252	0,1763	292	0,2074
213	0,1470	253	0,1770	293	0,2082
214	0,1478	254	0,1778	294	0,2090
215	0,1485	255	0,1786	295	0,2098
216	0,1492	256	0,1793	296	0,2106
217	0,1500	257	0,1801	297	0,2113
218	0,1507	258	0,1809	298	0,2121
219	0,1515	259	0,1816	299	0,2129
220	0,1522	260	0,1824	300	0,2137
221	0,1529	261	0,1832	301	0,2145
222	0,1537	262	0,1839	302	0,2153
223	0,1544	263	0,1847	303	0,2161
224	0,1552	264	0,1855	304	0,2169
225	0,1559	265	0,1863	305	0,2177
226	0,1567	266	0,1870	306	0,2185
227	0,1574	267	0,1878	307	0,2193
228	0,1582	268	0,1886	308	0,2201
229	0,1589	269	0,1893	309	0,2210
230	0,1596	270	0,1901	310	0,2218
231	0,1604	271	0,1909	311	0,2226
232	0,1611	272	0,1917	312	0,2234
233	0,1619	273	0,1925	313	0,2242
234	0,1626	274	0,1933	314	0,2250
235	0,1634	275	0,1940	315	0,2258
236	0,1641	276	0,1948	316	0,2266
237	0,1649	277	0,1956	317	0,2275
238	0,1656	278	0,1964	318	0,2283
239	0,1664	279	0,1972	319	0,2291
240	0,1671	280	0,1980	320	0,2299
241	0,1679	281	0,1988	321	0,2307
242	0,1687	282	0,1996	322	0,2315
243	0,1694	283	0,2003	323	0,2323
244	0,1702	284	0,2011	324	0,2332
245	0,1709	285	0,2019	325	0,2340
246	0,1717	286	0,2027	326	0,2348
247	0,1725	287	0,2035	327	0,2356
248	0,1732	288	0,2043	328	0,2365
249	0,1740	289	0,2051	329	0,2373
250	0,1747	290	0,2058	330	0,2381

FLÈCHE	SEGMENT	FLÈCHE	SEGMENT	FLÈCHE	SEGMENT
331	0,2380	371	0,2727	411	0,3081
332	0,2398	372	0,2736	412	0,3090
333	0,2406	373	0,2745	413	0,3099
334	0,2414	374	0,2754	414	0,3108
335	0,2423	375	0,2762	415	0,3117
336	0,2431	376	0,2771	416	0,3126
337	0,2439	377	0,2780	417	0,3135
338	0,2448	378	0,2788	418	0,3144
339	0,2456	379	0,2797	419	0,3153
340	0,2464	380	0,2806	420	0,3162
341	0,2473	381	0,2814	421	0,3172
342	0,2481	382	0,2823	422	0,3181
343	0,2489	383	0,2832	423	0,3190
344	0,2498	384	0,2841	424	0,3199
345	0,2506	385	0,2849	425	0,3208
346	0,2515	386	0,2858	426	0,3218
347	0,2523	387	0,2867	427	0,3227
348	0,2531	388	0,2876	428	0,3236
349	0,2540	389	0,2885	429	0,3245
350	0,2548	390	0,2893	430	0,3254
351	0,2557	391	0,2902	431	0,3264
352	0,2565	392	0,2911	432	0,3273
353	0,2574	393	0,2920	433	0,3282
354	0,2582	394	0,2929	434	0,3291
355	0,2591	395	0,2938	435	0,3301
356	0,2599	396	0,2947	436	0,3310
357	0,2607	397	0,2955	437	0,3319
358	0,2616	398	0,2964	438	0,3329
359	0,2625	399	0,2973	439	0,3338
360	0,2633	400	0,2982	440	0,3347
361	0,2642	401	0,2991	441	0,3357
362	0,2650	402	0,3000	442	0,3366
363	0,2659	403	0,3009	443	0,3375
364	0,2667	404	0,3018	444	0,3385
365	0,2676	405	0,3027	445	0,3394
366	0,2684	406	0,3036	446	0,3403
367	0,2693	407	0,3045	447	0,3413
368	0,2702	408	0,3054	448	0,3422
369	0,2710	409	0,3063	449	0,3432
370	0,2719	410	0,3072	450	0,3441

FLÈCHE	SEGMENT	FLÈCHE	SEGMENT	FLÈCHE	SEGMENT
451	0,3451	471	0,3642	491	0,3838
452	0,3460	472	0,3652	492	0,3847
453	0,3470	473	0,3661	493	0,3857
454	0,3479	474	0,3671	494	0,3867
455	0,3489	475	0,3681	495	0,3877
456	0,3498	476	0,3690	496	0,3887
457	0,3508	477	0,3700	497	0,3897
458	0,3517	478	0,3710	498	0,3907
459	0,3527	479	0,3720	499	0,3917
460	0,3536	480	0,3729	500	0,3927
461	0,3546	481	0,3739		
462	0,3555	482	0,3749		
463	0,3565	483	0,3759		
464	0,3574	484	0,3769		
465	0,3584	485	0,3778		
466	0,3594	486	0,3788		
467	0,3603	487	0,3798		
468	0,3613	488	0,3808		
469	0,3622	489	0,3818		
470	0,3632	490	0,3828		

USAGE DE CETTE TABLE.

Pour se servir de cette table, après avoir mesuré la corde du segment et sa flèche, on divisera la longueur de la flèche par celle de la corde en s'arrêtant au chiffre des millièmes. On cherchera alors dans la table la fraction correspondante à ce nombre de millièmes et, dans la table des carrés, le carré de la corde, qu'on multipliera par la fraction qu'on vient de trouver.

La plus grande erreur qu'on pourra commettre sera de 1 dix-millième du carré de la corde.

X. — Table des Sinus et Tangentes (V. p. 80 et 82.)

LE RAYON DU CERCLE = 10 000 000.

Degrés.	Sinus.	Tangentes.	Degrés.	Sinus.	Tangentes.
0	0	0	90	10 000 000	Infinie.
1	174 524	174 551	89	9 998 477	572 899 620
2	348 995	349 208	88	9 993 908	286 362 530
3	523 360	524 078	87	9 986 294	190 811 370
4	697 565	699 268	86	9 975 640	143 006 660
5	871 557	874 887	85	9 961 947	114 300 520
6	1 045 285	1 051 042	84	9 945 218	95 143 645
7	1 218 693	1 227 846	83	9 925 462	81 443 464
8	1 391 731	1 405 408	82	9 902 680	71 153 697
9	1 564 345	1 583 844	81	9 876 883	63 137 515
10	1 736 482	1 763 270	80	9 848 077	56 712 818
11	1 908 090	1 943 803	79	9 816 271	51 445 540
12	2 079 117	2 125 565	78	9 781 476	47 046 301
13	2 249 511	2 308 682	77	9 743 701	43 314 759
14	2 419 219	2 493 280	76	9 702 957	40 107 809
15	2 588 190	2 679 492	75	9 659 258	37 320 508
16	2 756 374	2 867 454	74	9 612 617	34 874 144
17	2 923 717	3 057 307	73	9 563 048	32 708 526
18	3 090 170	3 249 197	72	9 510 565	30 776 835
19	3 255 682	3 443 276	71	9 455 185	29 042 109
20	3 420 202	3 639 702	70	9 396 926	27 474 774
21	3 583 679	3 838 640	69	9 335 804	26 050 891
22	3 746 066	4 040 262	68	9 271 839	24 750 869
23	3 907 311	4 244 749	67	9 205 049	23 558 524
24	4 067 366	4 452 287	66	9 135 454	22 460 368
25	4 226 183	4 663 077	65	9 063 078	21 445 069
26	4 383 712	4 877 326	64	8 987 940	20 503 538
27	4 539 905	5 095 254	63	8 910 065	19 626 105
28	4 694 716	5 317 094	62	8 829 476	18 807 265
29	4 848 096	5 543 090	61	8 746 197	18 040 478
30	5 000 000	5 773 503	60	8 660 254	17 320 508
31	5 150 381	6 008 606	59	8 571 673	16 642 795
32	5 299 193	6 248 694	58	8 480 481	16 003 345
33	5 446 390	6 494 076	57	8 386 706	15 398 650
34	5 591 929	6 745 085	56	8 290 376	14 825 610
35	5 735 764	7 002 075	55	8 191 521	14 281 480
36	5 877 853	7 265 426	54	8 090 170	13 763 819
37	6 018 150	7 535 540	53	7 986 355	13 270 448
38	6 156 615	7 812 856	52	7 880 107	12 799 416
39	6 293 204	8 097 840	51	7 771 460	12 348 972
40	6 427 878	8 390 996	50	7 660 444	11 917 536
41	6 560 590	8 692 868	49	7 547 096	11 503 684
42	6 691 306	9 004 041	48	7 431 448	11 106 125
43	6 819 984	9 325 151	47	7 313 537	10 723 687
44	6 946 584	9 656 888	46	7 193 398	10 355 303
45	7 071 068	10 000 000	45	7 071 068	10 000 000

X. — Table des Sinus et Tangentes (V. p. 80 et 82.)

NOTIONS USUELLES

ALGÈBRE. — GÉOMÉTRIE.

PUISSANCES ET RACINES DES NOMBRES.

Pour les carrés ou les cubes des *nombres entiers* et leurs racines, voyez le tableau (page 16 dans les tables usuelles).

Pour les racines des *fractions décimales*, le même tableau peut servir, en se rappelant qu'on les détermine en opérant comme sur les nombres entiers, c'est-à-dire en supprimant la virgule séparative; en ajoutant ensuite au nombre donné autant de zéros qu'il en faut pour qu'il y ait, autant de chiffres qu'on veut de décimales à la racine; et enfin en séparant par une virgule ce nombre de décimales à la droite du nombre trouvé. Ainsi soit demandée la racine cubique du nombre 0,90 avec trois décimales : le nombre, avec addition de zéros sur lequel on opérerait d'après la règle de l'arithmétique, sera 900,000,000. Cherchant dans le tableau, à la colonne des cubes, ce nombre, on trouve 901,428,696, qui l'approche de bien près, et auquel correspond le nombre 966 de la première colonne, lequel, avec la virgule séparative, devient 0,966, qui est la racine cubique demandée.

Extraction des racines de degré élevé.

Ces racines s'obtiennent assez facilement par l'emploi des logarithmes; mais comme l'ingénieur n'a pas toujours une table de logarithmes à sa disposition, nous croyons utile de lui indiquer la méthode suivante, qui est fort peu connue et cependant très-commode.

Soit A le nombre dont on veut obtenir la racine m⁰ᵐᵉ; cherchez un nombre a qui, élevé à la puissance m, approche convenablement de

A en plus ou moins.   La racine $m^{ième}$ de A sera par approximation

$$\sqrt[m]{A} = \frac{a\left[(m-1)\,a^m + (m+1)\,A\right]}{(m+1)\,a^m + (m-1)\,A}$$

ainsi soit demandée $\sqrt[5]{30}$, on a $m = 5$; $a = 2$, car $a^5 = 32$, d'où :

$$\sqrt[5]{30} = \frac{2\,[4 \times 32 + 6 \times 30]}{6 \times 32 + 4 \times 30} = 1.97436$$

Si l'on voulait une seconde approximation, on ferait $a = 1.97$, d'où $a^5 = 29.670928$, et la formule générale donnerait cette fois :

$$\sqrt[5]{30} = 1.9743504 \text{ racine très-rapprochée.}$$

Nous avons donné page 31 une table des racines quatrième et cinquième des nombres.

ALGÈBRE

Progressions.

Séries dont trois termes consécutifs quelconques donnent deux différences égales ou deux quotients égaux.

Dans le premier cas la progression est une *progression arithmétique* ou par *différences*.

Dans le deuxième cas la progression est une *progression géométrique* ou par *quotient*.

PROGRESSION ARITHMÉTIQUE.

$$a \,.\, a + d \,.\, a + 2d \,.\, a + 3d \ldots \ldots a + md.$$

Un terme quelconque le $n^{ième}$ est $= a + (n-1)\,d$.

La somme S des termes d'une progression arithmétique jusqu'au $n^{ième}$ terme $u = a + (n-1)\,d$ est

$$S = \frac{a+u}{2}\,n = \frac{a+a+(n-1)\,d}{2}\,n.$$

d positif ou négatif est ce qu'on appelle la raison de la progression.

PROGRESSION GÉOMÉTRIQUE.

$$a : aq : aq^2 : aq^3 : aq^4 \ldots\ldots aq^m$$

un terme quelconque le $n^{ième} = aq^{n-1} = l$.

La somme S des termes d'une progression géométrique jusqu'au $n^{ième}$ terme $u = aq^{n-1}$ est

$$S = \frac{uq - a}{q - 1} = \frac{a\,(q^n - 1)}{q - 1}.$$

q est ce qu'on appelle la raison de la progression.

$$n = \frac{\log. l - \log. a}{\log. q} - 1.$$

BINÔME DE NEWTON.

$$(a+b)^n = a^n + \frac{n}{1}a^{n-1}b + \frac{n\,(n-1)}{1.2}a^{n-2}b^2 + \frac{n\,(n-1)\,(n-2)}{1.2.3}a^{n-3}b^3$$

$$(1+b)^n = 1 + \frac{n}{1}b + \frac{n\,(n-1)}{1.2}b^2 + \frac{n\,(n-1)\,(n-2)}{1.2.3}b^3 \ldots$$

Logarithmes.

Si les termes d'une série de nombres en progression arithmétique commençant par zéro correspondent terme pour terme à une série de nombres en progression géométrique commençant par l'unité, les termes de la progression arithmétique sont dits les logarithmes des termes de la progression géométrique.

Ainsi les termes de la progression arithmétique : 0.1.2.3.4.5.6.7 sont les logarithmes des termes de la progression géométrique : 1:2:4:8:16:32:64:128.

On démontre que le logarithme d'un nombre est l'exposant de la puissance à laquelle il faut élever un nombre constant a, qu'on appelle la base du système, pour reproduire ce nombre; pourvu que cette base ne soit pas 1 ou 0, il existe toujours un nombre x capable de satisfaire à l'équation $a^x = y$.

Le système de logarithme le plus employé est celui dans lequel la base est 10.

Le logarithme de la base 10 est l'unité.

Le logarithme de l'unité est 0.

PROPRIÉTÉ DES LOGARITHMES.

Le logarithme d'un nombre plus grand que l'unité est positif.

Le logarithme d'un nombre plus petit que l'unité est négatif.

On appelle caractéristique la partie entière d'un logarithme.

Cette caractéristique dans les logarithmes, dont la base est 10, est égale au nombre de chiffres moins 1 que contient la partie entière du nombre.

Pour déterminer le logarithme d'un nombre décimal, il suffit d'en prendre le logarithme, abstraction faite de la virgule, et de retrancher de ce logarithme autant d'unités qu'il y a de chiffres décimaux dans le nombre proposé.

Le logarithme d'un produit est égal à la somme des logarithmes des facteurs.

$$\log. a.b.c.d. = \log. a + \log b + \log. c. + \log. d.$$

Le logarithme d'un quotient est égal à la différence des logarithmes.

$$\log. \frac{a}{b} = \log. a - \log. b.$$

Le logarithme de la puissance d'un nombre est égal au logarithme du nombre multiplié par l'exposant.

$$\log. a^n = n \log. a.$$

Le logarithme d'une racine d'un nombre est égal au logarithme du nombre divisé par l'indice de la racine.

$$\log. \sqrt[n]{a} = \frac{\log. a}{n}.$$

Outre les logarithmes vulgaires ou de Briggs, dont la base est 10, on fait encore usage dans les calculs des logarithmes népériens ou hyperboliques, dont la base est 2,718281828459.

Le nombre 2.718281828459 est la valeur vers laquelle converge la série

$$1 + \frac{1}{1} + \frac{1}{1.2} + \frac{1}{1.2.3} + \frac{1}{1.2.3.4} + \frac{1}{1.2.3.4.5}.$$

Le logarithme népérien d'un nombre est égal au quotient du logarithme vulgaire de ce nombre par 0.43429448.

Le produit du logarithme népérien d'un nombre par 0.4342945 est le logarithme vulgaire de ce nombre.

Voir page 78 une table des logarithmes hyperboliques.

ARRANGEMENTS, PERMUTATIONS, COMBINAISONS.

Nombre d'arrangements de m objets n à n

$$A_n = m(m-1)(m-2)\ldots\ldots(m-n+1).$$

Nombre de permutations de m objets

$$P_m = 1.2.3\ldots\ldots m.$$

Combinaisons de m objets n à n.

$$C_n = \frac{m(m-1)(m-2)\ldots\ldots(m-n+1)}{1.2.3.\ldots\ldots n}.$$

ÉQUATION DU 2e DEGRÉ.

$$x^2 + px = q$$

$$x = -\frac{p}{2} \pm \sqrt{q + \frac{p^2}{4}}$$

Équation du 2nième degré.

$$x^{2n} + px^n = q$$

$$x = \sqrt[n]{-\frac{p}{2} \pm \sqrt{q + \frac{p^2}{4}}}$$

Équation du 2d degré à 2 inconnues.

$$x \pm y = s$$
$$xy = p$$

$$x = \frac{s + \sqrt{s^2 \pm 4p}}{2} \qquad y = \frac{s - \sqrt{s^2 \pm 4p}}{2}$$

Interpolation.

Nous empruntons à l'*Aide mémoire des Ingénieurs* de M. *Tom Richard* la méthode et les résultats qui suivent, renvoyant à cet ouvrage pour leur justification et leur développement.

L'observation a fait connaître un certain nombre des valeurs simultanées que prennent deux grandeurs variables y et x que l'on suppose dépendantes l'une de l'autre ; on veut obtenir *l'expression générale de la loi* qui lie entre elles, non-seulement les valeurs connues, mais encore les valeurs simultanées intermédiaires à celles-ci et que l'observation n'a pas données.

Soient :

$$x_1 \quad x_2 \quad x_3 \quad x_4$$
$$y_1 \quad y_2 \quad y_3 \quad y_4$$

les valeurs simultanées connues prises par les quantités variables x et y, la loi qui lie entre elles toutes les valeurs intermédiaires pourra être exprimée généralement par :

$$y = A y_1 + B y_2 + C y_3 + D y_4 + \dots$$

formule qui ne deviendra applicable que lorsqu'on connaîtra les coefficients A, B, C, D jusqu'ici indéterminés, mais dépendants des valeurs de x.

Or, *Lagrange* a démontré que l'on avait alors :

$$A = \frac{(x - x_2)(x - x_3)(x - x_4)}{(x_1 - x_2)(x_1 - x_3)(x_1 - x_4)}$$

$$B = \frac{(x - x_1)(x - x_3)(x - x_4)}{(x_2 - x_1)(x_2 - x_3)(x_2 - x_4)}$$

$$C = \frac{(x - x_1)(x - x_2)(x - x_4)}{(x_3 - x_1)(x_3 - x_2)(x_3 - x_4)}$$

$$D = \frac{(x - x_1)(x - x_2)(x - x_3)}{(x_4 - x_1)(x_4 - x_2)(x_4 - x_3)}$$

coefficients dont la loi est facile à saisir. On voit, en effet, que leurs numérateurs et leurs dénominateurs ont chacun autant de facteurs *moins un* qu'il y a de couples de valeurs simultanées connues d'avance, et ici, par exemple, trois facteurs pour quatre couples. D'ailleurs x_1 qui n'entre pas au numérateur du *premier* coefficient A, est au contraire le premier terme de chaque différence à son dénominateur ; x_2, qui n'entre pas au numérateur du *second* coefficient B, est au contraire le premier terme des différences que contient son dénominateur, et ainsi de suite.

Supposons, comme application, que des *causes* quelconques x, dont l'intensité a été mesurée par les nombres :

$$x_1 = 1 \qquad x_2 = 3 \qquad x_3 = 4 \qquad x_4 = 6$$

aient produit des *effets* y mesurés eux-mêmes par les nombres

$$y_1 = 4 \qquad y_2 = 20 \qquad y_3 = 35 \qquad y_4 = 84$$

la loi qui lie ces effets à leurs causes aura ainsi pour expression :

$$y = \frac{(x-3)(x-4)(x-6)}{(1-3)(1-4)(1-6)} \times 4 + \frac{(x-1)(x-4)(x-6)}{(3-1)(3-4)(3-6)} \times 20$$

$$+ \frac{(x-1)(x-3)(x-6)}{(4-1)(4-3)(4-6)} \times 35 + \frac{(x-1)(x-3)(x-4)}{(6-1)(6-3)(6-4)} \times 84$$

qui se réduit finalement à

$$y = \frac{1}{6}\left[x^3 + 6\,x^2 + 11\,x + 6 \right]$$

relation à l'aide de laquelle on trouvera toute valeur intermédiaire de y correspondante à une valeur intermédiaire de x ; ainsi $x = 5$ donnerait $y = 56$.

Soit encore à déterminer l'équation d'une courbe dont on connaît 4 abscisses x et les quatre ordonnées correspondantes y savoir :

$$x_1 = 0 \qquad x_2 = 3 \qquad x_3 = 6 \qquad x_4 = 10$$

$$y_1 = 6 \qquad y_2 = 7 \qquad y_3 = 8 \qquad y_4 = 9$$

On trouvera pour l'équation de cette courbe :

$$y = 6 + \frac{131}{420}\,x + \frac{3}{280}\,x^2 - \frac{1}{840}\,x^3$$

On parvient ainsi à lier par l'expression générale d'une loi *physique* une foule de phénomènes dépendants l'un de l'autre et qui ne sont réellement régis par aucune loi *mathématique* ; et, par exemple, la *résistance* de l'air et la *vitesse* d'un projectile, — la *résistance* de l'eau et la *vitesse* d'un bateau, — les *poids* d'une substance quelconque qui peuvent être dissous dans un poids donné de liquide et les *températures* de celui-ci, — les *flexions* ou *flèches* des prismes et les *efforts* transversaux appliqués à ces solides, etc., etc., en effets qu'on sait très-bien aujourd'hui n'être liés entre eux par aucune loi mathématique simple (1).

Bases du calcul infinitésimal.

Soit a une quantité quelconque considérée comme invariable pendant le cours du calcul, x une quantité variable, au contraire, et dont l'élément ou l'accroissement est représenté par dx (d étant une caractéristique et non une quantité), soit encore m l'indice constant de la puissance à laquelle la variable x est élevée : on demande l'*élément*, l'*accroissement*, ou encore la *différentielle* du produit de a par x^m, ce que l'on indique par la notation $d.\,ax^m$, le point indiquant qu'il s'agit d'obtenir la différentielle ou l'élément de toute la quantité qui le suit :

Règle pour différentier. — Pour trouver l'élément ou la différentielle d'un produit de la forme ax^m, multipliez ce produit par l'exposant m de la variable x, puis par dx, et diminuez l'exposant de la variable d'une unité. Ainsi :

$$d.\,ax^m = max^{m-1}dx$$

On trouverait de même :

$$d.\,\tfrac{1}{2}x^2 = 2 \times \tfrac{1}{2}x^{2-1}\,dx = xdx$$

$$d.\,x^2 = 2\,xdx\,;\ d.\,x^3 = 3\,x^2dx$$

$$d.\,x = 1 \times x^{1-1}dx = 1 \times x^0dx = 1 \times 1 \times dx = dx$$

car on sait que toute quantité affectée de l'exposant zéro est un.

Les quantités constantes n'ont pas de différentielle, ou mieux leur différentielle est zéro.

Règle pour intégrer. — Réciproquement, pour faire la somme d'éléments semblables à ceux que nous venons de trouver, ou, en d'autres termes, pour *intégrer* les expressions de la forme générale $ax^n dx$ (ce

---

(1) Voyez à ce sujet l'article *Résistance des matériaux* de l'*Aide mémoire général des Ingénieurs*, de M. Tom Richard, où résumant les expériences de M. Eaton Hodgkinson, cet ingénieur a montré que les fers, les fontes et les bois, soumis à des efforts transversaux, prenaient des *flèches* qui croissent toujours plus rapidement que ces efforts, quelque faibles qu'ils soient.

qu'on exprime en faisant précéder l'expression du signe $\int$, on devra :
1° augmenter d'une unité l'exposant constant n de la quantité variable x ; 2° diviser l'expression par cet exposant ainsi augmenté et par
dx. Ainsi :

$$\int ax^n dx = a\,\frac{x^{n+1}}{n+1}$$

On trouvera donc :

$$\int x\,dx = \frac{x^2}{2}\,; \qquad \int 2\,x\,dx = x^2$$

$$\int \frac{1}{2}\,x^2\,dx = \frac{1}{2}\,\frac{x^3}{3} = \frac{1}{6}\,x^3$$

Il y a toutefois une exception à cette dernière règle qui est relative
au cas unique où l'on aurait $n = (-1)$; en appliquant, en effet, la
règle générale, on obtiendrait :

$$\int a\,\frac{dx}{x} = \int ax^{-1}\,dx = \frac{ax^0}{0} = \frac{a \times 1}{0} = \infty$$

Or, il n'est pas de notre objet d'expliquer ici ce résultat, et nous
devons nous contenter de renvoyer aux traités spéciaux où l'on démontre que l'on a en général :

$$\int \frac{dx}{x} = \log.\ \text{hyp.}\ x = 2.3026\ \log.\ x.$$

c'est-à-dire que l'*intégrale de l'expression* $\dfrac{dx}{x}$ *est égale au loga-*
rithme hyperbolique de x, *ou encore au logarithme vulgaire de* x
multiplié par le nombre constant 2,3026.

Si l'on doit intégrer l'une quelconque des expressions ci-dessus
entre deux instants où la variable x prendrait des valeurs déterminées, x^1 et x_0, par exemple ; x^1 étant la plus grande de ces deux valeurs, on indique cette opération par la notation :

$$\int_{x_0}^{x^1}$$

et on l'effectue en faisant successivement $x = x^1$, puis $x = x_0$ dans
les expressions précédentes ; on intègre alors chacune d'elles par la
règle qui lui convient, et l'on retranche ensuite le dernier résultat du
premier. Ainsi :

$$\int_{x_0}^{x^1} a x^n dx = \frac{a x^{1\,n+1}}{n+1} - \frac{a x_0^{\,n+1}}{n+1} = \frac{a}{n+1}\left(x^{1\,n+1} - x_0^{\,n+1}\right)$$

$$\int_{x_0}^{x^1} \frac{dx}{x} = \text{log. hyp. } x^1 - \text{log. hyp. } x_0 = \text{log. hyp. } \frac{x^1}{x_0} = 2.3026 \, \text{log. } \frac{x^1}{x_0}$$

Voici au reste une table suffisamment étendue des

Logarithmes hyperboliques.

Numéros.	Logarithmes.	Numéros.	Logarithmes.	Numéros.	Logarithmes.
1 1/4	0.22 314	4 1/4	1.44 692	7 1/4	1.98 100
1 1/2	0.40 547	4 1/2	1.50 408	7 1/2	2.01 490
1 3/4	0.55 962	4 3/4	1.55 814	7 3/4	2.04 769
2	0.69 315	5	1.60 944	8	2.07 944
2 1/4	0.81 093	5 1/4	1.65 823	8 1/2	2.14 007
2 1/2	0.91 629	5 1/2	1.70 475	9	2.19 722
2 3/4	1.01 160	5 3/4	1.74 920	9 1/2	2.25 129
3	1.09 861	6	1.79 176	10	2.30 259
3 1/4	1.17 865	6 1/4	1.83 258	12	2.48 491
3 1/2	1.25 276	6 1/2	1.87 180	14	2.63 906
3 3/4	1.32 176	6 3/4	1.90 954	16	2.77 259
4	1.38 629	7	1.94 591	18	2.89 037

Radicaux du second degré. — On ramène la différentiation à la règle générale en substituant au radical un exposant fractionnaire. Ainsi

$$d. \sqrt{x} = d. \, x^{\frac{1}{2}} = \frac{1}{2} x^{\frac{1}{2}-1} \, dx = \frac{dx}{2 \cdot \sqrt{x}}$$

Ainsi, dans le cas des radicaux du second degré, *la différentielle s'obtient en divisant celle de la quantité qui est sous le signe par le double du radical.* On aurait de même :

$$d. \sqrt{a^2 - x^2} = \frac{- x \, dx}{\sqrt{a^2 - x^2}}$$

Réciproquement, *toute fraction dont le dénominateur est un radical carré et dont le dénominateur est la différentielle de la quantité que ce radical affecte a pour intégrale le double de ce radical.* Ainsi :

$$\int_{\mathrm{e}}^{z} \frac{dx}{\sqrt{x}} = \int x^{-\frac{1}{2}} dx = 2\sqrt{x}$$

et :

$$\int_{\mathrm{e}}^{z} -\frac{dx}{\sqrt{1-x}} = -2\sqrt{1-x}$$

Fonctions circulaires. x étant un arc quelconque du cercle dont le rayon $= 1$ et sin. x son sinus. Sin. $(x + dx)$ — sin. x sera l'accroissement de ce sinus correspondant à l'accroissement dx de l'arc. Or :

$$\sin. (x + dx) = \sin. x \cos. dx + \sin. dx \cos. x$$

retranchant sin. x de part et d'autre ; et remarquant que le sinus d'un arc infiniment petit dx se confond avec cet arc et que son cosinus ne diffère pas du rayon, on a :

$$\sin. dx = dx \text{ et } \cos. dx = 1$$

Il en résulte :

$$d. \sin. x = dx \cos. x$$

et cette différentielle suffit pour trouver celles de toutes les autres lignes trigonométriques. Ainsi, le rayon du cercle étant 1, on a

$$d. \sin. x = dx \cos. x; \qquad d. \cos. x = - dx \sin. x$$

$$d. \text{tang.} x = \frac{dx}{\cos.^2 x}; \qquad d. \text{cotang.} x = \frac{dx}{\sin.^2 x}$$

$$d. \sec. x = \frac{dx \sin. x}{\cos.^2 x}; \qquad d. \sin. \text{vers.} x = dx \sin. x.$$

Réciproquement, on aurait pour les *intégrales* suivantes :

$$\int dx \cos. x = \sin. x; \qquad \int - dx \sin. x = \cos. x$$

$$\int dx \sin. x = - \cos. x$$

et ainsi de suite, on prenant à l'inverse les formules de différentiation. Voyez pour plus de développements les articles *différentielles* et *intégrales* à l'*Aide-mémoire des Ingénieurs*, de M. *Tom Richard*, auxquels nous avons emprunté les *notions* précédentes.

Lignes et Angles.
Relations trigonométriques usuelles, le rayon du cercle étant = un. (*)

Les arcs indiqués dans la première colonne ont pour sinus, cosinus, tangente, cotangente, secante et co-secante, les valeurs portées au tableau ci-dessous, avec leurs signes :

Arcs.	Sinus.	Cosinus.	Tang.	Co-tang.	Secante.	Co-secante.	
Arc (— A)	$-\sin. A$	$\cos. A$	$-\tan g. A$	$-\text{co-tang}. A$	$\sec. A$	$-\text{co-sec}. A$	
Arc 0	0	1	0	∞	1	∞	
Arc de 90°	1	0	∞	0	∞	1	$\frac{1}{2}\pi$
Arc de 180°	0	— 1	0	— ∞	— 1	∞	π
Arc de 270°	— 1	0	— ∞	0	∞	— 1	$\frac{3}{2}\pi$
Arc de 360°	0	1	0	∞	1	∞	2π

$$\text{Arc } A = \begin{cases} \sin. A + \dfrac{1 \sin.^3 A}{2 \times 3} + \dfrac{1 \times 3 \times \sin.^5 A}{2 \times 4 \times 5} + \text{etc.} \\[2mm] = \tan g. A - \tfrac{1}{3} \tan g.^3 A + \tfrac{1}{5} \tan g.^5 A - \tfrac{1}{7} \tan g.^7 A + \text{etc.} \end{cases}$$

Cette série ne converge qu'autant que tang. A est < 1 ou $A < 45°$.

$$\sin. A = \begin{cases} \sqrt{1 - \cos.^2 A} = \tfrac{1}{2} \text{ corde } (2 A) = \dfrac{\tan g. A}{\sqrt{1 + \tan g.^2 A}} \\[2mm] = 2 \sin. \tfrac{1}{2} A \cos. \tfrac{1}{2} A = \dfrac{1}{\text{cosec}. A} \end{cases}$$

$\sin.$ verse $A = 1 - \cos. A = 2 \sin.^2 \tfrac{1}{2} A$

Corde $A = 2 \sin. \tfrac{1}{2} A$

$$\cos. A = \begin{cases} \sqrt{1 - \sin.^2 A} = 1 - 2 \sin.^2 \tfrac{1}{2} A = 2 \cos.^2 \tfrac{1}{2} A - 1 = \dfrac{1}{\sec. A} \end{cases}$$

$$\tan g. A = \begin{cases} \dfrac{\sin. A}{\cos. A} = \dfrac{1}{\text{cotang}. A} = \dfrac{\sin. A}{\sqrt{1 - \sin.^2 A}} \end{cases}$$

$$\sec. A = \dfrac{1}{\cos. A} = \sqrt{1 + \tan g.^2 A}$$

(*) Ces relations sont extraites d'un tableau beaucoup plus étendu de l'*Aide-mémoire des Ingénieurs*, de M. *Richard*.

$$\text{Rayon } 1 = \begin{cases} \sin.^2 A + \cos.^2 A = \sin.\text{ vers. } A + \cos. A \\ = \cot\text{ang. } A \text{ tang. } A = \cos. 2 A + 2 \sin.^2 A \\ = \sec.^2 A - \text{tang.}^2 A = \ldots \end{cases}$$

$$\sin. (A \pm B) = \sin. A \cos. B \pm \sin. B \cos. A$$

$$\cos. (A \pm B) = \cos. A \cos. B \mp \sin. A \sin. B$$

$$\text{Tang. } (A \pm B) = \frac{\text{tang. } A \pm \text{tang. } B}{1 \mp \text{tang. } A \text{ tang. } B}$$

$$\sin. 2 A = 2 \sin. A \cos. A$$

$$\cos 2 A = \cos.^2 A - \sin.^2 A = 2 \cos.^2 A - 1 = 1 - 2 \sin.^2 A$$

$$\text{Tang. } 2 A = \frac{2 \text{ tang. } A}{1 - \text{tang.}^2 A}$$

$$\sin. \tfrac{1}{2} A = \pm \sqrt{\frac{1 - \cos. A}{2}}$$

$$\cos. \tfrac{1}{2} A = \pm \sqrt{\frac{1 + \cos. A}{2}}$$

$$\text{Tang. } \tfrac{1}{2} A = \frac{\sin A}{1 + \cos. A} = \frac{1 - \cos. A}{\sin. A} = \pm \sqrt{\frac{1 - \cos. A}{1 + \cos. A}}$$

$$\sin. A + \sin. B = 2 \sin. \tfrac{1}{2} (A + B) \cos. \tfrac{1}{2} (A - B)$$

$$\cos. A + \cos. B = 2 \cos. \tfrac{1}{2} (A + B) \cos. \tfrac{1}{2} (A - B)$$

$$\text{Tang. } A + \text{tang. } B = \frac{\sin. (A + B)}{\cos. A \cos B}$$

Nota. Si l'on voulait que les formules précédentes devinssent applicables au cas où le rayon serait R, il suffirait d'y introduire R comme facteur en l'élevant à une puissance telle que, après son introduction, le nombre des *dimensions* de chaque terme fut le même.

Ainsi, par exemple : $\sin.^2 A + \cos.^2 A = 1$ deviendrait

$$\sin.^2 A + \cos.^2 A = R^2 \quad \text{et} \quad \text{tang. } 2 A = \frac{2 \text{ tang. } A}{1 - \text{tang.}^2 A} \text{ deviendrait}$$

$$\text{tang. } 2 A = \frac{2 R^2 \text{ tang. } A}{R^2 - \text{tang.}^2 A}$$

4.

Résolution des triangles rectilignes.

Principes et formules générales. — *Dans tout triangle rectiligne quelconque*, 1° les sinus des angles sont comme les côtés opposés à ces angles; 2° le rayon des tables étant supposé $= 1$, le carré d'un côté quelconque du triangle égale la somme des carrés des deux autres côtés, moins deux fois le produit de ces mêmes côtés par le cosinus de l'angle qu'ils comprennent; 3° la somme de deux côtés quelconques est à leur différence comme la tangente de la demi-somme des angles opposés à ces côtés est à la tangente de la demi-différence de ces mêmes angles.

Si le triangle est rectangle, et si l'on fait le rayon des tables $= 1$, 1° un côté quelconque de l'angle droit est le produit de l'hypothénuse par le cosinus de l'angle aigu compris; 2° un des côtés de l'angle droit est le produit de l'autre côté par la tangente de l'angle opposé au premier.

Ces théorèmes suffisent à la résolution de tous les triangles rectilignes, et les formules qui suivent en sont la traduction algébrique.

Triangles rectangles. Soient en général b la base, h la hauteur, l l'hypothénuse d'un triangle, et B, H, L les angles respectivement opposés à ces côtés, on a (*)

$$l = \sqrt{h^2 + b^2} = h \text{ séc. } B = b \text{ séc. } H$$

$$b = L \cos. H = h \text{ cotang. } H = \sqrt{l^2 - h^2} = h \text{ tang. } B.$$

$$h = b \text{ tang. } H = l \sin. H = l \cos. B = \sqrt{l^2 - b^2} = \sqrt{(l+b)(l-b)}$$

(*) Nous ferons observer que les formules ci-après, supportent l'emploi d'une table des lignes trigonométriques (voir page 68). — Les tables ordinairement employées donnent ces valeurs par leur logarithme et les formules doivent être transformées par le calcul logarithmique.

$$L = 90^\circ = B + H ; \qquad \text{tang. } B = \text{cotang. } H = \frac{b}{h}$$

$$\cos. B = \sin. H = \frac{h}{l} ; \qquad l - b = h \text{ tang. } \tfrac{1}{2} H.$$

$$\cos. H = \sin. B = \frac{b}{l} ; \qquad l - h = b \text{ tang. } \tfrac{1}{2} B.$$

Triangles obliquangles. Désignant par A, B, C les angles de l'un de ces triangles, et par a, b, c les côtés respectivement opposés à ces angles, on a directement, en partant des principes ci-dessus.

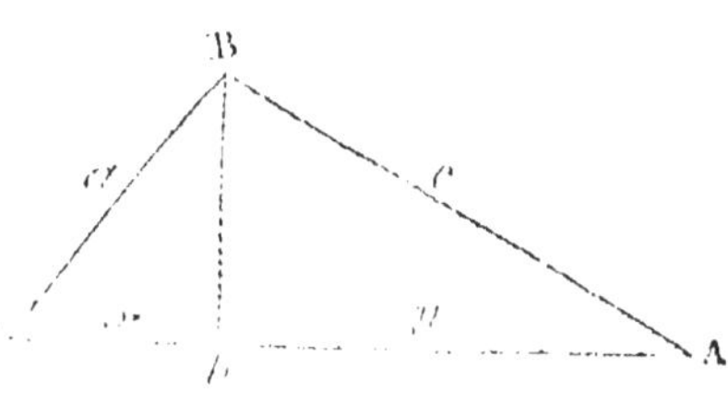

$$A + B + C = 180^\circ$$

$$a = \sqrt{b^2 + c^2 - 2 bc \cos. A} = \frac{b \sin. A}{\sin. B} = \frac{c \sin. A}{\sin. C}$$

$$b = \sqrt{c^2 + c^2 - 2 ac \cos. B} = \frac{a \sin. B}{\sin. A} = \frac{c \sin. B}{\sin. C}$$

$$c = \sqrt{a^2 + b^2 - 2 ab \cos. C} = \frac{a \sin. C}{\sin. A} = \frac{b \sin. C}{\sin. B}$$

1er *et* **2e** *cas.* Ces équations résoudront en général les cas où l'on connaît soit deux angles et un côté, soit deux côtés et l'angle opposé à l'un d'eux ; toutefois, pour ce dernier cas, comme l'un des angles cherchés pourra n'être déterminé que par un sinus, et comme un sinus correspond à deux arcs supplémentaires, il y aura deux solutions, à moins que l'énoncé ou les conditions de la question rendent l'une d'elles inadmissible.

3e *cas.* Si l'on ne connaît que deux côtés et l'angle qu'ils comprennent, b, c et A, par exemple, le troisième principe donnera immédiatement la relation

$$\text{tang. } \tfrac{1}{2}(C - B) = \frac{c - b}{c + b} \text{ tang. } \tfrac{1}{2}(C + B) = \frac{c - b}{c + b} \text{ cotang. } \tfrac{1}{2} A \; (^*).$$

(*) On aurait encore $\sin. C - \sin. B = \frac{c - b}{c + b}(\sin. C + \sin. B).$

En général, dans tout triangle rectiligne, la somme de deux côtés est à leur différence comme la somme des sinus des angles opposés est à la différence de ces sinus.

or $\dfrac{C+B}{2} = \dfrac{180-A}{2} = 90^\circ - \tfrac{1}{2}A = \tfrac{1}{2}$ somme $= \tfrac{1}{2}s$

et faisant $\dfrac{C-B}{2} = \tfrac{1}{2}$ différence $= \tfrac{1}{2}d$, il vient

$$C = \tfrac{1}{2}s + \tfrac{1}{2}d \quad \text{et} \quad B = \tfrac{1}{2}s - \tfrac{1}{2}d$$

4e *cas.* Enfin, si l'on ne connaissait que les trois côtés a, b, c, on trouverait un angle quelconque, A par exemple, par l'emploi de la formule suivante qui se déduit du second principe, et dans laquelle on fait le périmètre $a+b+c$ du triangle $=2p$,

$$\sin. \tfrac{1}{2}A = \sqrt{\dfrac{(p-b)(p-c)}{bc}}; \quad \cos. \tfrac{1}{2}A = \sqrt{\dfrac{p(p-a)}{bc}}$$

$$\tan. \tfrac{1}{2}A = \sqrt{\dfrac{(p-b)(p-c)}{p(p-a)}}$$

on aurait encore, en remarquant que les deux segments x et y de la base déterminés par la perpendiculaire menée de l'angle qui lui est opposé, sont donnés par :

$$x+y = b \text{ et } x-y \dfrac{(a+c)(a-c)}{b}$$

d'où l'on déduit :

$$\cos. A = \dfrac{y}{c}; \quad \cos. C = \dfrac{x}{a} \text{ et } B = 180^\circ - (A+C)$$

Observons qu'il est toujours plus convenable de déterminer la valeur des angles d'après celle de leur *tangente*, et qu'il faut surtout éviter l'emploi du *sinus* lorsque l'angle est voisin de 90° et celui du *cosinus*, lorsque cet angle est très-petit.

Aires des surfaces planes.

TRIANGLE. L'aire T d'un triangle A B C a pour mesure la moitié du produit de sa base a par sa hauteur h — ou la moitié du produit de deux côtés quelconques b c par le sinus de l'angle A qu'ils comprennent, — et $2 p$ étant son périmètre $a + b + c$, on a encore :

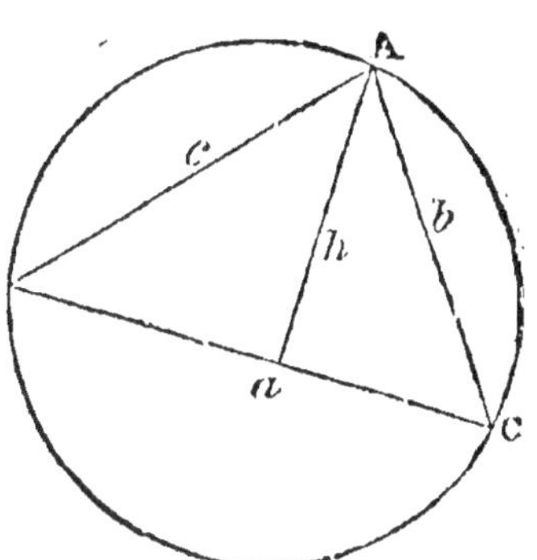

$$T = \sqrt{p\,(p-a)\,(p-b)\,(p-c)} = \frac{1}{2}\,a\,h = \frac{1}{2}\,b\,c\,\sin. A$$

$$= \frac{c^2}{2}\,\frac{\sin. A \, \sin. B}{\sin. C} = \frac{c^2}{2}\,\frac{\sin. A \, \sin. B}{\sin. (A+B)}$$

Et si R est le rayon du cercle qui lui est circonscrit, et r celui du cercle qui lui est inscrit, on a aussi

$$T = \frac{abc}{4\,R} = \tfrac{1}{2}\,r\,(a + b + c) = r\,p$$

POLYGONE QUELCONQUE. Il peut être décomposé par des diagonales en triangles qu'on sait mesurer.

RECTANGLE = produit de sa base par sa hauteur.

PARALLÉLOGRAMME = produit de sa base par la perpendiculaire interceptée entre cette base et le côté opposé parallèle.

TRAPÈZE = demi-somme des côtés parallèles $\times$ hauteur = hauteur $\times$ droite menée à égales distances des bases parallèles

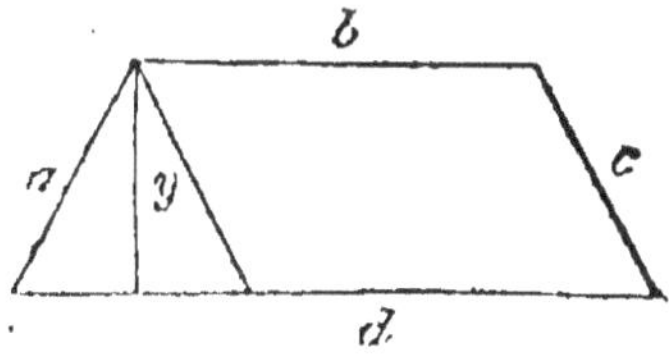

$$= \left(\frac{b + d}{2}\right) y$$

et si l'on n'a point la hauteur y, on l'obtiendra en prenant la différence $(d - b)$ des côtés parallèles que nous ferons $= g$, et l'on aura

$$y = \frac{1}{2g}\,\sqrt{(a + c + g)\,(a + y - c)\,(c + g - a)\,(a + c - g)}$$

On trouvera ainsi la surface d'un trapèze dont on ne connaît que les quatre côtés.

QUADRILATÈRE = la moitié du produit de ses diagonales par le sinus de l'angle qu'elles comprennent

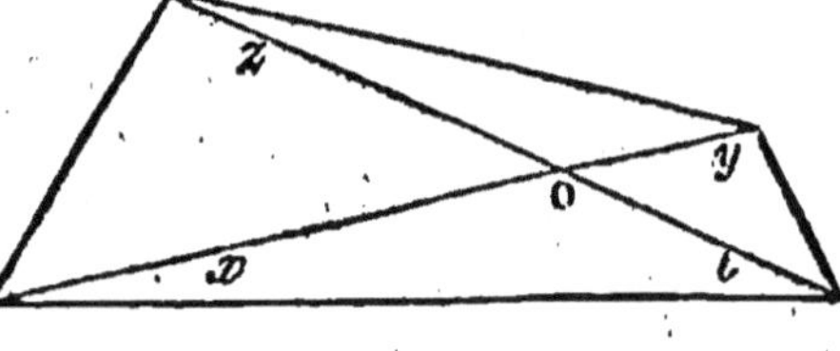

$$= \frac{(x+y)(z+t)}{2}\sin. O$$

Si le quadrilatère est inscriptible au cercle, son aire Q peut être exprimée par

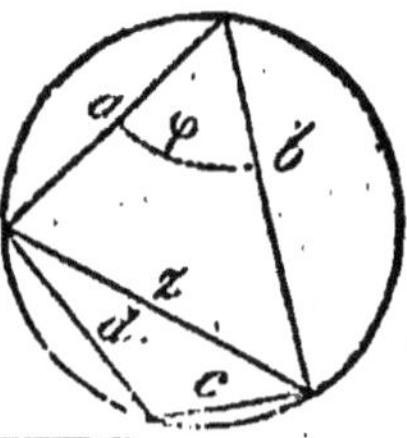

$$Q = \frac{ab+cd}{2}\sin. \varphi$$

et si l'on y fait $2p = a+b+c+d$, on a encore

$$\sqrt{(p-a)(p-b)(p-c)(p-d)}$$

POLYGONE RÉGULIER dont K est le côté, n le nombre de côtés et P l'aire ;

P = périmètre × moitié de l'apothème

$$P = nK \times \tfrac{1}{2}.\frac{K}{2}\;\text{cotang.}\;\frac{180°}{n} = \tfrac{1}{4}\,n\,K^2\,\text{cotang.}\;\frac{180°}{n}$$

SURFACES DES POLYGONES RÉGULIERS DONT LE COTÉ EST PRIS POUR L'UNITÉ.

NOMS des POLYGONES.	NOMBRE des CÔTÉS	APOTHÈME ou perpendiculaire.	SURFACE, le côté étant 1 ou L'UNITÉ.	ANGLE intérieur.	ANGLE central.
Triangle.	3	0.2 886 751	0.4 330 127	60° 0'	120° 0'
Carré.	4	0.5	1.	90 0	90 0
Pentagone. . . .	5	0.6 881 910	1.7 204 774	108 0	72 0
Hexagone. . . .	6	0.8 660 254	2.5 980 762	120 0	60 0
Eptagone. . . .	7	1.0 382 607	3.6 339 124	128 34 $\frac{2}{7}$	51 25 $\frac{5}{7}$
Octogone. . . .	8	1.2 071 069	4.8 284 271	135 0	45 0
Ennéagone. . .	9	1.3 737 387	6.1 818 242	140 0	40 0
Décagone. . . .	10	1.5 388 418	7.6 042 088	144 0	36 0
Undécagone. . .	11	1.7 028 436	9.3 656 399	147 16 $\frac{4}{11}$	32 43 $\frac{7}{11}$
Dodécagone. . .	12	1.8 660 254	11.1 961 524	150 0	30 0

Cercle et ses parties. R = rayon ; D = diamètre ; π = 3.14459.

Circonférence. $C = D\pi$ ou $2\pi R$.

Surface ou aire. $S = \pi R^2$ ou $\dfrac{\pi D^2}{4}$

Surface annulaire A comprise entre deux circonférences concentriques de rayon r et R égale la surface du cercle extérieur de rayon R moins celle du petit cercle de rayon r.

Elle a aussi pour mesure l'aire du cercle qui aurait pour diamètre la droite 2ℓ, tangente à la plus petite circonférence et terminée à la plus grande.

Ainsi : $A = \pi (R^2 - r^2) = \pi \ell^2 = \pi (R + r)(R - r)$.

Aire du secteur égale la moitié du produit de la longueur de l'arc par le rayon r ; ou bien d étant le nombre de degré qui mesure l'angle du secteur, sa surface s est aussi :

$$s = \frac{d}{360}\,\pi r^2.$$

Segment a pour mesure l'aire du secteur de même graduation, moins l'aire du triangle correspondant. Sa mesure est encore :

$$\tfrac{1}{2} r^2 \left(\frac{\pi d}{180} - \sin. \, d \right).$$

RELATIONS ENTRE LES CERCLES ET LES CARRÉS.

Diamètre du cercle. . . $\times$ 0,8862	}	= le côté d'un carré.
Circonférence du cercle. $\times$ 0,2821		
Diamètre. . . . . $\times$ 0,7071	}	= le côté du carré inscrit.
Circonférence. . . . . $\times$ 0,2251		
Surface de d. . . . . . $\times$ 0,6366		= la surface du carré inscrit.
Côté du carré inscrit. . $\times$ 1,4142		= le diam. du cercle circonscrit
Côté d'un carré inscrit. $\times$ 4,443		= la circ. du cercle circonscrit.
Côté d'un carré. . . . $\times$ 1,128		= le diamètre d'un cercle égal.
Côté d'un carré. . . . $\times$ 3,545		= la circonf. d'un cercle égal.

Méthode de Thomas Simpson,

Soit ABCD l'aire plane donnée. Tracez dans le sens de la plus grande longueur de la figure la droite *ab* prise pour axe des abscisses : partagez cet axe en un nombre quelconque, mais *pair* ($n-1$) de parties égales, ce qui donnera n points de division. n étant *impair*, et soit h l'équidistance *aa* de deux points de division consécutifs.

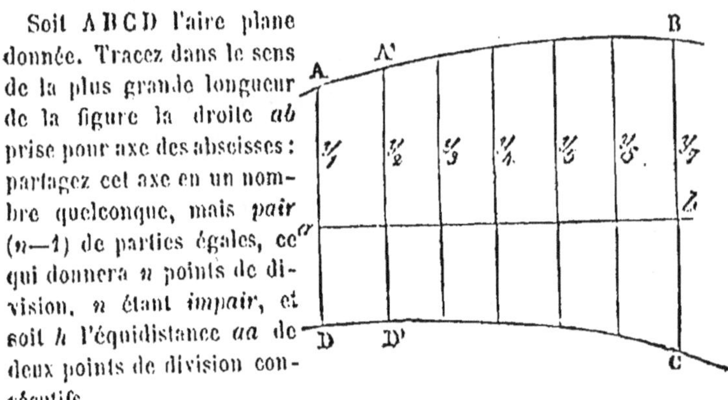

Par chacun de ces points de division, élevez des ordonnées que vous prolongerez jusqu'à leurs rencontres avec les courbes; et $y_1, y_2, y_3 \ldots y_n$ étant les longueurs respectives de la première, de la seconde, de la troisième, etc., jusqu'à la nième, on a pour l'aire approchée A comprise entre les limites ABCDA

$$A = \frac{1}{3} h \left\{ y_1 + 4y_2 + 2y_3 + 4y_4 + 2y_5 + \ldots + y_n \right\}$$

C'est-à-dire que cette aire est le *tiers du produit que l'on obtient en multipliant par l'équidistance constante* h, savoir : 1° *la somme des ordonnées extrêmes* $y_1 + y_n$, *plus deux fois la somme des autres ordonnées de rang impair, plus enfin, quatre fois la somme des ordonnées de rang pair.*

Ce que l'on vient de dire pour la figure entière ABCDA s'appliquerait à la partie située au-dessus de l'axe des abscisses, prise séparément, ainsi qu'à la partie inférieure, de sorte que s'il s'agissait d'évaluer l'aire *a*A*bba* ou celle *a*D*Cba*, les ordonnées à introduire dans le calcul seraient les lignes A*a*, A'*a'*... B*b* dans le premier cas, et *a*D, *a'*D'... *b*C dans le second.

Si la figure était telle que les ordonnées extrêmes ou toute autre se trouvassent *nulles*, il faudrait néanmoins leur donner leurs numéros d'ordre, bien qu'elles fournissent des termes nuls.

En général, l'approximation sera d'autant plus grande que l'on prendra plus d'ordonnées, et l'erreur commise sur la valeur de l'*aire* sera une erreur par *défaut* pour les parties où la courbe présente sa concavité à l'axe et une erreur par *excès* pour les parties où la courbe tourne sa convexité vers ce même axe.

Autre méthode. Il serait très-inutile d'avoir recours à la méthode précédente, si l'on avait préalablement obtenu par les formules *d'interpolation* que nous avons données (pages 74, 75) l'équation interpolaire qui lie les abscisses et les ordonnées équidistantes ou non équidistantes de la courbe ; il suffirait, en effet, de multiplier tous les termes de cette équation par dx et de les intégrer (page 76) pour avoir, sans aucun tracé ni division de l'axe, l'aire cherchée avec plus d'approximation que par le procédé de *Simpson*.

Soit prise pour exemple la dernière équation

$$y = 6 + \frac{151}{420} x + \frac{5}{280} x^2 - \frac{1}{840} x^3$$

de l'article interpolation.

Multipliant tous les termes par dx, il vient :

$$y\,dx = 6\,dx + \frac{151}{420} x\,dx + \frac{5}{280} x^2 dx - \frac{1}{840} x^3 dx,$$

intégrant par les règles données page 77, on a, en remarquant que $\int y\,dx$ est l'aire A de la figure

$$A = 6x + \frac{151 \times x^2}{420 \times 2} + \frac{5 \times x^3}{280 \times 3} - \frac{1 \times x^4}{840 \times 4} + \text{constante}$$

remarquant que, pour le cas actuel, la constante est nulle puisque $A = 0$ lorsque $x = x_1 = 0$; faisant alors $x = x_4 = 10$ dans l'équation ci-dessus, on a pour l'aire comprise entre la courbe, l'axe des abscisses $(x_4 - x_1) = (10 - 0)$ et les ordonnées extrêmes $y_1 = 6$ et $y_4 = 0$

$$A = 76.190476 \text{ avec beaucoup d'approximation.}$$

(Extrait de l'*Aide-mémoire des Ingénieurs* de M. *Tom Richard*.

Aires et volumes des solides.

L'*aire* de la surface convexe d'une *pyramide quelconque* est la somme des aires des triangles qui la composent.

L'*aire* de la surface convexe d'une *pyramide régulière* = la somme des aires des triangles qui la composent = produit du demi-périmètre de la base par la perpendiculaire menée du sommet sur un des côtés de cette base.

Volume de toute pyramide = le tiers du produit de sa base par sa hauteur.

Surface d'un *tronc de pyramide* s'obtient en faisant la somme des aires de ses faces.

Volume d'un *tronc de pyramide* quelconque à bases parallèles, ayant B pour base inférieure, b pour base supérieure, et H pour hauteur

$$= \frac{1}{3} H \left\{ B + b + \sqrt{Bb} \right\}$$

Aire convexe d'un prisme = somme des parallélogrammes qui la composent = produit d'une arête par le périmètre d'une section perpendiculaire à cette arête. Pour avoir l'aire totale, il faut ajouter les aires des deux bases.

Volume du prisme = produit de sa base par sa hauteur.

Volume du tronc de prisme = produit de la base B par le tiers des hauteurs des angles trièdres supérieurs

$$= \frac{1}{3} B (h + h' + h'' + \ldots).$$

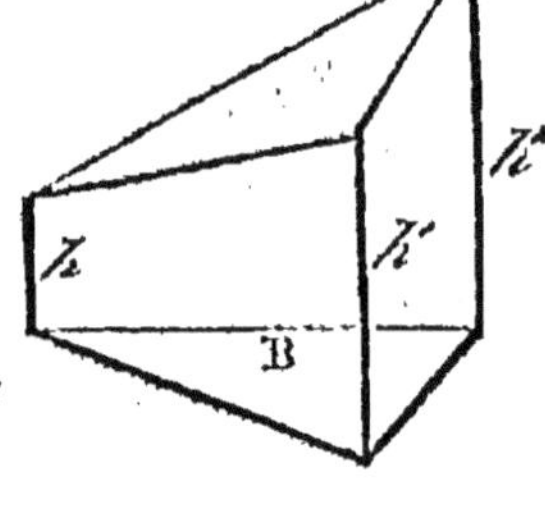

Cylindre droit; aire convexe = produit du périmètre de la base par la hauteur $h = 2\pi rh$, r étant le rayon de la base; *aire totale* $= 2\pi r (h + r)$ *volume* $= \pi r^2 h$.

Cône droit dont h est la hauteur et r le rayon de la base. Son *aire convexe* = circonférence de la base $\times$ moitié de la génératrice $= \pi r \sqrt{h^2 + r^2} = \pi rl$, l étant la génératrice du cône.

Volume = le tiers du produit de sa base par sa hauteur = le tiers du cylindre de même base et de même hauteur $= \frac{1}{3} \pi r^2 h = 1.0472\, r^2 h$.

Tronc de cône droit à bases parallèles ; son aire = produit de la génératrice du tronc par la moitié de la somme des circonférences des bases = produit de la génératrice du tronc par la circonférence menée à égales distances des bases.

$$\text{Volume} = \frac{1}{3}\,\pi\,h\left\{ R^2 + r^2 + Rr \right\} = 1.0472\,(R^2 + r^2 + Rr)h,$$

R, r, h étant les rayons respectifs des bases et h leur distance.

L'aire convexe engendrée par la révolution complète de plusieurs côtés de polygone régulier autour d'un axe = la projection sur cet axe de ces côtés du polygone, multipliée par la circonférence du cercle inscrit à ces côtés.

Le *volume* engendré par le *secteur* polygonal régulier formé au centre par les côtés ci-dessus = la projection du périmètre convexe du secteur sur l'axe de rotation multipliée par $\frac{2}{3}\,\pi$ et par le carré du rayon du cercle inscrit.

L'aire engendré par une courbe plane quelconque qui a tourné autour d'un axe situé dans son plan est égale à la longueur développée de la courbe multipliée par le chemin qui a été parcouru par son CENTRE DE GRAVITÉ = $2\,\pi\,rl$, l étant la longueur de l'arc, r la distance du centre de gravité de l'arc à l'axe.

Le *volume* engendré par la révolution d'une figure plane quelconque autour d'un axe situé dans son plan est égal au produit de l'aire de la figure par le chemin qui a été parcouru par son CENTRE DE GRAVITÉ.

L'aire de la sphère est le produit de son diamètre D = 2 R par la circonférence de son grand cercle, ou $2\,\pi\,R \times 2\,R = 4\,\pi\,R^2$, soit quatre fois l'aire de son grand cercle = $\pi\,D^2$ = 12.5664 R² = 3.14159 D².

Le *volume de la sphère* = $\frac{4}{3}\,\pi\,R^3$ = son aire × par le tiers de son rayon = les deux tiers du cylindre circonscrit = $\frac{1}{6}\,\pi\,D^3$ = 0.5236 D³ = 4.18879 R³.

On obtiendrait le *diamètre* d'une sphère matérielle par la méthode suivante : 1° décrivez sur cette sphère un cercle quelconque, et conservez l'ouverture de compas *a* qui a servi à le décrire ; 2° marquez trois points quelconques A, B, C sur la circonférence de ce cercle ; 3° avec les trois distances AB, AC, BC, construisez sur le papier un triangle rectiligne auquel vous circonscrirez un cercle dont le rayon *r* sera ainsi déterminé; 4° construisez un triangle rectangle dont a soit l'hypoténuse, et r un côté de l'angle droit; 5° prolongez le troisième côté de ce triangle jusqu'à sa rencontre avec la perpendiculaire menée à l'hypoténuse du sommet opposé; vous formerez ainsi un plus grand triangle rectangle, dont le premier sera partie, et dont l'hypoténuse sera le diamètre de la sphère.

Ce procédé s'appliquerait à une sphère dont une portion seulement serait visible.

L'aire de la *calotte sphérique*, celle de la zone à une ou deux bases $=$ circonférence d'un grand cercle de la sphère $\times$ hauteur $h = 2\pi R \times h$.

L'aire du *fuseau sphérique* $= \dfrac{\pi r^2 \alpha}{90}$.

α est le nombre de degrés de l'angle au centre.

La surface de la zone sphérique $= 2\pi rh$ (h est la hauteur de zone).

Le *volume* du *segment sphérique* à une base, dont h est la hauteur, R étant le rayon de la sphère, $= \dfrac{1}{3}\pi h^2 (3R - h) = 1.0472\, h^2 (3R - h)$.

Le *volume* de la *tranche sphérique*, ou segment à deux bases, $=$ produit de la hauteur h de la tranche par la demi-somme des deux bases, plus une sphère qui a h pour diamètre $= \dfrac{1}{2}\pi h (r^2 + r'^2) + \dfrac{1}{6}\pi h^3$

$$= 1.570796\, h\, (r^2 + r'^2) + 0.52359\, h^3.$$

Le *volume* du *secteur sphérique* $=$ produit de l'aire de la calotte qui lui sert de base par le tiers du rayon R; d'où, h étant la hauteur de la calotte, on a : $2\pi Rh \times \dfrac{1}{3} R = \dfrac{2}{3}\pi R^2 h = 2.09439\, R^2 h.$

L'aire du cylindre est moyenne proportionnelle entre les aires de la sphère et du cône circonscrit, en comprenant les bases, et l'on a

$$\text{cyl. : sph. : cône} :: 6 : 4 : 9$$

L'aire de la sphère $=$ celle du cylindre qui lui est circonscrit, et si l'on comprend les bases du cylindre, l'aire de la sphère est les $\dfrac{2}{3}$ de l'aire du cylindre.

On a entre les parties des cinq polyèdres réguliers et celles de la sphère qui leur est circonscrite les relations suivantes :

Le rayon de la sphère circonscrite étant r, la surface d'un de ses

grands cercles est πr^2, la surface de cette sphère est $4\pi r^2$, et son volume $\frac{4}{3}\pi r^3$, on a pour les corps réguliers :

Le côté du polyèdre régulier étant 1, on aura :

ESPÈCE DU POLYÈDRE.	RAYON de la sphère circonscrite	RAYON de la sphère inscrite.	SURFACE du polyèdre.	VOLUME du polyèdre.
Tétraèdre...........	0,612372	0,204124	1,752050	0,117851
Hexaèdre ou cube.	0,866025	0,500000	6,000000	1,000000
Octaèdre...........	0,707107	0,408248	5,464101	0,471405
Dodécaèdre........	1,401259	1,113516	20,645720	7,663122
Icosaèdre..........	0,951056	0,755761	8,660254	2,181692

Les *rayons* croissent comme les *côtés* des polyèdres, les *surfaces* croissent comme les *carrés*, et les volumes comme les *cubes* de ces mêmes côtés.

Le rayon de la sphère ou la surface ou le volume
du polyèdre étant 1, on aura :

ESPÈCE DU POLYÈDRE.	VALEUR DU CÔTÉ		D'APRÈS la surface.	D'APRÈS le volume.
	inscrit.	circonscrit.		
Tétraèdre...........	1,632993	4,898981	0,759836	2,059650
Hexaèdre ou cube.	1,154701	2,000000	0,408248	1,000000
Octaèdre...........	1,414214	2,449490	0,557285	1,284898
Dodécaèdre........	0,713644	0,898056	0,220082	0,507222
Icosaèdre..........	1,051463	1,323140	0,359809	0,774024

MESURE DES SOLIDES GAUCHES ET DES CORPS QUI N'ONT POINT DE FORMES
GÉOMÉTRIQUES DÉFINIES.

Le solide composé de deux prismes triangulaires dont les arêtes sont perpendiculaires à la base, a pour volume V la somme des deux prismes triangulaires tronqués dont il se compose, et par conséquent

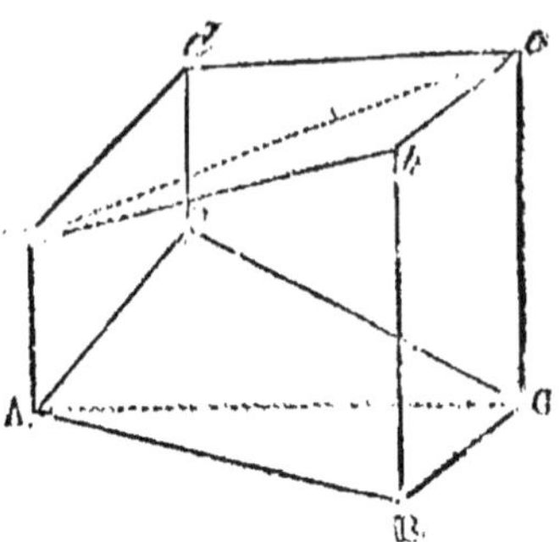

$$V = ABC \times \frac{Aa + Cc + Dd}{3}$$

$$+ ABC \times \frac{Aa + Bb + Cc}{3}$$

l'une ou même deux des trois hauteurs de chaque prisme tronqué peuvent être nulles; on fait alors cette hauteur $= 0$ dans la formule.

Si la base est un parallélogramme, on a

$$V = \frac{ABCD}{2} \times \frac{2Aa + 2Cc + Dd + Bb}{3}$$

Ces formules s'appliquent encore quand $abcd$ est formé de deux triangles adc, abc non situé dans un même plan.

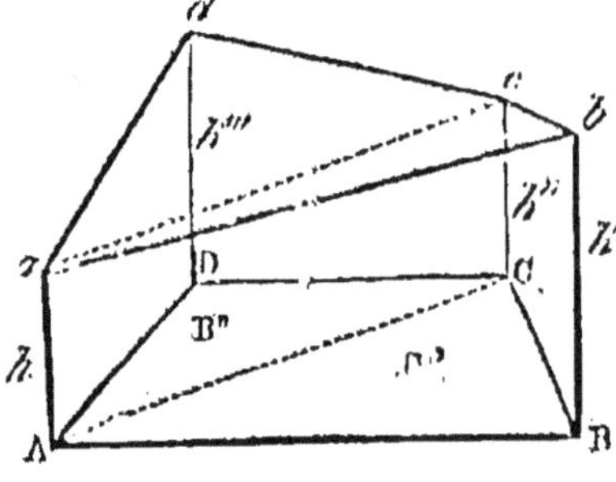

Le solide à base trapézoïdale ayant AB DC pour ses côtés parallèles, se décompose en deux prismes tronqués triangulaires, dont B' B'' sont les bases et $h\ h'\ h''\ h'''$ les quatre hauteurs. On a pour son volume V

$$V = \left(\frac{2h + 2h' + h'' + h'''}{6} \right) B' + \left(\frac{2h'' + 2h''' + h + h'}{6} \right) B''$$

c'est-à-dire que: 1° après avoir partagé la base du solide en deux triangles par une diagonale quelconque, on prendra pour base de chaque triangle une des bases mêmes du trapèze ABCD; 2° on ajoutera ensemble deux fois les hauteurs qui aboutissent à cette base, et une fois les hauteurs qui aboutissent à la base de l'autre triangle ; 3° on divisera par 6 et l'on multipliera par l'aire du triangle choisi pour base. Le produit sera le volume du tronc dont cette aire est la base ; 4° on opérera de même pour l'autre tronc, et la somme des deux troncs sera le volume V du solide.

La formule s'appliquerait encore si une, deux ou trois hauteurs étaient nulles.

Si les quatre hauteurs étaient égales, ou si deux étaient égales sur les côtés parallèles, par exemple $h'' = h'''$ et $h = h'$, on aurait

$$V = \left(\frac{h + h' + h'''}{3} \right) B' + \left(\frac{h' + h'' + h'''}{3} \right) B''$$

Si, les quatre hauteurs étant inégales, la base $B' + B''$ se change en un parallélogramme P, il vient

$$V = \frac{h + h' + h'' + h'''}{4} \cdot P$$

Volumes des *pontons*, de certains *wagons*, des *bâches* de fourneaux, etc., L et T étant la longueur et la largeur de la grande base, l et t la longueur et la largeur de la petite base, h la distance verticale des bases, on a pour le volume V

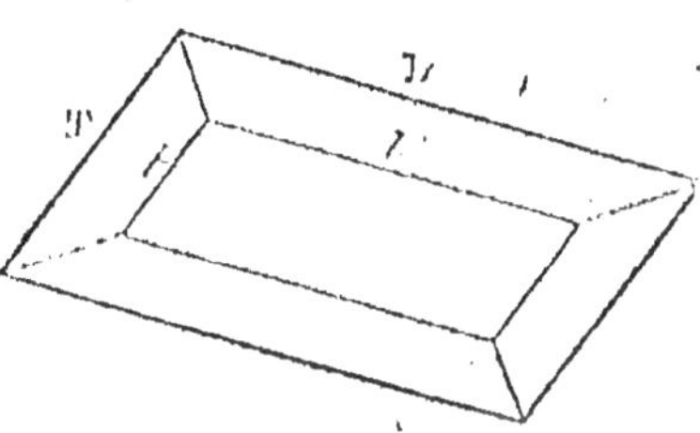

$$V = \frac{1}{2} T h \left\{ \frac{2L + l}{3} \right\} + \frac{1}{2} t h \left\{ \frac{2l + L}{8} \right\}$$

Lorsque L et T ne sont pas très-différents de l et t, on a une approximation très-suffisante en pratique, en faisant

$$V = \frac{TL + tl}{2} \times h$$

Volume d'un solide quelconque. On imaginera, dans le sens de la plus grande longueur du solide, un axe rectiligne quelconque qu'on divisera en un nombre n *pair* de parties égales. Par chaque point de division, on imaginera un plan perpendiculaire à l'axe qui coupera les surfaces du solide, suivant une figure plane dont on mesurera l'aire (page 88); on obtiendra ainsi une série d'aires planes $A_1, A_2, A_3 \ldots A_n$ (le n° n étant impair) dont l'intervalle commun est désigné par h. — Le volume cherché V sera donné avec u exactitude proportionnée au nombre des sections A par la formule de *T. Simpson*.

$$V = \frac{1}{3} h \left\{ A_1 + 4 A_2 + 2 A_3 + 4 A_4 + 2 A_5 + \ldots + A_n \right\}$$

où l'on voit que les sections extrêmes sont multipliées par 1, toutes les autres sections impaires par 2, et les sections paires par 4.

Si les sections extrêmes ou toutes autres étaient nulles, il faudrait leur donner des numéros, elles fourniraient ensuite des termes nuls dans la formule.

MESURAGE DES BOIS. Lorsqu'on met les bois en œuvre, on les équarrit d'abord, c'est-à-dire qu'on leur donne la forme d'un parallélipipède rectangle, et alors on entend par *équarrissage* le carré inscrit dans le cercle formé par la circonférence de l'arbre en grume. — Lorsque cet arbre diminue de grosseur, l'équarrissage s'évalue sur la section faite au milieu de la longueur.

d étant le diamètre moyen, r le rayon, h la hauteur de l'arbre, v le volume de l'arbre équarri, on a

$$\frac{d^2}{2} = 2 r^2 = \text{équarrissage et } v = \frac{d^2}{2} h = 2 r^2 h$$

L'usage commercial a consacré la méthode suivante pour trouver le côté c de l'équarrissage : prenez la circonférence πd, ôtez-en le $\frac{1}{6}$ ou $\frac{\pi d}{6}$, le quart du reste est le côté c de l'équarrissage : on a donc, à fort peu près,

$$c = 0.655 \, d = 1.3 \, r; \qquad c^2 = 0.429 \, d^2 = 1.7 \, r^2$$
$$v = 1.7 \, r^2 h = 0.429 \, d^2 h$$

Toutefois les bois pour le service de l'artillerie sont cubés dans les arsenaux de cette arme d'après les formules suivantes, établies de manière à ne tenir compte que des parties de l'arbre qu'elle emploie

$$c = \frac{2 \pi r}{5}; \qquad c^2 = \frac{(2 \pi r)^2}{25}; \qquad V = 1.570 r^2 h$$

TONNEAUX. Les formes étant ici très-variables, il n'y a point de formule générale ; il n'y en a pas non plus qui soit rigoureuse.

D étant le diamètre intérieur au bouge, c'est-à-dire à la partie la plus renflée, d le diamètre moyen des fonds, l la longueur intérieure du tonneau, et V sa contenance, on a, savoir :

Si le tonneau a une courbure très-prononcée

$$V = \frac{\pi}{4} l \left\{ d + \frac{2}{3} (D - d) \right\}^2, \qquad \text{et } \frac{\pi}{4} = 0.7854$$

Si le tonneau est moins arqué

$$V = 0.7854 \, l \left\{ d + \frac{3}{5} (D - d) \right\}^2$$

Enfin, s'il est presque cylindrique

$$V = 0.7854 \, l \left\{ d + \frac{11}{10} (D - d) \right\}^2$$

les quantités entre parenthèses sont les diamètres de cylindres de même capacité que les tonneaux.

La formule suivante est, en quelque sorte, *moyenne*

$$V = 0.0873 \, l \left\{ d + 2 D \right\}^2$$

Voyez ci-dessous les dimensions générales et les épaisseurs des fonds des tonneaux les plus communs :

NOMS DES PIÈCES.	CONTENANT en LITRES.	LONGUEUR INTÉRIEURE	DIAMÈTRE intérieur DU BOUGE.	DIAMÈTRE intérieur DU FOND.	ÉPAISSEUR DES FONDS.
		millim.	millim.	millim.	
Demi-hectolitre. .	50	464	389	345	
Hectolitre. . . .	100	572	490	435	0.011
Double hectolitre.	200	720	618	548	
	300	825	707	628	0.015 à 0.02
	400	908	778	691	
Demi-kilolitre . .	500	978	838	745	
	600	1039	891	791	
	700	1093	938	833	
	800	1144	980	871	0.025 à 0.032
	900	1190	1019	906	
Kilolitre.	1000	1232	1056	936	

Si le tonneau est en vidange, la hauteur $BH = h$ de la partie vide $BF - FH$ est donnée immédiatement par une tige enfoncée jusqu'au fond, tige que le liquide mouille sur une hauteur FH qu'on mesure ; cela posé, on a

$$\text{vide} = \frac{\pi}{4} l (1.5 \, h)^2 = 1.767 \, l \, h^2$$

pourvu que le plein excède le vide.

Si, au contraire, c'est le vide qui excède le plein, on mesurera *le plein* par la formule ci-dessus.

Enfin, dans les cas où le vide approcherait de l'extrémité des diamètres verticaux des fonds, si le liquide, par exemple, était voisin de I, on aurait, en faisant la hauteur du vide $= h$

$$\text{vide} = \frac{\pi}{4} l \left(\frac{5}{3} h\right)^2 = 0.785 \, l \left(\frac{5}{3} h\right)^2 = 2.181 \, l h^2,$$

et si le liquide avait atteint le niveau J, h' étant $= $ B I, on prendrait

$$\text{vide} = \frac{\pi}{4} l \left(\frac{7}{4} h'\right)^2 = 2.41 \, l h'^2.$$

GÉOMÉTRIE ANALYTIQUE.

Transformation des coordonnées.

Pour changer l'origine, c'est-à-dire la transporter au point $x'y'$ en laissant les axes parallèles à eux-mêmes, dans l'équation donnée, faire

$$x = x' + a \qquad y = y' + b.$$

Pour passer d'un système de coordonnées rectangulaires à un système de coordonnées obliques, faire

$$x = a + x' \cos. \alpha + y' \cos. \alpha;$$
$$y = b + x' \sin. \alpha + y' \sin. \alpha;$$

α et α' sont les angles que fait l'axe nouveau des x et l'axe nouveau des y avec l'axe ancien x.

Pour passer d'un système de coordonnées obliques dont l'angle est θ à un système de coordonnées rectangulaires, faire

$$x = a + \frac{x' \sin. (\theta - \alpha) - y' (\cos. \theta - \alpha)}{\sin. \theta};$$

$$y = b + \frac{x' \sin. \alpha + y' \cos. \alpha}{\sin. \theta}.$$

Enfin, pour passer d'axes obliques dont l'angle est θ à un autre système oblique, faire

$$x = a + \frac{x' \sin.(\theta - \alpha) + y'(\sin.\theta - \alpha')}{\sin.\theta};$$

$$y = b + \frac{x' \sin.\alpha + y' \sin.\alpha}{\sin.\theta}.$$

Equation du 1ᵉʳ degré. Ligne droite.

Equation générale : $Ay - Bx = c$ ou $y = ax + b$.
Droite parallèle à l'axe des x : $y = b$.
Droite parallèle à l'axe des y : $x = c$.
Droite passant par l'origine : $y = ax$.
Angle α d'une droite : $y = ax + b$ avec l'axe des x ·

$$\text{Tang. } \alpha = \frac{a \sin.\theta}{1 + a \cos.\theta},$$

θ étant l'angle des coordonnées. Si $\theta = 90°$, tang. $\alpha = a$.
Droite passant par 2 points donnés $x'y'$, $x''y''$:

$$y - y' = \frac{y'' - y'}{x'' - x'}(x - x').$$

Droite passant par un point donné $x'y'$ et parallèle à une droite donnée $y = ax + b$: $y - y' = a(x - x')$.
Point d'intersection de 2 droites $y = ax + b$, $y = a'x + b'$:

$$x = \frac{b - b'}{a' - a} \qquad y = \frac{a'b - ab'}{a' - a}.$$

Distance δ de 2 points $x'y'$, $x''y''$:
en axes rectangulaires : $\delta = \sqrt{(x' - x'')^2 + (y' - y'')^2}$;

axes obliques :

$$\delta = \sqrt{(x' - x'')^2 + (y' - y'')^2 + 2(x' - x'')(y' - y'')\cos.\theta}$$

Angle V de 2 droites $y = ax + b$, $y = a'x + b'$:

axes rectangulaires :
$$\text{Tang. } V = \frac{a' - a}{1 + aa'};$$

axes obliques :
$$\text{Tang. } V = \frac{(a' - a)\sin. 0}{1 + aa' + (a + a')\cos. 0}.$$

Droite perpendiculaire à une droite donnée $y = ax + b$ *et passant par un point* $(x'\,y')$:

axes rectangulaires :
$$y - y' = \frac{1}{a}(x - x');$$

axes obliques :
$$y - y' = \frac{-1 - a\cos. 0}{a + \cos. 0}(x - x').$$

Distance d'un point $x'\,y'$ *à une droite* $y = ax + b$:

axes rectangulaires :
$$p = \pm\frac{y' - ax' - b}{\sqrt{1 + a\,2}};$$

axes obliques :
$$p = \pm\frac{(y - ax' - b)\sin. 0}{\sqrt{1 + a^2 + 2^a\cos. 0}}.$$

Courbes du 2ᵈ degré.

Équation générale.

$$Ax^2 + Bxy + Cy^2 + Dx + Ey + F = 0$$

$$\text{Si } B^2 - 4AC < 0$$

avec $(BE - 2CD)^2 - (B^2 - 4AC)(E^2 - 4CF) > 0$ courbe fermée ellipse
$$< 0 \text{ imaginaire}$$
$$= 0 \text{ un point.}$$

$$\text{Si } B^2 - 4AC > 0$$

et $(BE - 2CD)^2 - (B^2 - 4AC)(E^2 - 4CF) > 0$, doubles branches
$$< 0 \text{ infinies hyperbole}$$
$$= 0 \text{ 2 droites se coupant.}$$

$$\text{Si } B^2 - 4AC = 0$$

et $(BE - 2CD) \gtrless o$ une double branche infinie parabole.

$$(BE - 2CD) = o \begin{cases} E^2 - 4CF > o & \text{2 droites parallèles.} \\ E^2 - 4CF = o & \text{une droite.} \\ E^2 - 4CF < o & \text{rien.} \end{cases}$$

Propriétés des courbes du 2ᵈ degré.

Courbes rapportées à leur centre et à leurs axes.

CERCLE.

Equation de la courbe : $y^2 + x^2 = R^2$;

tangente en un point $x'y'$ sur le cercle : $yy' + xx' = R^2$;

normale :
$$y = \frac{y'}{x'} x.$$

ELLIPSE.

Equation de la courbe : $a^2 y^2 + b^2 x^2 = a^2 b^2$.

Distance des foyers au centre $= \sqrt{a^2 - b^2}$.

Le double de cette longueur s'appelle l'excentricité de l'ellipse.

Longueur des rayons vecteurs :

$$\rho = a - \frac{cx'}{a} \qquad \rho' = a + \frac{cx'}{a};$$

d'où
$$\rho + \rho' = 2a.$$

La somme des rayons vecteurs menés à un même point est constante.

De là, la construction par point, ou le tracé du jardinier, quand on connaît les foyers et le grand axe.

Les ordonnées d'une ellipse sont à celles du cercle construit sur le grand axe dans le rapport du petit axe au grand.

On appelle directrice une droite perpendiculaire au grand axe, telle que les distances de chaque point de l'ellipse à l'un des foyers et à cette droite soient dans un rapport constant $=$ le rapport de l'excentricité au grand axe.

Dans une ellipse il y a deux directrices dont la distance au centre

est :
$$\frac{a^2}{\sqrt{a^2 - b^2}}$$

Tangente en un point de la courbe $x'y'$: $a^2 yy' + b^2 xx' = a^2 b^2$.

Sous-tangente, longueur comprise entre l'abscisse du point et l'extrémité de la tangente $= \dfrac{a^2 - x'^2}{x'}$.

La distance entre le centre et l'extrémité de la tangente $= \dfrac{a^2}{x'}$.

Tangente menée à l'ellipse par un point extérieur $x''y''$, les points de tangence $x'y'$, sont :

$$x' = \frac{a^2 \left(b^2 x'' \pm y'' \sqrt{a^2 y''^2 + b^2 x''^2 - a^2 b^2} \right)}{a^2 y''^2 + b^2 x''^2}$$

$$y' = \frac{b^2 \left(a^2 y'' \mp x'' \sqrt{a^2 y''^2 + b^2 x''^2 - a^2 b^2} \right)}{a^2 y''^2 + b^2 x''^2}.$$

Normale en un point $x'y'$ de la courbe :

$$y - y' = \frac{a^2 y'}{b^2 x'} (x - x').$$

La distance du centre au point où la normale coupe le grand axe
$$= \frac{a^2 - b^2}{a^2} x'.$$

Les rayons vecteurs menés au point de contact font avec la tangente de part et d'autre des angles égaux, et la normale divise en deux parties égales l'angle des rayons vecteurs.

On appelle *diamètre de l'ellipse* toute droite passant par le centre.

Lorsque deux diamètres sont tels que chacun d'eux divise en deux parties égales les cordes parallèles à l'autre, ils sont dits conjugués.

Le produit des coefficients angulaires de ces diamètres $= -\dfrac{b^2}{a^2}$.

On nomme *cordes supplémentaires* des cordes menées d'un point de la courbe aux extrémités d'un même diamètre.

Le produit des coefficients angulaires de ces cordes est $= -\dfrac{b^2}{a^2}$.

L'équation d'une ellipse rapportée à deux diamètres conjugués est

$$a'^2 y'^2 + b'^2 x'^2 = a'^2 b'^2,$$

et on a : $\qquad a^2 + b^2 = a'^2 + b'^2.$

Si les deux diamètres sont égaux on a : $y'^2 + x'^2 = a'^2$.

Les diagonales de tout parallélogramme circonscrit à l'ellipse forment un système de diamètres conjugués.

Le contour de l'ellipse égale la $\dfrac{1}{2}$ somme des 2 axes multipliés par π

$$C = \pi (a + b).$$

La *surface de l'ellipse* $= \pi ab$; si l'ellipse est rapportée à deux diamètres conjugués d'angle 0, la surface $= \pi a'b' \sin. 0$.

Équation de l'ellipse rapportée à deux axes rectangulaires ayant le sommet de gauche pour origine : $y^2 = \dfrac{b^2}{a^2}(2\,ax - x^2)$.

Le *volume de l'ellipsoïde* $= \dfrac{4}{3}\pi b^2 a$ quand il est engendré par la révolution autour de son grand axe ; $= \dfrac{4}{3}\pi a^2 b$ quand il est engendré par la révolution autour du petit axe.

Hyperbole.

Équation de la courbe rapportée à des axes rectangulaires

$$a^2 y^2 - b^2 x^2 = - a^2 b^2.$$

Excentricité c distance des foyers $= 2\sqrt{a^2 + b^2}$.

Longueur des rayons vecteurs

$$\rho = \frac{cx}{a} - a' \qquad \rho' = \frac{cx}{a} + a$$

$$\rho_1 = -\frac{cx}{a} - a \qquad \rho_1' = -\frac{cx}{a} + a$$

La différence des rayons vecteurs menés à un même point de la courbe est constante et égale deux fois le grand axe ou axe réel.

De là, la construction de l'hyperbole par point.

Les carrés des ordonnées perpendiculaires à l'axe transverse sont entre eux comme les produits des distances comprises entre les extrémités de cet axe et les pieds des ordonnées.

On appelle directrice une droite perpendiculaire à l'axe passant par les foyers et telle que les distances de chacun des points de l'hyperbole à l'un des foyers et à cette droite soient dans un rapport constant et égal au rapport de l'excentricité à l'axe transverse.

Dans une hyperbole il y a deux directrices dont la distance au centre

$$\text{de l'hyperbole} = \frac{a^2}{\sqrt{a^2+b^2}}.$$

Asymptotes :
$$y = \pm \frac{b}{a} x$$

Tangente à l'hyperbole en un point $x'y'$ sur la courbe:

$$a^2 yy' - b^2 x'x = -a^2 b^2.$$

Les tangentes aux extrémités d'un diamètre sont parallèles.

Tangente par un point extérieur $x''y''$; les coordonnées $x'y'$ du point de contact sont données par les équations

$$a^2 y'' y' - b^2 x'' x' = -a^2 b^2$$

$$a^2 y'^2 - b^2 x'^2 = -a^2 b^2$$

La sous-tangente a une longueur $= \dfrac{x'^2 - a^2}{x'}.$

Normale en un point $x'y'$ de la courbe, $\quad y - y' = -\dfrac{a^2 y'}{b^2 x'}(x - x').$

La distance du pied de la normale au centre est $\dfrac{a^2+b^2}{a^2} x'.$

Les rayons vecteurs menés au point de tangence font avec la tangente et de chaque côté de cette ligne des angles égaux.

Les diamètres conjugués et les cordes supplémentaires de l'hyperbole jouissent des mêmes propriétés que les lignes analogues dans l'ellipse.

L'équation d'une hyperbole rapportée à des diamètres conjugués est

$$a'^2 y'^2 - b'^2 x'^2 = -a'^2 b'^2.$$

L'un des diamètres rencontre l'hyperbole; il correspond à l'axe transverse, c'est l'axe des X.

L'autre ne rencontre pas la courbe; c'est le diamètre imaginaire ou axe des Y.

Tout diamètre a son conjugué, et à chaque système correspond un système de cordes supplémentaires parallèles; il n'y a pas de diamètres conjugués égaux.

Le parallélogramme construit sur deux diamètres conjugués est équivalent au rectangle des axes.

La différence des carrés des diamètres conjugués est égale à la différence des carrés des axes.

Équation de l'hyperbole rapportée à ses asymptotes $xy = m^2$,

dans laquelle :
$$m^2 = \frac{1}{4}(a^2 + b^2).$$

Tangente à la courbe ainsi écrite :

$$y - y' = -\frac{y'}{x'}(x - x').$$

L'abscisse du pied de la tangente est $= 2x'$;
de là résulte une construction facile de la tangente.

Parabole.

Équation de la parabole rapportée à son sommet :
$$y^2 = 2px$$
$2p$ est le paramètre.

L'abscisse du foyer est $x' = \frac{1}{2}p$ ou $\frac{1}{4}$ du paramètre.

La directrice est une droite perpendiculaire à l'axe de la parabole, telle que chacun des points de la parabole est à égale distance de cette droite et du foyer.

Équation de la tangente $y'y = p(x + x')$

L'abscisse du pied de la tangente sur l'axe des X $= x'$.

La sous-tangente $= 2x'$.

Tangente par un point extérieur; coordonnées du point de contact

$$y' = y'' \pm \sqrt{y''^2 - 2px''};$$

$$x' = \frac{x''^2 - px'' \pm y''\sqrt{y''^2 - 2px''}}{p}.$$

Normale :
$$y - y' = -\frac{y'}{p}(x - x')$$

$$\text{sous-normale} = p$$

La tangente fait des angles égaux avec la normale et le rayon vecteur du point de contact.

Les tangentes menées à la parabole par un point de la directrice font entre elles un angle droit, et la droite qui unit les points de contact passe au foyer; cette droite est perpendiculaire sur celle qui joint le foyer avec le point de la directrice d'où partent les tangentes.

Tout diamètre est parallèle à l'axe, la parabole peut être considérée comme une ellipse dont le centre est à l'infini.

Les cordes pour chaque diamètre sont parallèles à la tangente menée à l'extrémité de ce diamètre.

Parabole rapportée à un diamètre et à la tangente à l'extrémité de ce diamètre :

$$y^2 = 2p'x;$$

$$2p' = 4\left(a + \frac{p}{2}\right)$$

a est l'abscisse de la nouvelle origine.

La surface d'un segment parabolique compris entre le sommet et une corde perpendicule à l'axe $= \frac{2}{3}$ du parallélogramme conduit sur la corde et sur la partie du grand axe comprise entre le sommet et la corde:

Tracé des courbes, de leurs tangentes, etc.

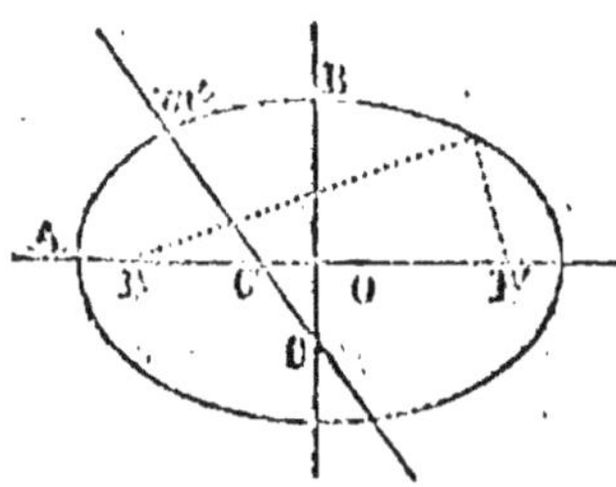

Ellipse. Portez sur une règle une longueur C'm' égale au demi petit axe, et ajoutez à son extrémité C' la différence CC' des deux demi-axes donnés : faites mouvoir cette règle, en assujettissant le point C' à rester constamment sur AO, et le point C sur OB', le point m' décrira le quart d'ellipse AB.

Autre tracé. Fixez aux foyers F et F' un cordeau dont la longueur soit égale au grand axe AA', faites ensuite glisser un style qui tienne ce cordeau toujours tendu ; la courbe se trouve tracée quand le style mobile a fait deux demi-révolutions, l'une au-dessus de FF', l'autre au-dessous.

Tracé d'une tangente à l'ellipse d'un point N hors de cette courbe.

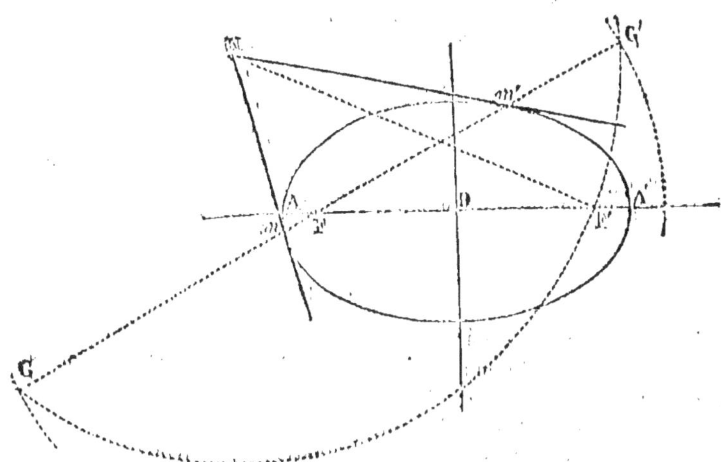

Décrivez de ce point N et du foyer F, avec des rayons égaux à AA' et NF', des arcs de cercle qui se couperont en des points G et G'; tirez les droites FG, FG', leurs points d'intersection *m*, *m'* avec l'ellipse seront les points de tangence cherchés.

Parabole. On peut tracer graphiquement une parabole au moyen d'une équerre *qs*T, que l'on fait glisser le long de la directrice RT, et d'un fil F*ms* égal à *qs*, fixé en *s* et en F, et toujours tendu par un stylo mobile en *m*.

Tangente. Pour mener une tangente par un point extérieur H, décrivez de ce point un cercle avec HF pour rayon; il coupera la directrice en *q*; menez *qs* parallèle à AX, et son intersection avec la courbe sera le point de tangence *m* cherché.

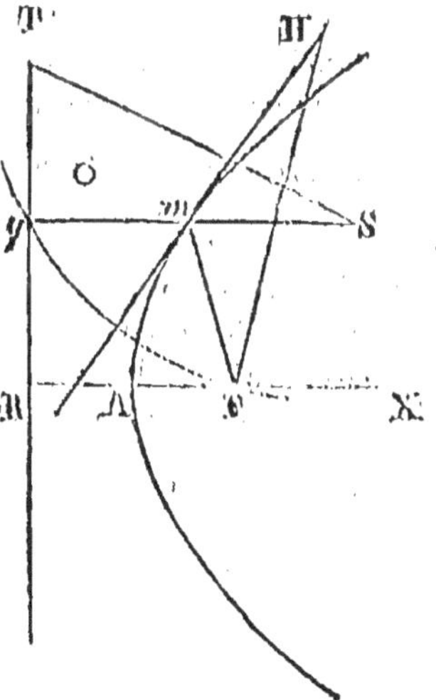

Hyperbole. Pour déterminer les foyers, connaissant les axes, prenez sur deux droites rectangulaires OB $=$ OA $=a$ axe réel, et OP $=$ OP' $=b$,

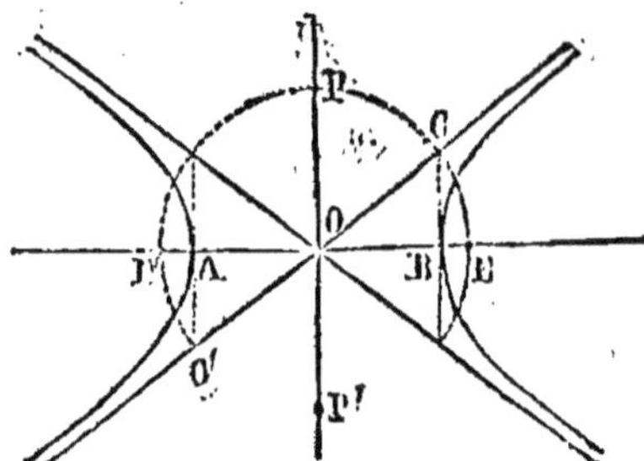

l'autre axe; puis élevez au point B une perpendiculaire BC égale à b et tirez OC, la circonférence décrite du point O, comme centre, avec le rayon OC coupera AB en deux points F et F' qui seront les foyers.

Cette construction donne en même temps la direction OC de l'une des asymptotes, l'autre s'obtient en prolongeant BC d'une quantité BC' $=$ BC, et tirant OC'.

Mécanique.

Inertie. Un corps matériel ne peut ni se mettre en mouvement, ni changer sa vitesse, s'il en a une, à moins qu'une cause externe n'agisse sur lui. Cette propriété s'appelle l'*inertie*.

La cause externe s'appelle une *force*.

Dans la nature, il y a différentes forces; les principales sont : la *pesanteur*, l'*attraction moléculaire*, les *forces musculaires des animaux*, la *force expansive des gaz et des vapeurs*, etc., etc.

L'*unité de force* est le *kilogramme*.

Mouvement. Le mouvement est rectiligne ou curviligne, suivant que la trajectoire est droite ou courbe.

Le *mouvement est uniforme* quand, dans des temps égaux, les longueurs parcourues sont égales. $E = vt$, ou $v = \dfrac{E}{t}$.

. Le *mouvement est varié* quand les espaces parcourus dans des temps égaux ne sont pas égaux.

On dit que le mouvement est *uniformément varié* quand les espaces parcourus varient suivant une loi uniforme.

Dans le cas du mouvement varié, la vitesse v à chaque instant qu'on considère, en appelant E l'espace parcouru et t le temps, est $v = \dfrac{dE}{dt}$.

On appelle $\dfrac{dv}{dt} = j$, *accélération*.

Dans le mouvement uniformément varié $\dfrac{dv}{dt} = $ *constante*.

La formule du mouvement uniformément varié est : $v = v_0 \pm jt$.

Il en résulte que, dans ce mouvement, les espaces parcourus sont proportionnels aux carrés du temps.

Le corps partant du repos, l'espace parcouru après un temps quelconque t est égal à la moitié de la vitesse acquise multipliée par t.

La vitesse acquise est proportionnelle au temps.

Chute des corps. — Pesanteur.

Les corps obéissant librement à l'action de la pesanteur prennent un mouvement uniformément varié.

Si on fait abstraction de la résistance de l'air, un corps qui tombe avec une vitesse initiale v_0 a parcouru, au bout du temps t, un chemin

$$x = v_0 t + \frac{1}{2} g t^2.$$

Sa vitesse $v = v_0 + gt.$

$\frac{dv}{dt} = g$, est ce qu'on appelle l'intensité de la pesanteur. Elle est la même pour tous les corps, mais elle varie avec la latitude ; à Paris, elle est $= 9^m,8088$.

Si v est la vitesse acquise en tombant d'une haut^r h, sans vitesse initiale,

La hauteur due à la vitesse : $h = \frac{1}{2} g t^2 = \frac{v^2}{2g} = 0.051 \, v^2$

La vitesse due à la hauteur : $v = gt = \sqrt{2gh} = 4.45 \sqrt{h}$

Le temps ou durée de la chute $t = \frac{v}{g} = 0.102 \, v$

$$t = \sqrt{\frac{2h}{g}} = 0.45 \sqrt{h}$$

la hauteur que parcourt le corps dans la première seconde en tombant sans vitesse initiale, $h_1 = \frac{1}{2} g = 4^m,904$.

Si le corps est lancé verticalement, le chemin parcouru $x = v_0 t - \frac{1}{2} g t^2$

la vitesse $$v = v_0 - gt$$
$$v^2 - v_0^2 = - 2gx$$

c'est-à-dire que le corps cesse de s'élever quand $v_0 = gt$, alors il descend, et on voit facilement qu'au moment où il tombe, sa vitesse $= v_0$.

La résistance de l'air dans le mouvement vertical d'un corps pesant est regardée comme proportionnelle au carré de la vitesse.

Soit R la résistance ; p le poids de l'unité de volume du fluide, A l'aire de la projection du corps sur un plan perpendiculaire à la direction de mouvement, H la hauteur due à la résistance, K le coefficient numérique à déterminer par expérience, on aura $R = K p A H$.

Pour le cas d'une sphère se mouvant dans l'air

$$K = 0.60 \text{ pour des vitesses de } 1^m,00 \text{ à } 3^m,00$$
$$K = 0.65 \qquad — \qquad 5^m,00 \text{ à } 25^m,00$$
$$K = 0.70 \qquad — \qquad 25^m,00 \text{ à } 100^m,00$$

Le mouvement d'un corps pesant qui tombe dans un fluide homogène, tend continuellement à devenir vertical et uniforme, et la vitesse constante, de son mouvement final, toutes choses égales d'ailleurs, est proportionnelle à la racine quarrée de la densité du mobile et inverse à la racine carrée de la densité du fluide.

Soit P le poids du corps dans le vide ; P' le poids de l'air qu'il déplace ; v la vitesse du corps, et les autres notations comme ci-dessus,

on aura
$$v = \sqrt{\frac{2g\,(P - P')}{K p A}}$$

Pendule.

Le pendule simple consiste en un point matériel pesant, suspendu à l'extrémité d'un fil dénué de pesanteur inflexible, inextensible, et attaché par son autre extrémité à un point fixe.

Soit l la longueur d'un pendule simple, g l'intensité de la pesanteur, T la durée d'une oscillation, le pendule oscillant dans le vide

$$T = \pi \sqrt{\frac{l}{g}}.$$

Cette formule permet de déterminer l'intensité de la pesanteur dans tous les points de la terre, la résistance de l'air étant négligeable et n'ayant pour effet, pour de petites oscillations, que de réduire leur amplitude, et le pendule composé pouvant toujours être ramené par le calcul à un pendule simple.

Pour le pendule qui bat la seconde à Paris $l = 0^m,09384$.

Lorsque l'on fait l'expérience, on calcule la longueur a du pendule simple qui ferait les oscillations dans le même temps que le pendule composé par la formule $a = \dfrac{l^2 + k^2}{l}$.

l longueur comprise entre le centre de gravité du pendule composé au centre de suspension et k^2 le quotient du moment d'inertie de la masse par rapport à un axe parallèle à l'axe de suspension, et passant par le centre de gravité, divisé par la masse.

(Chapitres extraits de l'*Aide-Mémoire des officiers du génie*.)

Table des hauteurs

Correspondantes à différentes vitesses, les unes et les autres étant exprimées en mètres.

Vitesse.	Hauteur correspondante.	Vitesse.	Hauteur correspondante.	Vitesse.	Hauteur correspondante.	Vitesse.	Hauteur correspondante.
m.	m.	m.	m.	m.	m.	m.	m.
0,01	0,00001	0,31	0,00490	0,61	0,0190	0,91	0,0422
0,02	0,00002	0,32	0,00522	0,62	0,0196	0,92	0,0431
0,03	0,00005	0,33	0,00555	0,63	0,0202	0,93	0,0441
0,04	0,00009	0,34	0,00589	0,64	0,0209	0,94	0,0450
0,05	0,00013	0,35	0,00624	0,65	0,0215	0,95	0,0460
0,06	0,00019	0,36	0,00660	0,66	0,0222	0,96	0,0470
0,07	0,00026	0,37	0,00697	0,67	0,0229	0,97	0,0480
0,08	0,00034	0,38	0,00735	0,68	0,0236	0,98	0,0490
0,09	0,00043	0,39	0,00775	0,69	0,0243	0,99	0,0500
0,10	0,00051	0,40	0,00816	0,70	0,0250	1,00	0,0510
0,11	0,00062	0,41	0,00860	0,71	0,0257	1,05	0,0562
0,12	0,00074	0,42	0,00900	0,72	0,0264	1,10	0,0617
0,13	0,00087	0,43	0,00940	0,73	0,0272	1,15	0,0674
0,14	0,00101	0,44	0,00980	0,74	0,0279	1,20	0,0784
0,15	0,00115	0,45	0,01030	0,75	0,0287	1,25	0,0797
0,16	0,00131	0,46	0,0108	0,76	0,0295	1,30	0,0864
0,17	0,00148	0,47	0,0112	0,77	0,0302	1,35	0,0929
0,18	0,00166	0,48	0,0117	0,78	0,0310	1,40	0,0999
0,19	0,00185	0,49	0,0122	0,79	0,0318	1,45	0,1072
0,20	0,00204	0,50	0,0127	0,80	0,0326	1,50	0,1147
0,21	0,00225	0,51	0,0132	0,81	0,0334	1,55	0,1225
0,22	0,00247	0,52	0,0138	0,82	0,0348	1,60	0,1305
0,23	0,00270	0,53	0,0143	0,83	0,0351	1,65	0,1388
0,24	0,00294	0,54	0,0148	0,84	0,0360	1,70	0,1473
0,25	0,00319	0,55	0,0154	0,85	0,0368	1,75	0,1561
0,26	0,00345	0,56	0,0160	0,86	0,0377	1,80	0,1651
0,27	0,00372	0,57	0,0165	0,87	0,0386	1,85	0,1745
0,28	0,00400	0,58	0,0171	0,88	0,0395	1,90	0,1840
0,29	0,00429	0,59	0,0177	0,89	0,0404	1,95	0,1938
0,30	0,00459	0,60	0,0184	0,90	0,0413	2,00	0,2039

Vitesse.	Hauteur correspondant.	Vitesse.	Hauteur correspondant.	Vitesse.	Hauteur correspondant.	Vitesse.	Hauteur correspondant.
m.	m.	m.	m.	m.	m.	m.	m.
2,05	0,2142	4,05	0,8361	6,05	1,8658	8,05	3,3033
2,10	0,2243	4,10	0,8569	6,10	1,8968	8,10	3,3445
2,15	0,2356	4,15	0,8779	6,15	1,9280	8,15	3,3859
2,20	0,2467	4,20	0,8992	6,20	1,9595	8,20	3,4275
2,25	0,2580	4,25	0,9207	6,25	1,9912	8,25	3,4695
2,30	0,2696	4,30	0,9425	6,30	2,0232	8,30	3,5116
2,35	0,2815	4,35	0,9646	6,35	2,0554	8,35	3,5541
2,40	0,2936	4,40	0,9869	6,40	2,0879	8,40	3,5968
2,45	0,3060	4,45	1,0094	6,45	2,1207	8,45	3,6397
2,50	0,3186	4,50	1,0322	6,50	2,1537	8,50	3,6829
2,55	0,3315	4,55	1,0558	6,55	2,1869	8,55	3,7264
2,60	0,3446	4,60	1,0786	6,60	2,2205	8,60	3,7701
2,65	0,3580	4,65	1,1022	6,65	2,2542	8,65	3,8141
2,70	0,3716	4,70	1,1260	6,70	2,2883	8,70	3,8583
2,75	0,3855	4,75	1,1501	6,75	2,3225	8,75	3,9028
2,80	0,3996	4,80	1,1744	6,80	2,3571	8,80	3,9475
2,85	0,4140	4,85	1,1990	6,85	2,3919	8,85	3,9925
2,90	0,4287	4,90	1,2239	6,90	2,4269	8,90	4,0377
2,95	0,4436	4,95	1,2490	6,95	2,4622	8,95	4,0832
3,00	0,4588	5,00	1,2744	7,00	2,4978	9,00	4,1290
3,05	0,4742	5,05	1,3000	7,05	2,5336	9,05	4,1750
3,10	0,4899	5,10	1,3258	7,10	2,5696	9,10	4,2212
3,15	0,5058	5,15	1,3520	7,15	2,6060	9,15	4,2677
3,20	0,5220	5,20	1,3784	7,20	2,6425	9,20	4,3145
3,25	0,5384	5,25	1,4050	7,25	2,6794	9,25	4,3615
3,30	0,5551	5,30	1,4319	7,30	2,7164	9,30	4,4088
3,35	0,5721	5,35	1,4590	7,35	2,7538	9,35	4,4563
3,40	0,5893	5,40	1,4864	7,40	2,7914	9,40	4,5044
3,45	0,6067	5,45	1,5141	7,45	2,8292	9,45	4,5522
3,50	0,6244	5,50	1,5420	7,50	2,8678	9,50	4,6005
3,55	0,6424	5,55	1,5701	7,55	2,9057	9,55	4,6490
3,60	0,6606	5,60	1,5986	7,60	2,9448	9,60	4,6978
3,65	0,6791	5,65	1,6272	7,65	2,9832	9,65	4,7469
3,70	0,6978	5,70	1,6562	7,70	3,0223	9,70	4,7962
3,75	0,7168	5,75	1,6854	7,75	3,0617	9,75	4,8458
3,80	0,7361	5,80	1,7148	7,80	3,1013	9,80	4,8956
3,85	0,7556	5,85	1,7445	7,85	3,1412	9,85	4,9457
3,90	0,7753	5,90	1,7744	7,90	3,1813	9,90	4,9960
3,95	0,7953	5,95	1,8046	7,95	3,2217	9,95	5,0466
4,00	0,8156	6,00	1,8351	8,00	3,2624	10,00	5,0975

Centres de gravité.

Le *centro de gravité* d'un corps est un point par lequel passe constamment la résultante des actions de la pesanteur; on l'appelle encore *centre de masse*, ou *centre des moyennes distances*. Dans les corps de forme régulière c'est en général le centre de figure.

Toute figure qui a un centre de symétrie a son centre de gravité en ce point. Tels sont la *ligne droite*, le *parallélogramme*, le *cercle*, le *parallélipipède*, la *sphère*, le *cylindre à bases parallèles*, etc.

Le C. de G. du *contour d'un triangle* est au centre du cercle inscrit dans le triangle formé par les lignes qui joignent les milieux des trois côtés.

Le C. de G. d'un *arc de cercle* est sur le rayon aboutissant au milieu de l'axe, à une distance du centre $= \dfrac{rc}{l}$; r est le rayon; c la corde; l la longueur de l'arc.

Le C. de G. de l'aire *d'un triangle* est au $\dfrac{1}{3}$ de la ligne menée de l'un quelconque des angles au milieu du côté opposé et à partir de ce côté.

C. de G. de l'aire *du demi-cercle*. Distance au centre $= \dfrac{4}{3} \dfrac{r}{\pi}$; r rayon; π rapport de la circonférence au diamètre.

C. de G. d'un *quadrilatère*; tirez les deux diagonales, marquez le point I au milieu de l'une d'elles C E;
portez DO′ égal à AO′; joignez
ensuite les points I et O′, et le
centre de gravité G se trouvera
au tiers de IO′.

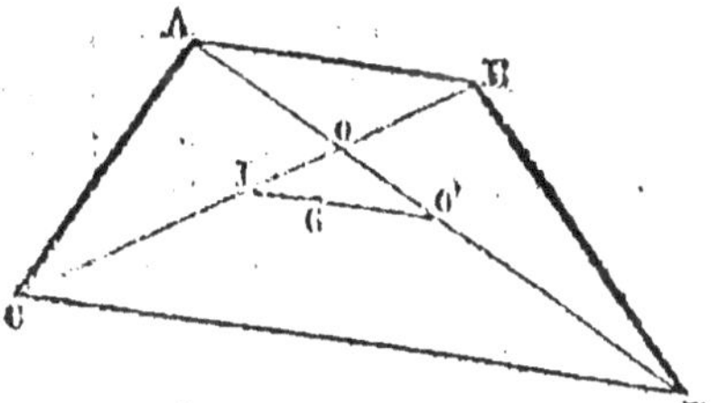

C. de G. d'un *secteur circu-*
laire; distance au centre $= \dfrac{2rc}{3l}$;
c, corde; l, longueur de l'arc.

Le C. de G. d'une *pyramide à base quelconque* est sur une ligne menée du sommet au centre de gravité de la base, et au quart de cette ligne à partir de la base. Il est pour la *pyramide triangulaire*, au milieu de la droite qui joint le milieu de deux arêtes opposées.

Le C. de G. d'une *calotte sphérique* est au milieu de la hauteur.

Le C. de G. du volume d'un *tronc de cône* est situé sur l'axe, à une distance de la grande base $= \dfrac{h\,(R+r)^2 + 2\,r^2}{4\,(R+r)^2 - R\,r}$; R, rayon de la grande base; r, rayon de la petite; h, hauteur.

C. de G. du volume d'un *secteur sphérique*; distance au centre $= \dfrac{4}{3}\left(r - \dfrac{1}{2}f\right)$; f, flèche de l'arc.

C. de G. d'un *segment sphérique*; distance au centre $= \dfrac{\pi\,f^2\left(r - \dfrac{1}{2}f\right)^2}{v}$; v, volume du segment.

C. de G. des *polygones*; s'il s'agit d'un quadrilatère, on le décompose en deux systèmes de triangles, et son centre de gravité se trouve à l'intersection des droites qui joignent les centres de gravité des deux triangles de chaque système.

Pour un *pentagone*, la décomposition se fait en deux systèmes d'un quadrilatère et d'un triangle, et l'on joint de même les centres de gravité des quadrilatères et triangle de chaque système.

C. de G. des *polyèdres*; leur détermination donne lieu à des opérations analogues aux précédentes.

Forces.

Les forces sont proportionnelles, 1° aux vitesses qu'elles impriment à un même corps, $f : f' :: v : v'$; 2° aux masses des corps qu'elles font mouvoir avec la même vitesse, $f_1 : f'_1 :: m : m'$; 3° aux produits des masses des corps sur lesquelles elles agissent par les vitesses qu'elles leur impriment, $f_2 : f'_2 :: mv : m'v'$. On appelle le produit *mv* la *quantité de mouvement*.

Force centrifuge et force centripète. Lorsqu'un corps se meut suivant une ligne courbe, il tend toujours à s'éloigner du centre de rotation, comme s'il obéissait à une force normale à la courbe; cette force a été nommée *force centrifuge.* Cette force est équilibrée par une autre force égale et de sens contraire appelée *force centripète.* Ces forces sont proportionnelles au carré de la vitesse divisé par le rayon. (Voyez p. 151, *Forces centrales.*)

Travail.

On appelle *travail d'une force* F, si cette force est constante, le produit de la force par le chemin qu'a parcouru le mobile, ou plus généralement dTF $=$ Fds cos. (Fds), c'est-à-dire que pour un déplacement infiniment petit la différentielle du travail d'une force $=$ le produit de la force par la différentielle du chemin parcouru multiplié par le cosinus de l'angle que fait la direction de la force avec celle du chemin parcouru par le mobile.

Le travail pour un chemin donné est

$$\text{TF} = \int \text{F}ds \cos. (\text{F}ds).$$

L'unité de travail adoptée en France correspond à une force de 1 kilogramme agissant dans l'étendue de 1 mètre, on l'appelle *kilogrammètre*. Coriolis a appelé *dynamode* la quantité de travail exprimée par 1000 kilogrammètres.

Cette unité est indépendante du temps; mais dans l'industrie on fait intervenir la durée du temps pendant lequel se produit le travail, et on a adopté comme terme de comparaison un travail de 75 kilogrammètres par seconde, qu'on appelle cheval-vapeur ou cheval dynamique.

En Angleterre l'unité de travail industriel est le *horse-power* (puissance de cheval) $=$ 55000 unités de travail fait en une minute; l'unité de travail étant un poids de 1 livre avoir du poids élevé à 1 pied environ $= 0^{\text{kgm}},158$, de sorte que le *horse-power* $= \dfrac{4554}{4500}$ du cheval-vapeur français.

Travail dynamique.

QUANTITÉS DE TRAVAIL QUE PEUVENT FOURNIR L'HOMME ET LES ANIMAUX DANS DIFFÉRENTES CIRCONSTANCES.

NATURE DU TRAVAIL.	Poids élevé ou effort moyen exercé.	Vitesse ou chemin par seconde.	Travail par seconde.	Durée du travail journalier.	Quantité de travail journalier.
	kilogr.	mètres.	k. m.	heures.	km.
1° *Élévation verticale des Poids.*					
Un homme montant une rampe douce ou un escalier sans fardeau, son travail consistant dans l'élévation du poids de son corps.	65	0,15	9,75	8	280800
Un manœuvre levant des poids avec une corde et une poulie, ce qui l'oblige à faire descendre la corde à vide..............	18	0,20	8,60	6	77760
Un manœuvre élevant des poids en les soulevant avec la main...	20	0,17	3,40	6	73440
Un manœuvre élevant des poids en les portant sur son dos au haut d'une rampe douce ou d'un escalier, et revenant à vide........	65	0,04	2,60	6	56160
Un manœuvre élevant des matériaux avec une brouette en montant une rampe au 1/12e, et revenant à vide..............	60	0,02	1,20	10	43200
Un manœuvre élevant des terres à la pelle à la hauteur moyenne de 1m,60..............	2,7	0,40	1,08	10	38880
2° *Action sur les machines.*					
Un manœuvre agissant sur une roue à chevilles ou à tambour au niveau de l'axe de la roue......	60	0,15	9	8	259200
Vers le bas de la roue ou à 24°.	22	0,70	8,4	8	254420
Un manœuvre marchant et poussant, ou tirant horizontalement..............	12	0,60	7,2	8	207360
Un manœuvre agissant sur une manivelle..............	8	0,75	6	8	172800
Un manœuvre exercé, poussant et tirant alternativement dans le sens vertical..............	10	0,75	4,5	10	162000
Un cheval attelé à une voiture ordinaire et allant au pas.........	70	0,9	68	10	2168000
Un cheval attelé à un manége et allant au pas..............	45	0,9	40,5	8	1166400
Un cheval attelé à un manége et allant au trot..............	30	2,0	60	4,5	972400
Un bœuf attelé à un manége et allant au pas,..............	65	0,6	39	8	1123200
Un mulet attelé de même et allant au pas,..............	30	0,9	27	8	777600
Un âne, id. id.	14	0,8	11,6	8	334080

NATURE DU TRAVAIL.	Poids élevés ou effort moyen exercé	Vitesse ou chemin par seconde.	Travail par seconde.	Durée du travail journalier.	Quantité de travail journalier.
	kilogr.	mètres	k. m.	h.	km.
Un cheval attelé à une voiture et allant au trot....................	44	2,20	96,8	4,5	1568100
Un homme marchant sur un chemin horizontal, sans fardeau, son travail consistant dans le transport du poids de son corps.........	65	1,50	97,5	10	3510000
Un manœuvre transportant des matériaux dans un camion à deux roues, et revenant à vide.........	100	0,50	50	10	1800000
Un manœuvre transportant des matériaux dans une brouette et revenant à vide................	60	0,50	30	10	1080000
Un homme transportant continuellement des fardeaux sur son dos..........................	40	0,75	30	7	750000
Un manœuvre transportant des matériaux sur son dos, et revenant à vide....................	65	0,50	32,5	6	702000
Un manœuvre transportant des fardeaux sur une civière, et revenant à vide....................	50	0,33	16,5	10	594000
Un manœuvre employé à jeter de la terre au moyen de la pelle, à 4 mètres de distance horizontale	2,7	0,68	1,8	10	64800
Un cheval transportant des fardeaux sur une charrette et marchant au pas, continuellement chargé.......................	700	1,10	770	10	27720000
Un cheval attelé à une voiture et marchant au trot, continuellement chargé.......................	350	2,20	770	4,5	12474000
Un cheval transportant des fardeaux sur une charrette, au pas, et revenant à vide.............	700	0,60	420	10	15120000
Un cheval chargé sur le dos et allant au pas...................	120	1,10	132	10	4752000
Un cheval chargé sur le dos et allant au trot..................	80	2,20	176	7	4435200

Effort moyen, en kilogrammes, qu'un homme peut exercer, pendant un court intervalle de temps, avec différents, outils. CLAUDEL, Formules.

Outils.	Kilogr.	Outils.	Kilogr
Une plane..................	45	Une tenaille ou une pince, en agissant par compression..	27
Une tarière, avec les deux mains....................	45	Un rabot à main...........	23
Une clef d'écrou...........	38	Un étau à main............	20
Un étau ordinaire, en agissant sur la clef................	33	Une scie à main...........	16
Un ciseau ou un foret, dans le sens vertical............	33	Un villebrequin...........	7
Une manivelle.............	30	Un petit tournevis, ou en tournant avec le pouce et les doigts...............	6

Quantités de travail dynamique nécessaires pour produire divers effets utiles, d'après Coriolis, Clément, Mallet, etc.

(Voyez aussi *Aide-Mémoire* de Morin, et *Traité des machines à vapeur* de M. Grouvelle.)

NATURE ET QUANTITÉS des effets à produire.	Sur quelle partie de la machine on évalue le travail moteur et le travail résistant.	Travail dynamique exprimé en dynamodes ou 1000 km.
Mouture du blé.		
Un hectolitre de blé ou 75 kilogrammes de blé à moudre assez grossièrem , dans un moulin à vent,............	Travail résistant sur l'arbre qui porte les ailes............	d. 301
Un hectolitre de blé ou 75 kilogrammes à moudre à la grosse, dans des moulins ordinaires................	Travail résistant sur l'arbre qui porte les meules............	410
Idem........ idem............	Travail résistant sur l'arbre de la roue hydraulique............	611
Un hectolitre de blé ou 75 kilogrammes à moudre et remoudre sur gruaux.	Travail résistant sur l'arbre qui porte la meule............	628
Idem, le moteur étant une chute d'eau.	Travail résistant sur l'arbre de la roue hydraulique............	916
Un hectolitre de blé ou 75 kilogrammes, à moudre suivant le système anglais, dans des moulins mus par une machine à vapeur................	Travail résistant sur l'arbre du volant....	802
Idem............idem............	Idem............	813
Un hectolitre de blé ou 75 kilogrammes à moudre et remoudre sur gruaux, dans un moulin mu par une chute d'eau, à l'aide d'une roue à augets..	Travail moteur dû à la descente de l'eau du niveau du bief supérieur au bief inférieur	1022
Battage et vannage du blé.		
Un hectolitre de blé ou 75 kilogrammes, à retirer des gerbes, tout vanné, à l'aide d'une machine..............	Travail résistant sur l'arbre de la première roue motrice............	40
Fabrication d'huile.		
Un kilogramme d'huile à retirer de l'écrasement par le choc et la pression des graines écrasées, à l'aide de pilons mus par un moulin à vent...	Travail résistant sur l'arbre qui porte les ailes............	146
Pour produire le même effet à l'aide d'un écrasement sans choc et de la pression des graines écrasées, le moteur étant une machine à vapeur...	Travail résistant sur l'arbre du volant....	34
Idem , suivant une autre observation.	Idem............	25
Sciage des matériaux.		
Mètre carré de sapin à scier par une machine à vapeur................	Travail moteur sur l'arbre du volant............	60

NATURE ET QUANTITÉS des effets à produire.	Sur quelle partie de la machine on évalue le travail moteur et le travail résistant.	Travail dynamique exprimé en dynamodes ou 1000 km.
Mètre carré de chêne sec, à scier à l'aide d'une machine, le trait de scie ayant de 0m,003 à 0m,004 d'épaisseur........	Travail résistant sur la scie............	d. 63
Mètre carré d'orme à scier. le trait de scie ayant 0m,003 à 0m,004 d'épaisseur........	Idem............	71
Mètre carré de chêne vert à scier à bras d'homme............	Travail résistant sur la scie............	43
Mètre carré de chêne vert à scier, en employant une chute d'eau, à l'aide d'une roue à palettes non emboîtée.	Travail moteur dû à la chute d'eau............	129
Mètre carré de pierre de roche des environs de Paris, ou mètre carré de marbre à scier par des hommes......	Travail résistant sur la scie............	205
Mètre carré de granit, à scier par des hommes............	Idem............	2.069
Fabrication du tan.		
100 kilog. de tan à produire, en broyant l'écorce à l'aide d'une machine.....	Travail résistant sur l'arbre de la première roue motrice........	166
Fabrication du papier.		
100 kilogrammes de vieux cordages à réduire en pâte par la trituration, à l'aide de pilons mus par une machine à vapeur........	Travail résistant sur l'arbre du volant...	5700
Filatures de coton.		
Pour filer un kilogramme de fil n° 40, c'est-à-dire deux livres métriques de chacune 40,000 mètres, et pour exécuter toutes les préparations nécessaires en filant avec les mull-jennys, prenant les vitesses les plus ordinaires........	Travail résistant sur l'arbre du volant de la machine à vapeur.	204
D'après une autre observation faite en 1822, il faudrait pour filer un kilogramme du n° 30, y compris toutes les préparations............	Idem............	200
Pour filer un kilogramme n° 40 avec les broches continues, y compris toutes les préparations............	Travail résistant sur l'arbre du volant de la machine............	405
Idem, d'après une autre observation faite en 1822............	Idem............	450
Pour préparer un kilogramme de coton au batteur éplucheur............	Idem............	6.37
Pour préparer un kilogramme au batteur étaleur............	Idem............	9.60
Pour passer un kilogramme aux cardes laminoir et boudinnerie, et pour carder deux fois............	Idem............	86

NATURE ET QUANTITÉS des effets à produire.	Sur quelle partie de la machine on évalue le travail moteur et le travail résistant.	Travail dynamique exprimé en dynamodes ou 1000 km.
Pour préparer un kilogramme aux métiers d'apprêts ou aux broches bellys.	Travail résistant sur l'arbre du volant de la machine.........	d. 19.15
Pour filer seulement un kilogramme de fil n° 30, avec les mull-jennys, faisant 3,600 tours par minute, sans les préparations...................	Idem..,.............	159
Ce kilogramme, pour ce numéro, est le produit de 30 à 32 broches travaillant pendant quatorze heures......		
Pour filer le n° 24 aux broches continues seulement sans les préparations; les broches faisant 2,400 tours par minute. Ce kilogramme, pour ce numéro, est le produit de 15 broches travaillant 14 heures.............	Idem................	819
Nota. Tous ces résultats sur les filatures sont déduits d'observations faites il y a quelques années. On a introduit depuis dans les machines des modifications qui doivent faire varier les consommations de travail dynamique. On n'a présenté ici que des résultats approximatifs, destinés plutôt à donner une idée des consommations de travail, qu'à servir de base à des calculs aussi exacts qu'il serait possible.		

Filature de laine.

Pour ouvrir et pour carder seulement la laine nécessaire à la fabrication d'un kilogramme de fil d'un numéro moyen entre 6 et 50 (le numéro indique ici le nombre d'écheveaux de 780 mètres dans un kilogramme), le moteur étant une machine à vapeur.	Travail résistant sur l'arbre du volant de la machine à vapeur.	850
Pour filer un kilogramme de fil trame, d'un numéro moyen entre 22 et 30, ce kilogramme étant le produit de 13 broches mull-jennys...........	Travail résistant sur la première roue motrice des mull-jennys.	17
Pour filer un kilogramme de fil chaîne, d'un numéro moyen entre 22 et 30, ce kilogramme étant le produit de 17 broches mull-jennys...........	Idem................	23

Tir des projectiles.

Pour lancer une balle pesant 0kil,0247 avec la vitesse ordinaire de 390 mètres par seconde, la consommation de poudre de 0kil,0123.............	Travail moteur sur le projectile...........	0.192
Pour lancer un boulet pesant 6 kilogrammes avec la vitesse ordinaire de 417 mètres par seconde, avec une consommation de poudre de 2 kilog.	Idem...............	63
Pour lancer un boulet pesant 12 kilogrammes avec la vitesse maximum de 519 mètres par seconde, et une consommation de poudre de 6 kilog.	Idem...............	181

NATURE ET QUANTITÉS des effets à produire.	Sur quelle partie de la machine on évalue le travail moteur et le travail résistant.	Travail dynamique exprimé en dynamodes ou 1000 km.
Laminage du fer en barre.		
Pour fabriquer 100 kilogrammes de fer en barres de 0.03 à 0,04 de grosseur en carré, en laminant le fer rouge sortant du fourneau d'affinerie.	Travail résistant sur l'arbre de la roue motrice des laminoirs...	d. 98¼
Jeu des machines soufflantes à piston, pour les hauts fourneaux.		
Pour produire 3,000 kilogrammes de fonte par jour, dans un haut fourneau, en chassant l'air par un orifice circulaire de 0,05 de diamètre, avec une conduite de 120 mètres de long et 0,15 de diamètre, la dépense d'air étant au *maximum* d'environ 15 mètres par minute..................	Travail résistant sur le piston, non compris les frottements......	d. 0.446 par seconde.
Pour chasser l'air suffisant pour produire 8,000 kilogrammes de fonte par jour, dans un haut fourneau au coke....................	Travail résistant sur l'arb du volant d'une machine à vapeur............	2.60 par seconde.
Nota. Le travail consommé varie comme le cube du volume d'air à chasser par seconde, y compris les pertes, et à peu près en raison inverse de la 4ᵉ puissance du diamètre de l'orifice de sortie.		
Jeu des machines soufflantes à piston, pour les feux d'affinerie, de martineleur, étireur et corroyeur.		
Pour entretenir un feu d'affinerie en chassant 4 mètres d'air par minute, avec une vitesse de 80 mètres par seconde, les frottements dans les tuyaux pouvant être négligés..	Travail résistant sur le piston, non compris les frottements de toute espèce et les pertes d'air..........	d. 0.28 par seconde.
Pour entretenir un feu de martineleur, étireur et corroyeur, en chassant moyennement 2,66 mètres cubes par minute, avec une vitesse de 62 mètres, les frottements dans les tuyaux pouvant être négligés............	*Idem*..............	d. 0.11 par seconde.

FORCE CONSOMMÉE DANS LES ATELIERS DE CONSTRUCTION DE MACHINES AVEC LA TRANSMISSION.

DÉSIGNATION DES OUTILS.	CHEVAUX	
	de	à
Par outil en moyenne............................	0 25	0 35
Gros alésoir à cylindres.........................	1 50	3 00
Gros tour à roues de wagon (forts copeaux)...........	0 70	2 50
Tours ordinaires, machines à planer, percer, buriner, cloufiller, aléser (conditions moyennes)............	0 20	0 50

Tableau comparatif des vitesses,

En kilomètre par heure, par rapport au nombre de secondes employées à parcourir 1 kilomètre. (4 kilomètres = 1 lieue de poste ancienne.)

Nombre de secondes par kilomèt.	Vitesse moyenne en kilomètre par heure.	Nombre de secondes par kilomèt.	Vitesse moyenne en kilomètre par heure.	Nombre de secondes par kilomètre	Vitesse moyenne en kilomètre par heure.	Nombre de secondes par kilomètre	Vitesse moyenne en kilomètre par heure.
40	90.	70	51.5	100	36.	130	27.7
41	88.	71	50.8	101	35.7	132	27.5
42	85.8	72	50.	102	35.4	132	27.3
43	83.8	73	49.4	103	35.	133	27.1
44	81.9	74	48.7	104	34.7	134	26.9
45	80.	75	48.	105	34.3	135	26.6
46	78.4	76	47.4	106	33.9	136	26.4
47	76.7	77	46.8	107	33.7	137	26.2
48	75.	78	46.2	108	33.4	138	26.1
49	73.5	79	45.6	109	33.1	139	25.9
50	72.	80	45.	110	32.8	140	25.7
51	70.7	81	44.5	111	32.4	141	25.5
52	69 9	82	43.9	112	32.2	142	25.4
53	68.	83	43.4	113	31.8	143	25.2
54	66.7	84	42.8	114	31.6	144	25.
55	65.5	85	42.4	115	31.3	145	24.8
56	64.3	86	41.9	116	31.	146	24.7
57	63.2	87	41.4	117	30.8	147	24.5
58	62.	88	40 9	118	30.5	148	24.3
59	61.	89	40.5	119	30.3	149	24.2
60	60.	90	40.	120	30.	150	24.
61	59.1	91	39.6	121	29.8	151	23.8
62	58 2	92	39.1	122	29 5	152	23.7
63	57.2	93	38 7	123	29 3	153	23.5
64	56.3	94	38.4	124	29.	154	23.4
65	55.4	95	37 9	125	28.8	155	23.1
66	54.6	96	37.5	126	28.6	156	23.
67	53 8	97	37.1	127	28.4	157	22.9
68	53.	98	36.7	128	28 1	158	22.8
69	52.2	99	36.4	129	27.9	159	22.6

Des Frottements.

Le frottement est la résistance qu'un corps éprouve lorsqu'il *glisse ou roule* à la surface d'un autre corps. Ce genre particulier de résistance a été l'objet d'un assez grand nombre d'expériences depuis l'année 1700 jusqu'à nos jours; toutefois, en dépit des travaux d'*Amontons*, de *Bulfinger*, de *Parent*, de *Camus*, de *Muschenbroek*, de *Desaguliers*, de *Bossut*, de *Nollet*, de *Fergusson*, de *Perronet*, du docteur *Vince*, de *Coulomb*, de *Rennie* et même de M. *Morin*, on ne connaît à peu près l'énergie de cette résistance que pour quelques cas particuliers assez restreints; et quant aux *lois générales* qui la régissent, elles ne peuvent encore être considérées que comme les *conventions* les plus propres à faciliter le calcul des machines. Voici d'abord ces *lois* :

1° *L'intensité du frottement est proportionnelle à la pression.*

Cette première loi a été proclamée par *Amontons* dès 1699, niée par *Muschenbroek* et par le docteur *Vince*. Admise par *Coulomb*, puis par M. *Morin*, les expériences de *Rennie* montrent au contraire (page 129) que le quotient du frottement par la pression, ou ce qu'on appelle le *coefficient* du frottement, augmente à mesure que la pression augmente, tandis qu'il résulte avec non moins d'évidence des expériences très-précises de *Vince* que ce coefficient *diminue*, fait confirmé par la plus grandiose des expériences humaines, le lancement des vaisseaux (p. 124).

2° *Le frottement ne dépend que de la nature des corps en contact et de celle de l'enduit.*

3° *Il est indépendant de l'étendue de la surface de contact.*

Cette troisième loi a été proclamée par *Amontons*, puis par M. *Morin*, niée par *Muschenbroek*, par le docteur *Vince* et par *Coulomb*, qui regardait le frottement comme dépendant de l'étendue des surfaces en contact, entre lesquelles, suivant ce consciencieux physicien, il se développait souvent une force d'*adhérence* dont les tableaux qui suivent donnent dans quelques cas la valeur. D'après le docteur *Vince*, le frottement diminuerait avec l'étendue des surfaces en contact, pourvu que l'une des surfaces ne se réduise pas à une arête.

4° *Le frottement est indépendant de la vitesse du mouvement.*

Cette loi est niée par *Muschenbroek*, partiellement admise par *Coulomb*, complétement adoptée par M. *Morin* dans certaines limites.

Au milieu de ces contradictions, nous nous bornons à donner ici le résumé impartial des coefficients du frottement que M. *Tom Richard* a recueillis et publiés au tome II de son *Aide-mémoire des Ingénieurs.*

FROTTEMENT DE GLISSEMENT DES SURFACES PLANES APRÈS QU'ELLES ONT ÉTÉ QUELQUE TEMPS EN CONTACT.

INDICATION des surfaces de contact.	ÉTAT des surfaces.	f	ANGLE du frottement.	OBSERVATIONS.
Briques sur calcaire oolithique. . .	A plat, sans enduit. M".	0.67	33° 50'	
Briques sur muschelkalk	Sans enduit . . . . M.	0.67	33 50	
Caisse en bois sur le pavé.	(Regnier)	0.58	30 7	
Id. sur la terre battue	(Herbert)	0.33	18 10	
Chêne sur chêne.	Fibres parallèles. . C.	0.44	28 45	*f* parvient au maximum au bout de quelques secondes.
	Fibres parallèles, et la surface réduite à des arêtes arrondies. . C.	0.42	22 47	
	Fibres croisées . . . C.	0.27	15 7	
	Les surfaces garnies d'un enduit renouvelé à chaque expérience. C.	0.88	20 40	*f* parvient au maximum en quelques jours. L'adhérence produit une résistance d'environ 10 kil. par mèt. carré dans le premier cas, et de 89 dans le dernier.
	Les mêmes, après un long user, en mettant du vieux oing. . . C.	0.21	11 52	
	Fibres parallèles, sans enduit. . . . . . . M.	0.62	31 48	
	Fibres parallèles, frottées de savon sec. M.	0.44	23 45	
	Fibres perpendiculaires sans enduit. . . . M.	0.54	28 22	
	Fibres perpendiculaires mouillées d'eau. . M.	0.71	35 23	
	Bois debout sur bois à plat, sans enduit. M.	0.48	28 10	

Nous remarquerons ici, avec *Coulomb* lui-même, que l'on exécute tous les jours dans nos ports une expérience qui prouve que sous des pressions normales et totales de plus de 2 millions de kilogrammes, des pentes de 0.0710 suffisent pour provoquer le départ et entretenir le mouvement d'un vaisseau de premier rang, circonstance d'où l'on peut conclure :

Chêne sur chêne.	Fibres parallèles enduites de suif.	0.0710	4 6	

'M. signifie que l'expérience est de M. *Morin*, et C., qu'elle est due à Coulomb.

INDICATION des surfaces de contact.	ÉTAT des surfaces.	ƒ	ANGLE du frottement.	OBSERVATIONS.
et bien que le frottement soit considéré comme proportionnel à la pression, indépendant de la vitesse aussi bien que de l'étendue des surfaces de contact, une longue expérience a montré que la pente indiquée ci-dessus était trop faible lorsque la masse à lancer était moins grande, et qu'elle devait être augmentée comme suit :				
Chêne sur chêne.	Fibres parallèles enduites de suif; vaisseaux de 2ᵉ rang et frégates de 1ᵉʳ rang; poids moyen lége, 1500,000ᵏ.	0.0836	4°47′	
	Navires au-dessous des frégates, poids moyen lége, 4 à 500,000 kil.	0.100	5 45	
	Chalands et chaloupes, poids lége, environ 200,000 kil.	0.168	9 35	
Chêne sur orme. .	Fibres parallèles sans enduit. . . . . . M.	0.38	20 49	
Chêne sur sapin. .	Fibres parallèles. . C.	0.67	33 50	ƒ atteint son maximum au bout de quelques secondes.
Chêne sur pierre calcaire oolithiq.	Bois debout sans enduit. . . . . . . M.	0.63	32 13	
Chêne sur muschelkalk.	Bois debout sans enduit. . . . . . . M.	0.64	32 38	
Corde de chanvre sur chêne	Fibres parallèles sans enduit. . . . . . M.	0.80	38 40	
Courroies en cuir noir corroyé. . .	Sur surface plane en chêne; fibres parallèles sans enduit. . . . M.	0.74	36 30	
	Sur tambour en chêne; fibres perpendiculaires sans enduit. . . . M.	0.47	25 11	
	Sur poulie en fonte, à plat, sans enduit. M.	0.28	15 39	
	Sur poulie en fonte, à plat, mouillées d'eau. . . . . . . M.	0.38	20 49	
Cuir tanné sur chêne	Le cuir à plat sans enduit. . . . . . . M.	0.61	31 23	
	Le cuir de champ sans enduit. . . . . . M.	0.43	23 16	
	Le cuir de champ mouillées d'eau. . . . . M.	0.79	38 19	
Cuir de bœuf pour garniture de piston sur fonte. . .	A plat, ou de champ, mouillées d'eau. . M.	0.62	31 48	
	A plat, ou de champ,			

INDICATION des surfaces de contact.	ÉTAT des surfaces.	f	ANGLE du frottement.	OBSERVATIONS.
	avec huile, suif, ou saindoux . . . . . M.	0.12	6° 51'	
Cuivre sur chêne.	. . . . C.	0.18	10 12	Il n'est pas certain que f eût atteint son maximum.
Cuivre jaune sur chêne.	Fibres parallèles sans enduit. . . . . . M.	0.62	31 48	
Cuivre sur fer. . .	. . . . C.	0.26	14 36	f atteint son maximum en quelques secondes.
	La surface réduite à des pointes émoussées. C.	0.17	9 38	
	Les surfaces garnies d'un enduit de suif neuf. . . . . . . C.	0.11	6 17	f atteint son maximum en quelques heures. La résistance de l'adhérence est d'environ 7 k. par mètre carré.
	Id. d'huile. . . . . C.	0.17	9 38	
	Id. de vieux oing. . C.	0.14	7 58	
Fer sur chêne. . .	. . . . C.	0.20	11 19	Il n'est pas certain que f eût atteint son maximum.
	Fibres parallèles sans enduit. . . . . . M.	0.62	31 48	
	Fibres parallèles mouillées d'eau. . . . . M.	0.65	33 2	
Fer sur fer. . . .	. . . . C.	0.28	15 30	f atteint son maximum en quelques secondes.
Fer sur fonte. . .	Sans enduit . . . . M.	0.19	10 46	
Fer sur calcaire oolithique	Sans enduit . . . . M.	0.49	26 7	
Fer sur muschel-kalk	Sans enduit . . . . M.	0.42	22 47	
Fonte sur fonte. .	Surfaces très-peu onctueuses. . . . . M.	0.16	9 6	
Fonte sur chêne. .	Mouillées d'eau. . . M.	0.65	33 2	
Frêne sur chêne. .	Fibres parallèles sans enduit. . . . . . M.	0.53	27 56	
Granit poli sur granit brut	. . . . (Rennie.)	0.66	33 26	
Grès uni sur grès uni.	Avec mortier frais (Id).	0.49	26 7	
	. . . . (Id).	0.71	35 23	
	Avec mortier frais. (Id).	0.66	33 26	
Hêtre sur chêne. .	Fibres parallèles sans enduit . . . . . M.	0.53	27 56	
Nattes de chanvre sur chêne	Fibres parallèles sans enduit . . . . . M.	0.50	26 34	
	Fibres parallèles mouillées d'eau. . . . . M.	0.87	41 2	
Orme sur orme. .	Fibres parallèles. . C.	0.46	24 12	f atteint son maximum en quelques secondes.
Orme sur chêne. .	Fibres parallèles sans enduit. . . . . . M.	0.60	34 37	

INDICATION des surfaces de contact.	ÉTAT des surfaces.	f	ANGLE du frottement.	OBSERVATIONS.
Pierre de liais (calcaire à grain fin) polie sur pierre de liais polie. . .	Fibres parallèles avec savon sec. . . . . M.	0.41	22°18'	
	Fibres perpendiculaires sans enduit. . . . M.	0.57	29 41	
	. . . . . . (Rondelet).	0.58	30 7	
Pierre de Château-Landon, calcaire dur bouchardé, sur calcaire, dur bouchardé.	. . . . . . (Boistard).	0.78	37 58	
Pierre de libage sur lit d'argile sèche.	. . . . (Lesbros).	0.51	27 2	
—sur argile humide et ramollie. . .	. . . . (Id.).	0,34	18 47	
— sur argile humide recouverte de grosse grève. .	. . . . (Id.).	0.40	21 48	
Pierre calcaire oolithique sur calcaire oolithique. .	Sans enduit . . . . M.	0.74	36 30	
	Avec mortier de 3 sable fin -+- 1 chaux hydraulique. . . . . M.	0.74	36 30	Après un quart d'heure de contact.
—sur muschelkalk	Sans enduit . . . . M.	0.75	36 52	
Pierre calc. dure, dite muschelkalk, sur calc. oolithiq.	Sans enduit. . . . . M.	0.75	36 52	
—sur muschelkalk	Sans enduit. . . . . M.	0.70	35 0	
Sapin sur sapin. .	Fibres parallèles. . C.	0.56	29 15	f atteint son maximum en quelques secondes.
Sapin sur chêne. .	Fibres parallèles sans enduit . . . . . . M.	0.53	27 56	
Sorbier sur chêne.	Fibres parallèles sans enduit. . . . . . . M.	0.53	27 56	
Chêne, charme, orme, fer, fonte, bronze, glissant deux à deux l'un sur l'autre. . . .	Surfaces enduites de suif, et lorsque le contact n'a pas duré assez longtemps pour exprimer l'enduit . . . M.	0.10	6 0	
	Enduites d'huile ou de saindoux, quand le contact a duré assez longt. pour exprimer l'enduit et ramener les surfaces à l'état onctueux. . M.	0.15	8 32	

DES FROTTEMENTS.

COEFFICIENT f DU FROTTEMENT SOUS DES PRESSIONS CONTINUELLEMENT CROISSANTES JUSQU'A CE QUE LES SURFACES EN CONTACT SOIENT ENTAMÉES, PAR **G. RENNIE**, 1829.

Les chiffres qui suivent ayant été fournis par des expériences où le corps frottant n'a parcouru que de petits espaces, peuvent être considérés comme se rapportant au cas du frottement au départ et après un contact de quelque durée.

PRESSIONS EN	VALEURS DE f POUR			
kilog. par mèt. carré.	fer sur fer.	fer sur fonte.	acier sur fonte.	Cuivre jaune ou laiton sur fonte.
	m.	m.	m.	m.
131220[k].	0.250	0.275	0.300	0.225
157460	0.271	0.292	0.333	0.219
183700	0.285	0.321	0.340	0.214
209950	0.297	0.329	0.344	0.211
236200	0.312	0.333	0.347	0.215
262440	0.350	0.351	0.351	0.206
288688	0.376	0.353	0.353	0.205
314932	0.376	0.365	0.354	0.208
341176	0.395	0.366	0.356	0.221
367420	0.403	0.366	0.357	0.223
393664	0.409	0.367	0.358	0.233
419908	»	0.367	0.359	0.234
446152	»	0.367	0.367	0.235
472396	»	0.376	0.403	0.233
498640	»	0.434	»	0.234
524884	»	»	»	0.235
551128	»	»	»	0.232
577372	»	»	»	0.273

Contrairement à la première *loi* (page 123). on voit ici, et bien avant que les surfaces se rodent, l'intensité du frottement, *au départ*, croître de plus en plus à mesure que la pression augmente.

FROTTEMENT DE GLISSEMENT DES SURFACES PLANES PENDANT
LE MOUVEMENT.

INDICATION des surfaces de contact.	ÉTAT des surfaces.	f	ANGLE du frottement.	OBSERVATIONS.
Acier sur acier. .	Enduites de suif, saindoux, huile, cambouis . . . . M.	0.08	4° 35'	
	Surfaces un peu onctueuses . . . . . M.	0.15	8 32	
	L'enduit étant sans cesse renouvelé. . . . . M.	0.05	2 52	
Acier poli sur la glace.	Sous des pressions par m. carré de 5,000 k.	0.04	2 18	
	de 20,000	0.03	1 43	
	de 180,000	0.014	0 48	
	(Ce frottement, d'après Rennie, diminue quand la pression augmente.)			
Benne sur le sol d'une galerie de mine.	. . . . . . (Gervoy) de	0.27	15 7	
	. . . . à	0.41	22 18	
	. . . . habituellement	0.32	17 45	
Brique sur calcaire oolithique	Sans enduit . . . . M.	0.65	33 2	
Brique sur muschelkalk	Sans enduit . . . . M.	0.60	30 58	
Bronze sur bronze.	Sans enduit . . . . M.	0.20	11 19	
— sur fer.	Les surfaces un peu onctueuses . . . . . . M.	0.16	9 6	
— sur fonte. . . .	Sans enduit . . . . M.	0.22	12 25	
Chanvre en brins ou en corde sur chêne	Fibres parallèles sans enduit. . . . . . . M.	0.52	27 29	
	Fibres perpendiculaires mouillées d'eau. . M.	0.33	18 16	
	Au maximum, d'après M. Lebas, dans les circonstances les plus défavorables.	0.222	12 31	
Chêne sur chêne.	Fibres parallèles . . C.	0.11	6 17	
	Fibres parallèles sans enduit . . . . . . M.	0.48	25 39	
	Les surfaces réduites à des arêtes arrondies. C.	0.08	4 35	
	Fibres parallèles frottées de savon sec. M.	0.16	9 6	
	Fibres parallèles enduites de suif ou de vieux oing renouvelé à chaque essai . . . . . C.	0.035	2 0	L'adhérence occasionne une résistance d'environ 30 kil. par mètre carré.

6.

INDICATION des surfaces de contact.	ÉTAT des surfaces.	f	ANGLE du frottement.	OBSERVATIONS.
	La surface réduite à ses arêtes arrondies avec l'enduit, ou l'enduit essuyé, et les surfaces restant onctueuses. . . . . C.	0.06	3°26'	
	Fibres perpendiculaires et sans enduit. . . M.	0.34	18 47	
	Fibres perpendiculaires et mouillées d'eau. M.	0.25	14 3	
	Bois debout sur bois à plat, sans enduit. M.	0.19	10 46	
	Fibres croisées. . . C.	0.10	5 43	
	Et la surface réduite à des arêtes arrondies. C.	0.10	5 43	
Chêne sur calcaire oolithique.	Bois debout sans enduit. . . . . M.	0.38	20 49	
Chêne sur muschelkalk.	Bois debout sans enduit. . . . . M.	0.38	20 49	
Chêne sur fer. . .	Fibres parallèles, la vitesse étant très-petite. . . . . C.	0.08	4 35	
	A la vitesse de 0^m30 par seconde. . . . . . C.	0.17	9 39	
	Les surfaces étant très-petites, sans enduit, mais onctueuses. . C.	0.07	4 0	
Chêne sur fonte. .	Fibres parallèles sans enduit. . . . . . . M.	0.38	20 49	
Chêne sur sapin. .	Fibres parallèles. . C.	0.16	9 6	
Cuir noir corroyé sur chêne	Fibres parallèles sans enduit. . . . . . . M.	0.27	15 7	
Cuir tanné sur chêne	A plat, ou de champ, sans enduit. . . . M.	0.30	16 42	
	. . . . à	0.35	19 18	
	Id. mouillées d'eau. M.	0.29	16 11	
Cuir tanné sur fonte et sur bronze	A plat, ou de champ, sans enduit. . . . M.	0.56	29 15	
	Id. mouillées d'eau. M.	0.36	19 48	
	Id. onctueuses et mouillées d'eau. . . . . M.	0.23	12 58	
	Id. enduites d'huile. M.	0.15	8 32	
Cuivre sur fer. . .	. . . . C.	0.24	13 30	
	Après un long user. C.	0.17	9 39	
	Avec enduit de suif renouvelé . . . . . . C.	0 10	5 43	L'adhérence produit une résistance d'environ 7 kil. par mètre carré.

INDICATION des surfaces de contact.	ÉTAT des surfaces.	f	ANGLE du frotte-ment.	OBSERVATIONS.
	Avec de l'huile sur un ancien enduit de suif. . . . . C.	0.12	6°51'	} Adhérence à peu près nulle.
	La surface réduite à ses pointes émoussées restant onctueuses ou enduites de suif et d'huile.	0.12	6 51	
Cuivre jaune sur chêne.	Sans enduit . . . . M.	0.62	31 48	
Fer sur chêne. . .	Fibres parallèles sans enduit. . . . . . . M.	0.62	31 48	
	Id. Mouillées d'eau. M.	0.26	14 35	
	Id. frottées de savon sec . . . . M.	0.21	11 52	
Fer sur fer.	. . . . C.	0.28	15 39	} f diminue par un long user.
	Id., d'après M. Morin, les surfaces se rodent dès qu'il n'y a pas d'enduit.			
	Avec enduit de suif re-nouvelé. . . . . . C.	0.10	5 43	} L'adhérence produit une ré-sistance d'envi-ron 14 kil. par mètre carré.
Fer sur fonte et sur bronze.	Fibres parallèles sans enduit, un peu onc-tueuses . . . . . . M.	0.18	10 13	
Fer sur calcaire oolithique	Fibres parallèles sans enduit. . . . . . . M.	0.69	34 37	
Fer sur muschel-kalk	Fibres parallèles sans enduit. . . . . . . M.	0.24	13 30	
	Id. mouillées d'eau. M.	0.30	16 42	
Fer sur orme. . .	Fibres parallèles sans enduit. . . . . . . M.	0.25	14 3	
Fonte sur fonte et sur bronze. . . .	Fibres parallèles sans enduit, un peu onc-tueuses . . . . . . M.	0.15	8 32	
Fonte sur chêne. .	Fibres parallèles sans enduit. . . . . . . M.	0.49	26 7	
	Id. mouillées d'eau. M.	0.22	12 25	
	Id. frottées de savon sec . . . . M.	0.19	10 46	
Fonte sur orme. .	Fibres parallèles sans enduit. . . . . . . M.	0.20	11 10	
Frêne sur chêne.	Fibres parallèles sans enduit. . . . . M. de	0.36	19 48	
	. . . . à	0.40	21 49	

INDICATION des surfaces de contact.	ÉTAT des surfaces.	f	ANGLE du frottement.	OBSERVATIONS.
La glace sur la glace.	Sous une pression par mètre carré de 1,500 k.	0.03	1°43'	Rennie. — Ce frottement diminue quand la pression augmente.
	Id. . . . . de 6,000	0.02	1 9	
Hêtre sur chêne. .	Fibres parallèles sans enduit. . . . . M. de	0.36	19 48	
	. . . . à	0.40	21 49	
Orme sur orme. .	. . . . C.	0.10	5 43	
Orme sur chêne. .	Fibres parallèles sans enduit. . . . . . . M.	0.43	23 17	
	Fibres parallèles sans enduit. . . . . . . M.	0.25	14 3	
	Fibres perpendiculaires sans enduit. . . . M.	0.45	24 14	
Orme sur fonte. .	Fibres parallèles sans enduit. . . . . . M.	0.38	20 49	
Poirier sur chêne.	Fibres parallèles sans enduit. . . . . M. de	0.36	19 48	
	. . . . à	0.40	21 49	
Poirier sur fonte.	Id. . . . . M.	0.44	23 45	
Pierre calcaire oolithique sur pierre calcaire oolithique.	Sans enduit . . . . M.	0.04	32 37	
—sur muschelkalk	Id. . . . . M.	0.65	33 2	
Pierre calcaire, dite muschelkalk sur muschelkalk. . .	Sans enduit. . . . M.	0.38	20 49	
—sur calcaire oolithique.	Id. . . . . M.	0.67	33 50	
Sapin sur sapin. .	. . . . C.	0.17	9 39	
Sapin sur chêne. .	Fibres parallèles sans enduit. . . . . M. de	0.36	19 48	
	. . . . à	0.40	21 49	
Sorbier sur chêne.	Fibres parallèles sans enduit. . . . . M. de	0.36	19 48	
	. . . . à	0.40	21 49	
Chêne, charme, orme, poirier, fonte, fer, acier, bronze, glissant l'un sur l'autre ou sur eux-mêmes.	Lubrifiées à la manière ordinaire avec enduit de suif, saindoux, huile, cambouis, etc. M. de	0.07	4 1	
	. . . . à	0.08	4 36	
	L'enduit étant sans cesse renouvelé et uniformément réparti, f peut s'abaisser à.	0.05	2 52	
	Légèrement onctueuses au toucher. . . . M.	0.15	8 32	

FROTTEMENT DES PISTONS DANS LES CORPS DE POMPE. Nous ne connaissons d'autres expériences directes que celles que *d'Aubuisson* nous a transmises d'après les auteurs allemands. Il en résulte que la résistance en kilogrammes R, due au frottement, dépend surtout du degré de poli du corps de pompe, et que, quelle que soit la garniture du piston, cette résistance est le produit du diamètre D, par la charge d'eau H, multiplié par un coefficient m,

$$R = D H m$$

m prend les valeurs suivantes, savoir :

Pour les corps en laiton bien poli. . . . . 7 kil.
Fonte simplement forée. 15
Bois assez lisse. 25
Bois dégradé par l'usage. 50

FROTTEMENT DES AXES OU TOURILLONS EN MOUVEMENT DANS LEURS BOITES OU SUR LEURS COUSSINETS.

A l'exception de ceux (C) qui ont été déterminés par *Coulomb*, les coefficients qui suivent sont encore plus incertains, s'il est possible, que ceux qui se rapportent au mouvement des surfaces planes ; — ce qu'il faut surtout attribuer à l'emploi regrettable que M. *Morin* a fait ici de son *Dynamomètre de rotation*, ainsi qu'au nombre, à la complication et à l'incertitude des tracés auxquels il a dû soumettre les indications déjà assez inexactes de ses lames dynamométriques, à courbure parabolique.

On sait aujourd'hui, en effet, que les flexions de ces lames que M. *Morin* regardait comme proportionnelles aux efforts, croissent en réalité plus rapidement que ces efforts, quelque faibles qu'ils soient.

FROTTEMENT DES AXES OU TOURILLONS EN MOUVEMENT DANS LEURS BOITES
OU SUR LEURS COUSSINETS.

INDICATION des surfaces de contact.	ÉTAT des surfaces.	f	ANGLE du frotte- ment.
Tourillons en bronze sur coussinets en bronze	Avec enduit d'huile renouvelé à la manière ordinaire. M. .	0.10	5°43'
	Avec enduit de suif renouvelé à la manière ordinaire. . M.	0.003	5 19
Tourillons en bronze sur coussinets en fonte.	Enduit d'huile continuellement renouvelé. . . . . . M.	0.052	2 58
	Enduit de suif continuellement renouvelé . . . . . M.	0.045	2 34
Axe de buis dans une boîte de gayac. . . .	Enduit de suif. . . . . . . C.	0.043	2 28
	L'enduit essuyé, et les surfaces restant onctueuses. . C.	0.07	4 0
Axe de buis dans une boîte d'orme	Enduit de suif. . . . . . C.	0.035	2 0
	L'enduit essuyé, et les surfaces restant onctueuses . . . . C.	0.05	2 52
Axe de chêne vert dans une boîte de gayac. .	Enduit de suif. . . . . . . C.	0.038	2 10
	L'enduit essuyé, et les surfaces seulement onctueuses. . . C.	0.06	3 26
	Après avoir servi longtemps sans qu'on eût rafraîchi l'enduit. C.	0.07	4 0
Axe de chêne vert dans une boîte d'orme. . .	Enduit de suif . . . . C.	0.08	1 43
	L'enduit essuyé, et les surfaces onctueuses. . . . . C.	0.05	2 52
Axe de fer dans une boîte en cuivre. . . .	. . . . C.	0.155	8 48
	Avec enduit de suif. . . . . C.	0.085	4 51
	Enduit de vieux oing. . . . C.	0.12	6 50
	Les surfaces pénétrées par le suif, et restant onctueuses. C.	0.127	7 14
	Enduit d'huile. . . . . . C.	0.13	7 24
	Enduit qui n'avait pas été renouvelé depuis longtemps, quoique la machine eût servi continuellement. . . . . . C.	0.133	7 34
Tourillons en fer sur coussinets en bronze.	Enduit d'huile, de saindoux ou de suif, l'enduit étant sans cesse renouvelé. . . . . M.	0.054	3 6
	Id., id., l'enduit étant renouvelé à la manière ordinaire. M, de	0.07	4 0
	. . . . à	0.08	4 35
	Enduit de saindoux et de plombagine, qui n'est pas sans cesse renouvelé. . . . . M.	0.111	6 20
	Enduit de cambouis un peu dur, ou d'asphalte. . . . . . . M.	0.09	5 9
	Les surfaces onctueuses, mais mouillées d'eau, cas auquel elles commencent à se roder. M.	0.180	10 52

INCICATION des surfaces de contact.	ÉTAT des surfaces.	f	ANGLE du frottement.
Tourillons en fer sur coussinets en fonte. .	Enduit d'huile, de saindoux, ou de suif sans cesse renouvelé. M.	0.054	3° 6'
	Id., id., renouvelé à la manière ordinaire. . . . . M. de	0.07	4 0
	. . . . à	0.08	4 35
Tourillons en fer sur coussinets en gayac. .	Les enduits renouvelés à la manière ordin. : enduit d'huile. M.	0.114	6 30
	De saindoux. . . . . . . M.	0.135	7 41
	Les surfaces onctueuses. . M.	0.188	10 39
Tourillons en fonte sur coussinets en fonte. .	Enduit d'huile, de saindoux, de suif sans cesse renouvelé. M.	0.054	3 6
	Id., renouvelé à la manière ordinaire . . . . M. de	0.07	4
	. . . . à	0.08	4 35
	Id., et mouillées d'eau. . . M.	0.079	4 31
	Enduit d'asphalte . . . . . M.	0.054	3 6
	Onctueuses. . . . . M.	0.137	7 48
	Onctueuses et mouillées d'eau. M.	0.137	7 48
	Très-onctueuses, ou avec enduit renouvelé à la manière ordin. M.	0.073	4 11
	Très-onct. et mouillées d'eau. M.	0.073	4 11
Tourillons en fonte sur coussinets en bronze.	Enduit d'huile, de saindoux, de suif sans cesse renouvelé. M.	0.054	3 6
	Id., renouvelé à la manière ordinaire. . . . . M. de	0.07	4
	. . . . à	0.08	4 35
	Enduit de cambouis mou. . M.	0.065	3 44
	Onctueuses. . . . . M.	0.166	0 26
	Très-peu onct., cas auquel les surf. commencent à se roder. M.	0.194	10 59
	Onctueuses et mouillées d'eau M.	0.161	9 9
	Onctueuses d'asphalte. . . M.	0.091	5 12
	Onctueuses d'asphalte, et mouillées d'eau. . . . . M.	0.086	4 57
Tourillons en fonte sur coussinets en gayac. .	Sans enduit . . . . M.	0.185	10 29
	Enduit d'huile, de suif continuellement renouvelé. . . M.	0.092	5 16
	Enduit de saindoux et de plombagine. . . . . M.	0.109	6 13
	Onctueuses après enduit d'huile . . . . M.	0.100	5 43
	Onctueuses après enduit de saindoux et de plombagine. . M.	0.143	8 8
Tourillons en gayac sur coussinets en fonte. .	Enduit de saindoux. . . . M.	0.116	6 37
	Onctueuses. . . . . M.	0.153	8 42
Tourillons en gayac sur coussinets en gayac. .	Enduit de saindoux, continuellement renouvelé. . . . . M.	0.07	4 35

MATIÈRES A LUBRIFIER LES ARTICULATIONS DES MACHINES.

(Voir *Traité des machines à vapeur* de J. GAUDRY, tome 1.)

Les huiles employées sont : d'abord l'huile de pied de bœuf qui ne se trouve plus guère dans le commerce que de nom et qui est très-chère.

Les huiles végétales non acides, grasses et non siccatives, et spécialement l'huile de colza, sont d'un emploi très-répandu. Cette huile avec addition de caoutchouc dissous est surtout recommandée.

Le suif est préférable pour les gros frottements surtout avec addition de plombagine (graisse noire).

L'eau pure est un mauvais lubrifiant; l'eau de savon convient au contraire très-bien.

GRAISSE DURE POUR LES FUSÉES DE VÉHICULES DE CHEMINS DE FER.

(*Technologiste de 1840.*)

ÉLÉMENTS.	COMPOSITION POUR		
	L'été.	Les saisons moyennes.	L'hiver.
Huile de Palme..............	62 50	75 00	87 50
Suif...................	87 50	75 00	62 50
Carbonate de soude..........	25 00	25 00	25 00

Faites dissoudre la soude dans 15 litres d'eau; versez la solution dans 120 litres d'eau et agitez; faites fondre le suif, ajoutez-y l'huile, faites-les bouillir un instant ensemble; laissez refroidir jusqu'à ce que vous puissiez tenir la main; versez alors à travers un fin tamis dans la solution, agitez; conservez la masse solidifiée et rejetez l'eau dont il reste toujours une assez grande proportion.

RECETTES D'ALLIAGES DE FRICTION ET MASTICS POUR JOINTS.

(Extrait du *Traité des Machines à vapeur marines*, par ORTOLAN.)

(Voir aussi nombreuses recettes au *Traité des Machines à vapeur*, de J. GAUDRY.)

Alliages de friction.

DÉSIGNATION DES ALLIAGES.	CUIVRE.	ÉTAIN.	ZINC.	ANTI-MOINE.	PLOMB.
Bronze pour coussinets ordinaires..	82,00	18,00	»	»	»
Bronze pour machines à vapeur.....	84,00	16,00	1,00	»	»
Alliage blanc dit *anti-friction* pour coussinets................	2,00	90,00	»	8,00	»
Alliage blanc dit *anti-friction* pour coussinets.	6,00	90,00	30,00	»	»
Alliage blanc dit *anti-friction* pour coussinets................	1,80	89,30	»	8,90	»
Laiton ordinaire.................	66,00	»	34,00	»	»
Laiton pour tubes de chaudières tubulaires....	90,00	»	10,00	»	»
Bronze pour canons..............	91,00	9,00	»	»	»
Bronze pour canons..............	100,00	11,00	»	»	»
Métal pour doublage de navires....	55,00	45,00	1,00	»	»
Métal pour doublage de navires....	45,00	55,00	1,00	»	»
Alliage gris pour pièces exposées à des chocs.................	83,00	15,00	1,50	»	1,50
Alliage pour sifflet aigu...........	80,00	18,00	»	2	»
Alliage pour sifflet plus grave......	81,00	17,00	»	2	»

Mastics pour joints.

Mastic de fonte pour joints secs...............	Tournure de fonte grise. 1,000g. / Fleur de soufre.. .... 150 / Sel ammoniac........ 10 / Eau-de-vie pour former une pâte légèrement épaisse.
Mastic au minium pour joints de cuivre, portes de regard, etc........	Minium en poudre...... 1 kil. / Blanc de céruse en pâte.. 1 / (En former une pâte qui ne s'attache pas aux doigts.)
Mastic au blanc de zinc remplaçant le mastic au minium...........	Zinc.................. 1 kil. / Huile de lin à former une pâte assez consistante.
Mastic Serbat remplaçant le mastic au minium. (Sèche un peu moins lentement. Se vend tout préparé.)	parties. / Sulfure de plomb calciné... 72 / Peroxyde de manganèse... 54 / Huile de lin............. 13
Mastic de chaux pour joints grossiers non exposés à la chaleur....	Blanc d'Espagne ou de chaux broyé avec de l'huile de lin et du chanvre haché en menus morceaux.

Résistance au roulement.

(Voir Morin, *Leçons de mécanique et Aide-Mémoire*.)

Elle comprend le roulement proprement dit des roues sur la voie, le frottement des fusées ou tourillons, le frottement du mécanisme, les réactions des chocs et cahots, enfin la résistance de l'air et du vent dans le cas des grandes vitesses ; elle est, en somme, proportionnelle au poids du véhicule, suivant les rapports contenus au tableau ci-après ; proportionnelle aussi au diamètre des fusées et en raison inverse du diamètre des roues, d'après les dernières expériences de MM. Morin, Sauvage et Poirée sur les chemins de fer. Le nombre des roues est sans influence à égalité de poids du véhicule. La résistance est indépendante de la vitesse jusqu'à 12 kilomètres à l'heure ; au delà la réaction des chocs et cahots augmente beaucoup la résistance. La largeur des jantes facilite le tirage sur les chemins mous ; sur les routes solides elle est sans influence. L'ordonnance qui la limitait est abolie en France.

Tableau des rapports de la force de tirage sur diverses routes à la charge totale traînée (voiture comprise).

Résultats des expériences de MM. Boulard, Rumford, Régnier, etc.

NATURE DE LA VOIE SUPPOSÉE HORIZONTALE.	RAPPORT du tirage à la charge totale.
Terrain naturel, non battu et argileux, mais sec.	0.250
Id. id., siliceux et crayeux.	0.165
Terrain ferme, battu et très-uni.	0.040
Chaussée en sable ou caldoutis nouvellement placés. . . .	0.125
Id. en empierrrement, à l'état d'entretien ordinaire.. .	0 080
Id. id. parfaitement entretenue et roulante.	. 0.033
Id. pavée à la manière ordinaire, et la voi-{au pas. . .	0.030
ture étant suspendue. . . . . . .{au grand trot.	0 070
Id. pavée en carreaux de grès bien entre-{au pas. . .	0 025
tenus.. . . . .{au grand trot.	0 060
Id. en madriers de chêne non rabotés.	0.022
Chemins à ornières plates, en fonte de fer, ou en dalles très-dures et très-unies.	0.040
Chemins de fer à ornières saillantes, en bon état d'entretien. .	0.007
Id. id., parfaitement entretenues, et les essieux continuellement huilés.	0.005

Le poids de la voiture varie ordinairement entre le 1/3 et le 1/4 de la charge totale

FROTTEMENT DE ROULEMENT. — Les observations peu nombreuses de *Coulomb* avaient montré que :

1° La résistance au roulement est proportionnelle à la pression et en raison diverse du rayon des rouleaux.

M. Morin a confirmé ces résultats et prouvé en outre que :

2° A poids et à diamètres égaux, la résistance au roulement augmente quand la largeur de contact des rouleaux diminue, lorsque le roulement s'opère sur des corps compressibles.

Soient donc :

F l'effort directement appliqué à l'essieu d'un rouleau et qui suffit à vaincre la résistance que la circonférence du rouleau éprouve de la part du plan horizontal sur lequel elle se développe ;

R le rayon de ce rouleau ;

W son poids et celui de la charge portée sur son essieu, essieu dont on néglige ici le frottement propre ;

A un coefficient constant dépendant de la nature du rouleau et de celui du plan, et qui exprime pour ce rouleau et ce plan la résistance relative à une pression de 1 kilog. et à un rayon de 1 mètre.

On a
$$F = A\,\frac{W}{R}$$

Voici diverses valeurs de A, calculées par M. *Poncelet* d'après les observations qu'il a recueillies.

Roues de voitures, garnies de bandes de fer, roulant sur une chaussée horizontale,

En sable ou cailloutis nouvellement placés.	0.0634
En empierrements, à l'état ordinaire d'entretien. . .	0.0414
Pavée dans le même état. .	0.0238
Pavée en carreaux. . . .	0.0185
En terre ferme et unie.	0.0185
En empierrement et aussi parfaitement roulante que les routes anglaises.	0.0150
En madriers de chêne bruts.	0.0102

Au centre : vitesse de $0^m,8$ à 1^m par seconde.

Roues en fonte sur ornières en fer horizontales,

Plates et dans l'état habituel.	0.0035
Étroites et saillantes, *id.*	0.0012
Id. — Parfaitement entretenues et époussetées. . . .	0.0007

Rouleaux, en bois d'orme ou *de chêne*, sur un pavé uni.   0.0074

Rouleaux d'orme sur un sol horizontal en bois de chêne.   0.0016

Rouleaux de gayac sur un sol horizontal en bois de chêne. 0.0001

Frottement des cordes et des courroies

A LA SURFACE DES CYLINDRES FIXES.

Nous devons encore dire quelques mots du frottement exercé par les cordes et courroies qui embrassent les poulies et cylindres fixes. On sait que, en admettant les *lois* bien incertaines du frottement que nous avons discutées plus haut, la théorie a été conduite à représenter par

$$T = Q\, c^{fa}$$

la tension T qu'il faudrait appliquer à l'une des extrémités de la corde ou courroie pour que cette tension fût en équilibre strict avec la résistance Q appliquée à l'autre extrémité, a étant la longueur S de l'arc du cylindre fixe embrassé par le lien flexible, divisée par le rayon r de ce cylindre $\left(a = \dfrac{S}{r} \right)$, f le coefficient du frottement au départ qui convient aux substances du lien et de la poulie et $c = $ le nombre constant $2.7182 = $ base des logarithmes hyperboliques.

Il en résulte que T et Q étant connus par des observations directes, ainsi que a, on a pu déterminer le coefficient f du frottement par la relation

$$f = \frac{1}{a}\, \log. \text{hyp.}\, \frac{T}{Q}.$$

Voici les résultats qui ont été ainsi obtenus par divers expérimentateurs, que M. *Tom Richard* a recueillis et qu'il a bien voulu nous permettre d'emprunter à son *Aide-Mémoire général des Ingénieurs:*

α ÉTANT $= \pi = 3.14159$, C'EST-A-DIRE LE LIEN FLEXIBLE EMBRASSANT *une* SEULE DEMI CIRCONFÉRENCE DU CYLINDRE FIXE, ON A TROUVÉ POUR f LES VALEURS SUIVANTES :

		f
Cylindre en sapin et corde flexible.	D'après Olinthus Gregory. . .	0.322
Cylindre en frêne et corde flexible.	D'après B. Bevan.	0.221
Même cylindre et corde très-flexible.	*Id.*	0.292
Cylindre en verre de $0^m.024$ diamètre, et corde très-flexible. .	*Id.*	0.129
Même corde et cylindre en verre de $0^m.10$ diamètre.	*Id.*	0.178
Cylindre en verre de $0^m.024$ diamètre, corde neuve et roide. . .	*Id.*	0.129
Cylindre de bois tendre et mou, corde ordinaire.	Des expériences spéciales de M. l'ingénieur *Lebas*, lui ont montré que pour ce cas, f dans les circonstances les plus défavorables ne dépassait pas.	0.220
Cylindre en fonte, brut de fonderie, corde très-flexible. . . .	B. Bevan.	0.570
Cylindre en fonte tourné, mais non poli, corde très-flexible. . . .	*Id.*	0.258
Le même cylindre et corde neuve et roide.	*Id.*	0.221
Cylindre en fonte, courroie en cuir corroyé.	M. Morin, f varie entre. . . .	0.238
	et.	0.336
Cylindre en fonte et courroie en cuir corroyé mouillé d'eau. . .	M. Morin, f varie entre. . . .	0.317
	et.	0.458
	Et paraît augmenter avec la tension.	
Cylindre en chêne et courroie sèche en cuir corroyé, peu onctueuse.	M. Morin, f varie entre. . . .	0.411
	et.	0.541
	La moindre tension correspondant ici au plus grand coefficient.	

Nous ne devons pas omettre d'ajouter à ce tableau l'observation suivante de M. *Tom Richard :* c'est qu'en appliquant les coefficients ci-dessus au calcul des tensions T qui correspondraient à un tour et demi, deux tours et demi et trois tours et demi du lien flexible autour du cylindre fixe, on obtiendrait des valeurs de T *excessivement* exagérées par rapport à celles que donnent les observations directes et d'autant plus que le nombre des tours serait supposé plus grand. Ainsi, pour le cas du cylindre de sapin et la corde flexible qui a donné $f = 0.322$ pour π ou un demi tour, Q étant $= 0^k454$ et $T = 0.454 \times 2.75$ la formule donnerait :

$$\text{pour } \alpha = \qquad 3\,\pi \qquad\qquad 5\,\pi \qquad\qquad 7\,\pi$$
$$T \quad = 0.454 \times 21 \quad 0.454 \times 156 \quad 0.454 \times 1179$$

tandis que, Q étant toujours $= 0.454$ l'observation directe donne :

$$T \quad = 0.454 \times 14 \quad 0.454 \times 20.5 \quad 0.454 \times 84.$$

Il en résulte, que pour tous les arcs plus grands que la demi-circonférence, les valeurs purement *théoriques* du tableau suivant pèchent considérablement par excès :

Tension que doit avoir le brin conducteur d'une corde ou courroie enroulée sur un tambour pour faire glisser à sa surface le brin conduit soumis à une tension donnée.

(Aide-Mémoire de *Mécanique pratique* de M. MORIN, 3 *édition*, 1843.)

Rapport de l'arc embrassé à la circonférence entière.	VALEUR DU RAPPORT DE LA TENSION A LA RÉSISTANCE.					
	Courroies neuves sur tambours en bois.	Courroies à l'état ordinaire		Courroies humides sur poulies en fonte.	Cordes sur tambours ou treuils en bois	
		sur tambours en bois.	sur parties en fonte.		bruts.	polis.
0.20	1.87	1.80	1.42	1.61	1.87	1.51
0.30	2.57	2.43	1.69	2.05	2.57	1.86
0.40	3.51	3.26	2.02	2.60	3.51	2.29
0.50	4.81	4.38	2.41	3.30	4.81	2.82
0.60	6.59	5.88	2.87	4.19	6.58	3.47
0.70	9.00	7.90	3.43	5.32	9.01	4.27
0.80	12.34	10.62	4.09	6.75	12.34	5.25
0.90	16.90	14.27	4.87	8.57	16.90	6.46
1.00	23.14	19.16	5.81	10.89	23.90	7.95
1.50	»	»	»	»	111.31	22.42
2.00	»	»	»	»	535.47	63.23
2.50	»	»	»	»	2575.80	178.52

Roideur des cordes

(D'APRÈS REDTENBACHER).

Le calcul de la résistance qui est produite par la roideur des cordes est trop compliqué pour la pratique. Les formules suivantes donnent approximativement cette résistance R. En appelant Q la tension qui existe dans le brin de corde qui s'enroule; d le diamètre de la corde en centimètres; D le diamètre de la poulie en centimètres :

pour cordes en chanvre, $\qquad R = 0.26\, Q\, \dfrac{d^2}{D}$ kilogrammes,

pour cordes en fil de fer, $\qquad R = 0.58\, Q\, \dfrac{d^2}{D}$ kilogrammes,

de sorte que la force nécessaire pour vaincre une résistance Q produisant la tension de la corde est :

pour cordes en chanvre, $\qquad F = Q\left(1 + 0.26\, \dfrac{d^2}{D}\right)$ kilogrammes,

pour cordes en fil de fer, $\qquad F = Q\left(1 + 0.58\, \dfrac{d^2}{D}\right)$ kilogrammes.

Coulomb calcule la résistance due à la roideur de la corde par la formule

$$\frac{d^2}{D} \times a\, Q,$$

dans laquelle d et D sont respectivement les diamètres de la corde et de la poulie (en centimètres), Q la tension de la corde, a et m des constantes variables pour chaque espèce de corde : m varie entre 1 et 2; pour cordes neuves $= 2$; pour cordes à demi usées 1.5, et pour les cordes très-flexibles $= 1$.

$a = 0.26$ pour les cordes en chanvre et $a = 0.58$ pour cordes en fil de fer.

Roideur des chaînes. La résistance qu'une chaîne présente à l'enroulement est l'effet du frottement qu'éprouvent les chaînons en tournant sur leur axe (chaîne Gall) ou en tournant sur leurs anneaux; il faut faire en sorte que la longueur des chaînons soit aussi petite que possible relativement au rayon de la poulie ou du treuil.

Les chaînes les plus avantageuses sont les chaînes plates à articulations, dont chaque chaînon est lié par deux boulons au chaînon qui précède ou qui suit.

Une autre bonne disposition de chaîne est formée d'anneaux oblongs, pleins, d'une petite longueur, et perpendiculaires les uns aux autres, qui entrent dans une rainure creusée dans le milieu de la gorge de la poulie ou du tambour ; quant aux chaînes à anneaux lors, elles doivent être entièrement rejetées. (J. Laisné, *Aide-Mémoire des officiers du génie.*)

Largeur des courroies de cuir

POUR TRANSMISSION DE MOUVEMENT (PAR M. LABORDE, 1856)

On suppose que l'épaisseur égale 1 centimètre et que l'arc embrassé de la poulie ou tambour est la moitié de la circonférence entière.

A vitesse égale, la largeur est proportionnelle au nombre de chevaux.

VITESSE par seconde en mètres.	LARGEUR POUR LES FORCES EN CHEVAUX.						
	Chevaux. 0,10	0,20	0,5	0,9	1	2	Chevaux. 3
	m/m	m/m	m/m	m/m	m/m	m/m	m/m
0ᵐ30	68	132	328	»	»	»	»
0 50	44	88	220	394	»	»	»
0 60	34	66	164	296	»	»	»
0 80	26	53	132	237	»	»	»
1 00	22	44	110	197	220	440	»
1 10	19	38	94	170	188	377	565
1 30	17	33	82	148	165	329	494
1 50	15	29	73	132	147	293	440
1 60	13	26	66	119	132	264	396
2 00	11	22	55	99	110	220	330
2 30	9	19	47	85	94	188	283
2 60	8	17	41	74	82	165	247
3 00	»	15	37	66	73	147	220
3 50	»	13	33	55	66	132	198
4 00	»	11	28	47	55	110	165
4 50	»	9	24	41	47	94	141
5	»	9	22	39	44	88	132
6	»	»	18	33	37	73	110
7	»	»	16	28	33	66	99
8	»	»	13	24	26	53	79
10	»	»	»	»	22	44	66
12	»	»	»	»	»	35	55
15	»	»	»	»	»	29	44
16	»	»	»	»	»	26	40
20	»	»	»	»	»	22	33
25	»	»	»	»	»	17	26
30	»	»	»	»	»	»	20

FORCE DES CABLES EN FIL DE FER ET A AME DE CHANVRE.

(Recueilli par M. Ortolan.)

Diamètre en millimètres.	Poids du mètre de longueur.	Force à l'emploi.	Diamètre en millimètres.	Poids du mètre de longueur.	Force à l'emploi.
26	2ᵏ »	2.500	18	1ᵏ »	1.500
24	1 65	2.250	16	0 75	1.000
20	1 20	1.750	»	» »	»

Levier. Équation d'équilibre : $Pp = Qq$, $AF = p$ et $BF = q$; la pres-

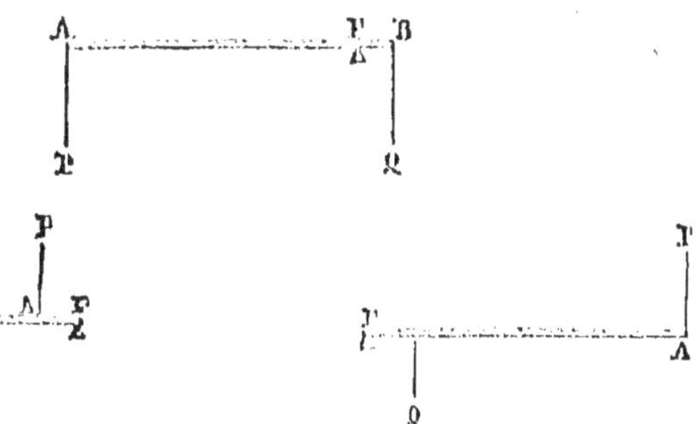

sion sur le point fixe F est la résultante des forces P et Q. Ce point d'appui et la direction de ces deux forces doivent être dans un même plan.

Plan incliné. Soit Q le poids des corps ; α l'angle des plans avec l'horizon ; P ou P' la puissance horizontale ou parallèle au plan ; β l'angle compris entre la direction de la puissance et celle du plan ; f le coefficient du frottement relatif aux substances en contact ; R la résultante ou la pression sur le plan incliné.

L'équation d'équilibre est P horizontal $= Q \times \dfrac{CB}{AC} = R \times \dfrac{CB}{AB}$, et P' parallèle au plan $= Q \dfrac{CB}{AB} = R \times \dfrac{CB}{AC}$, en tenant compte du frottement.

$$P = \frac{\sin. \alpha + f \cos. \alpha}{\cos. \beta + f \sin. \beta} Q.$$

Si P est horizontal, on a

$$P = \frac{\tan g. \alpha + f}{1 + f \tan g. \alpha} Q \quad \text{et} \quad R = \frac{Q}{\cos. \alpha - f \sin. \alpha}$$

Si P' est parallèle au plan, on a

$$P' = (\sin. \alpha + f \cos. \alpha) Q.$$

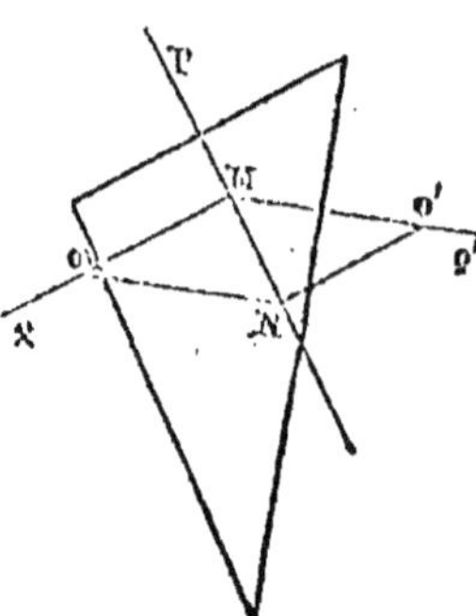

Coin. La puissance P, appliquée perpendiculairement à la tête AB du coin; f et f' les coefficients des frottements; $N = Q$ et $N' = Q$, les efforts de réaction que le coin supporte du dehors en dedans, normalement à ses côtés AB, BC (ces efforts produisant les frottements fN, fN' agissant le long de ces mêmes côtés, de bas en haut); α, β, γ, les angles A, B, C du profil du coin, on a en équilibre

$$P : Q : Q' :: MN : MO : NO.$$

$$N = \frac{P(\sin.\beta - f\cos.\beta)}{(1 - ff')\sin.\gamma + (f + f')\cos.\gamma}$$

et

$$N' = \frac{P(\sin.\alpha - f\cos.\alpha)}{(1 - ff')\sin.\gamma + (f + f')\cos.\gamma}.$$

Selon que tang. γ est $>$ ou $< \dfrac{f + f'}{1 - ff'}$, le coin se trouve repoussé ou retenu entre les deux corps.

Si tang. $\gamma = \dfrac{f + f'}{1 - ff'}$, les forces N et N' font strictement équilibre aux frottements fN et $f'N'$.

Le rapport de la quantité de travail à celle que développe réellement la puissance est :

$$\frac{\sin.\gamma - (f + f')\cos.\alpha\cos.\beta}{(1 - ff')\sin.\gamma + (f + f')\cos.\gamma}.$$

Pour un coin isocèle et ayant une base = 1/2 hauteur, l'effet utile n'est que les 2/7 environ du travail dépensé.

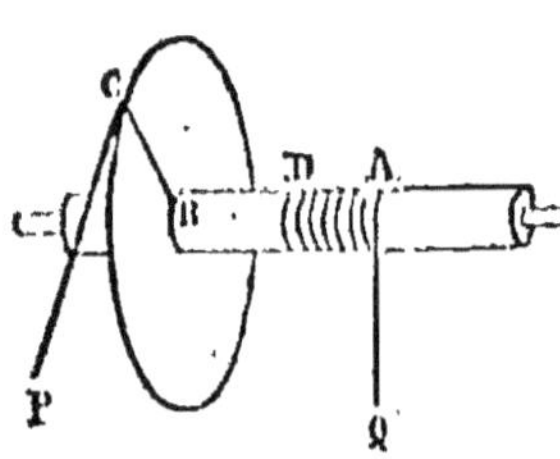

Treuil à axe horizontal. Soit P la puissance et Q la résistance verticale, agissant par l'intermédiaire de cordes situées dans des plans perpendiculaires à l'axe; α, angle de P avec la verticale; M, poids total du treuil; R et r, rayons des roues; ρ, rayons des tourillons (supposés égaux); K, résistance provenant de la roideur de la corde qui s'enroule du côté de Q; f_1 valeur de $\dfrac{f}{\sqrt{1 + f^2}}$ 1 (f, rapport du frottement à la pression sur les tourillons), on a avec un degré d'approximation très-suffisant pour les applications ordinaires,

$$P = \frac{(Q + K)\, r + 0.96\, f_1\, \rho\, (M + Q)}{R - f_1 \rho\, (0.96 \cos.\alpha + 0.4 \sin.\alpha)},$$

si P est supposé vertical, on a $P = \dfrac{(Q + K)\, r + f_1\, \rho\, (M + Q)}{R - f_1 \rho}$.

Treuil à axe vertical ou cabestan. Soit P la somme de plusieurs puissances égales, et symétriquement distribuées autour de l'axe et agissant perpendiculairement à l'extrémité d'un levier d'une largeur R ; Q, résistance horizontale, et les autres notations comme ci-dessus, on a

$$P = \frac{(Q + K)\, r + f_1\, \rho\, Q + \frac{2}{3} f M \rho}{R}.$$

Dans un système de treuil en équilibre, la puissance est à la résistance comme le produit des rayons des cylindres est au produit des rayons des roues.

Cric. Même équation d'équilibre que pour le treuil ; le cric est un treuil dont la manivelle est la roue, et le pignon est le cylindre.

Poulie fixe. Soit P, puissance ; Q, résistance ; r, rayon de la poulie ; T et T', tension de la corde sur laquelle agissent P et Q ; a l'angle formé par ces tensions de part et d'autre de la droite qui joint leur point de parcours avec le centre de la poulie ; b, angle formé par la direction du poids de la poulie avec la droite ci-dessus ; m, poids de la poulie ; et les autres notations comme précédemment, on a

$$T = \frac{(T' + k)\, r + f_1 \rho\, [\,0.96 \cos.\alpha - 0.4 \sin.a\,,\, T' + (0.96 \cos.b - 0.4 \sin.b)m\,]}{r - f_1 \rho\, (0.96 \cos.\alpha + 0.4 \sin.a)}$$

si la puissance et la résistance sont verticales, on a

$$T = \frac{(T' + k)\, r + f_1 \rho\, (T'' + m)}{r - f_1 \rho}.$$

Pour l'équilibre statique on a : $P : Q = \dfrac{R r}{c}$,

R étant la pression sur l'axe de la poulie, r le rayon, et c la corde de l'axe embrassé.

Poulie mobile. Soit α et β les angles formés par T et T' avec la verticale, et les autres notations comme ci-dessus, on a :

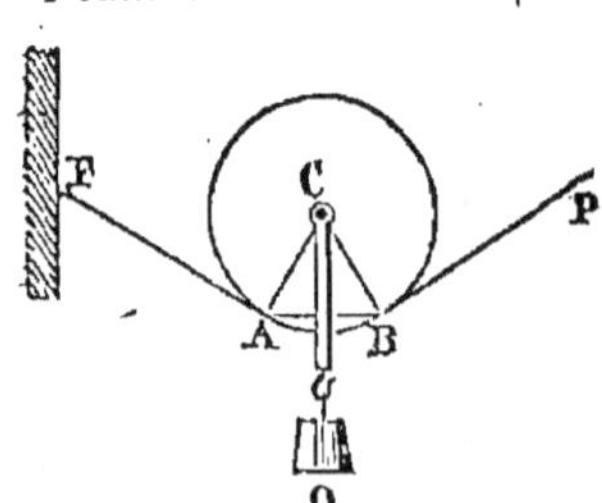

$$T = \frac{(T' + k)\, r + f\, \rho\, Q}{r},$$

attendu que Q représente la résultante des forces qui agissent sur l'axe; et les deux relations

$$T \sin.\ \alpha - T' \sin.\ \beta = o,$$

et $T \cos.\ \alpha + T' \cos.\ \beta - m = Q.$

Si la puissance et la résistance sont verticales, ces relations deviennent : $T\alpha - T\beta' = o$ et $T + T_{,} = Q + m$ (en négligeant les puissances de α et β supérieures à la première)

$$\text{et } T = \frac{(T + k)\, r - f_1\, \rho\, (T' - m)}{r - f_1\, \rho}.$$

L'équation statique d'équilibre est $P = R = \dfrac{Q r}{c}$.

Dans un système de poulies mobiles la puissance est à la résistance comme le produit des rayons est au produit des sous-tendantes. Si les cordons sont parallèles, la puissance est égale à la résistance divisée par 2^n (n étant le nombre de poulies mobiles).

Moufles à poulies égales. En conservant toujours les mêmes notations, on a pour les conditions d'équilibre d'une poulie quelconque :

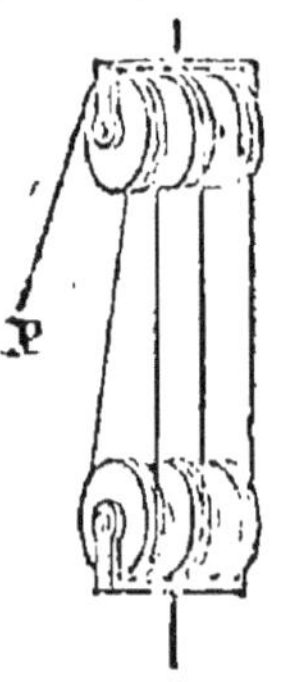

$$T = \frac{T'\,(r + f_1\,\rho)}{r - f_1\,\rho} + \frac{kr}{r - f_1\,\rho};$$

faisant, pour abréger,

$$\frac{kr}{r - f_1\,\rho} = \alpha \text{ et } \frac{r + f_1\,\rho}{r - f_1\,\rho} = \beta,$$

l'équation d'équilibre devient $T = \alpha + \beta\, T'$.

Soit Q la charge que supporte la chape inférieure des poulies, y compris son équipage et $t_1, t_2, t_3, \quad t_{n+1}$, les tensions des cordons successifs,

On aura $t_1 + t_2 + t_3 \ldots t_n = Q$

$$\text{et } t_{n+1} = \alpha + \beta t_n = \alpha \left(\frac{n\,\beta^n}{\beta^n - 1} - \frac{1}{\beta - 1} \right) + \frac{(\beta - 1)\beta^n}{\beta^n - 1}\, Q.$$

Moufles à poulies inégales. En conservant toujours les mêmes notations, on a la suite d'équations

$$t_2 = \alpha + \beta t_1 ; \qquad t_3 = \alpha_1 + \beta_1 t_1$$

$$t_4 = \alpha_2 + \beta_2 t_1 \qquad t_n = \alpha_{n-1} + \beta_{n-1}$$

desquelles on tirera la valeur de t_1, puis ensuite celle de t_n et de t_{n+1} en posant encore l'équation

$$Q = t_1 + t_2 + t_3 + \ldots t_n = \alpha + \alpha_1 + \alpha_2 + \alpha_{n-2}$$

$$+ (1 + \beta + \beta_1 - \beta_2 + \ldots \beta_{n-2}) t_1.$$

Ces calculs se simplifient, dans la plupart des cas, attendu que les poulies symétriquement placées dans les deux chapes ont ordinairement des rayons égaux aussi bien que leurs tourillons.

Vis. La puissance est à la résistance, comme la hauteur du pas de vis est à la circonférence décrite par le point d'application de la puissance.

Vis à filets carrés. Soit l'axe vertical, la puissance horizontale appliquée à la tête de la vis, et l'écrou fixe. On peut supposer que la charge Q est distribuée uniformément sur un certain *filet moyen* de la vis ou de l'écrou, et s'y trouve posée comme sur un plan incliné.

Nommant r le rayon du cylindre qui contient ce filet moyen ; p la force horizontale, tangente à ce cylindre, qui serait capable de vaincre le poids Q et les frottements qui en résultent sur la surface du filet moyen ; h la hauteur du pas de la vis ou de l'écrou ; π le rapport de la circonférence du cercle au diamètre ; α l'angle d'inclinaison constante du filet moyen à l'horizon ; f le coefficient du frottement pour les surfaces en contact, on aura la formule

$$p = Q \frac{h}{2\pi r} + f Q \frac{h^2 + 4\pi^2 r^2}{2\pi r (2\pi r - fh)} = Q \tan\alpha + f Q \frac{1 + \tan^2\alpha}{1 - f\tan\alpha}$$

dans laquelle la portion de p, employée seule à vaincre le frottement, a pour expression :

$$f Q \frac{1 + \tan^2\alpha}{1 - f\tan\alpha}.$$

Dans des vis d'un usage ordinaire, le travail dépensé par la puissance pour élever la charge, va quelquefois jusqu'au quadruple de celui qui répond à l'effet utile.

Vis à filets triangulaires. Les formules relatives à cette sorte de vis sont plus compliquées que celles qui se rapportent à la vis ci-dessus, mais le rôle du frottement y est moins considérable ; de sorte qu'à circonstances égales d'ailleurs, on doit accorder la préférence aux vis à filets triangulaires, lorsqu'on veut économiser le travail moteur.

Vis sans fin. La puissance P = la résistance Q multipliée par le produit du pas de la vis et du rayon du cylindre r, divisée par le produit de la circonférence de la manivelle et du rayon de la roue dentée.

Forces centrales. — Un corps tournant librement (exemple les boules d'un pendule de Watt dans les machines à vapeur) est soumis à deux forces égales et contraires, dites *centripète* et *centrifuge*. P étant le poids du corps en kilog., R le rayon ou distance du centre du mobile au centre du mouvement évalué en mètres, V étant sa vitesse en mètres par seconde, l'effort centrifuge F en kilog. est $F = \dfrac{P V^2}{g R}$.

Roues et engrenages. — Dans l'accouplement des roues, poulies ou engrenages de diamètres différents, la vitesse ou le nombre de tours est en raison inverse des diamètres, circonférences, rayons ou nombre de dents. Soit donc D et *d* le diamètre de deux roues, N et *n* leur nombre de dents ou de tours, V et *v* leur vitesse en mètres ou en nombre de tours, en un temps donné, on aura les proportions $D : d :: v : V$, et $N : n :: v : V$; d'où l'arithmétique enseigne à tirer une valeur quelconque connaissant les autres.

> *Règles pratiques sur l'emploi des engrenages.*

1° Les diamètres, rayons, nombre de dents, épaisseur, vitesse circulaire, etc., se déterminent sur le *cercle primitif* ou de contact.

2° L'épaisseur des dents dépend de l'effort qu'elles ont à vaincre et de la vitesse du mouvement. (Voir le tableau à l'article *Résistance des matériaux.*) L'effort peut d'ailleurs se partager sur plusieurs dents.

3° Le creux entre les dents égale l'épaisseur d'une dent, plus un dixième pour le *jeu.*

4° La hauteur des dents égale ordinairement 1,35 fois son épaisseur ; par exception, et pour mettre en prise un plus grand nombre de dents, on les a allongées jusqu'à près de 3 fois leur épaisseur.

5° La courbe des dents d'engrenage se fait par un tracé géométrique basé sur les propriétés de la cycloïde, de la développante de cercle, etc.

6° La largeur des dents égale ordinairement de trois à cinq fois leur épaisseur. (Voir l'article *Résistance à l'écrasement.*)

7° La jante ou couronne qui porte les dents égale de 1.30 à 2 fois l'épaisseur des dents.

Volants. (Voir le *Traité de mécanique* du général Morin, t. III.)
Sa puissance régulatrice est proportionnelle à son poids et au carré
de sa vitesse ; on a, d'après Watt,

$$\text{l'équation } P v^2 = k \times \frac{32\,n}{m}, \text{ d'où on tire :}$$

$$\text{Le poids du volant, } P = k \times \frac{32\,n}{m\,v^2}.$$

$$\text{La vitesse du volant, } v = \sqrt{k \times \frac{32\,n}{m\,P}}.$$

Dans ces formules, on désigne par :

P le poids du volant en kilogr.;

v sa vitesse à la circonférence ;

n la force en chevaux de la machine ;

m le nombre de tours du volant par seconde ;

k un coefficient d'expérience variant avec le degré de régularité
demandé et le système plus ou moins régulier de la machine. M. Morin le fait varier depuis 415 pour la machine sans détente à trois cylindres conjugués (c'est-à-dire la plus régulière par elle-même), jusqu'à 7845 pour la machine avec détente au cinquième et à un seul
cylindre. Avec une détente plus prolongée, le coefficient serait évidemment bien plus fort ; encore faut-il supposer une absence de chocs.

Le *frein de Prony* [1], pour l'évaluation de la force réelle des moteurs, permet d'obtenir celle-ci directement à l'aide des deux formules suivantes :

$$F = \frac{2\,\pi\,l\,n\,P}{4500} \; ; \text{ et } \; P = \frac{4500\,F}{2\,\pi\,l\,n}$$

Dans lesquelles on désigne par :

F la force réelle du moteur en chevaux de 75 kilogrammètres;

P le poids équilibrant mis dans le plateau du frein, en kilogr.;

l la longueur du bras de levier en mètres ;

n le nombre de tours par minute ;

π est le rapport 3.14 de la circonférence au diamètre.

---

[1] Quoique très-simple par elle-même, l'expérience au frein de Prony a besoin,
pour être bien faite, de personnes ayant la pratique courante de ces épreuves.
(Voyez, sur les dynamomètres, les *Leçons de mécanique* du général Morin.)

Diamètre d'une roue d'engrenage d'après le nombre de dents,
en prenant la longueur du pas pour unité.

En multipliant le pas par le chiffre indiqué en face d'un nombre de dents, on a la longueur métrique de ce diamètre, et réciproquement (tableau calculé par M. Laurent).

NOMBRE de dents.	DIAMÈTRE.	NOMBRE de dents.	DIAMÈTRE.	NOMBRE de dents.	DIAMÈTRE.	NOMBRE de dents.	DIAMÈTRE.
10	3.1831	60	19.0986	110	35.0141	160	50.9296
11	3.5014	61	19.4169	111	35.3324	161	51.2479
12	3.8197	62	19.7352	112	35.6507	162	51.5662
13	4.1380	63	20.0535	113	35.9690	163	51.8845
14	4.4563	64	20.3718	114	36.2873	164	52.2028
15	4.7746	65	20.6901	115	36.6057	165	52.5212
16	5.0930	66	21.0085	116	36.9240	166	52.8395
17	5.4113	67	21.3268	117	37.2423	167	53.1578
18	5.7296	68	21.6451	118	37.5606	168	53.4761
19	6.0479	69	21.9634	119	37.8789	169	53.7944
20	6.3662	70	22.2817	120	38.1972	170	54.1127
21	6.6845	71	22.6000	121	38.5155	171	54.4310
22	7.0028	72	22.9183	122	38.8338	172	54.7493
23	7.3211	73	23.2366	123	39.1521	173	55.0676
24	7.6394	74	23.5549	124	39.4704	174	55.3859
25	7.9577	75	23.8732	125	39.7888	175	55.7043
26	8.2761	76	24.1916	126	40.1071	176	56.0226
27	8.5944	77	24.5099	127	40.4254	177	56.3409
28	8.9127	78	24.8282	128	40.7437	178	56.6592
29	9.2310	79	25.1465	129	41.0620	179	56.9775
30	9.5493	80	25.4648	130	41.3803	180	57.2958
31	9.8676	81	25.7831	131	41.6986	181	57.6141
32	10.1859	82	26.1014	132	42.0169	182	57.9324
33	10.5042	83	26.4197	133	42.3352	183	58.2507
34	10.8225	84	26.7380	134	42.6535	184	58.5690
35	11.1408	85	27.0563	135	42.9719	185	58.8874
36	11.4592	86	27.3747	136	43.2902	186	59.2057
37	11.7775	87	27.6930	137	43.6085	187	59.5240
38	12.0958	88	28.0113	138	43.9268	188	59.8423
39	12.4141	89	28.3296	139	44.2450	189	60.1606
40	12.7324	90	28.6479	140	44.5634	190	60.4789
41	13.0508	91	28.9662	141	44.8817	191	60.7972
42	13.3690	92	29.2845	142	45.2000	192	61.1155
43	13.6873	93	29.6028	143	45.5183	193	61.4338
44	14.0056	94	29.9211	144	45.8366	194	61.7521
45	14.3239	95	30.2394	145	46.1550	195	62.0705
46	14.6423	96	30.5578	146	46.4733	196	62.3888
47	14.9606	97	30.8761	147	46.7916	197	62.7071
48	15.2789	98	31.1944	148	47.1099	198	63.0254
49	15.5992	99	31.5127	149	47.4282	199	63.3437
50	15.9155	100	31.8310	150	47.7465	200	63.6620
51	16.2338	101	32.1493	151	48.0648	201	63.9803
52	16.5521	102	32.4676	152	48.3831	202	64.2986
53	16.8704	103	32.7859	153	48.7014	203	64.6170
54	17.1887	104	33.1042	154	49.0197	204	64.9352
55	17.5070	105	33.4226	155	49.3381	205	65.2536
56	17.8254	106	33.7409	156	49.6564	206	65.5719
57	18.1437	107	34.0592	157	49.9747	207	65.8902
58	18.4620	108	34.3775	158	50.2930	208	66.2085
59	18.7803	109	34.6958	159	50.6113	209	66.5268

Résistance des matériaux.

Depuis les mémoires de MM. Hodgkinson, en Angleterre, Lavaley et Love, en France, la théorie de la résistance des matériaux est devenue une des plus controversées. Outre les trois publications ci-dessus, nous indiquerons les Leçons de mécanique de *Morin*, (T. 4), et l'Aide-mémoire de *Tom Richard*, pour l'étude de cette théorie, nous bornant à relater les formules et tableaux qui servent à la pratique courante.

En principe général : 1° Longtemps avant leur point de rupture les matériaux cèdent à l'effort qui les déforme, d'abord avec élasticité, c'est-à-dire en revenant à leurs dimensions primitives, puis en subissant une déformation permanente. Dans les arts mécaniques il faut, sauf pour le cas d'une élasticité voulue (exemple pour les ressorts), résister non-seulement à la rupture, mais à la moindre déformation, et par conséquent on compte par unité de section à peine 1/3 de l'effort qui produirait la rupture, surtout avec les matériaux qui, naturellement peu élastiques, risquent d'être *forcés* au moindre choc accidentel.

2° Les organes mécaniques doivent être proportionnés non-seulement pour leur résistance normale, mais aussi pour les chocs ou autres résistances accidentelles qui peuvent survenir même rarement. C'est ainsi qu'à égalité de force les organes d'une machine à vapeur sont plus forts dans une forge que dans une filature, ou dans un navire de mer que dans un bateau de rivière.

3° Certains matériaux, le fer par exemple, offrent une résistance relative qui diminue avec l'accroissement des sections; d'où il suit que pour eux on compte par unité de section une résistance plus faible dans les grosses pièces que dans les petites.

4° La résistance de matériaux donnés peut varier non-seulement avec leur composition intime, souvent très-variable, mais selon une infinité de circonstances de fabrication, âge, provenances, etc.; d'où il suit que les tableaux du genre de ceux qui vont être relatés ne sont d'une exactitude absolue que pour des matériaux tout à fait identiques à ceux qui ont subi les expériences mentionnées et ne peuvent être considérés, en général, que comme des moyennes à forcer ou atténuer suivant les circonstances qu'un habile ingénieur appréciera.

Ceci posé, les matériaux ont à résister : 1° à la compression ou écrasement; 2° à la traction ou allongement; 3° à la flexion transversale; 4° à la torsion. Souvent une pièce de machine subit à la fois toutes ces actions déformatrices et il faut la proportionner pour la plus énergique d'entre elles.

7.

Résistance à la traction.

Une barre soumise à un effort de traction s'allonge d'une certaine quantité, variable pour chaque nature de corps, mais proportionnelle, jusqu'à la limite d'élasticité, pour une même matière, à la longueur de la barre et à l'effort de traction et en raison inverse de la section de cette barre.

On appelle limite d'élasticité le plus grand allongement que puisse prendre une barre, sous l'influence d'une charge croissante, sans cesser de reprendre sa longueur primitive quand la charge n'agit plus sur elle.

L'allongement que prend une barre est donné par la formule

$$ i = \frac{P}{EA} \text{ ou } E = \frac{P}{Ai} $$

dans laquelle i est l'allongement d'un corps par mètre de longueur de la barre, en mètre; P l'effort qui agit sur cette barre; A la section transversale du corps, en millimètres carrés; E, le *module d'élasticité*, quantité constante pour une même nature de corps, c'est le poids en kilogrammes qui allongerait une barre de matière homogène, d'un millimètre carré de section, d'une quantité égale à sa longueur primitive.

L'effort qui produit la rupture d'une barre est donné par la formule

$$ P = Af. $$

P poids qui produit la rupture; A section de la barre; f effort nécessaire pour rompre une barre de même nature que la pièce et dont la section est l'unité prise pour exprimer A.

Pratiquement on a vu qu'il ne fallait pas charger d'une manière permanente

Les *bois* de plus de 1/10 de la charge de rupture.

Le *fer* — 1/3 de la charge de rupture.

Le *fer* — 1/6, quand les constructions doivent être de grande durée.

la *fonte* — 1/4, quand les constructions doivent être de grande durée.

Le cuivre laminé et le plomb commencent à s'étendre sous des charges permanentes de peu supérieures à la moitié de celles de rupture.

Le recuit enlève au *fil de fer* et au *fil de laiton* à peu près la moitié de leur résis— ce

M. Hodgkinson a trouvé qu'une barre tirée en dehors de son axe de figure peut perdre les 2/5 de sa résistance.

Cordes, cordages. Les cordages se composent de fils appelés *fils de caret*, dont le diamètre varie de 1 à 6 millimètres, en brins de chanvre de diverses longueurs.

Avec les fils de caret on forme la *ficelle* contenant 2 fils de caret; les *merlins* ou *lignes* contenant 5 fils de caret; les *tourons* contenant de 2 à 90 fils de caret, qui servent eux-mêmes à fabriquer les *aussières,* dont le diamètre varie entre 90 et 186 millimètres.

Pour les cordes la charge permanente peut être la moitié de la charge de rupture; la rupture est précédée d'un allongement $= \frac{1}{6}$ de la longueur précédente; cet allongement n'est que de $\frac{1}{10}$ si l'effort n'est que la moitié de la charge maxima.

Suivant Coulomb on ne doit jamais charger les cordes au delà de 1/5 de la charge produisant la rupture, soit de 40 kilogrammes par fil de caret de 6 millimètres de diamètre.

On peut calculer le diamètre d en centimètres d'une corde devant offrir une résistance P par la formule

$$d = 0.115 \sqrt{P}.$$

Les cordes mouillées perdent 1/5 de leur résistance.

Les cordes goudronnées n'ont que 1/5 à 5/4 de la résistance des cordes blanches de même diamètre.

Ci-après un tableau donnant les dimensions et les poids des cordes employées dans la marine.

Câbles en fil de fer. Ils peuvent être soumis à un effort $= 1/5$ de la résistance absolue, pourvu qu'il n'y ait pas de chocs; leur section est en général moitié de celle d'un câble en chanvre pouvant supporter un effort égal.

RÉSISTANCE ET POIDS DES CORDES MARINES.

(Recueilli par A. Ortolan.)

NOM DES CORDAGES.	Diamètre en millimètres.	CORDAGE BLANC SEC.		CORDAGE BLANC MOUILLÉ.		CORDAGE GOUDRONNÉ.		Poids du mètre de longueur.
		Au plus.	Au moins.	Au plus.	Au moins.	Au plus.	Au moins.	
		kil.	kil.	kil.	kil.	kil.	kil.	kil.
Ligne.		144	96	96	64	106	72	
Cordage à main.	17	1380	920	920	614	1035	790	0.235
Vingtaines. . .	27	3498	2332	2332	1553	2624	1749	0.593
Haubans. . . .	34	5548	3700	3700	2467	4161	2775	0.917
Câbleaux. . . .	47	10603	7069	7069	4713	7953	50302	1.797
	54	13992	9332	9332	6222	8748	6999	2.370
	66	20908	13940	13940	9293	26136	17424	3.543
	81	31492	20996	20996	13997	23579	15787	5.345
Aussières. . . .	89.9	32400	21600	24600	15400	24300	16150	6.60
	97.5	39000	26000	26000	17335	29251	19501	7.75
	105.7	42560	28445	28445	18955	31693	21329	9.19
	116.0	46314	30876	30876	20584	34616	23078	10.97
	129.1	53627	35751	35751	23835	40220	26814	13.56
	137.3	63376	42252	42252	28168	47533	31089	15.30
	148.3	73130	48750	48750	32501	54846	36564	17.86
	160.6	85314	56876	56876	37918	63968	42656	20.97
	186.0	97502	65002	65001	43335	73126	48752	28.18

EFFORT DE TRACTION DES CHAINES EN FER.

(Les deux premières expérimentées par Dubnxel, les autres par Brunton.)

Diamètre en millimètres du fer des maillons.	EFFORT		Diamètre en millimètres du fer des maillons.	EFFORT	
	Pour les chaînes étançonnées.	Pour les chaînes non étançonnées.		Pour les chaînes étançonnées.	Pour les chaînes non étançonnées.
	k.	k.		k.	k.
5	784	588	26	21200	15900
8	2010	1507	28.5	26407	19807
10	3140	2355	31.5	32501	24375
12	4523	2392	33	35548	26661
14	6156	4617	34.5	38595	28946
16	8042	6031	38	44099	33516
18	10160	7250	41	52814	39610
20	12564	9123	44.2	60939	45704
22	15200	11400	47.3	71005	53321
24	18092	13659	50.4	81262	60040

Le tableau suivant donne pour différents corps les valeurs moyennes de E, ainsi que les valeurs de l'allongement et de la charge à la limite d'élasticité, d'après les documents recueillis par M. le général Poncelet et M. Redtenbacher.

	ALLONGEMENT par mètre de longueur dans la limite d'élasticité.	CHARGE en kilogrammes à la limite d'élasticité par millimètre carré	MODULE d'élasticité pour 1 millimètre.
	mètres.	kilogr.	
Chêne...............	0,00167	2	1200
Sapin jaune ou blanc..	0,00117	2,17	1854
Sapin rouge ou pin....	0,00210	5,15	1500
Mélèze ou larix.......	0,00192	1,75	900
Hêtre rouge.........	0,00175	1,63	930
Frêne...............	0,00115	1,27	1120
Orme...............	0,00242	2,35	970
Fer doux de petites dimensions tréfilé.....	0,00080	14,75	18000
Fers en barres.......	0,00066	12,205	20000
Fers du Berry........	»	»	20800
Acier d'Allemagne très-bon...............	0,00120	25,00	21000
Acier fondu très-fin, trempé.............	0,000222	66,00	50000
Acier fondu étiré.....	»	»	17000 à 19500
Fonte grain fin.......	0,00085	10,00	12000
Fonte grise ordinaire.	0,00078	6,00	9096
Fils de cuivre........	»	»	12000
Fils de laiton........	0,00155	15,00	10000
Laiton fondu.........	0,00076	4,80	6450
Bronze de canon......	0,00065	2,00	5200
Fils de plomb pur.....	0,00067	0,40	600
Fils de plomb impur..	0,00050	0,40	800
Plomb fondu.........	0,00210	1,00	500
Étain...............	»	»	5200
Zinc...............	»	»	9600
Or	»	»	8151
Argent.............	»	»	5585
Platine.............	»	»	17044
Cuir de veau........	»	»	591
Cuir tanné..........	»	»	581
Cuir blanc de cheval.	»	»	748
Cuir de vache.......	»	»	685

Résistance à l'écrasement.

Bois. D'après Rondelet, la résistance à l'écrasement des bois pressés dans le sens des fibres, diminue avec la hauteur, et il a donné le tableau suivant :

Hauteur......	1	12	24	36	48	60	72
La résistance.	1	$\frac{5}{6}$	$\frac{1}{2}$	$\frac{1}{3}$	$\frac{1}{6}$	$\frac{1}{12}$	$\frac{1}{24}$

M. Hodgkinson, d'après ses expériences, a donné les formules suivantes, qui sont applicables toutes les fois que la hauteur ne dépasse pas 30 à 45 fois le petit côté de la base

$$P = \frac{k\,b^4}{l^2} \text{ et } P\,k\,\frac{a\,b^3}{l^2},$$

P résistance du poteau en kilogrammes ; b côté de la section carrée, ou petit côté de la section rectangulaire en centimètres ; a grand côté de la section rectangulaire ; l hauteur du poteau,

k coefficient $= 2565$ pour le chêne fort.
— 1800 — faible.
— 2142 pour le sapin rouge et blanc fort et le pin résineux.
— 1600 — blanc faible et le pin jaune.

Rondelet estime la résistance du chêne $= 385$ à 462 kilogrammes par centimètre carré et celle du sapin $= 459$ à 462.

Fonte. M. Love, d'après les expériences d'Hodgkinson, a donné les formules ci-après pour le calcul des piliers en fonte ; pour piliers dont la hauteur varie entre 4 et 120 fois le diamètre, à la rupture

$$P = \frac{R}{1.45 + 0.00337 \left(\frac{l}{d}\right)^2}$$

P charge de rupture, R résistance maximum du pilier supposé très-court ; l hauteur du pilier, d diamètre du pilier.

Quand la hauteur ne dépasse pas 50 fois le diamètre, on peut employer la formule

$$P = \frac{R}{0.08 + 0.4\frac{l}{d}}.$$

La résistance R est la même pour tous les piliers dont la hauteur ne dépasse pas 5 fois le diamètre.

Dans les fontes essayées par Hodgkinson la résistance par centimètre carré a varié de 5965 kilogrammes à 11155 kilogrammes; on prend ordinairement 8000 à 10000 kilogrammes.

La résistance d'un pilier à la rupture est réduite à 1/5 quand l'effort est dirigé suivant la diagonale et non suivant l'axe.

La résistance des piliers longs est trois fois plus grande quand les extrémités sont plates et perpendiculaires à l'axe et à la direction de l'effort, que quand celles-ci sont arrondies. La résistance d'un pilier dont les extrémités sont solidement fixées est la même que celle d'un pilier ayant même section et une hauteur de moitié plus petite.

Le renflement des piliers vers le milieu n'augmente leur résistance que de 1/8 à 1/7.

La limite d'élasticité à la compression est à peu près la même que la limite d'élasticité à la traction.

On prend en moyenne E = 8950 417 000.

Fer. La compression du fer est proportionnelle, sensiblement à la charge, jusqu'à la charge de 1400 à 1800 kilogrammes par centimètre carré; le coefficient d'élasticité est en moyenne E = 16 295,000,000. Cette valeur diffère peu de celle relative à l'extension, et comme pour la fonte, on peut les supposer égales.

On voit que le fer dans cette limite à charge égale se déforme moins que la fonte; mais au delà, la résistance diminue très-rapidement avec la charge, et par la rupture par écrasement il résiste trois fois moins que la fonte.

Cette résistance à la rupture varie de 4955 à 4000 kilogrammes par centimètre carré pour le fer laminé et est égale à 5800 environ pour le fer laminé.

M. Love, d'après les expériences de M. Hodgkinson, a donné les formules ci-après, en donnant aux lettres les mêmes significations que précédemment.

Pour piliers dont la hauteur l est de 10 à 180 fois le diamètre

$$P = \frac{R}{1.55 + 0.005 \left(\frac{l}{d}\right)^2}$$

et pour des piliers dont la hauteur l est de 5 à 30 fois le diamètre

$$P = \frac{R}{0.85 + 0.04 \frac{l}{d}}.$$

Pierres, moellons, briques, grès, etc.

Les matériaux de ce genre qui, dans la pratique, ne sont ordinairement appelés qu'à supporter des efforts de compression, ne doivent être employés en supports isolés que pour des hauteurs qui n'atteignent pas 12 fois la plus petite dimension de la base.

Il convient de ne pas faire supporter plus de $\frac{1}{10}$ à $\frac{1}{6}$ de la résistance absolue, et même de réduire la charge de $\frac{1}{15}$ à $\frac{1}{20}$ pour les constructions en petits matériaux.

La résistance augmente pour une section équivalente à mesure que cette section se rapproche de la forme circulaire; la résistance d'une section carrée est à celle d'une section circulaire dans le rapport de 8 à 9.

Les pierres se fendillent sous une charge $= 1/2$ de celle produisant l'écrasement.

Poids que peuvent supporter des solides soumis à un effort de compression, tels que les colonnes, les piliers, les étais, etc.

Nombre de kilogrammes dont on peut charger avec sécurité chaque centimètre carré de la section transversale.

DÉSIGNATION des corps.	Rapport de la longueur à la plus petite dimension,				
	Au dessous de 12	Au dessus de 12	Au dessus de 24	Au dessus de 48	Au dessus de 60
	kil.	kil.	kil.	kil.	kil.
Chêne fort.	30.0	25.0	15.0	5.0	2.5
Chêne faible.	19.0	8.4	5.6	»	»
Sapin jaune ou rouge.	37.5	31.0	18.7	7.5	»
Sapin blanc.	9.7	8.2	4.9	»	»
Fer forgé.	1000.0	835.0	500.0	167.0	84.0
Fonte.	2000.0	1670.0	1000.0	333.0	167.0
Basalte.	200.0	»	»	»	»
Granit dur.	70.0	»	»	»	»
Granit ordinaire.	40.0	»	»	»	»
Marbre dur.	100.0	»	»	»	»
Marbre blanc veiné.	30.0	»	»	»	»
Grès dur.	90.0	»	»	»	»
Grès tendre.	0.4	»	»	»	»
Brique très dure.	12.0	»	»	»	»
Brique ordinaire.	4.0	»	»	»	»
Pierre calcaire très dure.	50.0	»	»	»	»
Pierre calcaire ordinaire.	30.0	»	»	»	»
Lambourde de qualité infér.	2.3	»	»	»	»
Plâtre.	6.0	»	»	»	»
Béton en mortier de 18 mois.	4.0	»	»	»	»
Mortier ordinaire de 18 mois.	2.5	»	»	»	»

Poids que peuvent supporter divers solides, soumis à un effort de traction longitudinale.

Nombre de kilogrammes dont on peut charger avec sécurité chaque centimètre carré de la section transversale.

DÉSIGNATION DES CORPS.	Traction longitudinale.	DÉSIGNATION DES CORPS.	Traction longitudinale.
	kil.		kil.
Chêne fort.	196	Fonte grise, si elle n'est pas exposée à des chocs.	350
Chêne faible.	140	Métal de canon.	12
Sapin.	167	Cuivre battu.	123
Frêne.	240	Cuivre fondu.	66
Hêtre.	160	Cuivre jaune fin.	62
Buis.	260	Etain fondu.	16
Poirier.	138	Plomb fondu.	6
Peuplier.	25	Corde sèche en chanvre.	125
Fer forgé de petit échantillon, fil de fer 1re qualité.	1000	Corde mouillée.	82
Fer forgé de dimensions ordinaires.	650	Corde goudronnée.	95
Fer forgé de 0m06 de côté et au-dessus.	400	Courroie en cuir noir.	25
Tôle dans le sens du laminage.	700	Brique très dure.	2
Tôle dans le sens perpendiculaire au laminage.	600	Pierre calcaire.	6
Chaîne ordinaire en fer.	2000	Plâtre.	0,40
Chaîne étançonnée.	3000	Béton ou bon mortier de 18 mois.	0,90
		Mortier ordinaire de 18 mois.	0,30

Résistance à la flexion transversale.

(Nota. — Pour la démonstration des formules, leur développement et leur application à certains cas particuliers, voir les ouvrages de M. le général Morin, publiés par la librairie de MM. L. Hachette et Cⁱᵉ, et notamment ses *Leçons sur la Résistance des matériaux* d'où les formules ci-après ont été extraites.)

1° Équation de l'équilibre permanent

M . Moment des forces extérieures par rapport à la section que l'on considère.

R . Effort le plus grand que l'on puisse avec sécurité faire supporter à la fibre la plus allongée ou la plus comprimée.

I . Moment d'inertie de la section par rapport à l'axe inférieur de rotation autour de la ligne des fibres invariables.

v' . Distance entre la fibre la plus allongée ou la plus raccourcie et la ligne des fibres invariables, cette dernière ligne passant toujours par le centre de gravité du profil transversal.

E . Coefficient d'élasticité. // r. Rayon du cercle osculateur des flexions.

$$\left. \begin{array}{l} \dfrac{M}{R}=\dfrac{I}{v'} \text{ ; d'où } M=\dfrac{RI}{v'} \\[2mm] \text{on a aussi } M=\dfrac{EI}{r} \text{ moment total de la résistance des fibres de la section} \end{array} \right\} \text{donc } \dfrac{RI}{v'}=\dfrac{EI}{r}.$$

2° Valeurs de $\dfrac{RI}{v'}$

A SUBSTITUER DANS LES FORMULES PRATIQUES CI-APRÈS.

R exprimé en kilogrammes =

16 650 000 pour l'acier de 1ʳᵉ qualité.
12 500 000 pour l'acier de qualité moyenne.
7 500 000 pour la fonte.
6 000 000 pour le fer.
600 000 pour le bois de chêne ou de sapin.

Ces valeurs de R, déterminées d'après l'observation de constructions éprouvées placées dans des circonstances ordinaires, se rapportent à une section de 1 mètre carré. On les multipliera par 4/3 pour les matériaux de choix et les constructions allégées; R (fonte) sera réduit à 3 750 000 pour les ponts, les sommiers de bâtiments, les tourillons de roues hydrauliques et d'arbres de transmission, et autres pièces très-fatiguées.

SECTION TRANSVERSALE DE DIVERS PROFILS USUELS	VALEURS DE $\dfrac{I}{v'}$	ÉLÉMENTS DES FORMULES.
Cercle plein.	$\dfrac{\pi\, r^3}{4} = \text{surface} \times \dfrac{r}{4}$	$r =$ rayon.
Cercle creux annulairement. { à parois épaisses.	$\dfrac{\pi\,(r^4 - r'^4)}{4r}$	$r =$ rayon extérieur.
à parois minces, r' différant peu de r.	$\dfrac{\pi\,(r^3 - r'^3)}{4}$	$r' =$ rayon intérieur.
Ellipse pleine.	$\dfrac{\pi\, ab^2}{2}$ par rapport au petit axe.	$2a$, petit axe.
— d⁰ —	$\dfrac{\pi\, ba^2}{2}$ par rapport au grand axe.	$2b$, grand axe.
Ellipse creuse.	$\dfrac{\pi\,(ab^3 - a'b'^3)}{2b}$ par rapport au petit axe.	$2a$, petit axe extérieur. $2b$, grand axe extérieur.
— d⁰ —	$\dfrac{\pi\,(ba^3 - b'a'^3)}{2a}$ par rapport au grand axe.	$2a'$, petit axe intérieur. $2b'$, grand axe intérieur.
Carré plein.	$\dfrac{b^3}{6}$	b, côté.
Carré creux. { à parois épaisses. .	$\dfrac{b^4 - b'^4}{6b}$	b, côté extérieur.
à parois minces, b' différant peu de b.	$\dfrac{b^3 - b'^3}{6}$	b', côté intérieur.

Rectangle plein.	$\dfrac{Ab}{6}$	a, b, côtés; $A = a \times b$.
Rectangle creux — à parois épaisses.	$\dfrac{A'b^2 - A''b'^2}{6b}$	a, a', petits côtés (extérieur et intérieur). b, b', grands côtés (extérieur et intérieur).
Rectangle creux — à parois minces, b' différant peu de b.	$\left(\dfrac{A'-A''}{6}\right)b$	$A' = a \times b \,//\, A'' = a' \times b'$.
Croix d'équerre. (Fig. 1).	$\dfrac{ab^3 + 2a'b'^3}{6b}$	
T. Cas général (rapport indéterminé entre les dimensions)	$\dfrac{ax^3 - (a-a')(x-b)^3 + a'x^3}{3x}$. (Figure 2).	
T. Cas particulier — $c'=b=\dfrac{a}{2}$; $b'=a$.	$\dfrac{a^3}{15}$. (Figure 2).	
$a'=b=\dfrac{a}{5}$; $b'=\dfrac{a}{2}$.	$\dfrac{11}{500}\,a^3$. (d°).	
$a'=b=\dfrac{a}{10}$; $b'=a$.	$0{,}03072\,a^3$. (d*).	
Double T à nervures égales — Sans cornières (poutres métalliques, fondues ou laminées). (Figure 3).	$\dfrac{ab^3 - 2a'b'^3}{6b}$. ou $\dfrac{e_1 b^2}{6} + \dfrac{a'}{35}(b^3 - b'^3)$.	
Avec cornières (poutres en tôle). (Figure 4).	$\dfrac{ab^3 - 2(a'b'^3 + a''b''^3 + a'''b'''^3)}{6b}$.	
DoubleT à nervures inégales. (Figure 5).	$\dfrac{ax^3 - (a-a_1)(x-b_1)^3 + a'_1(b-x)^3 - (a'_1-a_1)(b-x-b'_1)^3}{3x}$.	

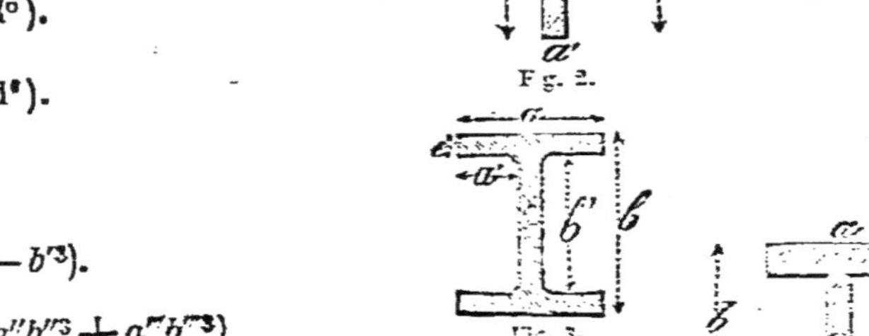

3° Formules pratiques

DE L'ÉQUILIBRE PERMANENT, POUR DES SOLIDES A SECTION TRANSVERSALE CONSTANTE.

Solide encastré par une extrémité, soumis à des efforts perpendiculaires à sa longueur C.

(Équilibre de la section d'encastrement.)

Effort P agissant à l'extrémité libre. . . . . $\mathrm{M} = \dfrac{RI}{v} = PC.$

Charge p par mètre courant uniformément répartie sur la longueur C. $\quad \mathrm{M} = \dfrac{RI}{v'} = \dfrac{p}{2}\,C^2.$

Charge P, et charge p par mètre, agissant dans le même sens. $\quad \mathrm{M} = \dfrac{RI}{v'} = \left(P + \dfrac{pC}{2}\right)C.$

—   d°   —   agissant en sens opposés
lorsque $P > \frac{1}{2}\,pC.$ $\quad \mathrm{M} = \dfrac{RI}{v'} = PC - \frac{1}{2}\,pC^2.$

lorsque $P < \frac{1}{2}\,pC.$ $\quad \mathrm{M} = \dfrac{RI}{v'} = \frac{1}{2}\,pC^2 - PC.$

Solide encastré par une extrémité, soumis à un effort P à l'autre extrémité et à un effort Q appliqué à distance C' de l'encastrement, tous deux agissant dans un plan perpendiculaire à la longueur C du solide.

/ D = C — C'. /   / X, distance de l'extrémité libre à la section considérée. /

P, Q, agissant dans le même sens. . . . . $\mathrm{M} = \dfrac{RI}{v'} = (P + Q)\,C - QD.$

—   d°   —   , ainsi qu'une charge additionnelle de p par mètre courant uniformément répartie sur la longueur C. $\quad \mathrm{M} = \dfrac{RI}{v'} = PC + QC' + \frac{1}{2}\,pC^2.$

Équilibre de la section d'encastrement

P, Q, agissant seuls, mais en sens opposés. . . . .

Courbure nulle pour la section où $X = \dfrac{QD}{Q - P}$

Deux courbures maxima en sens inverses :

à la section d'encastrement, $\dfrac{RI}{v'} = \left(Q.\dfrac{C - D}{C} - P \right)C.$

au point d'application de Q, $\dfrac{EI}{r} = \dfrac{RI}{v} = PD.$

Courbure nulle pour la section intermédiaire où l'on a :

$$X \text{ (valeur positive)} = P - Q \pm \sqrt{\dfrac{(P - Q)^2}{p} + \dfrac{2QD}{p}}$$

Deux courbures maxima en sens inverses :

1° à la section d'encastrement

si $PC > QC' + \frac{1}{2}pC^2$ $\dfrac{RI}{v'} = PC - QC' - \frac{1}{2}pC^2.$

si $PC < QC' + \frac{1}{2}pC^2$ $\dfrac{RI}{v'} = QC + \frac{1}{2}pC^2 - PC.$

on calcule $\dfrac{RI}{v}$ d'après la plus grande des deux différences.

2° à la section pour laquelle $X = \dfrac{-Q + \sqrt{Q^2 + 2QDp}}{p};$

alors $\dfrac{RI}{v} = Q(X - D) + \frac{1}{2}pX^2 - PX.$

additionnelle de p par mètre courant uniformément répartie sur la longueur C., avec charge

Solide posé horizontalement sur deux appuis A, B, distants de 2C, et chargé de poids agissant perpendiculairement à sa longueur, dans un seul sens.

/ P , P″, pressions exercées respectivement sur les appuis A, B. /

Poids 2P placé au milieu de la longueur 2C. . . . .
$$\frac{EI}{r} = \frac{RI}{v} = PC.$$

— do — , et charge ad-ditionnelle de p par mètre courant uniformément répartie sur la longueur 2C.
$$\frac{EI}{r} = \frac{RI}{v} = \left(P + \frac{pC}{2}\right)C.$$

Poids 2P placé à distances l et l'' des appuis A, B. . . . .
$$\frac{EI}{r} = \frac{RI}{v} = \frac{Pl'\,l''}{C}$$

— do — , et charge ad-ditionnelle de p par mètre courant uniformément répartie sur la longueur 2C.
$$\frac{EI}{r} = \frac{RI}{v} = \frac{l'\,l''}{2C}\left[2P + \frac{1}{2}p\,(2C)\right].$$

Équilibre au point d'application de la force 2P.

Poids $P_1\,P_2\,P_3\,P_4$ etc., inégalement répartis aux points $A_1\,A_2\,A_3\,A_4$ etc., à des distances $l'_1\,l'_2\,l'_3\,l'_4$ etc. du point d'appui A et à des distances $l''_1\,l''_2\,l''_3\,l''_4$ etc. du point d'appui B.
$$P' = \frac{P_1 l''_1 + P_2 l''_2 + P_3 l''_3 + \text{etc}\ldots}{2C}$$
$$P'' = \frac{P_1 l'_1 + P_2 l'_2 + P_3 l'_3 + \text{etc}\ldots}{2C}$$
au point A_2 pris pour exemple, on aura :
$$\frac{EI}{r} = \frac{RI}{v} = (P'' - P_3 - P_4 - \text{etc.})\,l''_2 + P_3 l_3'' + P_4 l''_4 + \text{etc}\ldots$$

Charge composée de deux forces égales P, éloignées des appuis d'une même distance l (Disposition très-avantageuse, fort en usage dans les roues hydrauliques).
$$\frac{EI}{r} = \frac{RI}{v} = Pl$$

— do — , et charge ad-ditionnelle de p par mètre courant uniformément répartie sur la longueur 2C.
$$\frac{EI}{r} = \frac{RI}{v} = Pl + \frac{pC^2}{2}$$

Équilibre au milieu de la longueur du solide.

Nota. — L'encastrement des deux extrémités doublerait les résistances, dans toutes les formules de cette page.

Ressorts pour waggons et locomotives

(D'APRÈS REDTENBACHER).

Ces ressorts se composent de bandes ou feuilles d'acier superposées et embrassées au milieu par une bride qui les maintient réunies.

On connaît toujours : 1° la charge que le ressort doit supporter $2P$, soit P à chaque extrémité ; 2° la plus grande tension par centimètre carré que la charge doit produire $S = 4400$ pour l'acier fondu ; 3° la longueur $2l$ de la plus longue des feuilles du ressort ; 4° la largeur b des feuilles, qui est égale pour toutes les feuilles.

Les quantités à déterminer sont les suivantes :

1° L'épaisseur δ des feuilles, qui doit être la même pour toutes les feuilles ; 2° le nombre des feuilles du ressort ; 3° les longueurs de toutes les feuilles dont se compose le ressort.

Appellant :

$2l_k$ la longueur de la k^e feuille, $k = 1$, correspondant à la plus longue des feuilles, la première ;

E, le module d'élasticité de la matière des feuilles, $= 2000000$ pour l'acier fondu ;

f la flexion, c'est-à-dire l'abaissement des points extrêmes de la lame supérieure, $= 4$ à 5 centimètres pour les locomotives à voyageurs ou 3 à 4 centimètres pour les machines à marchandises ;

γ un nombre égal ou plus grand que l'unité ou même infini ; n le nombre de feuilles.

Pour obtenir la même tension S dans toutes les feuilles et le contact constant dans toute l'étendue de toutes les feuilles, on emploie les formules ci-après :

$$\delta = \frac{S l^2}{E f}\left(1 - \frac{l}{3\gamma}\right) \qquad n = \frac{6 P l}{S b \delta^2}$$

$$l_k = 1 \cdot \frac{1 - \dfrac{k-1}{n}}{1 - \left(\dfrac{k-1}{n}\right)\dfrac{1}{\gamma}}$$

Dans le cas d'un *ressort rectangulaire* $\gamma = 1$; $l_k = 1$;

$$\delta = \frac{2}{3}\frac{S l^2}{E f} \; ; \; n = \frac{6 P l}{S b \delta^2} \; ; \; l_k = 1.$$

Pour un *ressort trapézoïdique* $\gamma = \infty$:

$$\delta = \frac{S l^2}{E f} \; ; \; n = \frac{6 P l}{S b \delta^2} \; ; \; l_k = 1 \left(1 - \frac{k-1}{n}\right).$$

Pour un *ressort hyperbolique* γ a une valeur différente de 0 et de l'infini ; si par exemple $\gamma = \dfrac{3}{2}$:

$$\delta = \frac{7\,S\,l^2}{9\,E\,f} \; ; \quad n = \frac{6\,P\,l}{S\,b\,\delta^2} \; ; \quad l_k = 1\,\frac{3n+3-3k}{3n+2-2k}.$$

Résistance à la torsion.

(Extrait de l'*Aide-Mémoire* du général Morin, nᵒ 426.)

Dans les formules ci-après on désigne par : P l'effort qui tend à tordre le corps, — R le bras de levier de cet effort, — b le côté du carré si la section du corps est carré, — d le diamètre du corps s'il est cylindrique, ou celui du cercle *inscrit* s'il est à section polygonale. — d et d' sont les diamètres extérieur et intérieur s'il s'agit d'un cylindre creux.

FORME de la section transversale.	MATIÈRES dont le corps est formé.	FORMULES A EMPLOYER POUR LES ARBRES	
		Allégés.	Forts.
Carré.	Fer ou fonte.	$b^3 = \dfrac{PR}{315\,000}$	$b^3 = \dfrac{PR}{157\,500}$
	Bois.	$b^3 = \dfrac{PR}{52\,423}$	$b^3 = \dfrac{PR}{26\,212}$
Circulaire. . .	Fer ou fonte.	$d^3 = \dfrac{PR}{262\,000}$	$d^3 = \dfrac{PR}{131\,000}$
	Bois.	$d^3 = \dfrac{PR}{43\,638}$	$d^3 = \dfrac{PR}{21\,819}$
Annulaire. (d et d' étant quelconques	Fer ou fonte.	$\dfrac{d^4-d'^4}{d} = \dfrac{PR}{262\,000}$	$\dfrac{d^4-d'^4}{d} = \dfrac{PR}{131\,000}$
	Bois.	$\dfrac{d^4-d'^4}{d} = \dfrac{PR}{43\,638}$	$\dfrac{d^4-d'^4}{d} = \dfrac{PR}{21\,819}$
si $d' = \dfrac{3}{5}\,d$	Fer ou fonte.	$d^3 = \dfrac{PR}{227\,000}$	$d^3 = \dfrac{PR}{113\,950}$
	Bois.	$d^3 = \dfrac{PR}{37\,972}$	$d^3 = \dfrac{PR}{18\,086}$

Hydraulique.

Puissance motrice d'une chute d'eau en chevaux.

Cette puissance a pour mesure l'expression :

$$P = \frac{1000 \, V \, H}{75} \times K$$

Dans laquelle :

P est la force en chevaux (75 kilogrammètres par seconde).

V le volume d'eau dépensé par seconde en mètres cubes.

H la hauteur de la chute en mètres.

K est le coefficient d'utilisation. Sa valeur peut aller jusqu'à 0.85 dans les meilleures circonstances et descendre au-dessous de 0.25 avec une mauvaise installation. La valeur moyenne d'un moteur hydraulique convenable est K = 0.65.

Écoulement de l'eau.

Lorsqu'on fait abstraction de quelques circonstances physiques influentes, et que l'on ne considère d'abord que d'un point de vue théorique l'écoulement d'un liquide à travers un orifice, on trouve avec *Torricelli*, qui a le premier démontré ce théorème, que la vitesse moyenne V avec laquelle une tranche liquide franchit un orifice est celle que cette tranche acquerrait en tombant librement dans le vide d'une hauteur H égale à la profondeur du centre de l'orifice au-dessous du niveau du liquide. $g = 9^m.80896$ étant l'accélération des graves pendant leur chute, on a donc :

$$V = \sqrt{2gH} \qquad \text{et} \qquad H = \frac{V^2}{2g}$$

ou
$$V = 4.4292 \sqrt{H} \qquad \text{et} \qquad H = 0^m.05097 \, V^2$$

Ce sont ces relations entre la vitesse théorique V et la hauteur correspondante H qui sont données à la table, pages 111 et 112.

A étant l'aire d'un orifice, H la hauteur du niveau liquide au-dessus du centre de gravité de cette aire, et $V = \sqrt{2\,g\,H}$ la vitesse (donnée par la table page 111), avec laquelle il franchit l'orifice,

$$A\,V = A\,\sqrt{2\,g\,H}$$

exprimera en mètres cubes le volume de liquide qui, *théoriquement*, franchirait l'orifice A en une seconde. Mais il s'en faut de beaucoup que le volume *réel* Q, débité par cet orifice, atteigne la valeur ci-dessus. En général, la veine liquide se *contracte* à la sortie sur *chacun* des bords de l'orifice, lorsque ce bord n'est pas situé dans le plan même de la paroi intérieure du réservoir. Il en résulte que pour obtenir le volume réel Q il faut, en général, multiplier le volume théorique par une fraction m que l'on appelle *coefficient de contraction* et l'on a ainsi :

$$Q = m\,A\,V = m\,A\,\sqrt{2\,g\,H}$$

Le coefficient m a été déterminé avec beaucoup de soin par MM. *Poncelet* et *Lesbros* pour le cas des orifices rectangulaires verticaux. Pour des charges comprises entre $0^m.30$ et 3^m et des *hauteurs* d'orifice comprises entre $0^m.01$ et $0^m.20$ et au-dessus, m a pour limites très-approchées 0.600 et 0.650, ou en moyenne 0.625, la contraction étant *complète*, c'est-à-dire ayant lieu sur les quatre côtés. Ainsi, on a pour ce cas, avec approximation, en appelant L la largeur de l'orifice et a sa hauteur :

$$Q = 0.625\ a\,L\,\sqrt{2\,g\,H}$$

Faisant $L = 1^{mèt}$, donnant à a les valeurs inscrites à la première colonne verticale de la table suivante, et cherchant dans la première ligne horizontale les valeurs de la charge H sur le centre, on trouvera la *dépense* Q que l'on a exprimée en *litres* et qu'on aurait en mètres cubes en reculant la virgule de trois rangs vers la gauche.

Si la contraction se trouvait supprimée sur *un* côté, il faudrait multiplier ces chiffres, d'ailleurs un peu incertains, par 1.035. Enfin, si la contraction n'avait lieu que sur *deux* côtés ou sur *un* seul, il faudrait les multiplier respectivement par 1.072, et par 1.125 pour avoir la dépense Q.

Dépense d'eau en l" par une vanne trempée de 1 mètre de longueur avec des ouvertures et des charges sur le centre croissantes (contraction complète).

Ouverture verticale de la vanne.	0,20	0,80	0,40	0,50	0,60	0,70	0,80	0.90
m.	lit.	lit.	lit.	lit.	lit.	lit.	lit.	lit.
0,01	12,3	15,1	17,6	19,7	21,5	23,3	24,9	26,3
0,02	24,3	30,	34,9	38,9	42,8	46,4	49,6	52,6
0,03	35,9	43,7	52	58,9	64,1	69,3	74,2	78,8
0,04	47,4	59,2	70,8	77,4	85,0	92,2	98,7	104
0,05	58,3	73,1	85,4	101	106	115	122	130
0,06	69,2	87	102	115	126	138	147	156
0,07	79,4	101	118	133	147	159	171	181
0,08	89,2	114	134	152	167	181	195	207
0,09	99,2	127	150	169	187	203	218	232
0,10	108	139	165	188	207	226	241	257
0,11	117	152	180	205	227	248	264	282
0,12	125	164	195	222	246	268	288	306
0,13	133	176	210	239	265	289	311	331
0,14	141	187	224	257	284	310	334	356
0,15	148	198	239	273	303	330	357	380
0,16	155	210	257	290	323	351	379	405
0,17	160	220	266	306	340	371	401	429
0,18	167	230	280	322	359	392	424	458
0,19	»	240	293	338	377	412	445	477
0,20	»	249	306	353	395	432	467	500
0,21	»	259	319	368	412	452	489	528
0,22	»	268	380	383	430	471	540	546
0,23	»	277	343	398	447	490	531	570
0,24	»	284	354	413	464	510	552	592
0,25	»	292	306	427	481	529	573	624
0,26	»	300	377	441	497	548	594	637
0,27	»	306	388	455	518	566	614	659
0,28	»	313	398	469	529	585	634	681
0,29	»	»	409	482	546	603	655	703
0,80	»	»	419	495	562	621	675	725
0,81	»	»	428	508	578	638	695	747
0,82	»	»	437	521	592	656	715	768
0,83	»	»	446	534	607	574	734	789
0,84	»	»	455	545	622	690	753	810
0,85	»	»	463	557	637	708	772	831

Dépense d'eau en 1" par une vanne trempée de 1 mètre de longueur avec des ouvertures et des charges sur le centre croissantes (contraction complète).

1 m.	1,10	1,20	1,30	1,40	1,50	2 m.	3 m.	4 m.
lit.	lit.	lit.	lit.	lit.	lit.	lit.	lit.	lit.
27,8	29,2	30,5	31,7	33,0	34,4	39,4	48,8	55,7
55,5	58,9	60,9	63,5	66,4	70,1	78,7	96,5	111
83,1	87,3	91,2	95	99	103	118	145	167
110	116	121	126	131	136	157	193	223
136	144	151	158	163	170	196	241	278
166	172	181	189	196	204	235	289	334
191	201	211	220	228	237	274	337	389
218	230	241	250	260	270	312	384	444
245	257	270	282	292	303	351	432	499
272	286	299	312	324	336	390	480	554
298	313	328	343	356	369	428	528	600
324	341	357	373	388	402	466	577	664
350	369	386	403	420	435	505	626	719
377	396	415	433	451	468	544	675	774
402	424	444	463	482	490	582	724	820
428	451	473	493	513	532	620	773	884
454	476	501	522	544	564	658	817	938
480	505	520	543	575	596	696	861	993
504	532	558	568	600	628	733	904	1048
530	559	586	588	637	660	769	950	1102
554	585	615	640	667	692	807	997	1156
579	611	640	670	697	724	844	1044	1211
604	636	668	699	727	756	881	1090	1265
629	662	696	728	757	787	918	1136	1319
653	682	723	756	787	818	955	1182	1373
677	714	750	785	817	849	992	1228	1427
701	740	777	813	847	880	1028	1274	1480
725	766	804	842	877	914	1065	1321	1534
749	791	831	870	907	942	1102	1367	1588
772	816	858	898	937	973	1139	1413	1642
796	841	885	926	966	1004	1170	1459	1696
818	866	911	954	995	1034	1212	1505	1750
841	891	937	982	1024	1064	1248	1551	1805
864	915	968	1010	1053	1094	1284	1597	1858
887	939	989	1037	1081	1124	1320	1643	1911

Mouvement de l'eau dans les conduites de divers diamètres, établissant les relations entre les volumes écoulés, en litres ou en pouces, la charge par mètre, et la vitesse.

(Extrait des *Notice et Table* destinées à faciliter les calculs des élém. d'une distrib. d'eau, par M. MARY, ing. en chef des p. et ch.

Diamètre.	Volume 0.99977 = 4 P 50		Volume 1.99953 = 9 P		Volume 3.1103 = 14 P		Volume 3.999 = 18 P		Volume 5.11 = 23 P	
	CHARGE.	VITESSE.	CHARGE.	VITESSE.	CHARGE.	VITESSE.	CHARGE.	VITESSE.	CHARGE.	VITESSE.
0.05	0.00 330 06	0.353 23	0.01 228 36	0.703 10	0.0 299 14	1.0 993	0.04 798 0	1.4 131	0.07 791	1.8 057
0.081	0.00 082 222	0.194 86	0.00 294 814	0.389 74	0.0 068 36	0.6 064	0.01 110 3	0.7 795	0.01 791 4	0.9 961
0.108	0.00 022 592	0.109 15	0.00 075 407	0.218 39	0.0 017 851	0.3 396	0.00 274 1	0.4 366	0.00 441 1	0.5 579
0.162	0.00 004	0.048 48	0.00 012 246	0.097 01	0.0 002 592	0.15	0.00 042 59	0.1 990	0.00 063 50	0.2 479
0.216	0.00 001 314	0.027 43	0.00 003 592	0.054 56	0.0 000 755	0.086	0.00 011 13	0.1 092	0.00 017 22	0.1 395
0.25	0.00 000 8	0.020 35	0.00 002 144	0.040 89	0.0 000 405	0.0 688	0.00 005 92	0.0 814	0.00 008 95	0.1 041
0.30	0.00 000 426	0.014 13	0.00 000 986	0.028 28	0.0 000 194	0.044	0.00 002 83	0.0 566	0.00 001 05	0.0 723
0.35	0.00 000 228	0.010 413	0.00 000 605	0.020 79	0.0 000 103	0.0 323	0.00 001 53	0.0 415	0.00 000 305	0.0 531
0.40	0.00 000 158	0.007 955	0.00 000 380	0.015 972	0.0 000 068	0.0 263	0.00 000 9	0.0 318	0.00 001 34	0.0 406
0.45	0.00 000 112	0.006 282	0.00 000 257	0.012 570	0.0 000 444	0.0 196	0.00 000 577	0.0 251	0.00 000 8	0.0 321
0.50	0.00 000 08	0.005 093	0.00 000 161	0.010 181	0.0 000 296	0.0 153	0.00 000 4	0.0 204	0.00 000 544	0.0 261
0.60	0.00 000 045	0.003 535	0.00 000 093	0.007 073	0.0 000 153	0.0 11	0.00 000 213	0.0 141	0.00 000 293	0.0 181

Diamètre.	Volume 5.999 = 27 P		Volume 7.109 = 32 P		Volume 7.998 = 36 P		Volume 9.109 = 40 P		Volume 9.998 = 45 P	
	CHARGE.	VITESSE.	CHARGE.	VITESSE.	CHARGE.	VITESSE.	CHARGE.	VITESSE.	CHARGE.	VITESSE.
0.05	0.10 68	2.11 98	0.14 905 5	2.50 88	0.18 868 5	2.82 62	»	»	»	»
0.081	0.02 446 1	1.16 8	0.03 422 4	1.38 57	0.04 313 5	1.55 91	0.05 576 6	1.77 56	0.06 702 7	1.94 89
0.108	0.00 595 1	0.65 49	0.00 826 6	0.77 61	0.01 039 1	0.87 31	0.01 338 2	0.99 44	0.01 603 7	1.09 15
0.162	0.00 085 23	0.29 11	0.00 117 16	0.34 49	0.00 146 02	0.38 81	0.00 186 81	0.44 20	0.00 225 43	0.48 52
0.216	0.00 022 63	0.15 37	0.00 030 51	0.19 40	0.00 037 70	0.21 82	0.00 047 98	0.24 86	0.00 056 85	0.27 29
0.25	0.00 011 76	0.12 22	0.00 015 76	0.14 48	0.00 019 4	0.16 29	0.00 025 28	0.18 96	0.00 028 8	0.20 38
0.30	0.00 005 33	0.08 49	0.00 007 05	0.10 06	0.00 008 53	0.11 32	0.00 010 67	0.12 89	0.00 012 66	0.14 15
0.35	0.00 002 77	0.05 23	0.00 003 63	0.07 39	0.00 004 39	0.08 31	0.00 005 49	0.09 47	0.00 006 35	0.10 39
0.40	0.00 001 62	0.04 77	0.00 002 05	0.05 65	0.00 002 54	0.06 36	0.00 003 04	0.07 25	0.00 003 57	0.07 96
0.45	0.00 010 66	0.03 77	0.00 001 333	0.04 47	0.00 001 511	0.05 03	0.00 001 888	0.05 72	0.00 002 199	0.06 29
0.50	0.00 000 68	0.03 06	0.00 000 88	0.03 62	0.00 001 072	0.04 07	0.00 001 232	0.01 62	0.00 001 403	0.05 09
0.60	0.00 000 353	0.02 118	0.00 000 433	0.02 513	0.00 000 493	0.02 821	0.00 000 583	0.03 176	0.00 000 687	0.03 465

Diamètre.	Volume 15,108 = 68 P		Volume 19,995 = 90 P		Volume 24,883 = 112 P		Volume 30,215 = 136 P		Volume 35,103 = 158 P	
0.081	0.1 521 753	2.9 450	»	»	»	»	»	»	»	»
0.108	0.0 351 311	1.6 493	0.0 628 52	2.1 823	0.09 689 11	2.7 165	»	»	»	»
0.162	0.0 049 331	0.7 330	0.0 085 08	0.9 701	0.01 304 49	1.2 072	0.00 191 081	1.4 660	0.02 557 77	1.7 032
0.215	0.0 012 262	0.4 123	0.0 020 961	0.5 457	0.00 326 48	0.6 873	0.00 459 83	0.8 287	0.00 622 65	0.9 581
0.25	0.0 005 128	0.3 078	0.0 010 368	0.4 073	0.00 157 28	0.5 069	0.00 228	0.5 155	0.00 304 8	0.7 15
0.30	0.0 002 624	0.2 138	0.0 004 377	0.2 830	0.00 065 65	0.3 522	0.00 094 91	0.4 276	0.00 124	0.4 954
0.35	0.0 001 292	0.1 570	0.0 002 134	0.2 098	0.00 031 78	0.2 587	0.00 045 44	0.3 141	0.00 062 3	0.3 449
0.40	0.0 000 71	0.1 202	0.0 001 158	0.1 591	0.00 017 1	0.1 98	0.00 024 3	0.2 405	0.00 031 5	0.2 77
0.45	0.0 000 426	0.0 950	0.0 000 682	0.1 257	0.00 010 052	0.1 565	0.00 014 133	0.1 9	0.00 018 551	0.2 207
0.50	0.0 000 271	0.0 759	0.0 000 429	0.1 018	0.00 005 24	0.1 268	0.00 003 736	0.1 54	0.00 001 141	0.1 788
0.60	0.0 000 127	0.0 534	0.0 000 195	0.0 707	0.00 002 827	0.0 88	0.00 003 886	0.1 059	0.00 005	0.1 241

Diamètre.	Volume 39,991 = 180 P		Volume 45,545 = 205 P		Volume 49,988 = 225 P		Volume 55,543 = 250 P		Volume 59,986 = 270 P	
0.162	0.0 331 923	1.94 03	0.0 422 457	2.20 96	0.0 515 16	2.425 4	0.0 636 111	2.634 7	0.0 740 617	2.910 2
0.216	0.0 080 274	1.09 15	0.0 103 637	1.24 3	0.0 124 856	1.364 6	0.0 153 089	1.515 9	0.0 178 077	1.637 2
0.25	0.0 053 282	0.81 46	0.0 049 856	0.92 78	0.0 060 592	1.018 3	0.0 074 418	1.131 5	0.0 085 582	1.222 0
0.30	0.0 015 181	0.56 60	0.0 020 807	0.64 48	0.0 024 849	0.707 4	0.0 030 501	0.786 1	0.0 035 187	0.846 1
0.35	0.0 007 591	0.41 57	0.0 009 882	0.47 34	0.0 011 77	0.519 6	0.0 014 393	0.577 3	0.0 016 7	0.623 5
0.40	0.0 004 08	0.31 83	0.0 005 207	0.36 21	0.0 005 204	0.397 8	0.0 007 567	0.442 0	0.0 008 77	0.477 4
0.45	0.0 002 354	0.25 21	0.0 002 965	0.28 637	0.0 003 534	0.314 31	0.0 004 307	0.349 235	0.0 004 983	0.377 172
0.50	0.0 001 443	0.20 357	0.0 001 835	0.23 297	0.0 002 134	0.253 118	0.0 002 539	0.278 303	0.0 003 012	0.305 501
0.60	0.0 000 627	0.14 14	0.0 000 788	0.16 108	0.0 000 932	0.176 786	0.0 001 12	0.196 441	0.0 001 282	0.212 16

Diamètre.	Volume 65,54 = 295 P		Volume 69,984 = 315 P		Volume 75,538 = 340 P		Volume 79,981 = 360 P		Volume 85,536 = 385 P	
0.216	0.021 215	1.78 9	0.024 165	1.91 1	0.025 083	2.05 2	0.031 462	2.18 4	0.035 212	2.33 5
0.25	0.010 501	1.33 51	0.011 719	1.42 55	0.013 618	1.53 86	0.015 237	1.62 929	0.017 392	1.74 244
0.30	0.004 204	0.92 754	0.004 78	0.99 042	0.005 552	1.05 902	0.005 212	1.13 190	0.007 079	1.21 05
0.35	0.001 983	0.68 12	0.002 25	0.72 74	0.002 608	0.78 513	0.002 913	0.83 135	0.003 314	0.88 81
0.40	0.001 038	0.52 155	0.001 177	0.55 691	0.001 362	0.60 111	0.001 519	0.63 647	0.001 738	0.68 067
0.45	0.000 589	0.41 209	0.000 667	0.44 605	0.000 772	0.47 5	0.000 86	0.50 296	0.000 979	0.53 791
0.50	0.000 357	0.33 379	0.000 402	0.35 643	0.000 466	0.38 473	0.000 518	0.40 737	0.000 59	0.43 567
0.60	0.000 152	0.23 18	0.000 17	0.24 752	0.000 196	0.26 717	0.000 219	0.28 289	0.000 246	0.30 254

Diamètre.	Volume 89.979 = 405 P		Volume 95.534 = 430 P		Volume 99.977 = 450 P		Volume 109.975 = 495 P		Volume 119.973 = 540 P	
	CHARGE.	VITESSE.	CHARGE.	VITESSE.	CHARGE.	VITESSE.	CHARGE.	VITESSE.	CHARGE.	VITESSE.
0.216	0.337 22	2.457	0.011 702	2.608	0.048 942	2.73	»	»	»	2.443 9
0.25	0.012 23	1.832 96	0.021 641	1.916 11	0.023 663	2.036 63	0.028 579 2	2.240 3	0.033 96	1.697 9
0.30	0.007 819	0.273 38	0.008 8	1.351 98	0.009 624	1.414 86	0.011 602 7	1.556 4	0.013 780 1	1.246 96
0.35	0.003 656	9.934 3	0.001 113	0.892 05	0.004 494	1.038 25	0.005 426 7	1.143 1	0.006 436 1	0.954 72
0.40	0.001 91	0.716 03	0.002 143	0.760 23	0.002 339	0.795 59	0.002 818	0.875 2	0.003 342	0.754 4
0.45	0.001 078	0.565 87	0.001 211	0.500 82	0.001 321	0.628 78	0.001 584 8	0.691 5	0.001 876	0.610 5
0.50	0.000 648	0.438 31	0.000 728	0.486 61	0.000 792	0.503 25	0.000 951 2	0.560 1	0.001 121 6	0.424 3
0.60	0.000 271	0.318 26	0.000 301	0.337 91	0.000 33	0.353 63	0.000 395 1	0.389	0.000 466	

Diamètre.	Volume 131.081 = 590 P		Volume 139.967 = 630 P		Volume 151.076 = 680 P		Volume 159.263 = 720 P		Volume 171.071 = 770 P	
	CHARGE.	VITESSE.	CHARGE.	VITESSE.	CHARGE.	VITESSE.	CHARGE.	VITESSE.	CHARGE.	VITESSE.
0.25	0.010 464	2.670 2	0.046 081 8	2.851 2	»	»	»	»	»	»
0.30	0.015 407 3	1.855 04	0.018 68	1.980 8	0.021 719 7	2.138	0.024 324	2.263 83	0.277 76	2.421 03
0.35	0.007 653	1.262 41	0.009 737 1	1.454 8	0.010 121 1	1.570 27	0.011 336 5	1.662 63	0.129 346	1.778 08
0.40	0.003 969 5	1.013 14	0.004 515	1.113 86	0.005 240 2	1.202 25	0.005 864 3	1.272 98	0.006 656 7	1.361 38
0.45	0.002 228 9	0.824 2	0.002 532 4	0.880 08	0.002 949 4	0.949 92	0.003 288 2	1.005 8	0.003 749 8	1.075 65
0.50	0.001 331 7	0.556 57	0.001 511 4	0.712 33	0.001 754	0.769 4	0.001 963 6	0.814 64	0.002 234 6	0.871 19
0.60	0.000 553 7	0.493 67	0.000 626	0.495 05	0.000 723 7	0.554 33	0.000 809	0.555 77	0.000 92	0.505 07

Diamètre.	Volume 182.179 = 820 P		Volume 191.033 = 860 P		Volume 199.953 = 900 P		Volume 235.500 = 1060 P		Volume 266.604 = 1200 P	
	CHARGE.	VITESSE.	CHARGE.	VITESSE.	CHARGE.	VITESSE.	CHARGE.	VITESSE.	CHARGE.	VITESSE.
0.30	0.031 451 8	2.578 23	0.034 574	2.705 99	0.037 842 6	2.829 75	»	»	»	»
0.35	0.014 657 6	1.893 55	0.016 091	1.985 92	0.017 598 4	2.078 29	0.024 336	2.447 73	0.031 11	2.770 99
0.40	0.007 573	1.449 73	0.008 31	1.520 5	0.009 091 3	1.591 22	0.012 555	1.874 07	0.016 050	2.121 66
0.45	0.004 242 3	1.145 97	0.004 550 3	1.201 37	0.005 084 7	1.257 24	0.007 111	1.490 76	0.008 953	1.676 34
0.50	0.002 527 9	0.927 82	0.002 772 6	0.973 09	0.003 028 5	1.018 34	0.004 172	1.199 38	0.005 326	1.357 79
0.60	0.001 037 2	0.644 33	0.001 130 3	0.675 73	0.001 242 4	0.707 13	0.001 707	0.833	0.002 173	0.943 04

Produit des pouces dits de fontainier, par secondes, etc.

Nombre des unités de temps.	Secondes.	Minutes.	Heures.	Jours.
	m. c.	m. c.	m. c.	m. c.
1	0.000 222 166	0.0133 299	0.7998	19.1953
2	0.000 444 333	0.0266 599	1.5996	38.3906
3	0.000 666 499	0.0399 899	2.3994	57.5859
4	0.000 888 666	0.0533 199	3.1992	76.7812
5	0.001 110 833	0.0666 499	3.9990	95.9765
6	0.001 332 999	0.0799 799	4.7988	115.1718
7	0.001 555 166	0.0933 099	5.5986	134.3671
8	0.001 777 333	0.1066 399	6.3984	153.5624
9	0.001 999 499	0.1199 699	7.1982	172.7577
10	0.002 221 666	0.1332 999	7.9980	191.9530

Déversoirs.

On appelle ainsi les orifices rectangulaires pratiqués dans la paroi verticale plane et mince d'un réservoir entièrement découvert par le haut et où, dès lors, la charge sur le sommet est nulle. H étant la différence de niveau comprise entre le seuil du déversoir et la partie supérieure de la nappe liquide, prise en amont du plan vertical où l'inflexion de cette lame commence à se faire sentir, l la largeur du déversoir, on est convenu de mesurer la dépense Q par la formule

$$Q = \mu \, l \, H \sqrt{2 \, g \, H}$$

μ est un *coefficient* assez incertain qui ne dépasse pas 0.450 tant que la largeur est inférieure à $0^m.74$, qui décroît jusqu'à 0.380 lorsque la largeur l s'abaisse à 0.20, coefficient que, dans les calculs approximatifs, on fait en moyenne $\mu = 0.405$; ce qui donnerait

$$Q = 1.794 \, l \, H \sqrt{H} \text{ soit } = 1.8 \, l \, H \sqrt{H}$$

C'est d'après cette formule que la table suivante a été calculée. On n'en doit considérer les résultats que comme des approximations.

8.

Dépenses d'eau par des lames en déversoir versant à l'air libre.

| H | LARGEURS. | | | | | | | | | |
	0,10	0,20	0,30	0,40	0,50	0,60	0,70	0,80	0,90	1 m.
m.	lit.	lit.	lit.	lit.	lit.	lit.	lit.	lit.	lit.	lit.
0,01	0,18	0,36	0,54	0,72	0,90	1,08	1,26	1,44	1,62	1,81
0,02	0,50	1,00	1,50	2,00	2,50	3,00	3,50	4,00	4,50	5,01
0,03	0,92	1,84	2,76	2,68	4,50	5,52	6,44	5,36	6,28	9,21
0,04	1,41	2,82	3,23	3,64	7,05	6,46	9,87	7,28	8,69	14,44
0,05	1,98	3,96	5,94	4,96	9,90	11,88	13,86	9,92	11,90	19,81
0,06	2,60	5,20	7,80	10,40	13,00	15,60	19,20	20,80	22,40	26,00
0,07	3,28	6,56	9,84	13,12	16,40	19,68	22,96	26,24	29,52	32,80
0,08	4,00	8,00	10,00	16,00	20,06	20,00	28,00	32,00	36,00	40,0
0,09	4,79	9,58	14,37	19,16	23,95	28,74	33,53	38,32	43,11	47,3
0,10	5,60	11,20	16,80	22,40	28,00	33,60	39,20	44,80	49,40	56,0
0,11	6,47	12,94	19,41	24,88	32,35	38,82	45,29	49,76	58,23	64,7
0,12	7,39	14,78	22,17	29,56	36,95	44,34	51,73	59,12	66,51	73,9
0,13	8,32	16,64	24,96	33,28	41,60	49,92	58,24	66,56	74,88	83,2
0,14	9,22	18,44	27,66	36,88	46,10	55,32	64,54	73,76	82,98	92,2
0,15	10,32	20,64	30,96	41,28	51,60	61,92	72,24	82,36	92,88	103,2
0,16	11,39	22,78	34,17	45,56	56,95	68,34	79,73	91,12	102,51	113,1
0,17	12,44	24,88	37,32	49,76	62,20	74,64	87,28	99,52	111,96	124,4

H	LARGEURS.									
	0,10	0,20	0,30	0,40	0,50	0,60	0,70	0,80	0,90	1 m.
m.	lit.	lit.	lit.	lit.	lit.	lit.	lit.	lit.	lit.	lit.
0,18	13,54	27,08	40,62	54,16	67,70	81,24	94,78	108,32	120,86	135,4
0,19	14,97	28,94	44,91	57,88	74,85	89,82	104,79	115,76	134,73	139,7
0,20	16,12	32,24	48,36	64,48	80,60	97,72	112,84	128,96	145,08	161,4
0,21	17,26	34,52	51,78	69,04	86,30	103,56	120,82	138,08	155,34	172,6
0,22	18,53	37,06	55,59	75,12	92,65	111,18	129,71	150,24	166,77	185,3
0,23	19,80	39,60	59,40	79,20	99,00	118,80	138,60	158,40	178,20	198,0
0,24	21,05	42,10	63,15	84,20	105,25	126,30	147,35	168,40	189,45	210,5
0,25	22,47	44,94	66,41	89,88	112,35	132,82	157,29	178,76	202,23	224,7
0,26	23,74	47,48	69,22	94,96	118,70	138,44	166,18	189,92	213,66	237,4
0,27	25,19	50,38	75,57	100,76	125,95	151,14	176,33	201,52	226,71	251,9
0,28	26,65	53,30	78,95	106,60	133,25	157,90	186,55	213,20	239,85	266,5
0,29	28,06	56,72	85,08	113,44	141,80	170,16	198,52	226,88	255,24	280,6
0,30	29,52	59,04	88,56	118,08	147,60	177,12	206,64	236,16	265,68	295,2
0,31	31,02	62,04	93,06	124,08	151,40	186,12	217,14	248,16	279,18	310,2
0,32	32,53	65,06	97,59	130,12	162,65	195,18	227,71	260,24	292,77	325,3
0,33	34,07	68,14	102,21	136,28	170,35	204,42	238,49	272,56	306,63	340,70
0,34	35,36	71,32	105,98	142,64	178,30	210,96	249,62	285,28	320,94	356,60

| | LARGEURS. | | | | | | | | | |
H	0,10	0,20	0,30	0,40	0,50	0,60	0,70	0,80	0,90	1 m.
m.	lit.	lit.	lit.	lit.	lit.	lit.	lit.	lit.	lit.	lit.
0,35	37,27	74,54	111,81	149,08	186,35	223,62	260,89	298,16	335,43	372,70
0,36	38,78	77 46	114,34	154,92	193,90	228,68	271,40	309,84	349,02	387,80
0,37	40,45	80,90	121,35	161,80	202,25	242,70	283,15	322,60	364,05	404,50
0,38	42,12	84,24	126,36	168,48	210,60	252,72	294,84	336,96	379,01	421,2
0,39	43,74	87,48	131,22	174,96	217,70	262,44	306,18	349,92	393,66	437,4
0,40	45 52	91,04	136,56	182,08	227,60	273,12	318,64	364,16	409,68	455,2
0,41	47,14	94,28	141,42	188,56	235,70	282,84	329,98	377,12	424,26	471,4
0,42	48,62	97,24	145,86	194,48	243,10	291,72	340,34	388,96	437,58	486,2
0,43	50,72	101,44	152,16	202,88	253,60	304,32	355,04	405,70	456,48	507,2
0,44	52,41	104,82	157,23	208,64	262,05	314,46	366,87	417,28	471,69	524,1
0,45	54,27	108,54	162,81	217,08	271,35	325,62	379,89	434,16	488,43	542,7
0,46	56,09	113,18	168,27	224,36	280,45	336,54	392,63	448,72	504,81	560,9
0,47	57,91	115,82	173,73	231,64	289,55	347,46	405,37	463,28	520,49	579,1
0,48	59,70	119,40	179,10	238,80	298,50	358,20	417,90	477,60	537,30	597,0
0,49	61,56	123,12	184,68	246,24	307,80	369,36	431,92	492,48	554,04	615,6
0,50	63,39	126,78	190,17	253,56	316,95	380,34	443,73	507,12	570,51	633,9
0,51	65,60	131,20	196,80	262,40	328,00	393,60	459,20	524,80	590,40	656,0
0,51	67,22	134,44	201,66	268,88	336,10	403,32	470,54	536,76	604,08	672,2

LARGEURS.

h	0,10	0,20	0,30	0,40	0,50	0,60	0,70	0,80	0,90	1 m.
m.	lit.	lit.	lit.	lit.	lit.	lit.	lit.	lit.	lit.	lit.
0,53	69,25	138,50	207,75	277,00	346,25	415,50	484,75	554,00	623,25	692,5
0,54	71,28	142,56	213,84	284,12	355,40	426,68	498,96	568,24	641,52	712,8
0,55	73,25	146,50	219,75	293,00	366,25	439,50	512,75	586,00	659,25	732,5
0,56	75,32	150,64	225,96	301,28	376,60	451,92	537,24	602,56	677,88	753,2
0,57	77,34	154,68	232,02	309,36	386,70	464,04	541,38	618,72	696,06	773,4
0,58	79,25	158,50	237,75	317,00	396,15	475,50	554,75	634,00	713,25	792,5
0,59	81,25	162,50	243,75	325,00	406,15	487,50	568,75	650,00	731,25	812,5
0,60	83,25	166,50	249,75	333,00	416,15	499,50	582,75	666,00	749,25	832,5
0,61	85,06	170,12	255,18	340,24	425,30	510,36	595,42	680,48	767,54	850,6
0,62	87,64	175,28	262,92	350,56	438,20	525,84	613,48	701,12	788,76	876,4
0,63	89,83	179,76	269,49	359,52	449,15	538,98	628,81	719,04	808,47	898,3
0,64	91,85	183,70	274,55	367,40	459,15	549,10	642,95	734,80	826,65	918,5
0,65	93,95	187,92	281,88	375,84	469,80	563,76	657,72	751,68	845,64	939,6
0,66	96,23	192,46	288,69	384,92	481,15	576,38	673,61	769,84	866,07	962,3
0,67	98,49	196,98	295,47	393,96	492,45	590,94	689,43	787,82	886,41	985,9
0,68	100,52	201,04	301,56	402,08	502,60	603,12	703,64	804,16	904,68	1005,2
0,69	102,81	205,62	308,43	411,24	514,05	616,86	719,67	822,48	925,29	1028,1
0,70	105,17	210,34	315,51	420,68	535,75	631,02	736,19	841,36	946,53	1051,7

Documents relatifs aux constructions.

Réduction des pentes en millimètres, par mètre, en degrés.

(Extrait de l'*Agenda des Architectes*.)

Pente par mètre.	Inclinaison correspondante en degrés.			Pente par mètre.	Inclinaison correspondante en degrés.		
millim.	degrés.			millim.	degrés.		
5	0	17'	10"	80	4	34'	30"
10	0	35	00	85	4	51	30
15	0	51	30	90	5	8	30
20	1	8	40	95	5	25	30
25	1	26	00	100 (1 décimèt.)	5	42	30
30	1	43	10	105	5	59	30
35	2	00	20	110	6	16	30
40	2	17	30	115	6	33	40
45	2	34	40	120	6	50	30
50	2	51	40	125	7	7	30
55	3	8	50	130	7	24	20
60	3	26	00	135	7	41	20
65	3	43	10	140	7	58	10
70	4	0	20	145	8	15	5
75	4	17	20	150	8	31	50

Réduction des pentes en degrés, en mètre.

Inclinaison en degrés.	Pente correspondante par mètre.	Inclinaison en degrés.	Pente correspondante par mètre.
	millim.		millim.
0°15'	0.00436	12° »	0.21256
0 30	0.00873	14 »	0.24933
0 45	0.01309	16 »	0.28675
1 00	0.01746	18 »	0.32492
2 30	0.04366	20 »	0.36397
3 00	0.05241	22 »	0.40403
3 30	0.06116	24 »	0.44523
4 00	0.06993	26 »	0.48773
4 30	0.07870	28 »	0.53171
5 00	0.08749	30 »	0.57735
6 »	0.10510	32 »	0.62487
7 »	0.12278	34 »	0.67451
8 »	0 14054	36 »	0.72654
9 »	0.15838	38 »	0.78129
10 »	0.17633	40 »	0.83910

Rectifications à opérer sur les hauteurs apparentes lues à la mire dans les opérations de nivellement.

(Extrait d'un Mémoire de M. Bourdaloue.)

Chaînage ou distance du niveau à la mire.	Quantité à retrancher de la hauteur lue à la mire.	Chaînage ou distance du niveau à la mire.	Quantité à retrancher de la hauteur lue à la mire.
mètres.	millimètres.	mètres.	millimètres.
100	1	600	24
200	3	700	32
300	6	800	42
400	11	900	53
500	16	1000	66

Les quantités dues aux chaînages intermédiaires sont à peu près proportionnelles aux longueurs. La portée du niveau ne doit guère s'élever au delà de 700 mètres. Les valeurs rectificatives sont données en nombre rond.

Ordres d'architecture

Par M. Carl. Bitronvr.

Les ordres d'architecture sont au nombre de cinq.

Chaque ordre, à l'exception du dorique grec, comprend trois parties principales : le piédestal, la colonne et l'entablement. Le piédestal n'est nullement indispensable pour constituer un ordre : le dorique grec n'en a pas ; mais il n'y a pas d'ordre sans colonne ni entablement.

La mesure ordinairement employée pour établir les proportions d'un ordre est le *module* ou demi-diamètre inférieur de la colonne : on le subdivisait en 24 parties pour les ordres toscan et dorique et en 30 parties pour les autres ordres ; maintenant on emploie de préférence des subdivisions centésimales ; ce sont celles adoptées dans le tableau.

Les proportions maxima et minima du tableau ci-joint, tirées des exemples antiques les plus généralement appréciés, n'ont rien de rigoureusement absolu ; ce sont toutefois des *proportions limites*, desquelles il convient de ne pas s'écarter sensiblement.

Les proportions des entre-colonnements soit avec colonnes isolées, soit avec arcades, sont les plus indéterminées : néanmoins dans le cas des colonnes isolées, les limites dans lesquelles il faut se restreindre pour pouvoir construire solidement des plate-bandes droites, ne permettent guère de beaucoup s'écarter des proportions du tableau. Dans le cas des colonnes avec arcades, les proportions de ces dernières ne peuvent varier qu'entre un et demi et deux fois leur largeur pour hauteur ; les piédroits doivent avoir de 0.75 à 0.95 du module ; l'archivolte a la même largeur et il faut autant que possible éviter que l'extrados de l'archivolte touche immédiatement le dessous de l'architrave.

Tableau comparatif des proportions des parties principales des ordres d'architecture.

DÉSIGNATION DES PARTIES.	TOSCAN.		DORIQUE GREC.		DORIQUE ROMAIN		IONIQUE.		CORINTHIEN.		COMPOSITE.	
	maxima	minima	maxima	minima	maxima	minima	maxima	minima	maxima	minima	maxima	minima
ENTABLEMENT — Corniche { Hauteur.	1.37	1.00	0.87	0.94	1.27	1.22	1.26	2.20	1.92	1.55	1.70	2.28
Saillie [1].	2.14	1.75	1.89	1.77	2.53	2.83	2.26	3.00	2.73	2.70	2.70	2.71
Frise { Hauteur.	1.30	1.00	1.63	1.08	1.50	1.53	1.62	1.22	1.47	1.33	1.47	0.83
Saillie.	0.80	0.75	0.91	0.83	0.87	0.93	1.00	0.97	0.80	1.08	0.90	0.88
Architrave { Hauteur.	1.08	1.00	1.48	1.38	1.00	1.03	1.71	1.43	1.48	1.41	1.47	1.50
Saillie.	0.87	0.83	0.95	0.67	0.90	0.84	1.08	1.03	1.17	1.29	1.07	1.21
COLONNE — Chapiteau { Hauteur.	1.16	1.16	0.94	1.00	1.17	1.18	1.43	1.05	1.67	2.50	2.37	2.12
Saillie.	1.05	1.00	1.08	1.20	1.33	1.29	1.86	1.42	1.91	1.75	1.77	1.86
Fût { Hauteur.	12.74	9.84	10.06	7.16	13.79	14.42	16.70	15.95	17.11	15.03	17.47	16.06
Diamètre en haut [2].	0.75	0.75	0.79	0.66	0.87	0.79	0.83	0.84	0.88	0.90	0.77	0.87
Nombre des cannelures [3].	»	»	20	24	20	»	24	»	24	24	24	24
Base { Hauteur.	1.10	1.00	»	»	1.04	»	0.87	1.00	1.19	1.47	1.15	1.15
Saillie.	1.30	1.40	»	»	1.33	»	1.50	1.35	1.40	1.29	1.15	1.40
PIÉDESTAL — Corniche { Hauteur.	0.75	»	»	»	0.66	»	»	0.65	»	0.51	»	1.00
Saillie.	1.47	»	»	»	1.87	»	»	1.80	»	1.85	»	2.26
Dé { Hauteur.	2.00	»	»	»	1.66	»	0.73	1.42	»	3.10	»	1.68
Saillie.	1.30	»	»	»	1.33	»	1.63	1.37	»	1.29	»	1.40
Base { Hauteur.	1.00	»	»	»	1.32	»	»	0.73	»	0.67	»	2.03
Saillie.	1.40	»	»	»	1.87	»	»	1.80	»	1.66	»	2.32
Hauteur totale { De l'entablement.	3.75	3.00	4.00	3.40	3.77	3.78	4.39	4.85	4.87	4.29	4.64	4.63
De la colonne.	15.00	12.00	11.00	8.25	16.00	15.60	19.00	18.00	19.97	19.00	19.84	18.18
Du piédestal.	3.75	»	»	»	6.64	»	0.75	2.80	»	4.28	»	7.71
De l'ordre entier sans piédestal.	18.75	15.00	15.00	11.65	19.77	19.38	23.39	22.85	24.84	23.29	24.48	22.81
De l'ordre entier avec piédestal.	22.50	»	»	»	26.41	»	24.34	23.65	»	27.57	»	30.52
Entre-colonnement mesuré d'axe en axe.	8.09	6.67	4.66	4.33	7.50	10.09	8.00	10.09	5.00	9.00	14.50	12.73

[1] Toutes les saillies sont comptées à partir de l'axe de la colonne.

[2] La diminution du fût des colonnes ne commence qu'à un tiers de leur hauteur: pour le Dorique grec seul elle commence depuis le bas.

[3] L'ordre Toscan est sans cannelures; elles sont facultatives pour le Dorique romain et l'Ionique. Les cannelures du Dorique grec sont à arêtes vives: leur largeur égale leur rayon. Dans les autres ordres elles sont le plus souvent creusées en demi-cercle et séparées par un listel qui a rarement plus du tiers de leur largeur.

Dimensions modulaires des différentes parties de l'ordre toscan, suivant Vignole[1].

Cotes en modules divisés en vingt-quatre parties · Cotes en modules et subdivisions centésimales du module. (valeurs en mod. / part.)

Partie	Membre	Moulure	Saillie (24e) mod	part	Hauteur 1 mod	part	Hauteur 2 mod	part	Hauteur 3 mod	part	Saillie (cent.) mod	part	Hauteur 1 mod	part	Hauteur 2 mod	part	Hauteur 3 mod	part
ENTABLEMENT	Corniche	Quart de rond.	2	7	»	8					2	292	0	333				
		Baguette.	2	»	»	2					2	000	0	083				
		Filet.	1	23	»	1					1	959	0	042				
		Larmier.	1	21	»	12	1	8			1	875	0	500	1	333		
		Filet.	1	15	»	1					1	625	0	042				
		Talon.	1 »	3 20	»	8			3	12	1 0	125 833	0	333			3	500
	Frise	Frise.	»	19	1	4	1	4			0	792	1	167	1	167		
	Architrave	Listel.	»	23	»	4					0	959	0	167				
		Face de l'architrave.	»	19	»	20	1	»			0	792	0	833	1	000		
COLONNE	Chapiteau	Listel.	1	5	»	2					1	209	0	083				
		Face du tailloir.	1	3	»	6					1	125	0	250				
		Echine ou quart de rond.	1	2	»	6	1	»			1	083	0	250	1	000		
		Filet ou anneau.	»	21	»	2					0	875	0	083				
		Gorgerin.	»	19	»	8					0	792	0	334				
	Fût	Astragale. { Baguette..	»	22	»	2					0	917	0	083				
		Astragale. { Ceinture..	»	21	»	1					0	875	0	042				
		Fût ou vif { Partie sup.	»	19	11	21	12	»	14	»	0	792	11	875	12	000	14	000
		de la colonne. { Partie inf.	1	»							1	000						
	Base	Listel ou ceinture.	1	3	»	2					1	123	0	083				
		Tore.	1	9	»	10	1	»			1	375	0	417	1	000		
		Plinthe.	1	9	»	12					1	375	0	500				
PIÉDESTAL	Corniche	Réglet ou listel.	1	17	»	4					1	709	0	167				
		Talon.	1 1	16 10	»	8	»	12	4	16	1 1	667 417	0	333	0	500	4	667
	Dé	Dé.	1	9	3	16	3	16			1	375	3	667	3	667		
	Base	Réglet ou listel.	1	13	»	2					1	542	0	083				
		Socle.	1	17	»	10	»	12			1	709	0	417	0	500		
		Hauteur totale de l'ordre.							22	4	Ou.						22	167

1 L'ordre Toscan, suivant Vignole, est une moyenne entre les deux ordres du premier tableau.

Dimensions usuelles des murs de bâtiments.

1° MAISONS ORDINAIRES N'EXCÉDANT PAS TROIS ÉTAGES.

DÉSIGNATION. des parties des murs.	ÉPAISSEUR DES MURS		HAUTEUR d'étage.
	de face.	de refend	
	m. m.	m. m.	m. m.
Aux fondations............................	0 75 à 1 00	0 70 à 0 85	»
Au niveau du sol } des caves...............	0 55 à 0 80	0 50 à 0 65	»
} du rez-de-chaussée.	0 50 à 0 65	0 35 à 0 40	»
} du 1er étage.	0 45 à 0 55	» » » »	3 25 à 5 00
An-dessus du plancher } du 2e étage.	0 40 à 0 50	0 30 à 0 35	3 00 à 4 25
} du 3e étage.	0 32 à 0 40	0 25 à 0 30	2 80 à 3 50

2° GRANDS BATIMENTS EXCEPTIONNELS.

	Épaisseurs au rez-de-chaussée des murs		
	de face.	mitoyens.	de refend.
	m. m.	m. m.	m. m.
Bâtiments plus considérables que les simples maisons d'habitation......	0 65 à 1 00	0 55 à 0 65	0 40 à 0 55
Palais ou édifices avec voûtes au rez-de-chaussée......................	1 20 à 2 50	1 00 à 1 50	0 70 à 1 20

Formules générales de Rondelet :

$$\text{Murs de face de batiments}\ \begin{cases} \text{doubles}\ E = \dfrac{L + H}{48} + (0^m\,027\ \text{à}\ 0^m\,054). \\[2mm] \text{simples}\ E = \dfrac{2\,L + H}{48} + (0^m\,027\ \text{à}\ 0^m\,054). \end{cases}$$

$$\text{Murs de refend}\ E = \frac{L + h}{36} + n\,(0^m\,013\ \text{à}\ 0^m\,027).$$

Dans ces formules : E = épaisseur du mur ; h = hauteur de l'étage ; H = hauteur totale depuis le niveau du sol ; n = nombre des étages ; L = longueur totale ;

On donne à un mur de pignon l'épaisseur du mur de face correspondant.

Pour la hauteur des bâtiments dans Paris, voyez le règlement du 1er novembre 1844, lequel, entre autres dispositions, limite ainsi qu'il suit la hauteur maxima des façades sur la voie publique, y compris les corniches et attiques.

11^m70 pour voies larges de moins de 7^m47.

14^m62 pour voies larges de 7^m.47 à 9^m42.

17^m55 pour voies larges de plus de 9^m42.

Couverture des bâtiments.

On couvre communément en tuiles, ardoises et zinc. Le plomb et le cuivre ne s'emploient que pour les monuments publics. Suivant la couverture, les combles de support sont très-différents de force et d'inclinaison.

DÉSIGNATION DE LA COUVERTURE.	POIDS par mètre carré en kilog.	INCLINAISON en degrés.
Tuiles.	75 à 80 k.	35 à 45°
Ardoises moyennes.	25	35 30
Le plomb par millimètre d'épaisseur.	11	
Le cuivre — —	9	15 20
Le zinc — —	7	

Les couvertures métalliques ont de 1 à 5 millimètres d'épaisseur.

Dimensions des briques creuses.

Les briques creuses ou tubulaires (dites de Borie) ont des formes commerciales très-variées ; leur résistance égale à peu près celle des briques pleines égales de Bourgogne ; elles sont beaucoup plus légères.

Voici la nomenclature des principales :

N°	DÉSIGNATION DES BRIQUES.	DIMENSIONS.			POIDS. d'une brique.	NOMBRE de briques par mètre carré posées	
		Longueur.	Largeur.	Hauteur.		sur champ.	à plat.
		cent.	cent.	cent	kil.		
1	Brique quadrangulaire à 3 vides dans la longueur. . . .	22	18	4	1.30	27	78
2	Id. à 6 vides id.	22	11	5.5	1.31	32	66
3	Id. à 6 vides id.	22	11	6.5	1.315	32	68
4	Id. quadrangulaire à section carrée, 9 vides en longueur.	22	11	11	2.48	32	32
5	Id. quadrangulaire à section carrée, 8 vides dans la hauteur.	22	11	11	2.80	32	32
6	Id. quadrangulaire à 8 vides dans la longueur. . . .	22	11	8	2.43	28	45

Équarrissagedes bois employés dans les combles.

(EXTRAIT DE L'*Aide-Mémoire des Ingénieurs, de M. Tom Richard* [*]).

DIMENSIONS DES FERMES.			ÉQUARRISSAGES.								
Largeur.	Hauteur.	Écartement	Tirants.	Jambes de force.	Entraits. 1er.	Entraits. 2e	Arbalétriers.	Liens.	Poinçons.	Pannes.	Chevrons.
m	m	m	m	m	m	m	m	m	m	m	m
6.50	3.25	3.25	0.243	»	0.190	»	0.190	0.135	0.190	0.135	0.110
			0.270	»	0.190	»	0.215	0.160			
8.	5.	3.60	0.270	»	0.190	»	0.190	0.160	0.215	0.135	
			0.300	»	0.215	»	0.215	0.190			
10.	6.50	4.	0.300	»	0.215	»	0.215	0.160	0.215	0.160	
			0.350	»	0.245	»	0.245	0.190			
12.	8.	5.	0.325	0.245	0.245	0.215	0.245	0.190	0.245	0.190	
			0.380	0.325	0.270	0.245	0.270	0.215			
14.	9.	7.50	0.350	0.325	0.245	0.215	0.270	0.190	0.270	0.215	
			0.400	0.380	0.270	0.245	0.300	0.215			

[*] On trouvera à l'atlas de cet Aide-Mémoire un grand nombre de modèles de fermes en bois, en fers, en fonte et en maçonnerie.

DIMENSIONS DES BOIS MÉPLATS DU COMMERCE.

	Épaisseur		sur	Largeur	
Feuillets.	6 lignes (13 m/m) d'épaisseur sur			7 à 8 pouces (189 à 216 m/m) de largeur.	
Panneaux.	9 — (20	)	—	8 à 9 — (216 à 244	) —
Entrevaux ou planches ordinaires.	12 — (27	)	—	9 — (244	) —
Echantillons.	15 — (34	)	—	9 — (244	) —
Planches marchandes.	18 — (41	)	—	9 — (244	) —
D°.	21 — (47	)	—	9 — (244	) —
Bordages de navires.	24 — (54	)	—	12 — (325	) —
Doublettes.	24 — (54	)	—	12 à 15 — (325 à 405	) —
Plabords.	30 — (68	)	—	12 à 24 — (325 à 650	) —
Membrures.	36 — (81	)	—	5 à 6 — (135 à 162	) —
D°.	36 — (81	)	—	9 — (244	) —
Madriers.	36 — (81	)	—	8 à 9 — (216 à 244	) —

Bois employés dans l'industrie.

Charpente : chêne, cyprès, peuplier, platane, acacia, saule, mérisier, sapin.

Ébénisterie : chêne, poirier, mérisier, prunier, olivier, érable, acajou, bois des îles.

Mécanique : pour bâtis, chaises, consoles : chêne, olivier, poirier, pommier, cormier, châtaigner. — *Pour engrenages, coussinets et outils* : gayac, cormier, frêne, charme, noyer, buis, houx, poirier, pommier. — *Pour pompes et tuyaux* : aulne, châtaigner, hêtre, orme.

Carrosserie en général et charronnage : orme, frêne, chêne, hêtre. — *Pour panneaux* : noyer ou teack. — *Wagons de chemins de fer* : châssis en chêne, caisse et plancher de wagons à marchandises en sapin, caisse et montant de voitures à voyageurs en frêne, panneaux en noyer, ou teack ou bien en tôle noire mince.

Modelage pour fonderie; gros modèles : peuplier ou sapin. — *Petits modèles* : noyer et houx. — Les modèles de pièces délicates et souvent répétées se font en bronze.

Équarrissage des bois.

Nota. Pour toutes les fermes de moins de quatorze mètres on peut donner pour le côté de l'équarrissage, savoir :

Aux *entraits* et aux *tirants* qui portent des planchers, le *quatorzième* de leur portée, c'est-à-dire, le quatorzième de la distance qui sépare deux soutiens voisins;

A ceux qui ne portent pas de planchers, le *dix-huitième* de la distance ci-dessus ;

Aux *arbalétriers* le *dix-huitième* de leur longueur ;

Aux *poinçons*, l'équarrissage des arbalétriers;

Aux *entraits, contre-fiches, aisseliers, liens*, quelques centimètres de moins ;

Au *faîte* et aux *pannes*, du *dix-huitième* au *seizième* de l'écartement des fermes, suivant que la couverture est légère ou lourde.

L'espacement des *pannes* doit être de 2^m.50 environ.

Les *chevrons* ont toujours 0^m.11 d'épaisseur et 0^m.08 de largeur.

Les *coyaux* ont 0^{m}08 $\times$ 0^m.05.

Les *sablières* ont 0^m.11 d'épaisseur et 0^m.27 de largeur.

On ne donne souvent aux *tirants* et aux *arbalétriers* qu'une largeur réduite au *cinq-septièmes* de leur épaisseur.

DIMENSIONS COURANTES.

DES MATIÈRES PREMIÈRES SERVANT A LA CONSTRUCTION.

Observations. — Les métaux sortent des forges et fonderies, les bois se découpent, les pierres se tirent du sol, suivant des dimensions consacrées auxquelles ne font pas toujours attention ceux qui dressent des projets de construction. Il en résulte qu'au lieu d'employer, presque sans main-d'œuvre, des matériaux qui existent couramment dans le commerce, il faut les remanier ou commander exprès des matières hors classes qui se font attendre et coûtent fort cher.

Ce judicieux emploi des matériaux de dimensions courantes est un des grands secrets de ces constructeurs qui savent produire vite et à bon marché. Nous avons donc cherché à recueillir dans les tableaux ci-après, les dimensions commerciales de ces matériaux qu'on trouve presque toujours disponibles au premier entrepôt venu.

En général, les matériaux croissent en nombre rond par millimètre ou demi-millimètre pour les très-petits échantillons; et pour les gros, de 5 en 5 ou de 10 en 10 millimètres ou centimètres.

Dimensions des fers marchands en barres.

(État recueilli aux forges de la Providence.)

La longueur est variable; elle est 4^m en moyenne pour les gros fers et 6^m pour les petits, avec une tolérance de 0^{m}50 environ en plus ou en moins. Les longueurs fixes demandées donnent à lieu un supplément de prix. Pour les poids, voir page 99.

Fers ronds : croissent par millimètre de 6 à 28^m/$_m$ et de 2 en 2 millimètres (nombres pairs) de 28 à 130 millimètres, à peu d'exceptions près.

Fers carrés : croissent, presque sans interruption, par millimètre de 6 à 86^m/$_m$.

Fers plats.

16,18,20,22,24,26,28,30,32,34 et 36^m/$_m$ sur 1 à 3^m/$_m$ d'épaisseur.
18,20,22,24,26,28,30 et 32^m/$_m$ sur 4 à 14^m/$_m$ d'épaisseur.
34,40,42,46 et 48^m/$_m$ sur 1 1/2 à 30^m/$_m$ d'épaisseur.
48,50,52,54,58,60,62,64,66,68,70,72^m/$_m$ sur 2 à 40^m/$_m$ d'épais.

75	80	85	90	95	100	110	115
2 à 40,	2 à 45,	2 à 50,	2 à 45,	2 à 50,	2 à 50,	2 à 40,	2 à 40,

135	140	150	160	165	180	210
3 à 45,	3 à 40,	3 à 45,	3 à 45,	3 à 45,	3 à 45,	8 à 45,

250	300	355	400 et 450 millimètres.
7 à 40,	8 à 40,	8 à 40,	8 à 40, 8 à 40 millimètres d'épaisseur.

Dimensions courantes et poids des tôles minces.

(État recueilli à l'Entrepôt Marchand de Paris.)

TÔLES DOUCES FINES.

m.	m.	k.					
De 0.33	sur 1.30,	de 1.10	à 1.20,	et 1.65	à 1.75	}	la feuille
0.35	id.	de 1.20	1.25,	et 1.70	1.80		
0.38	id.	de 1.25	1.30,	et 1.75	1.90		selon
0.48	id.	de 1.40	1.50,	et 1.90	2.00		
0.43	id.	de 1.55	1.60,	et 2	2.10		
0.46	id.	de 1.60	1.65,	et 2.10	2.20	}	l'épaisseur.
0.49	id.	de 1.70	1.75,	et 2.20	2.30		

TÔLES PUDLÉES ANGLAISES ÉTROITES.

m.	m.		
De 0.24	sur 1.30,	de 75 à 80 décag.	id.
0.27	id.	de 80 85 id.	
0.30	id.	de 90 95 id.	

TÔLES ANGLAISES A TUYAUX.

m.	m.	k.			
De 0.33	sur 1.30,	de 1.00 à 1.10,	1.25 à 1.30,	1.65 à 1.75	id.
0.35	id.	de 1.15 1.20,	1.50 à 1.60,	1.75 2	
0.38	id.	de 1.20 1.25,	1.50 à 1.60,	1.75 2	
0.40	id.	de 1.40 1.50,	1.70 à 1.80		
0.43	id.	de 1.55 1.60,	1.90 à 2.00		
0.46	id.	de 1.60 1.65,	2.10 à 2.20		
0.49	id.	de 1.70 1.75,	2.20 à 2.30		

TÔLES ANGLAISES MARCHANDES.

m.	m.	k.	k.	
De 0.50	sur 1.60 à 1.55,	de 3	à 6	. . . . id.
0.55	id.	de 3 50	6	
0.60	id.	de 4	7 50	
0.65	id.	de 3	4 50	
0.68	id.	de 5	30	
0.81	id.	de 5	12	
0.81	sur 2.00,	de 13	50	
0.75	id.	de 12	15	
0.90	id.	de 14	17	
1.00	id.	de 15	100	

TÔLES DES ARDENNES MARCHANDES.

m.	m.	k.	
De 0.50	sur 1.60 à 1.62,	de 2.50 à 3.50	id.
0.55	id.	de 3.50 6	
0.60	id.	de 3.50 6	
0.65	id.	de 3.50 5	
0.68	sur 1.62 à 1,65,	de 5.50 80	
0.81	id.	de 5 80	

TÔLES DE BERRY MARCHANDES.

m.	m.	k.	
De 0.65	sur 1.62 à 1.65,	de 3.50 à 5	id.
0.68	id.	de 5.50 50	
1.00	sur 2.00,	de 15 80	

Dimensions et poids des plombs ouvrés.

(État recueilli aux laminoirs de Saint-Denis.)

1° *Plomb en feuilles.*

Les feuilles ont 2ᵐ.80 et 3ᵐ.88 de large sur une longueur variable de 8 à 10 mètres.

ÉPAISSEUR EN MILLIMÈTRES.	1 mil.	1 mil. 1/2	2	2 1/2	3	4	5	7
POIDS DU MÈTRE CARRÉ.	11.25	17.00	22.70	28.40	34.00	45.40	56.80	79.50

2° *Tuyaux.*

Les longueurs atteignent jusqu'à celles qui correspondent, suivant les épaisseurs, au poids total de 120 kilog.

DIAMÈTRES INTÉRIEURS en milimètres.	EXTRA MINCES pour gaz	POIDS D'UN MÈTRE COURANT POUR L'ÉPAISSEUR :								
		2 mil	2 1/2	3	3 1/2	4	4 1/2	5	6	7
millim.	millim.	k	k	k	k	k	k	k	k	k
10	0.65	0.85	»	»	»	»	»	»	»	»
13	0.80	1.05	1.40	»	2.05	»	»	3.20	»	5.00
20	1.70	»	2.00	2.45	2.95	3.40	»	4.45	»	6.75
25	2.40	»	»	3.00	3.55	4.15	»	5.35	6.65	8.00
30	3.20	»	»	»	4.20	4.90	»	6.25	7.70	9.25
35	4. »	»	»	»	4.80	5.55	6.35	7.15	8.75	10.50
40	5. »	»	»	»	»	6.25	7.15	8.00	9.85	11.75
45	»	»	»	»	»	»	7.95	8.90	10.95	13.00
50	»	»	»	»	»	»	»	9.80	12.00	14.10
55	»	»	»	»	»	»	»	10.70	13.05	15.35
60	»	»	»	»	»	»	»	11.60	14.10	16.70
70	»	»	»	»	»	»	»	13.35	16.25	19.20
80	»	»	»	»	»	»	»	15.15	18.40	21.70
95	»	»	»	»	»	»	»	17.80	21.60	25.45
110	»	»	»	»	»	»	»	20.50	24.80	29.20

Ces évaluations calculées sur la densité du plomb sont sujettes à une certaine tolérance dans la fabrication.

Dimensions courantes des tôles pour chaudières et bateaux.

(État recueilli à l'Entrepôt Marchand de Paris.)

TOLES PUDLÉES.

Largeur.	Longueur.	Épaisseur.
millim.	millim.	millim.
0.70	1.65	1 à 5
0.70	2.30	7 10
0.75	2.30	7 10
0.80	2.00	7 10
0.80	2.30	7 10
1.00	2.00	1 5
1.00	2.00	6 7
1.00	2.00	8 9
1.00	2.00	10 11
1.00	2.00	12 13
1.00	2.00	14 15
1.00	2.30	7 10
1.10	1.65	7 10
1.10	2.00	7 10
1.15	1.65	7 10
1.15	2.00	7 10
1.15	2.30	3 6
1.20	1.65	7 10

Largeur.	Longueur.	Épaisseur.
millim.	millim.	millim.
1.20	2.00	7 à 10
1.20	2.20	3 6
1.30	1.65	7 10
1.30	2.00	7 10
1.30	2.30	3 10
0.70	3.00	3
0.80	2.30	3 4
0.85	2.30	10
1.15	2.04	2
1.47	1.60	6

TOLES MIXTES.

Largeur.	Longueur.	Épaisseur.
1.17	2.27	13
1.22	2.23	13
1.23	2.27	13
0.75	2.80	13

Tôles forgées. — Largeur 1^m, longueur 2^m, épaisseur croît par demi-millimètre de 1 à 5^m/m et par millimètre de 5 à 15^m/m.

Ronds, pudlés ou corroyés. — Diamètre de 0^{m}50 à 1^{m}50 sur épaisseur de 7 à 15 ^{m}/m.

Tôles striées. — Longueur 2^m, épaisseur 7^m/m, largeur 0^{m}60, 0^{m}70 et 0^{m}75.

POIDS PAR MÈTRE CARRÉ, DE FEUILLES DE DIVERS MÉTAUX.

ÉPAISSEUR des feuilles.	POIDS DES FEUILLES EN					
	Tôle de fer.	Cuivre rouge.	Plomb.	Zinc.	Étain.	Argent.
millim.	kilog.	kilog.	kilog.	kilog.	kilog.	kilog.
1/4	1,047	2,107	2,838	1,715	1,825	2,653
1/2	3,804	4,394	5,676	3,430	3,650	5,305
1	7,788	8,788	11,352	6,861	7,300	10,610
2	15,576	17,576	22,704	13,722	14,600	21,220
3	23,364	26,364	34,056	20,583	21,900	31,830
4	31,154	35,152	45,408	27,444	29,200	41,440
5	38,940	43,940	56,760	34,305	36,500	52,050
6	46,728	52,728	68,112	40,166	43,800	62,660
7	54,516	61,516	79,464	47,027	51,100	73,270
8	62,304	70,304	90,816	53,878	59,400	83,880
9	70,092	79,092	102,168	60,749	65,700	94,490
10	77,880	87,880	113,520	67,610	73,000	105,100
11	85,668	96,668	124,872	74,471	80,300	115,710
12	92,456	105,456	136,224	81,332	87,600	126,320
13	100,234	114,244	147,576	88,193	94,900	136,930
14	109,032	123,032	158,928	95,054	102,200	147,540
15	116,820	131,890	170,280	101,915	109,500	158,160
16	124,608	140,608	181,632	108,776	116,800	168,760
17	132,396	149,396	192,984	115,637	124,100	179,370
18	140,184	158,184	204,336	122,498	131,400	189,980
19	147,972	166,972	215,688	129,359	138,700	200,590
20	155,760	175,760	227,040	136,220	146,100	211,200

Tables du poids d'un mètre linéaire de fer.
(PAR M. HUSQUIN DE RHÉVILLE).

Pour se servir des deux tables ci-après, on cherche l'épaisseur de l'échantillon à la première colonne verticale et la largeur à la première colonne horizontale. A la rencontre de ces deux lignes on trouve tout calculé le poids cherché, c'est-à-dire le produit des deux dernières multiplié par la densité. En un mot, on se sert de ces tables comme on se sert en arithmétique de la table de Pythagore.

LARGEURS EN MILLIMÈTRES.

ÉPAIS-SEURS	2	3	4	5	6	7	8	9	10	11	12	13	14	15	16	17	18	19	20	21	22	23
millimèt.	kil.	kil.	kil.	kil.	kil.	kil.	kil.	kil.	kil.	kil.	kil.	kil.	kil.	kil.	kil.	kil.	kil.	kil.	kil.	kil.	kil.	kil.
1	0.015	0.023	0.03	» 04	» 05	» 05	» 06	» 07	» 08	» 08	» 09	» 10	» 11	» 11	» 12	» 13	» 14	» 15	» 15	» 16	» 17	» 18
2	» 03	» 05	» 06	» 08	» 09	» 11	» 12	» 14	» 15	» 17	» 18	» 20	» 21	» 23	» 24	» 26	» 28	» 29	» 31	» 32	» 34	» 35
3	» 05	» 07	» 09	» 11	» 14	» 16	» 18	» 21	» 23	» 25	» 28	» 30	» 32	» 34	» 37	» 39	» 41	» 44	» 46	» 48	» 51	» 53
4	» 06	» 09	» 12	» 15	» 18	» 21	» 24	» 28	» 31	» 34	» 37	» 40	» 43	» 46	» 49	» 52	» 55	» 58	» 61	» 64	» 67	» 70
5	» 08	» 11	» 15	» 19	» 23	» 27	» 31	» 34	» 38	» 42	» 46	» 50	» 54	» 57	» 61	» 65	» 69	» 73	» 77	» 80	» 84	» 88
6	» 09	» 14	» 18	» 23	» 28	» 32	» 37	» 41	» 46	» 51	» 55	» 60	» 64	» 69	» 73	» 78	» 83	» 87	» 92	» 96	1.01	1.06
7	» 11	» 16	» 21	» 27	» 32	» 38	» 43	» 48	» 54	» 59	» 64	» 70	» 75	» 80	» 86	» 91	» 96	1.02	1.07	1.12	1.18	1.23
8	» 12	» 18	» 24	» 31	» 37	» 43	» 49	» 55	» 61	» 67	» 73	» 80	» 86	» 92	» 98	1.04	1.10	1.16	1.22	1.29	1.35	1.41
9	» 14	» 21	» 28	» 34	» 41	» 48	» 55	» 62	» 69	» 76	» 83	» 90	» 96	1.03	1.10	1.17	1.24	1.31	1.38	1.45	1.52	1.58
10	» 15	» 23	» 31	» 38	» 46	» 54	» 61	» 69	» 77	» 84	» 92	» 99	1.07	1.15	1.22	1.30	1.38	1.45	1.53	1.61	1.68	1.76
11	» 17	» 25	» 34	» 42	» 51	» 59	» 67	» 76	» 84	» 93	1.01	1.09	1.18	1.26	1.35	1.43	1.52	1.60	1.68	1.77	1.85	1.94
12	» 18	» 28	» 37	» 46	» 55	» 64	» 73	» 83	» 92	1.01	1.10	1.19	1.29	1.38	1.47	1.56	1.65	1.74	1.84	1.93	2.02	2.11
13	» 20	» 30	» 40	» 50	» 60	» 70	» 80	» 90	» 99	1.09	1.19	1.29	1.39	1.49	1.59	1.69	1.79	1.89	1.99	2.09	2.19	2.29
14	» 21	» 32	» 43	» 54	» 64	» 75	» 86	» 96	1.07	1.18	1.29	1.39	1.50	1.61	1.71	1.82	1.93	2.04	2.14	2.25	2.36	2.46
15	» 23	» 34	» 46	» 57	» 69	» 80	» 92	1.03	1.15	1.26	1.38	1.49	1.61	1.72	1.84	1.95	2.07	2.18	2.30	2.41	2.53	2.64
16	» 24	» 37	» 49	» 61	» 73	» 86	» 98	1.10	1.22	1.35	1.47	1.59	1.71	1.84	1.96	2.08	2.20	2.33	2.45	2.57	2.69	2.82
17	» 26	» 39	» 52	» 65	» 78	» 91	1.04	1.17	1.30	1.43	1.56	1.69	1.82	1.95	2.08	2.21	2.34	2.47	2.60	2.73	2.86	2.99
18	» 28	» 41	» 55	» 69	» 83	» 96	1.10	1.24	1.38	1.52	1.65	1.79	1.93	2.07	2.20	2.34	2.48	2.62	2.75	2.89	3.03	3.17
19	» 29	» 44	» 58	» 73	» 87	1.02	1.16	1.31	1.45	1.60	1.74	1.89	2.04	2.18	2.33	2.47	2.62	2.76	2.91	3.05	3.20	3.34
20	» 31	» 46	» 61	» 77	» 92	1.07	1.22	1.38	1.53	1.68	1.84	1.99	2.14	2.30	2.45	2.60	2.75	2.91	3.06	3.21	3.37	3.52
21	» 32	» 48	» 64	» 80	» 96	1.12	1.29	1.45	1.61	1.77	1.93	2.09	2.25	2.41	2.57	2.73	2.89	3.05	3.21	3.37	3.54	3.70
22	» 34	» 51	» 67	» 84	1.01	1.18	1.35	1.52	1.68	1.85	2.02	2.19	2.36	2.53	2.69	2.86	3.03	3.20	3.37	3.54	3.70	3.87
23	» 35	» 53	» 70	» 88	1.06	1.23	1.41	1.58	1.76	1.94	2.11	2.29	2.46	2.64	2.82	2.99	3.17	3.34	3.52	3.70	3.87	4.05
24	» 37	» 55	» 73	» 92	1.10	1.29	1.47	1.65	1.84	2.02	2.20	2.39	2.57	2.75	2.94	3.12	3.31	3.49	3.67	3.86	4.04	4.22
25	» 38	» 57	» 77	» 96	1.15	1.34	1.53	1.72	1.91	2.10	2.30	2.49	2.68	2.87	3.06	3.25	3.44	3.63	3.83	4.02	4.21	4.40
26	» 40	» 60	» 80	» 99	1.19	1.39	1.59	1.79	1.99	2.19	2.39	2.59	2.79	2.98	3.18	3.38	3.58	3.78	3.98	4.18	4.38	4.58
27	» 41	» 62	» 83	1.03	1.24	1.45	1.65	1.86	2.07	2.27	2.48	2.69	2.89	3.10	3.31	3.51	3.72	3.93	4.13	4.34	4.55	4.75
28	» 43	» 64	» 86	1.07	1.29	1.50	1.71	1.93	2.14	2.36	2.57	2.79	3.00	3.21	3.43	3.64	3.86	4.07	4.29	4.50	4.71	4.93
29	» 44	» 67	» 89	1.11	1.33	1.55	1.78	2.00	2.22	2.44	2.66	2.88	3.11	3.33	3.55	3.77	3.99	4.22	4.44	4.66	4.88	5.10
30	» 46	» 69	» 92	1.15	1.38	1.61	1.84	2.07	2.30	2.53	2.75	2.98	3.21	3.44	3.67	3.90	4.13	4.36	4.59	4.82	5.05	5.28

LARGEURS EN MILLIMÈTRES

ÉPAIS-SEURS.	24	25	26	27	28	29	30	31	32	33	34	35	36	37	38	39	40	41	42	43	44	45	46
millimét.	kil.	kil.	kil.	kil.	kil.	kil.	kil.	kil.	kil.	kil.	kil.	kil.	kil.	kil.	kil.	kil.	kil.	kil.	kil.	kil.	kil.	kil.	kil.
1	0.18	0.19	0.20	0.21	0.21	0.22	0.23	0.24	0.25	0.25	0.26	0.27	0.28	0.28	0.29	0.30	0.31	0.31	0.32	0.33	0.34	0.34	0.35
2	» 37	» 38	» 40	» 41	» 43	» 44	» 46	» 47	» 49	» 50	» 52	» 54	» 55	» 57	» 58	» 60	» 61	» 63	» 64	» 66	» 67	» 69	» 70
3	» 55	» 57	» 60	» 62	» 64	» 67	» 69	» 71	» 73	» 76	» 78	» 80	» 83	» 85	» 87	» 90	» 92	» 94	» 96	» 99	1.01	1.03	1.06
4	» 74	» 77	» 80	» 83	» 86	» 89	» 92	» 95	» 98	1.01	1.04	1.07	1.10	1.13	1.16	1.20	1.22	1.25	1.29	1.32	1.35	1.38	1.41
5	» 92	» 96	» 99	1.03	1.07	1.11	1.15	1.19	1.22	1.26	1.30	1.34	1.38	1.42	1.45	1.49	1.53	1.57	1.61	1.65	1.68	1.72	1.76
6	1.10	1.15	1.19	1.24	1.29	1.33	1.38	1.42	1.47	1.51	1.56	1.61	1.65	1.70	1.74	1.79	1.84	1.88	1.93	1.97	2.02	2.07	2.11
7	1.29	1.34	1.39	1.45	1.50	1.55	1.61	1.66	1.71	1.77	1.82	1.87	1.93	1.98	2.04	2.09	2.14	2.20	2.25	2.30	2.36	2.41	2.46
8	1.47	1.53	1.59	1.65	1.71	1.78	1.84	1.90	1.96	2.02	2.08	2.14	2.20	2.26	2.33	2.39	2.45	2.51	2.57	2.63	2.69	2.75	2.82
9	1.65	1.72	1.79	1.86	1.93	2.00	2.07	2.13	2.20	2.27	2.34	2.41	2.48	2.55	2.62	2.69	2.75	2.82	2.89	2.96	3.03	3.10	3.17
10	1.84	1.91	1.99	2.07	2.14	2.22	2.30	2.37	2.45	2.52	2.60	2.68	2.75	2.83	2.91	2.98	3.06	3.14	3.21	3.29	3.37	3.44	3.52
11	2.02	2.10	2.19	2.27	2.36	2.44	2.52	2.61	2.69	2.78	2.86	2.95	3.03	3.11	3.20	3.28	3.37	3.45	3.53	3.62	3.70	3.79	3.87
12	2.20	2.30	2.39	2.48	2.57	2.66	2.75	2.85	2.94	3.03	3.12	3.21	3.30	3.40	3.49	3.58	3.67	3.76	3.86	3.95	4.04	4.13	4.22
13	2.39	2.49	2.59	2.69	2.78	2.88	2.98	3.08	3.18	3.28	3.38	3.48	3.58	3.68	3.78	3.88	3.98	4.08	4.18	4.28	4.38	4.48	4.58
14	2.57	2.68	2.79	2.89	3.00	3.11	3.21	3.32	3.43	3.53	3.64	3.75	3.86	3.96	4.07	4.18	4.28	4.39	4.50	4.61	4.71	4.82	4.93
15	2.75	2.87	2.98	3.10	3.21	3.33	3.44	3.56	3.67	3.79	3.90	4.02	4.13	4.25	4.36	4.48	4.59	4.70	4.82	4.93	5.05	5.16	5.23
16	2.94	3.06	3.18	3.31	3.43	3.55	3.67	3.79	3.92	4.04	4.16	4.29	4.41	4.53	4.65	4.77	4.90	5.02	5.14	5.26	5.39	5.51	5.63
17	3.12	3.25	3.38	3.51	3.64	3.77	3.90	4.03	4.16	4.29	4.42	4.55	4.68	4.81	4.94	5.07	5.20	5.33	5.46	5.59	5.72	5.85	5.98
18	3.31	3.44	3.58	3.72	3.86	3.99	4.13	4.27	4.41	4.54	4.68	4.82	4.96	5.10	5.23	5.37	5.51	5.65	5.78	5.92	6.06	6.20	6.33
19	3.49	3.63	3.78	3.92	4.07	4.22	4.36	4.51	4.65	4.80	4.94	5.09	5.23	5.38	5.52	5.67	5.81	5.96	6.10	6.25	6.40	6.54	6.69
20	3.67	3.83	3.98	4.13	4.28	4.44	4.59	4.74	4.90	5.05	5.20	5.36	5.51	5.67	5.81	5.97	6.12	6.27	6.43	6.58	6.73	6.89	7.04
21	3.86	4.02	4.18	4.34	4.50	4.66	4.82	4.98	5.14	5.30	5.46	5.62	5.78	5.94	6.10	6.27	6.43	6.59	6.75	6.91	7.07	7.23	7.39
22	4.04	4.21	4.38	4.54	4.71	4.88	5.05	5.22	5.39	5.55	5.72	5.89	6.06	6.23	6.40	6.56	6.73	6.90	7.07	7.24	7.41	7.57	7.74
23	4.22	4.40	4.58	4.75	4.93	5.10	5.28	5.45	5.63	5.81	5.98	6.16	6.33	6.51	6.69	6.86	7.04	7.21	7.39	7.57	7.74	7.92	8.09
24	4.41	4.59	4.77	4.96	5.14	5.32	5.51	5.69	5.88	6.06	6.24	6.43	6.61	6.79	6.98	7.16	7.34	7.53	7.71	7.90	8.08	8.26	8.45
25	4.59	4.78	4.97	5.16	5.36	5.55	5.74	5.93	6.12	6.31	6.50	6.69	6.89	7.08	7.27	7.46	7.65	7.84	8.03	8.22	8.41	8.61	8.80
26	4.77	4.97	5.17	5.37	5.57	5.77	5.97	6.17	6.37	6.56	6.76	6.96	7.16	7.36	7.56	7.76	7.96	8.16	8.35	8.55	8.75	8.95	9.15
27	4.96	5.16	5.37	5.58	5.78	5.99	6.20	6.40	6.61	6.82	7.02	7.23	7.44	7.64	7.85	8.06	8.26	8.47	8.68	8.88	9.09	9.29	9.50
28	5.14	5.36	5.57	5.78	6.00	6.21	6.43	6.64	6.86	7.07	7.28	7.50	7.71	7.93	8.14	8.35	8.57	8.78	9.00	9.21	9.43	9.64	9.85
29	5.32	5.55	5.77	5.99	6.21	6.43	6.66	6.88	7.10	7.32	7.54	7.77	7.99	8.21	8.43	8.65	8.87	9.10	9.32	9.54	9.76	9.98	10.21
30	5.51	5.74	5.97	6.20	6.43	6.66	6.89	7.11	7.34	7.57	7.80	8.03	8.26	8.49	8.72	8.95	9.18	9.41	9.64	9.87	10.10	10.33	10.56

LARGEURS EN MILLIMÈTRES.

ÉPAISSEURS. (millimét.)	47	48	49	50	51	52	53	54	55	56	57	58	59	60	61	62	63	64	65	66
	kil.	kil.	kil.	kil.	kil.	kil.	kil.	kil.	kil.	kil.	kil.	kil.	kil.	kil.	kil.	kil.	kil.	kil.	kil.	kil.
1	0.36	0.37	0.38	0.38	0.39	0.40	0.41	0.41	0.42	0.43	0.44	0.44	0.45	0.46	0.47	0.47	0.48	0.49	0.50	0.51
2	» 72	» 73	» 75	» 77	» 78	» 80	» 81	» 83	» 84	» 86	» 87	» 89	» 90	» 92	» 93	» 95	» 96	» 98	» 99	1.01
3	1.08	1.10	1.13	1.15	1.17	1.19	1.22	1.24	1.26	1.29	1.31	1.33	1.35	1.36	1.40	1.42	1.45	1.47	1.49	1.52
4	1.44	1.47	1.50	1.53	1.56	1.59	1.62	1.65	1.68	1.71	1.75	1.78	1.81	1.84	1.87	1.90	1.93	1.96	1.99	2.02
5	1.80	1.84	1.87	1.91	1.95	1.99	2.03	2.07	2.10	2.14	2.18	2.22	2.26	2.30	2.33	2.37	2.41	2.45	2.49	2.52
6	2.16	2.20	2.25	2.30	2.34	2.39	2.43	2.48	2.53	2.57	2.62	2.66	2.71	2.75	2.80	2.85	2.89	2.94	2.98	3.03
7	2.52	2.57	2.62	2.68	2.73	2.79	2.84	2.89	2.95	3.00	3.05	3.11	3.16	3.21	3.27	3.32	3.37	3.43	3.48	3.53
8	2.88	2.94	3.00	3.06	3.12	3.18	3.24	3.31	3.37	3.43	3.49	3.55	3.61	3.67	3.73	3.79	3.86	3.92	3.98	4.04
9	3.24	3.30	3.37	3.44	3.51	3.58	3.65	3.72	3.79	3.86	3.92	3.99	4.06	4.13	4.20	4.27	4.34	4.41	4.48	4.54
10	3.60	3.67	3.75	3.83	3.90	3.98	4.05	4.13	4.21	4.28	4.36	4.44	4.51	4.59	4.67	4.74	4.82	4.90	4.97	5.05
11	3.95	4.04	4.12	4.21	4.29	4.38	4.46	4.54	4.63	4.71	4.80	4.87	4.96	5.05	5.13	5.22	5.30	5.39	5.47	5.55
12	4.31	4.41	4.50	4.59	4.68	4.77	4.87	4.96	5.05	5.14	5.23	5.32	5.42	5.51	5.60	5.69	5.78	5.88	5.97	6.06
13	4.67	4.77	4.87	4.97	5.07	5.17	5.27	5.37	5.47	5.57	5.67	5.77	5.87	5.97	6.07	6.17	6.27	6.37	6.46	6.56
14	5.03	5.14	5.25	5.36	5.46	5.57	5.67	5.78	5.89	6.00	6.11	6.21	6.32	6.43	6.53	6.64	6.75	6.85	6.96	7.07
15	5.39	5.51	5.62	5.74	5.85	5.97	6.08	6.20	6.31	6.43	6.54	6.67	6.77	6.89	7.00	7.11	7.23	7.34	7.46	7.57
16	5.75	5.88	6.00	6.12	6.24	6.37	6.49	6.61	6.73	6.85	6.98	7.10	7.22	7.34	7.47	7.59	7.71	7.83	7.96	8.08
17	6.11	6.24	6.37	6.50	6.63	6.76	6.89	7.02	7.15	7.28	7.41	7.54	7.67	7.80	7.93	8.06	8.19	8.32	8.45	8.58
18	6.49	6.61	6.75	6.89	7.02	7.16	7.30	7.44	7.57	7.71	7.85	7.99	8.12	8.26	8.40	8.54	8.68	8.81	8.95	9.09
19	6.83	6.98	7.12	7.27	7.41	7.56	7.70	7.85	7.99	8.14	8.29	8.43	8.58	8.72	8.87	9.01	9.16	9.30	9.45	9.59
20	7.19	7.34	7.50	7.65	7.80	7.96	8.11	8.26	8.42	8.57	8.72	8.88	9.02	9.18	9.33	9.49	9.64	9.79	9.94	10.10
21	7.55	7.71	7.87	8.03	8.19	8.35	8.51	8.68	8.84	9.00	9.16	9.32	9.48	9.64	9.80	9.96	10.12	10.28	10.44	10.60
22	7.91	8.05	8.25	8.42	8.58	8.75	8.92	9.09	9.26	9.42	9.59	9.76	9.93	10.10	10.27	10.43	10.60	10.77	10.94	11.11
23	8.27	8.45	8.62	8.80	8.97	9.15	9.32	9.50	9.68	9.85	10.03	10.20	10.38	10.56	10.73	10.91	11.09	11.26	11.44	11.61
24	8.63	8.81	9.00	9.18	9.36	9.55	9.73	9.91	10.10	10.28	10.47	10.65	10.83	11.02	11.20	11.38	11.57	11.75	11.93	12.12
25	8.99	9.18	9.37	9.56	9.75	9.95	10.14	10.33	10.52	10.71	10.90	11.09	11.28	11.48	11.67	11.86	12.05	12.24	12.43	12.62
26	9.35	9.55	9.75	9.95	10.14	10.34	10.54	10.74	10.94	11.14	11.34	11.53	11.74	11.93	12.13	12.33	12.53	12.73	12.93	13.13
27	9.71	9.91	10.12	10.33	10.53	10.74	10.95	11.15	11.36	11.57	11.77	11.98	12.17	12.39	12.60	12.81	13.01	13.22	13.43	13.63
28	10.07	10.28	10.50	10.71	10.92	11.14	11.35	11.57	11.78	11.99	12.21	12.42	12.64	12.85	13.06	13.28	13.50	13.70	13.92	14.14
29	10.43	10.65	10.87	11.09	11.31	11.54	11.76	11.98	12.20	12.42	12.65	12.87	13.09	13.31	13.53	13.75	13.98	14.20	14.42	14.64
30	10.79	11.02	11.25	11.48	11.70	11.94	12.16	12.39	12.62	12.85	13.08	13.31	13.54	13.77	14.00	14.23	14.46	14.69	14.92	15.15

LARGEURS EN MILLIMÈTRES.

ÉPAIS-SEURS millimèt.	86	85	84	83	82	81	80	79	78	77	76	75	74	73	72	71	70	69	68	67
	kil.	kil.	kil.	kil.	kil.	kil.	kil.	kil.	kil.	kil.	kil.	kil.	kil.	kil.	kil.	kil.	kil.	kil.	kil.	kil.
1	0.66	0.65	0.64	0.64	0.63	0.62	0.61	0.60	0.60	0.59	0.58	0.57	0.57	0.56	0.55	0.54	0.54	0.53	0.52	0.51
2	1.32	1.30	1.29	1.27	1.25	1.24	1.22	1.21	1.19	1.18	1.16	1.15	1.13	1.12	1.10	1.09	1.07	1.06	1.04	1.03
3	1.97	1.95	1.93	1.91	1.88	1.86	1.84	1.81	1.79	1.77	1.74	1.72	1.70	1.68	1.65	1.63	1.61	1.58	1.56	1.54
4	2.63	2.60	2.57	2.54	2.51	2.48	2.45	2.42	2.39	2.36	2.33	2.30	2.26	2.23	2.20	2.17	2.14	2.11	2.08	2.05
5	3.29	3.25	3.21	3.18	3.14	3.10	3.06	3.02	2.98	2.95	2.91	2.87	2.83	2.79	2.75	2.72	2.68	2.64	2.60	2.56
6	3.95	3.90	3.86	3.81	3.77	3.72	3.67	3.63	3.58	3.53	3.49	3.44	3.40	3.35	3.30	3.26	3.21	3.17	3.12	3.08
7	4.61	4.55	4.50	4.45	4.39	4.34	4.28	4.23	4.18	4.12	4.07	4.02	3.96	3.91	3.86	3.80	3.75	3.70	3.64	3.59
8	5.26	5.20	5.14	5.08	5.02	4.96	4.90	4.83	4.77	4.71	4.65	4.59	4.53	4.47	4.41	4.35	4.28	4.22	4.16	4.10
9	5.92	5.85	5.78	5.72	5.65	5.58	5.51	5.44	5.37	5.30	5.23	5.16	5.09	5.03	4.96	4.89	4.82	4.75	4.68	4.61
10	6.58	6.50	6.43	6.35	6.27	6.20	6.12	6.04	5.97	5.89	5.81	5.74	5.66	5.58	5.51	5.43	5.36	5.28	5.20	5.13
11	7.24	7.15	7.07	6.98	6.90	6.82	6.73	6.65	6.56	6.48	6.40	6.31	6.23	6.14	6.06	5.97	5.89	5.81	5.72	5.64
12	7.89	7.80	7.71	7.62	7.53	7.44	7.34	7.25	7.16	7.07	6.98	6.89	6.79	6.70	6.61	6.52	6.43	6.33	6.24	6.15
13	8.55	8.45	8.35	8.25	8.16	8.06	7.96	7.86	7.76	7.66	7.56	7.46	7.36	7.25	7.16	7.06	6.96	6.86	6.76	6.66
14	9.21	9.10	9.00	8.89	8.78	8.67	8.57	8.46	8.35	8.25	8.14	8.03	7.92	7.82	7.71	7.60	7.50	7.39	7.28	7.18
15	9.87	9.75	9.64	9.53	9.41	9.29	9.18	9.06	8.95	8.84	8.72	8.61	8.49	8.38	8.26	8.15	8.03	7.92	7.80	7.69
16	10.53	10.40	10.28	10.16	10.04	9.91	9.79	9.67	9.55	9.42	9.30	9.18	9.06	8.94	8.81	8.69	8.57	8.45	8.32	8.20
17	11.19	11.05	10.92	10.80	10.66	10.53	10.40	10.27	10.14	10.01	9.88	9.75	9.62	9.49	9.36	9.23	9.10	8.97	8.84	8.71
18	11.84	11.70	11.57	11.43	11.29	11.15	11.02	10.90	10.74	10.60	10.46	10.33	10.19	10.05	9.91	9.78	9.64	9.50	9.36	9.23
19	12.50	12.35	12.21	12.07	11.92	11.78	11.63	11.48	11.34	11.19	11.05	10.90	10.75	10.61	10.47	10.32	10.18	10.03	9.88	9.74
20	13.16	13.00	12.85	12.70	12.55	12.39	12.24	12.09	11.93	11.78	11.63	11.47	11.32	11.17	11.02	10.86	10.71	10.56	10.40	10.25
21	13.82	13.66	13.50	13.33	13.17	13.01	12.85	12.69	12.53	12.37	12.21	12.05	11.89	11.73	11.57	11.41	11.25	11.08	10.92	10.76
22	14.47	14.31	14.14	13.97	13.80	13.63	13.46	13.29	13.13	12.96	12.79	12.62	12.45	12.29	12.12	11.95	11.78	11.61	11.44	11.28
23	15.13	14.96	14.78	14.60	14.43	14.25	14.08	13.90	13.72	13.55	13.37	13.20	13.02	12.84	12.67	12.49	12.32	12.14	11.96	11.79
24	15.79	15.61	15.42	15.24	15.06	14.87	14.69	14.50	14.32	14.14	13.95	13.77	13.59	13.40	13.22	13.04	12.85	12.67	12.48	12.30
25	16.45	16.26	16.07	15.87	15.68	15.49	15.30	15.11	14.92	14.73	14.54	14.34	14.15	13.96	13.77	13.58	13.39	13.20	13.00	12.81
26	17.10	16.91	16.71	16.51	16.31	16.11	15.91	15.71	15.51	15.31	15.12	14.92	14.72	14.52	14.32	14.12	13.92	13.72	13.52	13.32
27	17.76	17.56	17.35	17.14	16.94	16.73	16.52	16.32	16.11	15.90	15.70	15.49	15.28	15.08	14.87	14.67	14.46	14.25	14.04	13.84
28	18.42	18.21	17.99	17.78	17.56	17.35	17.14	16.92	16.71	16.49	16.27	16.06	15.85	15.64	15.42	15.21	14.99	14.78	14.56	14.35
29	19.08	18.86	18.64	18.41	18.19	17.97	17.75	17.52	17.31	17.08	16.85	16.64	16.42	16.19	15.97	15.75	15.53	15.31	15.08	14.86
30	19.74	19.51	19.25	19.05	18.82	18.59	18.36	18.13	17.90	17.67	17.43	17.21	16.98	16.75	16.52	16.29	16.06	15.84	15.60	15.37

POIDS DES FERS PLATS ET CARRÉS.

LARGEURS EN MILLIMÈTRES.

ÉPAIS-SEURS. millimèt.	87	88	89	90	91	92	93	94	95	96	97	98	99	100	101	102	103	104	105	106
	kil.	kil.	kil.	kil.	kil.	kil.	kil.	kil.	kil.	kil.	kil.	kil.	kil.	kil.	kil.	kil.	kil.	kil.	kil.	kil.
1	0.67	0.68	0.68	0.69	0.70	0.70	0.71	0.72	0.73	0.73	0.74	0.75	0.76	0.77	0.77	0.78	0.79	0.80	0.80	0.81
2	1.33	1.35	1.36	1.38	1.39	1.41	1.42	1.44	1.45	1.47	1.48	1.50	1.51	1.53	1.54	1.56	1.58	1.59	1.61	1.62
3	2.00	2.02	2.04	2.07	2.09	2.11	2.13	2.16	2.18	2.20	2.23	2.25	2.27	2.30	2.32	2.34	2.36	1.39	2.41	2.43
4	2.66	2.69	2.72	2.75	2.78	2.82	2.85	2.88	2.91	2.94	2.97	3.00	3.03	3.06	3.09	3.12	3.15	3.18	3.22	3.24
5	3.33	3.37	3.40	3.44	3.48	3.52	3.56	3.60	3.63	3.67	3.71	3.75	3.79	3.83	3.86	3.90	3.94	3.98	4.02	4.05
6	3.99	4.04	4.09	4.13	4.18	4.22	4.27	4.31	4.36	4.41	4.45	4.50	4.54	4.59	4.64	4.68	4.73	4.77	4.82	4.87
7	4.66	4.71	4.77	4.82	4.87	4.93	4.98	5.03	5.09	5.14	5.19	5.25	5.30	5.36	5.41	5.46	5.52	5.57	5.62	5.68
8	5.32	5.39	5.45	5.51	5.57	5.63	5.69	5.75	5.81	5.87	5.94	6.00	6.06	6.12	6.18	6.24	6.30	6.36	6.43	6.49
9	5.99	6.06	6.13	6.20	6.26	6.33	6.40	6.47	6.54	6.61	6.68	6.75	6.82	6.89	6.95	7.02	7.09	7.16	7.23	7.30
10	6.66	6.73	6.81	6.89	6.96	7.04	7.11	7.19	7.27	7.34	7.42	7.50	7.57	7.65	7.73	7.80	7.88	7.96	8.05	8.11
11	7.32	7.41	7.49	7.57	7.66	7.74	7.83	7.91	7.99	8.08	8.16	8.25	8.33	8.42	8.50	8.58	8.67	8.75	8.84	8.92
12	7.99	8.08	8.17	8.26	8.35	8.45	8.54	8.63	8.72	8.81	8.90	9.00	9.09	9.18	9.27	9.36	9.45	9.55	9.64	9.73
13	8.65	8.75	8.85	8.95	9.05	9.15	9.25	9.35	9.45	9.55	9.65	9.75	9.85	9.95	10.04	10.14	10.24	10.34	10.44	16.54
14	9.32	9.42	9.53	9.66	9.75	9.85	9.96	10.07	10.17	10.28	10.39	19.50	10.60	10.71	10.82	10.92	10.93	11.14	11.24	11.35
15	9.98	10.10	10.21	10.33	10.44	10.56	10.67	10.79	10.90	11.02	11.13	11.25	11.36	11.48	11.59	11.70	11.82	11.93	12.05	12.16
16	10.65	10.77	10.89	11.02	11.14	11.26	11.38	11.51	11.63	11.75	11.87	12.00	12.12	12.24	12.36	12.48	12.61	12.73	12.85	12.97
17	11.31	11.44	11.57	11.70	11.83	11.97	12.10	12.22	12.35	12.48	12.61	12.75	12.87	13.01	13.13	13.27	13.39	13.52	13.66	13.78
18	11.98	12.12	12.25	12.39	12.53	12.67	12.81	12.94	13.08	13.22	13.36	13.50	13.60	13.77	13.91	14.05	14.18	14.32	14.46	14.59
19	12.64	12.79	12.94	13.08	13.22	13.37	13.52	13.66	13.81	13.95	14.10	14.25	14.39	14.34	14.68	16.83	14.97	15.12	15.26	15.41
20	13.31	13.46	13.62	13.77	13.92	14.08	14.23	14.38	14.53	14.69	14.84	15.00	15.15	15.30	15.45	15.61	15.76	15.91	16.07	16.22
21	13.98	14.14	14.30	14.46	14.62	14.78	14.94	15.10	15.26	15.42	15.58	15.75	15.90	16.07	16.23	16.39	16.55	16.71	16.87	17.03
22	14.64	14.81	14.98	15.15	15.31	15.48	15.65	15.82	15.99	16.16	16.32	16.50	16.66	16.83	17.00	17.17	17.33	17.50	17.67	17.84
23	15.31	15.48	15.66	15.84	16.01	16.19	16.36	16.54	16.72	16.89	17.07	17.25	17.42	17.60	17.77	17.95	18.12	18.30	18.47	18.65
24	15.97	16.14	16.34	16.52	16.71	16.89	17.07	17.26	17.44	17.62	17.81	17.99	18.18	18.36	18.54	18.73	18.91	19.09	19.28	19.46
25	16.61	16.83	17.02	17.21	17.40	17.60	17.78	17.98	18.17	18.36	18.55	18.74	18.93	19.13	19.32	19.51	19.70	19.89	20.08	20.27
26	17.30	17.50	17.70	17.90	18.10	18.30	18.50	18.70	18.90	19.09	19.29	19.49	19.69	19.89	20.09	20.29	20.48	20.69	20.88	21.08
27	17.97	18.18	18.38	18.59	18.80	19.00	19.22	19.42	19.62	19.83	20.03	20.24	20.45	20.66	20.86	21.07	21.27	21.48	21.69	21.89
28	18.64	18.85	19.06	19.28	19.49	19.71	19.93	20.13	20.35	20.56	20.78	20.99	21.20	21.42	21.63	21.85	22.06	22.28	22.49	22.70
29	19.30	19.52	19.75	19.97	20.19	20.41	20.64	20.85	21.07	21.30	21.52	21.74	21.96	22.19	22.41	22.63	22.85	23.07	23.29	23.52
30	19.97	20.19	20.43	20.65	20.88	21.11	21.35	21.57	21.80	22.05	22.26	22.49	22.72	22.95	23.18	23.41	23.64	23.87	24.10	24.33

Poids des fers quarrés et des fers ronds de 1 à 250 millimètres.

Diamètre ou côté en millimètres	KILOGRAMMES Fers quarrés.	Fers ronds.	Diamètre ou côté en millimètres	KILOGRAMMES Fers quarrés.	Fers ronds.	Diamètre ou côté en millimètres	KILOGRAMMES Fers quarrés.	Fers ronds.	Diamètre ou côté en millimètres	KILOGRAMMES Fers quarrés.	Fers ronds.	Diamètre ou côté en millimètres	KILOGRAMMES Fers quarrés.	Fers ronds.
1	0.0078	0.0061	26	5.2728	4.1412	51	20.2878	15.9340	76	45.0528	35.3844	101	79.5678	62.4924
2	0.0312	0.0245	27	5.6862	4.4659	52	21.0912	16.5650	77	46.2462	36.3215	102	81.1512	63.7360
3	0.0702	0.0551	28	6.1152	4.8029	53	21.9102	17.2082	78	47.4552	37.2712	103	82.7502	64.9919
4	0.1248	0.0980	29	6.5598	5.1520	54	22.7448	17.8637	79	48.6798	38.2330	104	84.3648	66.2601
5	0.1950	0.1532	30	7.0200	5.5135	55	23.5950	18.5315	80	49.9200	39.2071	105	85.9950	67.5403
6	0.2808	0.2205	31	7.4958	5.8872	56	24.4608	19.2115	81	51.1758	40.1934	106	87.6408	68.8320
7	0.3822	0.3002	32	7.9872	6.2731	57	25.3422	19.9037	82	52.4472	41.1919	107	89.3022	70.1378
8	0.4992	0.3921	33	8.4942	6.6713	58	26.2392	20.6082	83	53.7342	42.2027	108	90.9792	71.4549
9	0.6318	0.4962	34	9.0168	7.0818	59	27.1518	21.3250	84	55.0368	43.2258	109	92.6718	72.7843
10	0.7800	0.6126	35	9.5550	7.5045	60	28.0800	22.0540	85	56.3550	44.2611	110	94.3800	74.1259
11	0.9438	0.7413	36	10.1088	7.9394	61	29.0238	22.7952	86	57.6888	45.3087	115	103.1550	81.0177
12	1.1232	0.8822	37	10.6782	8.3866	62	29.9832	23.5488	87	59.0382	46.3685	125	121.8750	95.7204
13	1.3182	1.0353	38	11.2632	8.8461	63	30.9582	24.3145	88	60.4032	47.4406	135	142.1550	111.6483
14	1.5288	1.2007	39	11.8638	9.3178	64	31.9488	25.0925	89	61.7838	48.5249	145	163.9950	128.8014
15	1.7550	1.3784	40	12.4800	9.8018	65	32.9550	25.8828	90	63.1800	49.6215	155	187.3950	147.1797
16	1.9968	1.5683	41	13.1118	10.2980	66	33.9768	26.6853	91	64.5918	50.7303	165	212.3550	166.7832
17	2.2512	1.7704	42	13.7592	10.8065	67	35.0142	27.5001	92	66.0192	51.8514	175	238.8750	187.6120
18	2.5272	1.9849	43	14.4222	11.3272	68	36.0672	28.3271	93	67.4622	52.9847	185	266.9550	209.6660
19	2.8158	2.2115	44	15.1008	11.8601	69	37.1358	29.1664	94	68.9208	54.1303	195	296.5950	232.9452
20	3.1200	2.4504	45	15.7950	12.4054	70	38.2200	30.0179	95	70.3950	55.2881	205	327.7950	257.4500
21	3.4398	2.7016	46	16.5048	12.9628	71	39.3198	30.8817	96	71.8848	56.4582	215	360.5550	283.1792
22	3.7752	2.9650	47	17.2302	13.5326	72	40.4352	31.7577	97	73.3902	57.6405	225	394.8750	310.1341
23	4.1262	3.2407	48	17.9712	14.1145	73	41.5662	32.6460	98	74.9112	58.8351	235	430.7550	338.3142
24	4.4928	3.5286	49	18.7278	14.7088	74	42.7128	33.5466	99	76.4478	60.0420	245	468.1950	367.7195
25	4.8750	3.8288	50	19.5000	15.3153	75	43.8750	34.4593	100	78.0000	61.2611	250	487.5000	382.8816

Poids des zincs laminés minces.

(État recueilli au dépôt de la Vieille-Montagne et à la fabrique de Saint-Denis (Seine.)

Numéros	Épaisseur des feuilles en millimètres.	DIMENSIONS ET POIDS DES FEUILLES					Poids du mètre carré.
		Pour doublage des navires		Pour toitures et autres emplois.			
		m. c. 0.35 Largeur Longueur 1.15 Ancien 13.42	m. c. 0.40 Largeur Longueur 1.30 Ancien 15.58	m. c. 0.50 Largeur Longueur 2." Ancien 18.72	m. c. 0.65 Largeur Longueur 2." Ancien 24.72	m. c. 0.80 Largeur Longueur 2." Ancien 30.72	
	mil.	k.	k.	k.	k.	k.	k.
9	0.41	» »	» »	2.90	3.70	4.6	» »
10	0.51	» »	» »	3.45	4.45	5.5	3.45
11	0.60	» »	» »	4.05	5.30	6.5	» »
12	0.69	» »	» »	4.65	6.10	7.5	4.65
13	0.78	» »	» L	5.30	6.90	8.5	5.30
14	0.87	» »	» »	5.95	7.70	9.5	5.95
15	0.96	2.05	3.40	6.55	8.55	10.5	6.55
16	1.10	3. »	3.90	7.50	9.75	12.0	7.50
17	1.23	3.40	4.40	8.45	10.95	13.5	8.45
18	1.36	3.75	4.90	9.35	12.20	15.0	9.35
19	1.48	4.15	5.35	10.30	13.40	16.5	10.10
20	1.66	4.55	5.85	11.25	14.60	18.0	11.25
21	1.85	» »	» »	12.50	16.25	20.0	12.50
22	2.02	» »	» »	13.75	17.90	22.0	13.75
23	2.19	» »	» »	15. »	19.50	24.0	15.00
24	2.37	» »	» »	16.25	21.10	26.0	16.25
25	2.52	» »	» »	17.50	22.75	28.0	17.50
26	2.66	» »	» »	18.80	24.40	31.0	18.80
SUPERFICIE des feuilles.		0m.402	0m.520	1m.000	1m.300	1m.600	

Observation. — Les nos 1 à 9 sont très-minces et d'un prix exceptionnel, ils ne servent qu'à l'article de Paris; les nos 10 à 12 servent à la ferblanterie, la lampisterie et l'estampage; les derniers nos servent surtout à la garniture des réservoirs, à la confection des baignoires, pompes, etc.

On admet sur le poids des feuilles une tolérance de 25 décagrammes en moins.

Proportion des coudes arrondis pour le service des eaux de Paris.

Diamètre des conduites.	Rayon du cercle de raccordement des axes.	Développement de l'axe du coude en 5 parties de la circonférence.
m		
0.05 0.06	0.45	0.250
0.08 0.10	0.50	0.250
0.15 0.20	0.75 1.00	0.250
0.25 et au-dessus.	1.50	0.125

Dimension des tuyaux de fonte pour conduite d'eau et conduite de gaz.

Diamètre des tuyaux.	Tuyaux à eau.		Tuyaux à gaz.	
	Epaisseurs.	Poids du mètre.	Epaisseurs.	Poids du mètre.
	mill.	kil.	mill.	kil.
0.03	»	»	6	4.07
0.06	10.5	14.46	6	8.12
0.09	10.63	21.22	6	12.18
0.12	10.84	32.11	8	21.65
0.15	11	40.29	8	27.13
0.18	11.25	48.75	8	32.50
0.21	11.47	57.52	8	38
0.24	11.68	66.50	5	43.50
0.27	11.89	75.80	10	61
0.30	12	85	10	68
0.33	12.30	95	10	74
0.40	12.80	120	11	110
0.50	13.50	157	12	145

DIMENSIONS DES TUYAUX DE CONDUITE.

Dimensions des tuyaux de conduite pour le service des distributions d'eau dans les villes.

DIAMÈTRE DES TUYAUX. (m.)	LONGUEUR des tuyaux — 1° Avec renflement d'un bout et cordon de l'autre; 2° Avec renflement d'un bout et bride de l'autre. (m.)	LONGUEUR des tuyaux — 3° Avec bride d'un bout et cordon de l'autre; 4° Avec bride de aux deux bouts. (m.)	ÉPAISSEUR des tuyaux — d'après les proportions en usage à Paris. (m.)	ÉPAISSEUR des tuyaux — d'après la formule proposée. (m.)	EMBOÎTEMENT Longueur. (m.)	EMBOÎTEMENT Épaisseur. (m.)	EMBOÎTEMENT Diamètre intérieur. (m.)	FILETS Largeur. (m.)	FILETS Saillie sur le tuyau. (m.)	FILETS Nombre.	CORDONS au petit bout. (m.)	CORDONS au petit bout. (m.)	CORDONS Diamètre sur le renflement. (m.)	BRIDES Diamètre extérieur. (m.)	BRIDES Diamètre passant au centre des trous. (m.)	BRIDES Épaisseur à la jonction du tuyau. (m.)	BRIDES Fruit. (m.)	Nombre des trous.
0.05	1.60	1.50	0.0110	0.0097	0.10	0.015	0.090	0.08	0.0035	2	0.010	0.005	0.014	0.195	0.158	0.016	0.003	3
0.06			0.0112	0.0099			0.100	0.08						0.205	0.168			
0.08	2.12	2.00	0.0116	0.0106	0.12	0.016	0.120	0.08	0.0040	2	0.012	0.006	0.015	0.225	0.188	0.020	0.004	4
0.10			0.0120	0.0109			0.140	0.08						0.245	0.208	0.024		
0.15	2.65	2.50	0.0130	0.0121	0.15	0.020	0.195	0.08	0.0050	3	0.015	0.007	0.020	0.301	0.268	0.025	0.005	6
0.20			0.0140	0.0133			0.245	0.08						0.355	0.320	0.030		6
0.25			0.0150	0.0145			0.300	0.08						0.410	0.375	0.035		6
0.30			0.0160	0.0156			0.350	0.08						0.470	0.430	0.040		8
0.35	2.70	2.50	0.0170	0.0168	0.20	0.025	0.410	0.08	0.0050	3	0.020	0.008	0.025	0.530	0.495	0.045	0.005	8
0.40			0.0180	0.0180			0.460	0.08						0.585	0.547	0.045		9
0.45			0.0190	0.0192			0.510	0.08						0.650	0.605	0.045		9
0.50			0.0200	0.0204			0.560	0.08						0.700	0.655	0.045		12
0.60			0.0220	0.0228			0.660	0.08						0.800	0.755	0.045		12

Dimensions des boulons, harpons, goupilles, etc., pour les machines.

Ces pièces sont au premier rang de celles qui, par leur emploi courant dans la mécanique, devraient partout être fabriquées suivant des types consacrés. Tous les industriels le demandent même pour des organes plus importants, tels que les engrenages: et faute de pouvoir s'entendre, chacun conserve ses types n'offrant avec ceux des autres que d'insignifiantes différences. Voici deux tableaux des dimensions de boulons, harpons, etc. Le premier a été dressé par M. Benoit Duportail, après une étude théorique et pratique des types adoptés sur les chemins de fer et dans les grands ateliers. Nous souhaitons qu'il fasse loi.

TABLEAU DES BOULONS, HARPONS, ÉCROUS, CLEFS, PLATINES ET GOUPILLES,
Par M. Benoit Duportail. (Extrait du *Technologiste*.)

TIGES des boulons et harpons.		LONGUEUR DU TARAUDAGE				ÉCROUS et TÊTES des boulons à 6 pans.		CLEFS A FOURCHETTE.			PLATINES POUR LE BOIS.			GOUPILLES.	
		pour 1 écrou		pour 2 écrous											
Diamètre	Pas.	sans goupille.	avec goupille.	sans goupille.	avec goupille.	Épais-seur.	Largeur.	Ouver-ture.	Épais-seur.	Longueur théorique.	Côté.	Diamètre du trou.	Épais-seur.	Diamètre	Lon-gueur.
mil.	mil.	mil.	mil.	mil.	mil.	mil.	mil.	mil.	mil.	mil.	mil.	mil.	mil.	mil.	mil.
6	1	12	16	18	21	6	14	15	8	5	24	7	2	2	18
7	1	14	19	21	26	7	14	15	8	8	28	8	2	2	18
8	1	15	20	25	30	8	14	15	8	10	32	9	2	2	18
10	1	20	25	30	35	10	19	20	12	20	40	11	2.5	2	18
12	1.5	25	30	35	40	12	19	20	12	31	48	13	3	2.5	23
15	1.5	30	35	45	50	15	24	25	15	75	60	16	4	3	27
18	2	35	45	55	65	18	28.5	30	18	»	72	20	4.5	3.5	32
20	2	40	50	60	70	20	33.5	35	20	156	80	22	5	4	36
23	2.5	45	55	70	80	23	38.5	40	25	»	92	25	5	4.5	40
25	2.5	50	60	75	85	25	44	45	28	312	100	27	6	5	45
28	3	55	65	85	95	28	44	45	28	»	112	30	7	5.5	45
30	3	60	75	90	105	30	49	50	30	500	120	32	8	6	55
35	3.5	70	85	105	120	35	54	55	35	875	140	37	9	7	65
40	4	80	95	120	135	40	59	60	40	1.250	160	42	10	8	72
45	4.5	90	110	135	155	45	68	70	45	»	180	47	11	9	80
50	5	100	120	150	170	50	73	75	50	2.500	200	52	12.5	10	90

Gros boulons de 55 à 200 millimètres.

(Par M. Cavé.)

Le tableau précédent ne contenant que les boulons de 50 millimètres au plus, nous avons, pour les dimensions supérieures, choisi les
types de M. Cavé, le plus ancien constructeur français, et qui, par
imitation, se trouvent les plus répandus.

DIAMÈTRE des tiges à l'extérieur des filets.	PAS fileté.	ÉPAISSEUR des têtes des boulons.	ÉPAISSEUR des écrous.	CIRCONFÉRENCE inscrite des écrous hexagonaux.	CIRCONFÉRENCE circonscrite des écrous hexagonaux.
millim.	millim.	millim.	millim.	millim.	millim.
55	5	45	55	90	104
60	5	48	60	100	115
65	6	50	65	110	127
70	7	55	70	120	140
75	8	65	80	125	145
80	8	70	100	130	150
85	9	73	105	135	157
90	9	78	110	145	168
100	10	80	125	150	175
105	11	85	130	160	185
110	11	90	140	170	196
115	12	94	150	180	208
120	12	100	155	183	210
125	13	105	165	188	220
130	13	110	170	196	222
140	14	115	180	210	243
150	15	125	185	220	255
160	16	130	190	235	272
170	17	140	195	245	278
180	18	148	220	255	297
190	19	157	230	275	320
200	20	164	240	300	348

Diamètres en millimètres des tourillons en fer forgé des arbres de communication de mouvements, situés près du moteur.

Force en chevaux.	NOMBRE DE TOURS PAR MINUTE.									
	10	20	30	40	50	60	70	80	90	100
	m.	m.	m.	m.	m.	m.	m.	m.	m.	m.
4	119	94	82	75	69	66	62	60	57	55
6	136	108	94	86	80	75	71	68	66	63
8	150	119	104	94	87	83	78	75	72	70
10	162	128	112	102	94	90	85	81	78	75
12	172	136	119	108	101	95	90	86	83	80
14	181	143	124	114	106	100	94	91	87	84
16	189	150	131	119	111	105	99	95	91	88
18	196	157	136	124	115	109	105	99	95	91
20	203	162	141	129	118	113	107	102	98	95
25	202	175	152	138	129	121	115	110	105	102
30	233	185	161	147	137	129	122	116	112	108
35	246	195	170	155	144	134	129	123	118	114
40	257	204	178	161	150	142	134	129	123	119
45	267	212	185	168	157	147	140	133	129	124
50	277	220	192	175	162	152	145	139	133	129
55	286	227	198	180	168	157	149	143	137	135
60	294	234	202	185	172	161	154	147	140	137
65	302	240	210	190	177	166	158	151	145	140
70	310	246	215	195	181	170	162	155	149	144
75	317	251	220	200	185	175	166	158	153	147
80	324	257	225	204	189	178	169	162	156	150
85	331	263	229	209	194	182	173	166	159	154
90	337	267	234	212	197	185	176	169	162	157
95	343	272	238	216	200	189	179	172	165	159
100	349	277	242	220	204	192	182	175	168	162

Diamètres en millimètres des tourillons en fonte des arbres de communication de mouvements situés près du moteur.

Force en chevaux.	NOMBRE DE TOURS PAR MINUTE.									
	10	20	30	40	50	60	70	80	90	100
	m.	m.	m.	m.	m.	m.	m.	m.	m.	m.
4	138	110	96	87	81	76	72	69	67	64
6	158	126	110	100	93	87	82	79	76	74
8	174	138	121	110	102	96	91	87	84	81
10	188	149	130	118	110	103	98	94	90	87
12	199	158	138	126	117	110	104	100	96	93
14	210	167	145	133	123	116	110	105	101	97
16	219	174	152	138	129	121	115	110	106	102
18	228	181	158	143	133	126	119	113	110	106
20	236	188	164	149	139	130	124	119	114	110

Physique et Chimie.

Corps simples non métalliques.

	Symboles.	Équivalents		Densité
		0 = 100	H = 1	
Arsenic	As	940	75,0	5,75
Azote (gaz)	Az	175	14,0	0,971
Bore	Bo	136	10,8	»
Brome (liquide). . . .	Br	1000	78,2	2,968
Carbone.	C	75	6,0	»
Chlore (gaz)	Ch	448	35,4	2,44
Fluor.	Fl	235	19,1	»
Hydrogène (gaz). . . .	H	12 5	1,0	0,069
Iode.	I	1580	125,8	4,948
Oxygène (gaz).	O	100	8,0	1,105
Phosphore	Ph	400	32,0	1,77
Sélénium.	Se	491	39,2	4,3
Silicium.	Si	266	21,8	»
Soufre.	S	200	16,0	2,087
Tellure.	Te	800	64,5	6,2

Corps simples métalliques ou métaux.

Employés dans l'industrie.	Symboles	Équivalents		Non employés	Symboles
		0 = 100	H = 1		
Aluminium . .	Al	175	14,0	Iridium	Ar
Antimoine. . .	Sb	800	64,4	Cerium	Co
Argent.	Ag	1350	108,0	Didynium . . .	Di
Barium	Ba	858	68,6	Donarium. . .	Do
Bismuth. . . .	Bi	1330	106,4	Erium.	Er
Cadmium . . .	Cd	696	56,6	Glucinium. . .	Gl
Calcium. . . .	Ca	250	20,0	Ilmenium. . .	Il
Chrome	Cr	328	26,2	Iridium. . . .	Ir
Cobalt.	Co	368	29,4	Lanthane. . .	La
Cuivre.	Cu	395	31,6	Lithium. . . .	Li
Étain..	Sn	735	58,8	Molybdène. . .	Mo
Fer	Fe	350	28,0	Niobium. . . .	Nb
Magnésium . .	Mg	158	12,6	Osmium. . . .	Os
Manganèse. . .	Mn	345	27,6	Pélopium . . .	Po
Mercure. . . .	Hg	1250	100,0	Rhodium. . . .	Rh
Nickel.	Ni	369	29,5	Ruthenium . .	Ru
Or.	Au	1227	98,1	Tantale	Ta
Palladium. . .	Pd	655	53,2	Tellure	Te
Platine	Pt	1233	98,6	Terbium. . . .	T
Plomb.	Pb	1294	103,5	Thorium. . . .	Th
Potassium. . .	K	490	39,2	Titane.	Ti
Sodium. . . .	Na	200	23,2	Tungstène. . .	W
Strontium. . .	St	548	43,8	Vanadium. . .	Va
Uranium. . . .	U	754	60,0	Yttrium	Y
Zinc.	Zn	414	33,1	Zirconium. . .	Zr

Composition des eaux.

(*Voir l'Annuaire des eaux de France.*)

L'eau pure contient { en poids 89 oxygène et 11 hydrogène.
{ en volume 1 id. 2 id.

En dissolution il s'y trouve principalement mêlé les substances suivantes: 1° Carbonate de chaux; 2° Sulfate de chaux, nuisible à l'hygiène, formant dans les chaudières un sel cristallisable très-dur, se précipite au fond du réservoir alimentaire par la barythe; 3° Sel de magnésie, d'alumine et soude, peu nuisible et peu abondant d'ailleurs, en général, sauf dans l'eau de mer; 4° Silice, donne des dépôts très-durs dans les chaudières.

Ces substances se trouvent dissoutes dans l'eau dans les proportions suivantes :

Eau de mer (Océan). . .	{ de 0.00323 (Faraday).
	{ à 0.00360 (Murray).
Id. (Méditerranée).	0.00395 . . . . . .
Eaux douces bonnes. . . .	{ de 0.00010 Rhône (Bineau).
	{ à 0.00025 Seine (Mercier).
Eaux de source mauvaises.	{ de 0.00106 Nied (Barral).
	{ à 0.00252 (Boutron-Charlard).

En suspension, les eaux peuvent contenir de la vase qui se précipite par un simple repos dans le réservoir.

ANALYSES DE LA HOUILLE ET DU COKE.

La proportion respective des éléments est très-variable suivant les localités et même suivant les couches. Les 300 échantillons étalés à l'exposition universelle de Paris, en 1855, comme représentant les principales variétés des houillères des Iles Britanniques, ont offert en résumé les compositions et propriétés suivantes :

Carbone.	de 68.72 p. 0/0 à	97.00 p. 0/0
Hydrogène..	2.99	6.60
Nitrogène ou azote.	0.50	2.20
Soufre.	0.06	8.60
Oxygène.	0.50	12.64
Cendre.	0.20	14.30
Poids spécifique.	1.10	1.93
Kilogr. d'eau vaporisés pour 1 kilog. de houille. (Exp^ce de laboratoire).	7.04	10.75

Les 300 échantillons ci-dessus provenaient de cinquante-cinq localités extrayant ensemble annuellement 5,000,000 de tonnes.

POIDS ABSOLU DE DIVERSES SUBSTANCES.

FLUIDES ÉLASTIQUES A 0° ET 1 ATMOSPHÈRE.

NOMS DES SUBSTANCES.	Poids d'un décimètre cube, ou d'un litre.	NOMS DES SUBSTANCES.	Poids d'un décimètre cube, ou d'un litre.
	kil. gr. mill.		kil. gr. mill.
Air atmosphérique	0.001 299	Protoxide d'azote	0.001 977
Vapeur d'iode	0.011 205	Acide carbonique	0.001 981
Vapeur d'éther hydriodique	0.007 118	Gaz chlorhydrique	0.001 622
Vap. d'essence de térébent.	0.006 517	Gaz hydrosulfurique	0.001 547
Gaz hydriodique	0.005 772	Gaz oxygène	0.001 433
Gaz fluo-silicique	0.004 646	Deutoxyde d'azote	0.001 347
Gaz chloro-carbonique	0.004 406	Gaz oléfiant	0.001 275
Vap. de carbure de soufre	0.003 438	Gaz azote	0.001 268
Vap. d'éther sulfurique	0.003 395	Gaz oxyde de carbone	0.001 243
Chlore	0 003 209	Vapeur hydrocianique	0.001 231
Gaz euchlorine	0.003 092	Hydrogène phosphuré	0.001 131
Gaz fluoborique	0.003 082	Vapeur d'eau	0.000 811
Vap. d'éther chlorhydrique	0.002 883	Gaz ammoniacal	0.000 776
Gaz sulfureux	0.002 849	Gaz hydrogène carboné	0.000 722
Gaz chlorocianique	0.002 744	Gaz hydrogène arsénical	0.000 783
Cyanogène	0.002 347	Gaz hydrogène	0.000 688 4
Vap. d'alcool absolu	0.002 096		

SUBSTANCES DIVERSES.

NOMS DES SUBSTANCES.	kil.	NOMS DES SUBSTANCES.	kil.
Acide chlorhydrique	1.1940	Beurre	0.9423
— nitreux	1.5500	Bière	1.024
— nitrique	1.2715	Bismuth	9.8220
— sulfurique à 66°	1.8409	Blanc de baleine	0.9433
Acier écroui et non trempé	7.8404	— d'œuf	1.041
— id. et trempé	7.8180	Bois aune	0.800
— non écroui ni trempé	7.8331	— Brésil	1.031
— trempé non écroui	7.8163	— buis de France	0.912
Albâtre d'Europe	1.8740	— id. de Hollande	1.328
— oriental	2.7302	— Campêche	0.913
Alcool absolu	0.7130	— cèdre	0.506
Alun	1.7530	— cerisier	0.715
Ammoniaque	0.8970	— chêne aubier	0.540
Anthracite	1.8000	— id. cœur	1.170
Antimoine fondu	6.7120	— id. sec	0.740
Ardoise	2.6535	— id vert	0.850
Argent à 951/1000 fondu	10.1752	— coignassier	0.704
— id. forgé	10.3765	— cyprès	0.644
— au titre de la monnaie, fondu	10.0476	— ébénier d'Amérique	1.331
— id. id. monnayé	10.4077	— id. des Indes	1.200
— pur fondu	10.4743	— érable	0.775
— pur forgé	10 5107	— fossile	0,209 à 1 380
Argile	1.93	— frêne	0.845
Arsenic	5.67	— gaïac	1.333
Asphalte	1.336	— grenadier	1.354
Avoine (h)	0.470	— hêtre	0.642
Basalte d'Auvergne	2.4215	— If	0.607
Beton de caillou	2.485	— liège	0.240
— de meulières concassées dites caillasses	2.700	— néflier	0.944
— de recoupe de pierres dures	2.600	— noyer	0.671
— de meulières poreuses	2.657	— oranger	0.505
		— orme	0.671
		— peuplier blanc	0.320
		— id ordinaire	0.383

NOMS DES SUBSTANCES.	Poids d'un décimètre cube, ou d'un litre.	NOMS DES SUBSTANCES.	Poids d'un décimètre cube, ou d'un litre.
	kil.		kil.
Bois poirier	0.661	Farine de froment bonne qualité (*h*)	1.0350
— pommier	0.793	Fer fondu	7.2070
— prunier	0.785	— forgé ou barres	7.7880
— sapin femelle	0.498	Flint-Glass. (Voy. *Verre*)	3.3293
— *id.* mâle	0.550	Glace	0.9300
— *id.* rouge	0.657	Graine de chenevis (*h*)	0.520
— sassafras	0.482	— de faîne (*h*)	0.500
— saule	0.585	— de lin (*h*)	0.680
— sureau	0.695	— de moutarde (*h*)	
— tilleul	0.604	— d'œillette (*h*)	0.620
— vigne	1.327	— de navette d'été (*h*)	0.540
Borax	1.720	— *id.* d'hiver (*h*)	0.640
Brôme	2.966	Graisse de bœuf	0.9232
Camphre	0.996	— de mouton	0.9235
Caoutchouc	0.933	— de porc	0.9368
Charbon de bois fait en tas	0.250	— de veau	0.9341
— en vase clos	0.150	Granit des Vosges	2.7165
Chaux sulfatée cristallisée	2.414	— gris	2.7279
— vive (*h*) (1)	0.840	— *id.* de Bretagne	2.7280
Chrôme fondu	5.9000	— rouge d'Egypte	2.6541
Cire blanche	0.9686	Granitelle	3.0626
— jaune	0.9748	Grès à bâtir	1.9332
— lard	0.9478	— à paveur	2.4158
Cobalt	7.8119	Houille compacte	1.3292
Coke d'éclairage (*h*)	0.340	— mesurée à l'hectol. (*h*)	0.800
— *id.* au four (*h*)	0.400	Huile d'amande douce	0.9170
Colza (*h*)	0.650	— de baleine	0.9233
Cristal de Saint-Gobain	2.4862	— de faîne (V. *Graines*)	0.9170
Cuivre en fil	8.8785	— de lin	0.9403
— fondu	8.7880	— de navette	0.9193
— laiton fondu	8.3950	— de noix	0.9227
— *id.* en fil	8.5441	— d'olive	0.9158
Diamants les plus légers	3.5010	— de pavot	0.9288
— les plus lourds	3.5310	Iode	4.9480
Eau de la mer Morte	1.2403	Ivoire	1.9170
— de mer	1.0263	Jayet ou lignite	2.2590
— de pluie ou distillée	1.0000	Lait d'anesse	1.0355
Eau-de-vie à 18 degrés	0.9477	— de brebis	1.0409
— à 19 *id.*	0.9416	— de chèvre	1.0341
— à 22 *id.*	0.9236	— de femme	1.0203
Esprit-de-vin à 33 degrés	0.8632	— de jument	1.0346
— à 36 *id.*	0.848	— de vache	1.0324
Essence de cannelle	1.0439	Laiton (Voy. *Cuivre*)	8.3950
— de gérofle	1.0363	Maçonnerie en brique	1.870
— lavande	0.8938	— en moellon	2.250
— de menthe	0.8510	— en pierre sèche	1.450
— de térébenthine	0.8697	Marbre campan vert	2.7417
Etain de Cornouailles écroui	7.2994	— de Carrare	2.7166
— *id.* non écroui	7.2914	— de Paros	2.8376
— de Malacca écroui	7.3065	Mercure	13.5960
— *id.* non écroui	7.2963	Miel	1.4500
Ether acétique	0.8664	Molybdène	8.6110
— chlorhydrique	0.8749	Mortier	1.7200
— nitrique	0.9088	Naphte	0.8473
— sulfurique	0.7119		

(1) Toutes les substances qui sont accompagnées d'un *h* sont comptées mesurées au double décalitre ou à l'hectolitre, suivant les usages du commerce.

NOMS DES SUBSTANCES.	Poids d'un décimètre cube, ou d'un litre.	NOMS DES SUBSTANCES.	Poids d'un décimètre cube, ou d'un litre.
	kil.		kil.
Nickel.	8.2700	Quartz jaspé.	2.7101
Or à 833/1000 fondu.	15.7090	Rhodium.	11.0000
— id. forgé.	15.7746	Sable.	1.343
— à 917/1000 fondu.	17.4863	— de rivière.	1.880
— id. forgé.	17.5893	Schiste.	2.672
— au titre de la monnaie, fondu.	17.4022	Sélénium.	4.3200
— id. monnayé.	17.6473	Seigle (h).	0.740
— pur fondu.	19.2581	Sodium.	0.9726
— id. forgé.	19.3617	Son, mouture française (h).	0.200
Orge (h).	0.6330	— id. anglaise (h)...	0.220
Os de bœuf.	1.6560	Soufre natif.	2.0330
— concassés.	0.5000	Sucre.	1.606
Palladium.	11.3000	Suif.	0.9410
Parafine.	0.8700	Tan (h).	0.350
Perles communes.	2.7500	Tellure fondu.	6.1150
Perles orientales.	2.6840	Terre argileuse de culture.	1.240
Phosphore.	1.7700	— composée de débris de roche.	1.750
Pierre à plâtre.	2.1679	— mêlée de gros graviers.	1.650
— d'Arcueil.	2.0605	— id. de petits graviers.	1.450
— de liais.	2.0776	— ordinaire végétale.	1.110
— de St-Leu.	1.6593	— savonneuse.	1.578
— fine de Meudon.	2.4353	—tourbe sèche (h).	0.444
— météorique.	3.575	Tripoli.	1,856 à 2,20
— meulière.	2.4835	Tungstène.	17.6000
— ponce.	0.9145	Urane.	8.1000
Platine écroui.	23.000	Verre à bouteilles (Voyez Cristal).	2.7325
— en fil.	21.0417	— à vitre.	2.6423
— forgé.	20.3366	Vinaigre.	1.019
— laminé.	22.6899	Vin de Bordeaux.	0.9939
Plâtre broyé (h) V. Chaux.	0.980	— de Bourgogne.	0.9215
Plomb.	11.3523	— de Champagne.	0.962
Poix-résine.	1.072	— de Madère.	1.03
Pomme de terre (h).	0.940	— de Porto.	0.997
Porphyre rouge.	2.7651	— du Cap.	1.822
Potassium.	0.8651	Zinc fondu.	6.8610
Poudre de guerre.	0.858		

Poids du mètre cube de divers matériaux de construction.

	kil.	kil.
Terreau.	de 830	à 860
Tourbe { sèche.	614	»
Tourbe { humide.	785	»
Terre végétale.	1150	1260
Terre forte, graveleuse.	1350	1450
Gravier.	1370	1460
Cailloux.	»	1658
Fragments de roches.	1550	1800
Vase.	1642	»
Argile et glaise.	1636	1756
Marne.	1670	1640
Sable { fin et sec.	1400	1430
Sable { fossile argileux.	1710	1800
Sable { de rivière humide.	1770	1860

	kil.	kil.
Scories de forge, mâchefer	770	1000
Laitier vitreux	1400	1480
Pouzzolane { d'Italie	1160	1230
Pouzzolane { du Vivarais	1080	1130
Trass d'Andernach	1070	1080
Brique	1500	1650
Chaux { vive sortant du four	800	860
Chaux { éteinte, en pâte ferme	1320	1430
Mortier de chaux et de { sable	1850	2140
Mortier de chaux et de { ciment	1650	1700
Mortier de chaux et de { mâchefer	1130	1220
Mortier de chaux et de { cuit, battu et tamisé	1240	1260
Plâtre { gâché { humide	1570	1600
Plâtre { gâché { sec	1400	1415
Pierre à bâtir { tendre	1140	1720
Pierre à bâtir { franche, demi-roche	1710	2000
Pierre à bâtir { liais doux et roches	2140	2280
Pierre à bâtir { liais, roches dures	2260	2430
Pierre à bâtir { roches très compactes	2500	2710
Pierre à bâtir { pierres de taille	2400	2700
Maçonnerie de { cailloux	2300	2400
Maçonnerie de { moellon	2150	2250
Maçonnerie de { briques	1750	1800
Houille, charbon de terre en fragments	750	920
Bois de construction { chêne		943
Bois de construction { frêne		845
Bois de construction { hêtre		852
Bois de construction { sapin	650	720
Bois de sciage et planches		614

Poids de l'hectolitre ras de diverses substances

	kil.	kil.
Houille (tout venant)	de 72	à 90
Coke de gaz, moyens morceaux	26	36
Coke à locomotives, id.	35	50
Sable	140	200
Cailloutis pour chaussées ou béton	120	200
Chaux ou plâtre	8	14
Blé, orge, avoine, etc.	45	65

Dimensions et poids des briques, tuiles, etc.

		Largeur.	Longueur	Épaisseur.	LE CENT	
Briques de {	Bourgogne.	0,226	0,108	0,054	de 241 k.	à 248 k.
Briques de {	Montereau.	0,217	0,108	0,050	208	214
Briques de {	Sarcelles.	0,210	0,088	0,047	180	184
Ardoise carrée forte.		»	»	»	45	47
Id.	fine.	»	»	»	36	38
Tuiles de Bourgogne,	grand moule.	0,208	0,244	0,0135	223	225
Id.	faîtières.	0,352	»	»	370	385
Carreaux à 6 pans de {	Bourgogne.	0,162	»	»	84	»
Carreaux à 6 pans de {	Sarcelles.	0,162	»	»	74	»

Aréomètres.

Passage des degrés des aréomètres de Baumé aux poids spécifiques correspondants (EXTRAIT DE LA *Théorie générale des Pèse-Liqueurs*, DE P. M. N. BENOIT, INGÉNIEUR CIVIL).

Pèse-Esprits (le 10e degré est placé au terme de l'eau distillée).

Degré.	POIDS spécifiques ou densités.	Degré.	POIDS spécifiques ou densités.	Degré.	POIDS spécifiques ou densités.	Degré.	POIDS spécifiques ou densités.	Degré.	POIDS spécifiques ou densités.
60	0.74227	50	0.78261	40	0.82759	30	0.87805	20	0.93506
59	.74611	49	.78680	39	.83237	29	.88314	19	.94118
58	.75000	48	.79124	38	.83721	28	.88889	18	.94737
57	.75393	47	.79558	37	.84211	27	.89441	17	.95364
56	.75789	46	.80000	36	.84706	26	.90000	16	.96000
55	0.76190	45	0.80447	35	0.85207	25	0.90566	15	0.96644
54	.76596	44	.80899	34	.85714	24	.91180	14	.97297
53	.77005	43	.81356	33	.86228	23	.91720	13	.97959
52	.77419	42	.81818	32	.86747	22	.92308	12	.98630
51	.77838	41	.82286	31	.87273	21	.92903	11	.99310

Pèse-Sels (le zéro est placé au terme de l'eau distillée).

Degrés.	POIDS spécifiques ou densités.	Degrés.	POIDS spécifiques ou densités.	Degrés.	POIDS spécifiques ou densités.	Degrés.	POIDS spécifiques ou densités.	Degrés.	POIDS spécifiques ou densités.
1	1.00699	16	1.12500	31	1.27434	46	1.46939	61	1.73494
2	.01405	17	.13386	32	.28571	47	.48458	62	.75610
3	.02128	18	.14287	33	.29730	48	.50000	63	.77778
4	.02857	19	.15200	34	.30909	49	.51579	64	.80000
5	.03597	20	.16129	35	.32110	50	.53191	65	.82278
6	1.04318	21	1.17073	36	1.33333	51	1.54839	66	1.84615
7	.05109	22	.18083	37	.34579	52	.56522	67	.87013
8	.05882	23	.19008	38	.35849	53	.58242	68	.89474
9	.06667	24	.20000	39	.37143	54	.60000	69	.92000
10	.07463	25	.21008	40	.38462	55	.61798	70	.94595
11	1.08271	26	1.22034	41	1.39806	56	1.63636	71	1.97260
12	.09091	27	.23077	42	.41176	57	.65517	72	2.00000
13	.09924	28	.24138	43	.42574	58	.67442	73	.02817
14	.10769	29	.25217	44	.44000	59	.69412	74	.05714
15	.11628	30	.26316	45	.45455	60	.71429	75	.08696

Dans sa *Théorie générale des Pèse-Liqueurs*, appliquée à la construction et à l'emploi de toutes sortes d'aréomètres entièrement comparables, M. Benoit démontre que si les aréomètres de Baumé étaient construits avec des cylindres, lutés intérieurement sur leur base, la longueur de ces cylindres, immergée dans l'eau distillée, à la température de 10° Réaumur, choisie par Baumé, l'*étalon naturel* de ces aréomètres contiendrait 144 degrés ; car ce nombre est la valeur moyenne de ceux auxquels conduisent les diverses tables de correspondance publiées, et les instruments que l'on trouve dans le commerce. Ces instruments seraient entièrement comparables, s'ils étaient divisés d'après la longueur de leur *étalon naturel*, au lieu de l'être d'après un *module* obtenu à l'aide de liquides préparés, rarement identiques.

Chaleur et combustibles

COMPARAISON DES DIFFÉRENTS THERMOMÈTRES.   1.

Centigrades ou Celsius.	Réaumur.	Fahrenheit.	Centigrades ou Celsius.	Réaumur.	Fahrenheit.	Centigrades ou Celsius.	Réaumur.	Fahrenheit.
+260	+208.	+500.	+220	+176.	+428.	+180	+144.	+356.
259	207.20	498.20	219	175.20	426.20	179	143.20	354.20
258	206.40	496.40	218	174.40	424.40	178	142.40	352.40
257	205.60	494.60	217	173.60	422.60	177	141.60	350.60
256	204.80	492.80	216	172.80	420.80	176	140.80	348.80
255	204.	491.	215	172.	419.	175	140.	347.
254	203.20	489.20	214	171.20	417.20	174	139.20	345.20
253	202.40	487.40	213	170.40	413.40	173	138.40	343.40
252	201.60	485.60	212	169.60	413.60	172	137.60	341.60
251	200.80	483.80	211	168.80	411.80	171	136.80	339.80
250	200.	482.	210	168.	410.	170	136.	338.
249	199.20	480.20	209	167.20	408.20	169	135.20	336.20
248	198.40	478.40	208	166.40	406.40	168	134.40	334.40
247	197.60	476.60	207	165.60	404.60	167	133.60	332.60
246	196.80	474.80	206	164.80	402.80	166	132.80	330.80
245	196.	473.	205	164.	401.	165	132.	329.
244	195.20	471.20	204	163.20	399.20	164	131.20	327.20
243	194.40	469.40	203	162.40	397.40	163	130.40	325.40
242	193.60	467.60	202	161.60	395.60	162	129.60	323.60
241	192.80	465.80	201	160.80	393.80	161	128.80	321.80
240	192.	461.	200	160.	392.	160	128.	320.
239	191.20	462.20	199	159.20	390.20	159	127.20	318.20
238	190.40	460.40	198	158.40	388.40	158	126.40	316.40
237	189.60	458.60	197	157.60	386.60	157	125.60	314.60
236	188.80	456.80	196	156.80	384.80	156	124.80	312.80
235	188.	455.	195	156.	383.	155	124.	311.
234	187.20	453.20	194	155.20	381.20	154	123.20	309.20
233	186.40	451.40	193	154.40	379.40	153	122.40	307.40
232	185.60	449.60	192	153.60	377.60	152	121.60	305.60
231	184.80	447.80	191	152.80	375.80	151	120.80	303.80
230	184.	446.	190	152.	374.	150	120.	302.
229	183.20	444.20	189	151.20	372.20	149	119.20	300.20
228	182.40	442.40	188	150.40	370.40	148	118.40	298.40
227	181.60	440.60	187	149.60	368.60	147	117.60	296.60
226	180.80	438.80	186	148.80	366.80	146	116.80	294.80
225	180.	437.	185	148.	365.	145	116.	293.
224	179.20	435.20	184	147.20	363.20	144	115.20	291.20
223	178.40	433.40	183	146.40	361.40	143	114.40	289.40
222	177.60	431.60	182	145.60	359.60	142	113.60	287.60
221	176.80	429.80	181	144.80	357.80	141	112.80	285.80

$$F = \frac{9}{5}C + 32 \qquad\qquad F = \frac{9}{4}R + 32$$

$$C = (F - 32)\frac{5}{9} \qquad\qquad R = (F - 32)\frac{4}{9}$$

Centi-grades ou Celsius.	Réaumur.	Fahrenheit.	Centi-grades ou Celsius.	Réaumur.	Fahrenheit.	Centi-grades ou Celsius.	Réaumur.	Fahrenheit.
+140	+112.	+284.	+90	+72.	+194.	+40	+32.	+104.
139	111.20	282.20	89	71.20	192.20	39	31.20	102.20
138	110.40	280.40	88	70.40	190.40	38	30.40	100.40
137	109.60	278.60	87	69.69	188.60	37	29.60	98.60
136	108.80	276.80	86	68.80	186.80	36	28.80	96.80
135	108.	275.	85	68.	185.	35	28.	95.
134	107.20	273.20	84	67.20	183.20	34	27.20	93.20
133	106.40	271.40	83	66.40	181.40	33	26.40	91.40
132	105.60	269.60	82	65 60	179.60	32	25.60	89.60
131	104.80	267.80	81	64.80	177.80	31	24.80	87.80
130	104.	266.	80	64.	176.	30	24.	86.
129	103.20	264.20	79	63.20	174.20	29	23.20	84.60
128	102.40	262.40	78	62.40	172.40	28	22.40	82.40
127	101.60	260.60	77	61.60	170.60	27	21.60	80.60
126	100.80	258.80	76	60.80	168.80	26	20.80	78.80
125	100.	257.	75	60.	167.	25	20.	77.
124	99.20	255.20	74	59.20	165.20	24	19.20	75.20
123	98.40	253.40	73	58.40	163.40	23	18.40	73.40
122	97.60	251.60	72	57.60	161.60	22	17.60	71.60
121	96.80	249.80	71	56.80	159.80	21	16.80	69.80
120	96.	248.	70	56.	158.	20	16.	68.
119	95.20	246.20	69	55.20	156.20	19	15.20	66.20
118	94.40	244.40	68	54.40	154.40	18	14.40	64.40
117	93.60	242.60	67	53.60	152.60	17	13.60	62.60
116	92.80	240.80	66	52.80	150.80	16	12.80	60.80
115	92.	239.	65	52.	149.	15	12.	59.
114	91.20	237.20	64	51.20	147.20	14	11.20	57.20
113	90.40	235.40	63	50.40	145.40	13	10.40	55.40
112	89.60	233.60	62	49.60	143.60	12	9.60	53.60
111	88.80	231.80	61	48.80	141.80	11	8.80	51.80
110	88.	230.	60	48.	140.	10	8.	50.
109	87.20	228.20	59	47.20	138.20	9	7.20	48.20
108	86.40	226.40	58	46.40	136.40	8	6.40	46.40
107	85.60	224.60	57	45.60	134.60	7	5.60	44.60
106	84.80	222.80	56	44.80	132.80	6	4.80	42.60
105	84.	221.	55	44.	131.	5	4.	41.
104	83.20	219.20	54	43.20	129.20	4	3.20	39.20
103	82.40	217.40	53	42.40	127.40	3	2.40	37.40
102	81.60	215.60	52	41.60	125.60	2	1.60	35.60
101	80.80	213.80	51	40.80	123.80	1	0.80	33.80
100	80.	212.	50	40.	122.	0	0.	32.
99	79.20	210.20	49	39.20	120.20	— 1	— 0.80	30.20
98	78.40	208.40	48	38.40	118.40	2	1.60	28.40
97	77.60	206.60	47	37.60	116.60	3	2.40	26.60
96	76.80	204.80	46	36.80	114.80	4	3.20	24.60
95	76.	203.	45	36.	113.	5	4.	23.
94	75.20	201.20	44	35.20	111.20	6	4.80	21.20
93	74.40	199.40	43	34.40	109.40	7	5.60	19.40
92	73 60	197.60	42	33.60	107.60	8	6.40	17.60
91	72.80	195.80	41	32.80	105.80	9	7.20	15.80
						10	8.	14.

POINTS DE FUSION DE DIFFÉRENTS CORPS ET DE DIVERSES SUBSTANCES (SILBERMANN, 1858).

SUBSTANCES.	DEGRÉS de thermomètre centigrade.	
	de	à
Aciers.	1300°	1500°
Antimoine pur.		690
Argent id.		1100
Bismuth id.	266	
Bronze selon la composition.	800	900
Cire.	60	68
Cuivre du commerce.	1020	1200
Étain id.	225	250
Fer forgé.	1500	1700
Fontes grises.	1100	1250
Fontes blanches.	1050	1100
Zinc.		436
Litharge.		954
Or pur.		1260
Or des monnaies, environ.		1200
Phosphore.		48
Platine, environ.		2500
Plomb du commerce.	320	830
Potassium.		58
Sodium.		90
Soufre et Iode.	106	100
Sel.		33
Scories de cuivre.		1848
— d'étain.		1347
— de puddlage.		1430

RECUIT DE L'ACIER TREMPÉ.

Recuire un métal c'est l'exposer au feu de nouveau après avoir été trempé. L'acier possède, suivant le degré du recuit, un degré de dureté, mais en même temps de fragilité énoncé ci-après :

	Jaune paille.	Jaune d'or.	Brune.	Pourpre.	Bleue claire.	Indigo.	Bleue foncée.
La couleur...							
Correspond aux degrés.	230	240	255	265	285	295	315
À ces degrés l'acier est	Très dur et convient pour la soupe.		Bon pour outil à couper le fer.			Bon pour outils à boîte.	Non comme le fer.

Tableau du froid produit par quelques mélanges frigorifiques.

DÉSIGNATION DES MÉLANGES.	ABAISSEMENT de TEMPÉRATURE.	FROID produit.
Eau, 16 parties; nitre, 5; hydrochlorate d'ammoniaque, 5.	de + 10° à — 12°	22°
Eau, 16; hydrochlorate d'ammoniaque, 5; nitre, 5; sulfate de soude, 8.	de + 10° à — 16°	26°
Eau, 4; nitrate d'ammoniaque, 1.	de + 10° à — 16°	26°
Eau, 4; nitrate d'ammoniaque, 1; sous-carbonate de soude.	de + 10° à — 19°	29°
Eau, 4; chlorure de potassium, 57; chlorhydrate d'ammoniaque, 32; nitrate de potasse, 20.	»	15°
Neige ou glace pilée, 2; sel marin, 1.	»	20°
Neige ou glace pilée, 5; sel marin, 2; sel ammoniac, 1.	»	24°
Neige ou glace pilée, 24; sel marin, 10; sel ammoniac, 5: nitre, 5.	»	28°
Neige ou glace pilée, 12; sel marin, 5; nitrate d'ammoniaque, 5.	»	31°
Sulfate de soude, 3; acide azotique étendu, 2.	de + 10° à — 19°	29°
Sulfate de soude, 6; sel ammoniac, 4, nitre, 2; acide azotique étendu, 4.	de + 10° à — 23°	33°
Sulfate de soude, 6; nitrate d'ammoniaque, 5; acide azotique étendu, 4.	de + 10° à — 26°	36°
Phosphate de soude, 9; acide azotique étendu, 4.	de + 10° à — 29°	39°
Sulfate de soude, 20; acide sulfurique à 36°,46.	de + 10° à — 8°,45	18°,45
Sulfate de soude, 22; résidu d'éther à 33°,47.	de + 10° à — 8°	18°
Sulfate de soude, 8; acide chlorhydrique, 5.	de + 10° à — 17°	27°

Termes d'ébullition de divers liquides en degrés du thermomètre centigrade.

DÉSIGNATION DES LIQUIDES.		NOMS des Observateurs.
	densités.	
Éther sulfurique.	0.7365 à 9°. . . 37° 8	Gay-Lussac.
Soufre carburé.	45. 0	
Alcool. . . . . 0.8151 à 9°. . .	79. 7	
Dissolution saturée de sulfate de soude.	100.74	
—— de muriate de soude.	106.86	Biot.
—— d'acétate de plomb.	102.04	
Phosphore.	290. 0	
Huile de térébenthine.	293. 0	
Soufre.	299. 0	
Acide sulfurique.	310. 0	
Huile de lin.	316. 0	
Mercure..	349. 0	

Chaleur spécifique de quelques corps solides ou fluides, à poids égaux, les gaz étant supposés maintenus à une pression constante, c'est-à-dire pouvant se dilater librement en conservant leur tension primitive.

(On a pris pour unité la chaleur spécifique de l'eau.

NOMS DES SUBSTANCES.		NOMS DES SUBSTANCES.	
Eau.	1.0000	Air atmosphérique. .	0.287
Fer.	0.1098	Oxygène.	0.2182
Fonte.	0.1400	Azote.	0.2440
Cuivre.	0.0940	Acide carbonique. . .	0.2164
Mercure.	0.0330	Oxyde de carbone. .	0.2470
Verre.	0.1770	Hydrogène.	3.4046
Zinc.	0.0027	Vapeur d'eau.. . . .	0.4750

Chaleurs latente et totale absorbées dans la vaporisation de 1 kilog. des liquides ci-après; leur température initiale étant 0°.

	Chaleur latente.	Chaleur totale.
Eau douce.	631°0	631°0
Alcool pur.	207.0	255.0
Éther sulfurique pur.	96.8	109.3
Essence de térébenthine.	76.0	140.2

Températures correspondantes aux différents degrés de chaleur rouge (Silbermann, 1858).

	Degrés centig.		Degrés centig.
Rouge naissant..........	650	Orange foncé (fusion de l'argent).................	1.100
Rouge sombre...........	730	Orange clair (fusion de l'or).	1.260
Cerise naissant...........	870	Blanc (fusion de l'acier)....	1.300
Cerise (fusion de la fonte truitée)................	970	Blanc suant...............	1.450
Cerise clair...............	1.000	Blanc éblouissant...........	1.500

Dilatations linéaires qu'éprouvent différentes substances, depuis le terme de la congélation de l'eau, jusqu'a celui de son ébullition.

SUBSTANCES.	En décimales.	En fractions ordinaires.
Acier non trempé......................	0,0 010 701	1/927
Argent de coupelle......................	0,0 019 097	1/523
Cuivre..........................	0,0 017 173	1/582
Cuivre jaune ou laiton....................	0,0 018 782	1/533
Etain de Falmouth......................	0,0 021 730	1/462
Fer doux, forgé.......................	0,0 012 205	1/819
Fer passé à la filière....................	0,0 012 350	1/812
Or de départ........................	0,0 014 661	1/682
Plomb.	0,0 026 484	1/356
Platine...........................	0,0 008 565	1/1167
Flint glass anglais.....................	0,0 008 117	1/1246
Verre de Saint-Gobin...................	0,0 008 909	1/1122

Dilatation en volume depuis zéro jusqu'a l'eau bouillante.

Mercure...........................	0·0 180 18	100/5550
Eau..............................	0,0 433	1/23
Alcool............................	0,1 100	1/9
Tous les gaz........................	0,3 75	100/167

Puissances calorifiques et pouvoirs rayonnants des différents combustibles, avec les volumes d'air nécessaires à leur combustion, et ceux qui se dégagent par les cheminées, pour 1 kilogramme de combustible.

(Extrait du *Traité de la chaleur*, par M. PECLET, 2ᵉ éd., 1843.)

DÉSIGNATION des combustibles.	Puissances calorifiques.	Pouvoirs rayonnants.	Volumes d'air froid.	Volumes de gaz qui se dégagent (1 + at.)
Bois sec....................	3 600	0.28	6.75	7.34
Bois ordinaire à 0,20 d'eau.....	2 800	0.25	5.40	6.11
Charbon de bois..............	7 000	0.50	16.40	16.40
Tourbe sèche................	4 800	0.25	11.28	11 73
Tourbe à 0,20 d'eau...........	3 600	0.25	9.02	9.65
Charbon de tourbe............	5 800	0.50	13.20	13.20
Houille moyenne.............	7 500	Plus que le charbon de bois....	16.10	16.14
Coke à 0,15 de cendres.........	6 000		16.00	15.00

Quantités de chaleur développées

PAR UN KILOGRAMME DES DIVERS COMBUSTIBLES.

(Extrait du Traité des Machines à Vapeur de Bataille et Jullien.—1846-47.)

NATURE DES COMBUSTIBLES.	COMPOSITION de la partie combustible.	Quantités de chaleur développées en calories.	OBSERVATIONS.
Hydrogène carboné. . .	Hydrogène. 0 25 / Carbone. . 0 75	6622	
Gaz oléfiant.	Hydrogène. 0 ½ / Carbone. . 0 ½	6833	Dalton.
Oxyde de carbone. . .	Carbone. . 0 43	4944	
Alcool.	Hydrogène. 0 1224 / Carbone. . 0 4785	6194	
Ether sulfurique. . .	Hydrogène. 0 133 / Carbone. . 0 696	8030	Rumfort.
Huile de térébenthine. .	Hydrogène. 0 0962 / Carbone. . 0 825	4667	Dalton.
Naphte.	Hydrogène. 0 123 / Carbone. . 0 83	7333	
Huile d'olive.	Hydrogène. 0 1336 / Carbone. . 0 702	9000	Rumford.
Huile de navette ou de colza.	. . . .	9300	
Cire jaune.	. . . .	10344	Laplace.
Cire blanche.	. . . .	9820	
Suif.	. . . .	8370	Rumford.
Houille collante de New-castle.	Hydrogène. 0 0446 / Carbone. . 0 7516	5123	Watt.
Houille, *dite* Cherry de Glascow.	Hydrogène. 0 100 / Carbone. . 0 666	6776	
Houille à feuillets de Glascow.	Hydrogène. 0 044 / Carbone. . 0 568	4630	
Houille à longue flamme. Cannel coal des environs de Coventry. . .	Hydrogène. 0 200 / Carbone. . 0 626	9501	Tredgold.
Cannel coal de Woodhall, près de Glascow. . .	Hydrogène. 0 039 / Carbone. . 0 722	5424	
Charbon de bois sec ou distillé.	. . . .	7050	
Charbon de bois ordinaire	. . . .	6000	Contenant 0,20 d'eau.
Coke pur.	. . . .	7050	
Houille de 1re qualité.	. . . .	7050	id. 0,02 cendres.
Houille de 2e qualité. .	. . . .	6345	id. 0,10 do
Houille de 3e qualité. .	. . . .	5932	id. 0,20 do
Bois séché au feu. . .	. . . .	3666	id. 0,52 charbon.
Bois séché à l'air. . .	. . . .	2945	id. 0,20 d'eau.
Tourbe ordinaire. . .	. . . .	1500	
Tourbe de 1re qualité. .	. . . .	3000	

COMPARAISON DES PUISSANCES DYNAMIQUES DES GAZ.

SUBSTANCES.	DENSITÉ des gaz, celle de l'air étant 1.	DENSITÉ du liquide, celle de l'eau étant 1.	TEMPÉRATURE en degrés centigrades.	FORCE en atmosphères.	PUISSANCES dynamiques de poids égaux de gaz.
Gaz acide carbonique.	1,527	0,83	0°	35	410
— sulfureux.	2,777	1,43	7,2	3	394
— hydrosulfurique.	1,192	0,9	10	17	581
Oxyde de chlore.	2,365	»	»	»	»
Deutoxyde d'azote.	1,527	»	7,2	50	»
Cyanogène.	1,818	0,9	7,2	3,6	381
Ammoniaque.	0,5962	0,76	10	6,5	983
Acide hydrochlorique.	1,285	»	10	40	»
Chlore.	2,496	1,33	10	4	406
Vapeur d'eau.	0,4545	1,00	100	4	1604

Pressions atmosphériques sur des surfaces métriques carrées et circulaires.

Nombre de centimètres	Pressions		Nombre de centimètres	Pressions		Nombre de centimètres	Pressions	
	carrées.	circul.		carrées.	circul.		carrées.	circul.
	k	k		k	k		k	k
1	1.0325	0 811	7	7.227	5,676	40	41.300	32.437
2	2.0650	1.622	8	8.260	6 487	50	51.625	40.546
3	3.097	2.433	9	9.292	7.298	60	61.950	48.655
4	4.130	3.244	10	10.325	8.109	70	72.275	56.764
5	5.162	4.055	20	20 650	16.218	80	82,600	64.874
6	6.195	4.865	30	30.975	24.328	90	92,925	72.983

Pressions en kilogrammes sur un centimètre carré, correspondantes aux pressions exprimées en livres anglaises sur un pouce carré anglais.

Liv.	Kilog.	Liv.	Kilog.	Liv.	Kilog.	Liv.	Kilog.
1	0.0703	26	1.83	51	3.58	76	5.34
2	0.1406	27	1 90	52	3.65	77	5.41
3	0.2108	28	1.97	53	3.72	78	5.48
4	0.2811	29	2.04	54	3.80	79	5.55
5	0.3514	30	2.11	55	3.87	80	5.62
6	0.4217	31	2.18	56	3.94	81	5 69
7	0.4920	32	2.25	57	4.00	82	5.76
8	0.5622	33	2.32	58	4.08	83	5.83
9	0.6325	34	2.39	59	4.15	84	5.90
10	0.7028	35	2.46	60	4.22	85	5.97
11	0.7731	36	2.53	61	4.29	86	6.04
12	0.8434	37	2.60	62	4.36	87	6.11
13	0.9137	38	2 67	63	4.43	88	6.18
14	0.9839	39	2.74	64	4.50	89	6.25
15	1.0542	40	2.81	65	4.57	90	6.33
16	1.1245	41	2.88	66	4.64	91	6.40
17	1.1948	42	2.95	67	4.71	92	6 47
18	1.2651	43	3.02	68	4.78	93	6.54
19	1.3353	44	3 09	69	4.85	94	6.61
20	1.4056	45	3.16	70	4.92	95	6.68
21	1.48	46	3.23	71	4.99	96	6.75
22	1.55	47	3.30	72	5.06	97	6.82
23	1.62	48	3.37	73	5.13	98	6.89
24	1.69	49	3.44	74	5.20	99	6.96
25	1.76	50	3.51	75	5.27	100	7.03

TABLEAU DES TENSIONS, DES TEMPÉRATURES, DES VOLUMES ET DES DENSITÉS DE LA VAPEUR DE 0,25 A 35 ATMOSPHÈRES.

(Extrait du *Guide du Mécanicien*, etc., de MM. FLACHAT et PETIET 1851).

TENSION DE LA VAPEUR.			TEMPÉRATURES en degrés centigrades correspondant aux différentes pressions.	VOLUMES en litres d'un kilogramme de vapeur.	POIDS en kilogrammes du mètre cube de vapeur.
en atmosphères.	en millimètres de hauteur de mercure.	en kilogrammes par centimètres carrés.			
0,25	190	0,260	65° 357	6134,97	0,163
0,50	380	0,518	81° 707	3205,13	0,312
0,75	579	0,776	92° 149	2002,64	0,454
1,00	760	1,034	100° 000	1689,19	0,592
1,25	950	1,293	106° 356	1373,21	0,728
1,50	1140	1,551	111° 739	1161,44	0,861
1,75	1330	1,809	116° 429	1007,00	0,993
2,00	1520	2,067	120° 598	891,26	1,122
2,25	1710	2,326	124° 362	799,36	1,251
2,50	1900	2,584	127° 799	726,21	1,377
2,75	2090	2,842	130° 968	665,33	1,503
3,00	2280	3,100	133° 910	614,20	1,628
3,25	2470	3,360	136° 659	570,45	1,753
3,50	2660	3,618	139° 243	533,33	1,875
3,75	2850	3,876	141° 682	505,55	1,998
4,00	3040	4,134	144° 000	471,92	2,119
4,25	3230	4,394	146° 194	446,42	2,240
4,50	3420	4,652	148° 290	423,95	2,359
4,75	3610	4,910	150° 296	403,71	2,477
5,00	3800	5,168	152° 219	384,90	2,598
5,25	3990	5,427	154° 068	368,18	2,716
5,50	4180	5,685	155° 646	352,86	2,834
5,75	4370	5,943	157° 560	339,09	2,949
6,00	4560	6,201	159° 218	326,15	3,066
6,25	4750	6,461	160° 821	313,87	3,186
6,50	4940	6,749	162° 374	303,12	3,290
6,75	5130	6,977	163° 882	293,00	3,413
7,00	5320	7,235	165° 344	283,37	3,529
7,25	5510	7,494	166° 766	273,59	3,655
7,50	5700	7,752	168° 151	263,68	3,756
7,75	5890	8,010	169° 498	258,46	3,869
8,00	6080	8,268	170° 813	251,19	3,981
9,00	6840	9,302	175° 767	225,68	4,431
10,00	7600	10,336	180° 306	205,21	4,873
12,00	9120	12,396	190° 00	175,10	5,710
15,00	11400	15,495	200° 48	143,30	6,979
20,00	15200	20,660	214° 70	110,70	9,033
25,00	19000	25,825	226° 30	90,70	11,029
30,00	22800	30,990	236° 30	77,20	12,077
35,00	26600	36,155	244° 85	67,20	14,887

*Force expansive de la vapeur d'alcool et d'éther sulfurique à
diverses températures.*

	ALCOOL.		ÉTHER.	
	TEMPÉRATURE en degrés centigrades.	FORCE expansive en atmosphères.	TEMPÉRATURE en degrés centigrades.	FORCE expansive en atmosphères.
	—15°	0.010	+37°8	1.0
	0	0.025	100	5.6
	+5	0.033	112	8
	10	0.045	125	10
	25	0.100	130	12
	50	0.330	150	15
	55	0.410	160	20
	60	0.500	174	28
	65	0.610	184	37
	70	0.740	200	48
	75	0.90	278	100
	78	1.00	300	120
	115	1.60	322	130
	130	2.52		

A 78° et sous la pression atmosphérique l'alcool bout.

A 184° et 37 atmosphères tout l'éther se réduit en vapeur dans un
espace moindre que 2 fois son volume primitif.

*Évaporation de l'eau à l'air calme à diverses températures et par
mètre carré de surface d'eau.*

TEMPÉRATURE.	POIDS d'eau évaporisée.	TEMPÉRATURE.	POIDS d'eau évaporisée.
Degrés centigr.	kil.	Degrés centigr.	kil.
20	0,32	60	2,70
30	0,50	70	4,32
40	1,00	80	6,64
50	1,7	90	10,00

*Poids de vapeur renfermée dans un mètre cube d'air saturé à
différentes températures sous la pression atmosphérique.*

(*Traité de la chaleur*, par PÉCLET, édition de 1843.)

Température.	Poids en grammes.	Température.	Poids en grammes.	Température.	Poids en grammes.
0°	5.2	35°	37.00	70°	141.96
5	7.2	40	46.40	75	173.74
10	9.50	45	58.00	80	199.24
15	12.83	50	63.03	85	227.20
20	16.78	55	86.74	90	231.34
25	22.01	60	105.84	95	273.78
30	28.51	65	127.20	100	295.

*Volumes écoulés pour que la vapeur renfermée dans un vase de
1 mc passe successivement à toutes les pressions de 5 à 1 atmosphères, jusqu'à la pression atmosphérique, — et volumes to-
taux écoulés pour que la vapeur se détende à la pression atmosphérique.*

(*Extrait du Guide du Mécanicien* de MM. FLACHAT et PETIET, 1840.)

PRESSION absolue en atmosphères.	POIDS du mètre cube de vapeur aux pressions absolues indiquées.	DIFFÉRENCES de poids du mètre cube de vapeur entre deux pressions absolues successives.	VOLUME du poids de vapeur écoulé rapporté à la pression moyenne de la vapeur.	VOLUME TOTAL qui doit s'écouler pour que le mètre cube de vapeur aux diverses pressions se soit détendu à la pression atmosphérique.
atm.	kil.	kil.	m. c.	m. c.
5.	2.5682	0.1168	0.0465	1.4720
4.75	2.4514	0.1169	0.0489	1.4255
4.50	2.3345	0.1170	0.0514	1.3766
4.25	2.2175	0.1213	0 0562	1.3252
4.00	2 0962	0.1205	0.0592	1.2690
3.75	1.9757	0.1208	0.0631	1.2098
3.50	1.8549	0.1213	0.0674	1.1467
3.25	1.7336	0.1224	0.0732	1.0793
3.00	1.6110	0.1237	0.0799	1 0061
2.75	1.4873	0.1239	0.0870	0.9262
2.50	1.3634	0.1258	0.0968	0.8392
2.25	1.2376	0.1264	0.1075	0.7424
2.00	1.1112	0.1276	0.1218	0.6349
1.75	0.9836	0.1300	0.1415	0.5431
1.50	0.8536	0.0787	0.0961	0.3716
1.35	0 7749	0.0525	0.0701	0.2765
1.25	0.7224	0.0268	0 0378	0.2054
1.20	0.6956	0 0269	0.0394	0.1676
1.15	0.6687	0.0268	0.0409	0.1282
1.10	0.6419	0 0269	0.0428	0.0873
1.05	0 6150	0.0268	0.0445	0.0445
1.00	0.5882			

Quantités de travail totales produites, sous différentes détentes, par 1 mètre cube de vapeur d'eau prise à la tension de 1 atmosphère.

(Extrait de l'*Introduction à la mécanique industrielle* de M. PONCELET, 2ᵉ édit. 1841.)

Volume après la détente.	Quantité de travail correspondante.	Volume après la détente.	Quantité de travail correspondante.	Volume après la détente.	Quantité de travail correspondante.	Volume après la détente	Quantité de travail correspondante.	Volume après la détente.	Quantité de travail correspondante	Volume après la détente.	Quantité de travail correspondante.
m. c.	km.	m. c.	km.	m. c.	km.	m. c.	km.	m. c.	km.	m. c.	km.
1.00	10.333	1.20	12.217	2.00	17.496	3.40	22.979	5.40	27.759	9.50	33.597
1.01	10.436	1.21	12.303	2.05	17.751	3.50	23.279	5.50	27.949	9.75	33.865
1.02	10.538	1.22	12.388	2.10	18.000	3.60	23.570	5.60	28.135	10.00	34.127
1.03	10.639	1.23	12.472	2.15	18.243	3.70	23.853	5.70	28.318	15.00	38.317
1.04	10.739	1.24	12.556	2.20	18.481	3.80	24.128	5.80	28.498	20.00	41.259
1.05	10.837	1.25	12.639	2.25	18.713	3.90	24.397	5.90	28.674	25.00	43.595
1.06	10.935	1.30	13.044	2.30	18.940	4.00	24.658	6.00	28.848	50.00	50.758
1.07	11.032	1.35	13.434	2.35	19.162	4.10	24.914	6.25	29.270	100.00	57.920
1.08	11.129	1.40	13.810	2.40	19.380	4.20	25.163	6.50	29.675		
1.09	11.224	1.45	14.173	2.45	19.593	4.30	25.406	6.75	30.065		
1.10	11.318	1.50	14.523	2.50	19.802	4.40	25.613	7.00	30.441		
1.11	11.412	1.55	14.862	2.55	20.006	4.50	25.875	7.25	30.804		
1.12	11.504	1.60	15.190	2.60	20.207	4.60	26.103	7.50	31.154		
1.13	11.596	1.65	15.508	2.70	20.597	4.70	26.325	7.75	31.493		
1.14	11.687	1.70	15.816	2.80	20.973	4.80	26.542	8.00	31.820		
1.15	11.778	1.75	16.116	2.90	21.335	4.90	26.755	8.25	32.139		
1.16	11.867	1.80	16.407	3.00	21.636	5.00	26.964	8.50	32.447		
1.17	11.956	1.85	16.690	3.10	22.024	5.10	27.169	8.75	32.747		
1.18	12.044	1.90	16.966	3.20	22.353	5.20	27.369	9.00	33.038		
1.19	12.131	1.95	17.234	3.30	22.674	5.30	27.566	9.25	33.321		

Densités de la vapeur à diverses tensions, la densité de la vapeur à la pression atmosphérique et à 100° étant 1.

(Extrait du *Guide du mécanicien conducteur de locomotives*, de MM. FLACHAT et PETIET 1840.)

Tensions absolues de la vapeur.	Densités de la vapeur.	Tensions absolues de la vapeur.	Densités de la vapeur.	Tensions absolues de la vapeur.	Densités de la vapeur.	Tensions absolues de la vapeur.	Densités de la vapeur.
1 at.	1.000	at.		at.		at.	
1.05	1.046	1.65	1.584	2.25	2.102	2.85	2.612
1.10	1.091	1.70	1.628	2.30	2.145	2.90	2.655
1.15	1.137	1.75	1.672	2.35	2.188	2.95	2.697
1.20	1.182	1.80	1.715	2.40	2.232	3.00	2.739
1.25	1.228	1.85	1.759	2.45	2.275	3.25	2.947
1.30	1.273	1.90	1.802	2.50	2.318	3.50	3.153
1.35	1.317	1.95	1.845	2.55	2.360	3.75	3.359
1.40	1.362	2.00	1.889	2.60	2.402	4.00	3.563
1.45	1.406	2.05	1.932	2.65	2.444	4.25	3.769
1.50	1.451	2.10	1.974	2.70	2.486	4.50	3.969
1.55	1.495	2.15	2.017	2.75	2.528	4.75	4.167
1.60	1.539	2.20	2.059	2.80	2.570	5.00	4.366

POINT de la course totale du piston, auquel la détente commence.	TRAVAIL dû à la détente seule, le travail à pleine vapeur étant 1.	TRAVAIL total, le travail à pleine vapeur étant 1.	RAPPORT du travail total avec la détente, au travail total sans détente, pendant la course complète.	POINT de la course totale du piston, auquel la détente commence.	TRAVAIL dû à la détente seule, le travail à pleine vapeur étant 1.	TRAVAIL total, le travail à pleine vapeur étant 1.	RAPPORT du travail total avec la détente, au travail total sans détente, pendant la course complète.
0.01	4.6052	5.6052	0.056	0.51	0.6733	1.6733	0.854
0.02	3.9120	4.9120	0.098	0.52	0.6539	1.6539	0.860
0.03	3.5066	4.5066	0.135	0.53	0.6348	1.6348	0.866
0.04	3.2189	4.2189	0.179	0.54	0.6162	1.6162	0.873
0.05	2.9958	3.9958	0.200	0.55	0.5978	1.5978	0.879
0.06	2.8134	3.8134	0.229	0.56	0.5798	1.5798	0.885
0.07	2.6703	3.6703	0.257	0.57	0.5621	1.5621	0.890
0.08	2.5257	3.5257	0.282	0.58	0.5447	1.5447	0.896
0.09	2.4080	3.4080	0.307	0.59	0.5276	1.5276	0.901
0.10	2.3026	3.3026	0.330	0.60	0.5108	1.5108	0.906
0.11	2.2073	3.2073	0.353	0.61	0.4943	1.4943	0.912
0.12	2.1203	3.1203	0.374	0.62	0.4780	1.4780	0.916
0.13	2.0400	3.0400	0.389	0.63	0.4620	1.4620	0.921
0.14	1.9661	2.9661	0.415	0.64	0.4460	1.4460	0.925
0.15	1.8971	2.8971	0.435	0.65	0.4307	1.4307	0.9299
0.16	1.8326	2.8326	0.453	0.66	0.4155	1.4155	0.9342
0.17	1.7720	2.7720	0.471	0.67	0.4012	1.4012	0.9388
0.18	1.7148	2.7148	0.489	0.68	0.3853	1.3853	0.9420
0.19	1.6607	2.6607	0.506	0.69	0.3718	1.3718	0.9465
0.20	1.6094	2.6094	0.522	0.70	0.3563	1.3563	0.9494
0.21	1.5607	2.5607	0.538	0.71	0.3424	1.3424	0.9531
0.22	1.5207	2.5207	0.555	0.72	0.3284	1.3284	0.9564
0.23	1.4697	2.4697	0.569	0.73	0.3147	1.3147	0.9597
0.24	1.4271	2.4271	0.583	0.74	0.3011	1.3011	0.9628
0.25	1.3863	2.3863	0.597	0.75	0.2877	1.2877	0.9658
0.26	1.3471	2.3471	0.610	0.76	0.2723	1.2723	0.9669
0.27	1.3093	2.3093	0.624	0.77	0.2614	1.2614	0.9713
0.28	1.2730	2.2730	0.636	0.78	0.2466	1.2466	0.9723
0.29	1.2378	2.2378	0.649	0.79	0.2357	1.2357	0.9762
0.30	1.2040	2.2042	0.661	0.80	0.2231	1.2231	0.9785
0.31	1.1712	2.1712	0.673	0.81	0.2107	1.2107	0.9807
0.32	1.1394	2.1394	0.685	0.82	0.1984	1.1984	0.9827
0.33	1.1087	2.1087	0.696	0.83	0.1863	1.1863	0.9846
0.34	1.0788	2.0788	0.707	0.84	0.1743	1.1743	0.9864
0.35	1.0498	2.0498	0.717	0.85	0.1625	1.1625	0.9881
0.36	1.0217	2.0217	0.729	0.86	0.1507	1.1507	0.9896
0.37	0.9943	1.9943	0.738	0.87	0.1392	1.1392	0.9911
0.38	0.9676	1.9676	0.748	0.88	0.1278	1.1278	0.9925
0.39	0.9416	1.9416	0.757	0.89	0.1164	1.1164	0.9936
0.40	0.9163	1.9163	0.767	0.90	0.1054	1.1054	0.9949
0.41	0.8917	1.8917	0.776	0.91	0.0943	1.0943	0.9959
0.42	0.8674	1.8674	0.784	0.92	0.0833	1.0833	0.9966
0.43	0.8440	1.8440	0.793	0.93	0.0725	1.0725	0.9974
0.44	0.8209	1.8209	0.801	0.94	0.0618	1.0618	0.9981
0.45	0.7985	1.7985	0.810	0.95	0.0513	1.0513	0.9987
0.46	0.7765	1.7765	0.817	0.96	0.0408	1.0408	0.9992
0.47	0.7550	1.7550	0.825	0.97	0.0307	1.0307	0.9998
0.48	0.7340	1.7340	0.832	0.98	0.0202	1.0202	0.9998
0.49	0.7133	1.7133	0.840	0.99	0.0110	1.0110	1.0000
0.50	0.6932	1.6932	0.846	1.00	0.0011	1.0010	1.0000

Poids et vitesses de la vapeur s'échappant dans l'atmosphère à diverses pressions.

Pression absolue de la vapeur qui s'écoule.	Poids du mètre cube.	Vitesse d'écoulement par seconde	Pression absolue de la vapeur qui s'écoule.	Poids du mètre cube.	Vitesse d'écoulement par seconde.	Pression absolue de la vapeur qui s'écoule.	Poids du mètre cube.	Vitesse d'écoulement par seconde.
5.00	2.568	562	1.60	0.900	368	1.09	0.630	170
4.75	2.457	554	1.50	0.854	343	1.08	0.626	161
4.50	2.334	549	1.45	0.830	331	1.07	0.622	151
4.25	2.217	546	1.40	0.800	318	1.06	0.619	140
4.00	2.096	537	1.35	0.778	302	1.05	0.610	129
3.75	1.972	530	1.30	0.750	285	1.04	0.607	116
3.50	1.855	520	1.25	0.722	265	1.03	0.601	101
3.25	1.734	512	1.22	0.705	252	1.02	0.598	83
3.00	1.611	502	1.20	0.693	242	1.01	0.595	58
2.75	1.487	488	1.18	0.681	232	1.00	0.590	41
2.50	1.363	472	1.16	0.670	220	1.00	0.588	0
2.25	1.238	451	1.14	0.658	213	»	»	»
2.00	1.111	427	1.12	0.647	194	»	»	»
1.75	0.984	394	1.10	0.636	178	»	»	»

Écoulement de la vapeur dans un milieu à une pression plus faible.

VAPEUR à 5 atmosphères absolues.			VAPEUR à 4 atmosphères absolues.			VAPEUR à 3 atmosphères absolues.		
Pression dans le récipient.	Pression effective en kilog. par m. q.	Vitesse d'écoulement en mètres par 1"	Pression dans le récipient.	Pression effective en kilog. p. m. q.	Vitesse d'écoulement en mètres par 1"	Pression dans le récipient.	Pression effective en kilog. p. m. q.	Vitesse d'écoulement en mètres par 1"
4.95	517	63	3.95	517	69	2.95	517	79
4 90	1 034	89	3.90	1 034	97	2.90	1 034	112
4.85	1 550	108	3.85	1 550	120	2.85	1 550	137
4.80	2 067	125	3 80	2 067	139	2.80	2 067	158
4.75	2 584	140	3.75	2 584	155	2.75	2 584	178
4 65	3 618	166	3.65	3 618	184	2 65	3 618	210
4 55	4 651	188	3.55	4 651	209	2.55	4 651	238
4.50	5 168	198	3.50	5 168	220	2.50	5 168	251
4.25	7 752	242	3.25	7 752	269	2.25	7 752	307
4.00	10 336	281	3.00	10 336	311	2.00	10 336	355
3.75	12 920	314	2.75	12 920	347	1.75	12 920	396
3.50	15 501	314	2 50	15 501	380	1.50	15 504	423
3.25	13 088	371	2.25	18 088	411	1.25	18 088	469
3.00	20 672	396	2.00	20 672	439	»	»	»
2.75	23 256	421	1.75	23 256	466	»	»	»
2.50	25 840	444	1.60	25 840	491	»	»	»
2.25	28 424	465	1.25	28 424	515	»	»	»

Vitesse d'écoulement dans l'air d'un mélange d'eau et de vapeur.

Composition du mélange.		Densité du mélange ou poids du mètre cube.	Vitesse d'écoulement à la pression de					
Vapeur.	Eau.		1 atm. effectif	2 atm. effect.	3 atm. effect.	4 atm. effect.	5 atm. effect.	6 atm. effect.
			m.	m.	m.	m.	m.	m.
1 00	0.00	2,57	279	397	486	562	628	688
0.9998	0.0002	2.76	270	383	470	542	606	664
0.999	0.001	3.50	239	340	417	483	538	590
0.994	0.006	8.13	159	223	273	316	353	387
0.99	0.01	11.84	129	185	227	276	292	320
0.98	0.02	21.12	98	139	170	195	219	240
0.97	0 03	30.40	80	116	141	164	182	200
0.95	0.05	48.94	66	91	112	129	143	157
0.93	0.07	67.40	53	77	95	110	122	134
0.90	0.10	95.30	44	65	80	92	103	113
0.85	0.15	141.60	35	54	66	75	85	92
0.80	0 20	188.00	31	46	57	65	73	80
0.75	0.25	234.40	29	42	51	59	66	72
0.65	0.35	326.70	25	35	43	50	55	61
0.50	0.50	466.30	20	29	36	42	46	51
0.25	0.75	697.60	17	24	30	34	38	42
0.00	1.00	930.00	15	21	26	29	32	36

Tableau des pressions exercées par le vent à différentes vitesses contre une surface d'un mètre carré, choquée directement.

DÉSIGNATION DES VENTS.	Vitesse en kilomètres par heure.	Vitesse en mètres par seconde.	Pression exercée sur un mètre carré.
	kil.	mèt.	kil.
Vent faible.	7,20	2, »	0,54
Vent frais ou brise (tend bien les voiles).	21,60	6, »	4,87
Vent le plus convenable aux moulins. .	25,20	7, »	6,64
Bon frais (convenable pour la marche en mer).	32,40	9, »	10,97
Grand frais, (fait serrer les hautes voiles)..	43,20	12, »	19,50
Vent très-fort.	54, »	15, »	30,47
Vent impétueux..	72, »	20, »	54,16
Tempête.	86,40	25, »	78, »
Tempête violente.	108,48	30.05	122,28
Ouragan.	130,44	36,45	176,96
Grand ouragan..	163,08	45,30	277,87

Machines à vapeur

MOYENNE DES PRINCIPALES DIMENSIONS

Cheval-vapeur. Valeur industrielle et légale, 75 kilogrammètres par seconde de temps.

Travail utile. 0m,80 du travail théorique pour les machines au-dessus de 500 chevaux en parfait état d'entretien. Les coefficients pour l'état moyen d'entretien est suivant la force :

	Chevaux.			Chevaux.
0,40 au-dessous de.....	12		0,55 de.............	100 à 500
0,45 pour force de.....	12 à 50		0,60 de.............	500 à 500
0,50 pour force de.....	50 à 100		0,70 au-dessus de........	500

Vitesse du piston. Machines fixes, 1 mètre à 1m,50 par seconde ; dans les locomotives on atteint jusqu'à 5 mètres et dans les machines marines jusqu'à 2 mètres.

Quantité d'eau à injecter pour la condensation, environ 250 litres par cheval et par heure. Le produit de la condensation ne doit jamais dépasser 45 degrés de température.

Longueur des bielles motrices. 2 fois 1/2 la course du piston ; au minimum 1 fois 1/2.

Surfaces frottantes. Charge de 50 à 55 kilogr. par mètre carré.

Surfaces de chauffe des chaudières, au moins 1 mètre par cheval avec un tirage naturel et une combustion peu active ; 0m,50 avec un tirage forcé.

Cheminée. Tirage naturel, 8 mètres ; tirage forcé, 2m,50 au minimum.

Soupapes de sûreté. Prescription de l'ordonnance de 1843, encore suivie par les constructeurs, sans qu'il y ait obligation. Deux soupapes ayant chacune un diamètre D,

$$ D = \sqrt{\frac{S}{n - 0,412}} \times 2,6 $$

dans laquelle : D est le diamètre de la soupape en centimètres ; S la surface de chauffe en mètres carrés et n la pression absolue de la vapeur en atmosphères.

Le décret du 25 janvier 1865 abroge l'ordonnance de 1842 ; il prescrit de marquer sur les timbres des chaudières non la pression absolue n en atmosphères, mais la pression effective K en kilogrammes. La formule de 1843 devient alors :

$$ D = \sqrt{\frac{S}{\left(\frac{K + 1^k,055}{1^k,055}\right) - 0,412}} \times 2,6. $$

*Tableau des épaisseurs pratiques à donner aux chaudières cylin-
driques en tôle ou en cuivre laminé. (Voir page 251.)*

DIAMÈTRES des CHAUDIÈRES	N° des timbres indiquant la pression absolue en atm. (Ordonn. de 1843) ou pression effective en kilogr. marquée sur les timbres (Décret de 1865).						
	2 atm. ou 1k,033	3 atm. ou 2k,066	4 atm. ou 3k,099	5 atm. ou 4k,132	6 atm. ou 5k,165	7 atm. ou 6k,198	8 atm. ou 7k,231
mètres.	millim.	millim.	millim.	millim.	millim.	millim.	millim.
0.50	3.90	4.80	5.70	6.60	7.50	8.40	9.30
0.55	3.99	4.98	5.97	6.96	7.95	8.94	9.93
0.60	4.08	5.46	6.24	7.32	8.40	9.48	10.56
0.65	4.17	5.34	6.51	7.68	8.85	10.02	11.49
0.70	4.26	5.52	6.78	8.04	9.30	10.56	11.82
0.75	4.35	5.70	7.05	8.40	9.75	11.10	12.45
0.80	4.44	5.88	7.32	8.76	10.20	11.64	13.08
0.85	4.53	6.06	7.59	9.12	10.65	12.18	13.74
0.90	4.62	6.24	7.86	9.48	11.10	12.72	14.34
0.95	4.71	6.42	8.13	9.84	11.55	13.26	14.97
1.00	4.80	6.60	8.40	10.20	12.00	13.80	15.60

*Tableau des épaisseurs pratiques à donner aux têtes de bouilleure
et de chaudières en tôle ou en cuivre laminé.*

NOMBRE de chevaux.	LONGUEUR de la chaudière.	LONGUEUR de chacun des deux bouilleurs.	DIAMÈTRE de la chaudière.	DIAMÈTRE des bouilleurs.	ÉPAISSEUR de la tête de la chaudière.	ÉPAISSEUR de la tête des bouilleurs
	mètres.	mètres.	mètres.	mètres.	millim.	millim.
2	1.65	1.75	0.66	0.28	8	8
4	2.10	2.20	0.70	0.30	8	8
6	2.45	2.60	0.75	0.35	9	10
8	2.80	2.95	0.80	0.35	10	10
10	3.25	3.40	0.80	0.35	10	10
15	5.00	5.15	0.80	0.44	10	10
20	6.80	7.00	0.85	0.50	10	10
25	8.50	8.65	0.85	0.50	10	10
30	9.20	9.50	1.00	0.60	10.5	10
40	10 00	10.38	1.10	0.60	11	10

<h2>Soupapes de sûreté.</h2>

D'après l'ordonnance de 1845 (aujourd'hui retirée), ces soupapes, au nombre de deux sur chaque chaudière, se calculaient par la formule, restée pratique,

$$D = \sqrt{\frac{s}{n - 0,412}} \times 2,6$$

dans laquelle : D est le diamètre des soupapes en centimètres; s la surface de chauffe de la chaudière en mètres carrés, et n la pression absolue de la vapeur en atmosphères. Le tableau suivant donne le calcul tout fait du diamètre.

Surfaces de chauffe des chaudières.	Nombre d'atmosphère absolue n indiqué par le même timbre (Ordonn. 1843) ou K kilogrammes indiqués de pression effective par le timbre (Décret 1865).									
	atm. 1 1/2 ou 0k,516	atm. 2 ou 1k,033	atm. 2 1/2 ou 1k,549	atm. 3 ou 2k,066	atm. 3 1/2 ou 2k,582	atm. 4 ou 3k,099	atm. 5 ou 4k,132	atm. 6 ou 5k,165	atm. 7 ou 6k,198	atm. 8 ou 7k,231
m. q.	mil.	mil.	mil.	mil.	mil.	mil.	mil.	mn.	mil.	mil.
1	25	21	18	16	15	14	12	11	10	9
2	35	29	25	23	20	19	17	16	15	13
3	43	36	31	29	26	24	21	19	17	15
4	50	41	36	32	29	27	24	22	20	19
5	56	46	40	36	33	31	27	24	22	21
6	61	50	44	39	36	34	30	27	25	23
7	66	54	48	43	39	37	32	29	27	25
8	70	58	51	46	42	39	34	31	29	27
9	75	62	54	48	44	41	36	33	30	28
10	79	65	57	51	47	43	38	35	32	30
11	83	68	60	54	49	45	40	36	33	31
12	87	71	62	56	51	47	42	38	35	33
13	90	74	65	58	53	49	44	40	36	34
14	93	77	67	60	55	51	45	41	37	35
15	96	80	70	62	57	53	47	42	38	36
16	100	82	72	65	59	55	48	44	40	38
17	103	85	74	67	61	56	50	45	42	39
18	106	87	76	68	63	58	51	47	43	40
19	109	90	78	70	64	60	53	48	44	41
20	111	92	80	72	66	61	54	49	45	42
21	114	94	82	74	68	63	56	50	46	43
22	117	97	84	76	69	64	57	51	47	44
23	119	99	86	78	70	66	58	53	48	45
24	122	101	88	79	72	67	59	54	49	46
25	125	103	90	81	74	69	60	55	50	47
26	127	105	91	82	75	70	62	56	51	48
27	129	107	93	84	77	71	63	57	52	49
28	132	109	95	85	78	73	64	58	53	50
29	134	111	97	87	80	74	65	59	54	51
30	136	113	99	88	81	75	66	60	55	52
32	140	116	100	90	82	76	67	62	57	53
34	145	119	104	94	86	79	69	64	59	55
36	149	122	107	96	87	82	71	65	61	57
38	151	125	110	97	90	83	74	66	62	58
40	156	130	113	101	92	86	75	69	64	59
45	167	137	119	107	97	91	80	73	68	63
50	174	145	125	113	104	96	84	76	70	67
55	184	151	132	119	107	101	88	80	75	70
60	193	168	137	121	113	106	94	84	78	73

Locomotives et chemins de fer.

Dimensions principales des voies en France.

(Extrait du *Nouveau portefeuille* de PERDONNET et POLONCEAU.)

Écartement des rails : D'axe en axe 1^m.50 ; entre les rails 1^m.44.

Entre-voie : Varie de 1^m.80 à 2^m.

Distance du rail à la crête du fossé en bon terrain : En déblai, 1^m ; en remblai 1^m.50.

Fossés ordinaires des tranchées : Largeur en haut, 0^m.60 ; largeur au fond 0^m.20 ; profondeur 0^m.90.

Tunnels et ponts pour le passage des trains : Largeur entre les pieds-droits ou parapets, 8^m ; hauteur au-dessus du rail : sous-clef de voûte 5^m.20 ; sous-poutres horizontales 4^m.30.

Puissance adhérente des roues de machines locomotives.

Dans les meilleures conditions d'été. . . . 1/4   du poids

Dans les brouillards d'hiver, à peine. . . . 1/10   qui charge

Dans les conditions moyennes. . . . . . . 1/6   les roues.

Pour la conservation des rails on ne doit jamais excéder la charge de 12 tonnes pour les machines, et 7 tonnes pour les wagons.

Résistance des trains à la traction.

Sur rails horizontaux, en état ordinaire d'entretien, avec des roues d'environ 1^m et par vent moyen ; cette résistance est *par tonne :* Pour les trains de *marchandises* 4 kil. ; id. *omnibus* 7^k.7 , id. *directs*, 8^k.5 ; *express*, 10 kil. (Expérience directe de MM. Morin, Sauvage et Poirée).

Formule de Harding.

v étant la vitésse du train en kilom. par heure, p le poids du train en tonnes, n un facteur numérique $= 7$ pour train express, et 14 pour les autres trains, la résistance R du train par tonne sera en kilog. :

$$ R = 2.72 + (0.094 \times v) + 0.00484 \times \frac{n \times v^2}{p}. $$

En rampe, la résistance augmente ou diminue de 1^k par tonne remorquée et par millimètre de pente (Règle de M. Deniel d'après Stephenson).

Locomotives.

Rapports existant entre les différentes parties d'une locomotive d'après les mesures indiquées pour dix-huit de ces machines dans l'ouvrage de MM. Lechatelier, Flachat, Petiet et Polonceau, par le professeur REDTENBACHER (Die Gesetze Lokomotivbaues, MANNHEIM, 1855. Extrait traduit par C.-L. MUNTZ).

Soient :
d. Le diamètre d'un des cylindres à vapeur d'une locomotive.
O. La section de ce cylindre.
F. La surface de chauffe.
δ. Le diamètre d'un tuyau de la chaudière.
On aura pour :

1° L'appareil à vapeur.

Longueur de la grille.	$0,114 \sqrt{F}$
Largeur de la grille.	$0,114 \sqrt{F}$
Surface de la grille.	$0,013$ F.
Hauteur au-dessus de la grille, de la rangée inférieure des tuyaux.	$0,080 \sqrt{F}$
Diamètre intérieur des tuyaux de { minimum.	$0,037$ mètres.
la chaudière. . . . . { maximum.	$0,045$ mètres.
Nombre des tuyaux.	$0,0033 \dfrac{F}{\delta^2}$
Longueur des tuyaux.	$67 \quad \delta$
Épaisseur du métal d'un tuyau.	$0,002$ mètres.
Surface de chauffe de tous les tuyaux réunis.	$0,92$ F.
Somme de la section de tous les tuyaux. . .	$0,00269$ F.
Surface de chauffe de la boîte à feu. . . .	$0,08$ F.
Surface totale de chauffe de la chaudière. . .	F.
Distance entre le fond de la boîte à feu et le fond de l'enveloppe.	$0,08$ mètres.
Distance entre les côtés de la boîte à feu et les côtés de l'enveloppe.	$0,08$ mètres.
Distance entre les entretoises qui réunissent les parois de la boîte à feu aux parois de l'enveloppe.	$0,12$ mètres.
Diamètre de ces entretoises.	$0,02$ mètres.
Diamètre intérieure de la chaudière, ordinairement cylindrique.	$0,124 \sqrt{F}$
Longueur de la chaudière.	$84 \quad \delta$
Épaisseur de la tôle formant les parois de la chaudière.	$0,0013 \sqrt{F}$
Épaisseur de la tôle formant l'enveloppe extérieure de la boîte à feu.	$0,0014 \sqrt{F}$

Épaisseur du dôme de la boîte à feu, de cuivre.   0,0014 $\sqrt{F}$.
Épaisseur des parois latérales et du fond de la
    boîte à feu, de cuivre. . . . .   0,0014 $\sqrt{F}$.
Épaisseur des tuyaux à l'endroit de la boîte à feu.   0,0024 $\sqrt{F}$.
Section de l'ouverture d'une soupape de sûreté.   0,0001 F.

2° Les pompes alimentaires.

Diamètre du piston d'une pompe. . . . .   0,0128 $\sqrt{F}$.
Course du piston. . . . .   0,12 mètres.
Diamètre de l'ouverture d'une soupape. . .   0,0058 $\sqrt{F}$.
Diamètre des tuyaux d'aspiration et de refoule-
    ment. . . . .   0,0058 $\sqrt{F}$.

3° L'admission de la vapeur et le régulateur.

La section maxima de l'ouverture du régulateur.   0,00015 F.
Diamètre intérieur des tuyaux d'admission de
    la vapeur. . . . .   0,010 $\sqrt{F}$.
Section de ce tuyau. . . . .   0,0002 F.
Section des tuyaux, par lesquels la vapeur va
    au réservoir. . . . .   0,0001 F.

4° Le tuyau d'échappement.

Section du tuyau d'échappement. . . . .   0,0002 F.
Section de l'embouchure du tuyau ⎰ minimum.   0,00017 F.
    d'échappement. . . . . . ⎱ maximum.   0,000273 F.

5° Le mécanisme ou la timonerie des Allemands.

Angle d'avance. . . . .   30 degrés.
Avance linéaire des tiroirs. . . . . . .   0,013 d.
Couverture intérieure des tiroirs. . . . .   0,012 d.
Couverture extérieure des tiroirs. . . . .   0,005 d.
Diamètre de l'excentrique des tiroirs. . .   0,15 d.
Ouverture d'admission. . ⎰ Rapport de la lon-
                gueur à la hauteur.   0,91
                ⎱ Section. . . . .   0,000132 F = 0,071 O.
Ouverture de l'échappe- ⎰ Rapport de la lar-
    ment. . . . . . . ⎰ geur à la hauteur.   3,65
                ⎱ Section. . . . .   0,000237 F = 0,14 O.
                ⎰ Longueur. . . .   0,03 $\sqrt{F}$ = 0,68 d.
Tiroirs. . . . . ⎨ Largeur. . . . .   0,04 $\sqrt{F}$ = 0,82 d.
                ⎱ Surface. . . . .   0,0012 F = 0,59 O.

6° Les cylindres et la transmission.

Section d'un cylindre dans les locomotives à
    deux cylindres. . . . .   0,00136 F.
Diamètre d'un cylindre à vapeur. . . d =   0,0416 $\sqrt{F}$.
Longueur de la course. . . . .   1,57 d.
Longueur de la bielle de transmission. . .   3,84 d.

Marine.

Équations relatives à l'immersion des navires.

(Extrait du *Traité des machines à vapeur* de M. GAUDRY.)

Soit P le poids en tonnes du navire ; l sa longueur moyenne en mètres ; l' sa largeur au maître-Bau ; h l'immersion ou tirant d'eau ; k le rapport du parallélipipède circonscrit à la carène, à son volume réel ; on aura $P = ll'hk$; d'où l'on tire les autres formules :

$$h = \frac{P}{ll'h} ; \qquad k = \frac{P}{ll'h} ; \qquad l = \frac{P}{l'hk} ; \qquad l' = \frac{P}{lhk} .$$

Tonnage légal des navires.

(Ordonnance du 18 novembre 1837.)

T étant le tonnage demandé en tonnes métriques de 1,000 kilog., l la longueur du bâtiment en mètres, l' sa largeur, h son creux, l'ordonnance donne :

$$\text{Pour les bâtiments} \begin{cases} \text{à voiles } T = \dfrac{ll'h}{3.80} . \\[2mm] \text{à vapeur } T = \dfrac{ll'h}{3.80} \times 0.06 . \end{cases}$$

Cette dernière formule suppose que les chaudières, soutes, machines, chambres de mécaniciens, magasins d'huile, etc., occupent les 0,04 de la coque, et qu'il reste les 0,06 libres, ce qui n'est pas toujours vrai dans les bâtiments nouveaux.

Règle de l'amirauté anglaise pour calculer la force nominale en chevaux d'une machine marine à condensation.

(Traduit de l'*Enginer Book Poket*, 1857.)

Multiplier l'aire A du cylindre en pouces carrés par 7 livres de pression ; puis par la vitesse v du piston en pieds par minute ; divisez ensuite par 33000 ; le quotient donnera le nombre F de chevaux nominaux demandé. Ainsi la formule est

$$F = \frac{A \times 7 \times v}{33000}$$

Dimensions, déplacement, charge, jauge et prix de construction (variable de 10 %, en plus ou en moins), des navires du commerce, par M. Ortolan.

	DIMENSIONS						Déplacement calculé d'après le tirant d'eau évalué au 80 du creux.	Port frétable.	Jaugeage d'après le système de la douane.	VALEUR d'un TONNEAU			VALEUR DE LA COQUE des navires d'après leur			Tirant d'eau de dessus quille 0.80 du creux.
	EXTÉRIEURES.			INTÉRIEURES.												
	Longueur.	Largeur.	Creux du dessus quille à la ligne droite des baux.	Longueur sur le pont.	Largeur en dedans banquières.	Creux sur vaigrage à la ligne droite du pont.				du déplacement.	du port frétable.	d'après le système de la douane.	Déplacement.	Port frétable.	Jaugeage.	
	m.	m.	m.	m.	m.	m.	fr.	fr.	fr.	fr. c.	fr. c.	fr. c.	fr. c.	fr. c.	fr. c.	m.
Brick n° 3	25.204	7.039	3.505	24.404	6.550	3.424	273.730	142.859	144.947	88 392	170 00	165 941	24,197 46	24,197 00	24,197 60	2.758
Brick n° 4	27.707	7.042	3.550	26.957	6.899	3.709	339.781	176.069	189.600	88 399	170 00	166 991	30,031 88	30,032 75	30,032 15	3.033
Chasse-marée	19.720	5.570	2.992	19.020	5.500	2.960	150.514	83.793	78.733	85 500	150 00	163 450	12,863 95	12,863 95	12,863 21	2.308
Sloop	16.970	4.900	2.482	16.350	4.630	2.300	84.879	48.381	45.605	91 199	160 00	169 739	7,740 88	7,740 96	7,740 95	1.895
Trois-mâts	42.500	11.600	6.252	41.009	10.350	6.300	1253.089	654.806	699.855	88 399	170 00	160 458	110,771 81	110,773 02	110,722 66	5.015
Chasse-marée	19.050	5.700	2.999	19.099	5.400	2.890	147.855	84.224	70.410	85 73	150 00	165 34	12,652 74	12,663 60	12,663 63	2.330
Sloop	17.410	5.360	2 500	17.450	5.290	2.400	111.501 (à 0.79.)	63.493	57.810	91 42	160 00	177 70	10,184 23	10,184 80	10,183 93	1.950 à 0.79
Trois-mâts	41.810	12.897	7.452	41.974	12.027	6.855	1744.087	905.925	899.954	88 899	170 00	171 808	154,177 25	154.177 25	154,177 20	5.877

Pour chasse-marées, goëlettes, sloops, le port effectif est au port frétable comme : 100 : 87. — Pour les autres bâtiments, comme : 100 : 55.

TABLE DES DIMENSIONS

DES PARTIES PRINCIPALES DES MACHINES A BASSE PRESSION

POUR LA NAVIGATION EN MER,

de MM. Maudslay fils et Field.

(Extrait du *Traité des Machines à vapeur* de BATAILLE et JULLIEN, 1846-47.)

Table des dimensions des parties principales des machines à basse pression pour la navigation en mer

PUISSANCE NOMINALE EN CHEVAUX-VAPEUR (valeurs en centimètre)

DÉSIGNATION DES DIVERSES PARTIES — EN FRANÇAIS	EN ANGLAIS	10	15	20	25	30	40	50	60	70	80	90	100	110	120
DIAMÈTRES	**DIAMETER OF**														
Du cylindre	Cylinder	50,8	61,0	68,6	74,9	81,3	92,7	102	109	117	122	127	133	141	145
De la tige du piston	Piston rod	5,1	6,0	7,0	7,6	8,4	8,9	10,2	10,8	11,4	12,1	12,4	12,7	13,3	14,0
De la pompe à air	Air-pump	30,5	38,1	43,2	44,4	47,0	53,3	58,4	63,1	66,0	70,0	71,1	76,2	80,0	86,4
De la tige de la pompe à air	Air-pump rod	3,2	4,4	5,1	5,4	5,7	6,3	7,0	7,4	7,6	8,3	8,9	9,5	10,2	10,8
Du robinet d'injection	Injection-cock	3,2	3,8	4,1	4,4	5,1	5,7	6,3	7,0	7,6	7,9	8,3	8,3	8,6	8,9
De la pompe à eau chaude	Hot-water pump	5,7	6,3	7,6	8,4	8,9	10,2	10,8	11,4	12,7	14,0	15,2	16,5	17,8	19,0
Du tuyau d'alimentation	Feed-pipe	3,8	4,4	5,1	5,4	5,7	6,3	6,3	7,0	7,6	8,3	8,3	8,9	8,9	10,2
Du tuyau à vapeur	Steam-pipe	10,2	12,7	14,6	15,2	16,5	17,8	19,7	21,6	23,5	25,4	26,7	27,3	29,2	30,5
Du tuyau de décharge de l'eau de condensation	Waste water-pipe	12,7	15,2	17,6	19,0	20,3	22,9	24,1	25,4	26,7	29,2	31,1	33,0	34,3	35,6
De l'axe principal du balancier	Beam gudgeon	8,9	10,8	12,7	14,3	14,0	15,2	16,5	17,8	19,0	20,3	21,6	22,9	24,1	24,8
Des axes extrêmes du balancier	Pins in beam ends	5,1	6,0	7,0	7,6	8,3	8,9	10,2	10,8	11,4	11,4	12,7	13,3	13,3	14,0
Des tourillons sur le balancier des bielles de la pompe à air	Air-pump pins in beam	3,2	4,1	4,4	4,6	5,1	5,7	6,3	6,3	7,3	7,3	7,6	7,9	7,9	8,3
Du bouton de la manivelle	Crank-pin	6,3	7,6	8,9	9,5	10,2	11,4	12,7	14,0	15,7	16,5	17,8	18,7	19,7	20,3
De l'arbre moteur	Main shaft	10,8	14,0	15,9	17,1	17,8	19,0	21,6	23,5	25,4	26,0	26,7	29,2	31,7	[illegible]
Des roues à aubes	Paddle wheels	274	335	335	366	396	396	457	518	518	579	579	640	640	701
Des tourillons de l'arbre de commande des tiroirs	Weigh-shaft bearing	5,1	5,7	6,3	6,3	6,7	6,7	7,0	7,0	7,6	8,3	8,3	8,9	9,5	9,8
LONGUEUR DE LA COURSE	**STROKE OF**														
Du piston du cylindre	Piston	61,0	76,2	76,2	83,8	91,4	91,4	107	122	132	142	152	160	168	183
Du piston de la pompe à air	Air-pump bucket	30,5	38,1	38,1	41,9	45,7	45,7	53,3	61,0	66,0	71,1	76,2	80,0	83,8	91,4
Du piston plongeur de la pompe alimentaire	Feed pump plunger	15,2	19,0	19,0	20,3	22,9	22,9	26,7	30,5	33,0	35,6	38,1	40,6	41,9	45,7
TRAVERSE DE LA TIGE DU CYLINDRE	**CYLINDER CROSS HEAD**														
Hauteur de la douille d'assemblage	Depth of boss	15,2	19,0	20,3	22,9	24,1	26,7	30,5	33,0	35,6	36,8	38,1	40,6	43,2	44,5
Diamètre idem	Diameter of boss	10,2	11,4	12,7	14,0	15,2	17,1	19,0	20,3	22,2	22,9	24,1	25,4	27,0	30,5
Largeur au milieu de la traverse	Breadth of middle	12,7	14,0	15,9	17,9	19,0	21,6	24,1	26,0	29,7	29,9	31,7	33,0	34,3	35,6
Épaisseur de la traverse	Thickness	3,8	4,1	4,4	5,1	6,7	6,3	7,0	7,6	8,3	8,9	8,9	9,5	10,2	10,5
TRAVERSE DE LA TIGE DE LA POMPE À AIR	**AIR PUMP CROSS HEAD**														
Hauteur de la douille d'assemblage	Depth of boss	11,4	12,7	14,0	16,5	17,1	20,3	22,9	25,4	26,7	27,3	27,9	29,2	30,5	31,7
Diamètre idem	Diameter of boss	7,0	8,6	8,9	10,7	10,5	11,7	13,0	13,3	14,6	15,2	16,5	17,1	18,4	19,0
Largeur au milieu de la traverse	Breadth of middle	8,9	10,2	11,4	12,7	13,3	15,9	17,8	19,4	20,3	21,0	21,6	22,9	23,5	24,1
Épaisseur de la traverse	Thickness	2,5	2,9	3,2	3,5	3,8	4,4	5,1	5,4	5,7	5,7	6,0	6,3	7,0	7,0
COLONNES DE SUPPORT	**COLUMNS**														
Diamètre en haut	Diameter at top	10,2	12,1	13,0	14,0	15,2	17,8	20,3	21,0	23,2	23,5	24,1	25,4	26,0	28,7
Diamètre en bas	Diameter at bottom	11,4	14,0	15,9	16,2	17,1	19,7	22,9	23,8	26,5	27,3	27,9	29,2	29,0	30,5
DISTANCE DE CENTRE À CENTRE	**CENTRE TO CENTRE OF**														
Des bielles latérales de la pompe à air	Air pump, side-rods transversly	74,9	87,0	95,0	100	107	121	135	142	154	160	170	174	178	183
Des balanciers du même cylindre	Beams ditto	81,8	99,0	108	114	122	137	152	160	175	175	183	198	203	211
Des deux flasques du châssis	Frames ditto	53,3	58,4	64,8	66,0	68,6	76,2	80,4	86,4	102	102	107	112	111	117
Des cylindres des deux machines	Engines ditto	168	183	193	203	213	224	244	254	274	274	284	320	325	336
LUMIÈRES À VAPEUR	**STEAM PORT**														
Largeur	Breadth	19,0	22,2	25,4	27,9	29,2	33,0	38,1	47,0	47,0	48,3	48,3	50,8	50,8	53,7
Hauteur	Height	3,8	4,4	5,1	5,7	6,3	7,0	7,6	7,6	10,2	10,8	10,8	11,4	12,1	12,1
SOUPAPE À CLAPET	**FORS VALVE PASSAGE**														
Hauteur	Depth	5,1	5,1	6,3	6,3	8,3	9,5	10,2	11,4	12,7	14,0	14,0	15,2	16,5	17,8
Longueur	Length	33,0	35,6	39,4	43,2	45,7	50,8	61,0	66,0	71,1	73,7	73,7	76,7	78,7	81,3
BALANCIER	**BEAM**														
Largeur au milieu	Breadth at middle	35,6	45,2	48,3	53,3	58,4	63,5	71,1	73,7	83,8	84,6	88,9	91,4	96,5	99,1
idem aux extrémités	Breadth at ends	38,1	13,2	17,1	19,0	20,3	22,2	25,4	26,7	30,5	31,1	32,4	35,6	38,1	39,4
Épaisseur	Thickness	2,5	2,9	2,9	3,5	3,8	4,4	4,8	6,1	5,7	6,0	6,3	6,3	6,2	5,7

Tableau des formations géologiques de l'Europe.

par Albert Gaudry.

§ I. — TERRAINS FORMÉS PAR L'ACTION DES EAUX.

Grandes périodes des temps géologiques.	TERRAINS.	Divisions paléontologiques admises par A. d'Orbigny.	ÉNUMÉRATION DES DIVERSES COUCHES dont sont formés les terrains, et indication des soulèvements de montagnes établis par M. Elie de Beaumont.
Période quaternaire. Dernier renouvellement des êtres à la surface du globe.	Terrains formés depuis la création de l'homme { Après le déluge historique. Avant le déluge historique. } — Terrains formés avant la création de l'homme.		SOULÈVEMENT DU TÉNARE, DE L'ETNA ET DU VÉSUVE. Plages émergées; moraines des anciens glaciers; blocs erratiques; brèches osseuses; travertins.

SOULÈVEMENT DE LA CHAINE PRINCIPALE DES ALPES.

	Terrain supérieur, nommé terrain pliocène.	Subapennin.	Sables coquilliers d'Asti, de Toscane et de Perpignan; partie du crag d'Angleterre; sables des Landes; alluvions anciennes de la Bresse.

SOULÈVEMENT DES ALPES OCCIDENTALES.

Période tertiaire. Règne des nummulites; absence des bélemnites et des ammonites qui ont caractérisé la période secondaire. Les mammifères deviennent très-nombreux.	Terrain moyen, nommé terrain miocène (Nagelfluh et mollasse de la Suisse, gompholithes de la Grèce).	Falunien.	Faluns de la Touraine, de Bordeaux; conglomérats ophiolitiques du Piémont; les faluns forment le sol aride de la Sologne.
			SOULÈVEMENT DU SANCERROIS ET DE L'ÉRYMANTHE.
		Tongrien.	Sables de Tongres en Belgique; calcaire d'eau douce sur lequel s'étend le sol fertile de la Beauce; meulières supérieures du bassin de Paris.
			SOULÈVEMENT DE L'ILE DE WIGHT ET DU TATRA. Grès de Fontainebleau, d'Orçay utilisés pour le pavage.

SOULÈVEMENT DE LA CORSE ET DE LA SARDAIGNE.

SOULÈVEMENT DES PYRÉNÉES.

	Terrain inférieur, nommé terrain éocène ou terrain nummulitique.	Parisien.	Calcaire siliceux de la Brie; meulières de la Ferté-sous-Jouarre; plâtrières de Montmartre avec ossements de mammifères; calcaire lacustre de Saint-Ouen, près Paris; caillasses; calcaire grossier de Paris, fournissant de très-belles pierres de taille; argile de Londres; flysch de la Suisse; macignos du midi de l'Europe.
		Suessonien.	Argile plastique des environs de Paris; sables et lignites de Soissons, d'Epernay, de Beauvais; calcaire lacustre de Rilly-la-Montagne, près Reims; sables de Woolwich, près de Londres; calcaire à nummulites et macignos du midi de l'Europe.

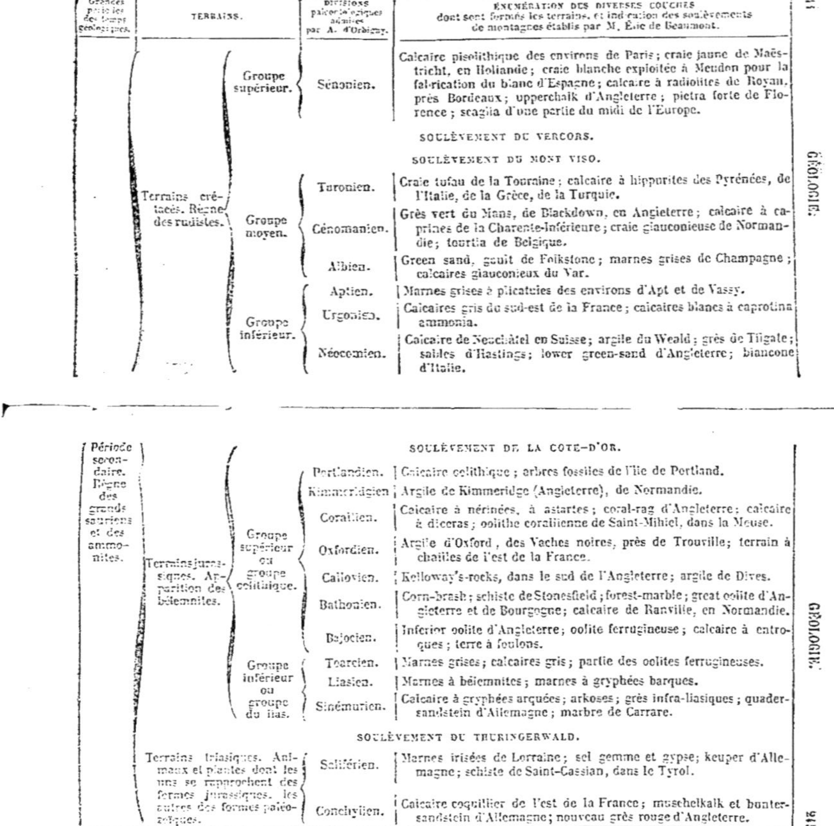

Grandes périodes des temps géologiques.	TERRAINS.	DIVISIONS paléontologiques admises par A. d'Orbigny.	ÉNUMÉRATION DES DIVERSES COUCHES dont sont formés les terrains, et indication des soulèvements de montagnes établis par M. Élie de Beaumont.
	Terrains crétacés. Règne des rudistes.	Groupe supérieur. — Sénonien.	Calcaire pisolithique des environs de Paris; craie jaune de Maëstricht, en Hollande; craie blanche exploitée à Meudon pour la fabrication du blanc d'Espagne; calcaire à radiolites de Royan, près Bordeaux; upperchalk d'Angleterre; pietra forte de Florence; scaglia d'une partie du midi de l'Europe.
			SOULÈVEMENT DU VERCORS.
			SOULÈVEMENT DU MONT VISO.
		Groupe moyen. — Turonien.	Craie tufau de la Touraine; calcaire à hippurites des Pyrénées, de l'Italie, de la Grèce, de la Turquie.
		Cénomanien.	Grès vert du Mans, de Blackdown, en Angleterre; calcaire à caprines de la Charente-Inférieure; craie glauconieuse de Normandie; tourtia de Belgique.
		Albien.	Green sand, gault de Folkstone; marnes grises de Champagne; calcaires glauconieux du Var.
		Groupe inférieur. — Aptien.	Marnes grises à plicatules des environs d'Apt et de Vassy.
		Urgonien.	Calcaires gris du sud-est de la France; calcaires blancs à caprotina ammonia.
		Néocomien.	Calcaire de Neuchâtel en Suisse; argile du Weald; grès de Tilgate; sables d'Hastings; lower green-sand d'Angleterre; biancone d'Italie.

SOULÈVEMENT DE LA COTE-D'OR.

Grandes périodes des temps géologiques.	TERRAINS.	DIVISIONS paléontologiques admises par A. d'Orbigny.	ÉNUMÉRATION DES DIVERSES COUCHES
Période secondaire. Règne des grands sauriens et des ammonites.	Terrains jurassiques. Apparition des bélemnites.	Groupe supérieur ou groupe oolithique. — Portlandien.	Calcaire oolithique; arbres fossiles de l'île de Portland.
		Kimmeridgien.	Argile de Kimmeridge (Angleterre), de Normandie.
		Corallien.	Calcaire à nérinées, à astartes; coral-rag d'Angleterre; calcaire à diceras; oolithe corallienne de Saint-Mihiel, dans la Meuse.
		Oxfordien.	Argile d'Oxford, des Vaches noires, près de Trouville; terrain à chailles de l'est de la France.
		Callovien.	Kelloway's-rocks, dans le sud de l'Angleterre; argile de Dives.
		Bathonien.	Corn-brash; schiste de Stonesfield; forest-marble; great oolite d'Angleterre et de Bourgogne; calcaire de Ranville, en Normandie.
		Bajocien.	Inferior oolite d'Angleterre; oolite ferrugineuse; calcaire à entroques; terre à foulons.
		Groupe inférieur ou groupe du lias. — Toarcien.	Marnes grises; calcaires gris; partie des oolites ferrugineuses.
		Liasien.	Marnes à bélemnites; marnes à gryphées arquées.
		Sinémurien.	Calcaire à gryphées arquées; arkoses; grès infra-liasiques; quadersandstein d'Allemagne; marbre de Carrare.

SOULÈVEMENT DU THURINGERWALD.

Grandes périodes des temps géologiques.	TERRAINS.	DIVISIONS paléontologiques.	ÉNUMÉRATION DES DIVERSES COUCHES
	Terrains triasiques. Animaux et plantes dont les unes se rapprochent des formes jurassiques, les autres des formes paléozoïques.	Saliférien.	Marnes irisées de Lorraine; sel gemme et gypse; keuper d'Allemagne; schiste de Saint-Cassian, dans le Tyrol.
		Conchylien.	Calcaire coquillier de l'est de la France; muschelkalk et bunter-sandstein d'Allemagne; nouveau grès rouge d'Angleterre.

Grandes périodes des temps géologiques.	TERRAINS.		DIVISIONS paléontologiques admises par A. d'Orbigny.	ÉNUMÉRATION DES DIVERSES COUCHES dont sont formés les terrains, et indication des soulèvements de montagnes établis par M. Élie de Beaumont.
Période primaire. Premiers terrains déposés par les eaux.	Terrains paléozoïques. Première apparition des plantes et des animaux. Les vertébrés sont rares. Règne des trilobites, des brachiopodes réguliers, des crinoïdes fixes, des cryptogames vasculaires. Les plantes dicotylédonées sont très-rares. Les ammonites et les bélemnites n'ont pas encore paru.	Groupe supérieur.	Permien.	SOULÈVEMENT DES BORDS DU RHIN. Grès des Vosges. SOULÈVEMENT DES PAYS-BAS ET DU SUD DU PAYS DE GALLES. Zechstein d'Allemagne et de Russie; magnesian limestone d'Angleterre; formation pénéenne; pséphites; schistes cuivreux; rothtotliegende de l'Allemagne. SOULÈVEMENT DU NORD DE L'ANGLETERRE.
		Groupe moyen.	Carbonifèrien.	Métaxites, schistes, houilles. SOULÈVEMENT DU FOREZ. Millstone grit. SOULÈVEMENT DES BALLONS DES VOSGES ET DES COLLINES DU BOCAGE. Calcaire carbonifère.
			Dévonien.	Calcaire anthracifère; anthracites; vieux grès rouge. SOULÈVEMENT DU WESTMORELAND ET DU HUNDSRUCK. Terrain rhénan, tile-stone d'Angleterre.
		Groupe inférieur.	Murchisonien.	Calcaire de Wenlock; psammite de Ludlow; calcaire de Dudley. SOULÈVEMENT DU MORBIHAN.
			Silurien.	Psammite de Caradoc. SOULÈVEMENT DU LONGMYND.
			Cambrien.	Terrain de la Cambrie. SOULÈVEMENT DU FINISTÈRE. SOULÈVEMENT DE LA VENDÉE.
	Terrains azoïques. Les plantes et les animaux ne sont pas encore créés.			Talcites; gneiss; micacites; quartzites; calcaires cristallins; porphyres stratiformes.

§ II. — TERRAINS FORMÉS SOUS L'INFLUENCE DU FEU CENTRAL.

Groupe basaltique. — Basaltes, basanites, mimosites, dolérites, tufas, pépérinos, pouzzolanes.
Groupe trachytique. — Trachytes, leucostites, trass, pierres ponces.
Groupe ophitique. — Ophites, aphanites, porphyres pyroxéniques.
Groupe serpentineux. — Serpentines, euphotides, diallagites, hypersténites.
Groupe amphibolique. — Syénites, diorites, porphyres dioritiques.
Groupe granitique. — Granites, porphyres pétrosiliceux, pegmatites.
Groupe protoginique. — Protogines, porphyres protoginiques.

Données économiques.

MONNAIES, MESURES, TITRES.

Mesures légales françaises (lois du 18 germinal an III, et du 4 juillet 1837).

MESURES DE LONGUEUR.

		Mètres.
1	Myriamètre (10 kilomètres)............	10000
1	Kilomètre (10 hectomètres)........	1000
1	Hectomètre (10 décamètres)........	100
1	Décamètre (10 mètres)............	10

MÈTRE, unité fondamentale du système; c'est à peu près le quart de la dix-millionième partie de la circonférence de la terre en passant par les pôles (10 décimètres). — **1**

1	Décimètre (10 centimètres)........	0,1
1	Centimètre (10 millimètres)........	0,01
1	Millimètre......................	0,001

MESURES DE SURFACE.

		Mètres carrés.
1	Myriamètre carré (100 kilom. carrés)	100000000
1	Kilomètre carré (100 hectom. carr.)	1000000
1	Hectomètre carré (100 décam. carrés)	10000
1	Décamètre carré (100 mètres carrés).	100

MÈTRE CARRÉ, unité de surface, carré de 1 mètre de côté. (100 décim. carrés).. — **1**

1	Décimètre carré (100 centim. carrés).	0,01
1	Centimètre carré (100 millim. carrés).	0,0001
1	Millimètre carré..................	0,000001

POUR LES TERRAINS.

		Mètres carrés.
1	Hectare (100 ares)................	10000
1	Are (100 centiares)	100
1	Centiare (1 mètre carré)...........	1

MESURES DE VOLUME.

		Mètres cubes.
1	Décamètre cube (1000 mètres cubes).	1000

MÈTRE CUBE, unité de volume, solide

de la forme d'un dé à jouer, ayant 1 mètre
de hauteur, 1 mètre de largeur et 1 mètre
d'épaisseur (1000 décimètres cubes)....... 1
  1 Décimètre cube (1000 centim. cubes). 0,001
  1 Centimètre cube (1000 millim. cubes). 0,000001
  1 Millimètre cube.................... 0,000000001

Pour les BOIS de CHAUFFAGE.

	Mètres cubes.
1 Stère (10 décistères)...............	1
1 Décistère	0,1

Mesures de CAPACITÉ.

	Litres.
1 Hectolitre (10 décalitres)..........	100
1 Décalitre (10 litres)...............	10
LITRE, unité de capacité, contenance de 1 décimètre cube.....................	1
1 Décilitre (10 centilitres)...........	0,1
1 Centilitre......................	0,01

Mesures de POIDS.

	Grammes.
1 Kilogramme (10 hectogrammes).....	1000
1 Hectogramme (10 décagrammes)....	100
1 Décagramme (10 grammes)........	10
GRAMME, unité de poids, poids d'un centimètre cube d'eau distillée à la température de 4 degrés centigrades, déduction faite de la perte de poids causée par l'air qu'il déplace...........................	1
1 Décigramme (10 centigrammes).....	0,1
1 Centigramme (10 milligrammes).....	0,01
1 Milligramme.....................	0,001

MONNAIES.

	VALEUR des pièces.	POIDS en grammes.	DIAMÈTRE en millimètres.
Or......	100 francs.	32,2580	35
	50 id.	16,1200	28
	40 id.	12,9032	26
	20 id.	6,4516	21
	10 id.	3,2258	19
	5 id.	1,6129	17
Argent..	5 francs.	25	37
	2 id.	10	27
	Franc, unité de monnaie, pièce d'alliage, contenant 835^{mill}. d'argent pur et 165^{mill}. d'alliage :		
	1 franc.	5	23
	50 centimes.	2,50	18
	20 id.	1	15
Bronze..	10 centimes.	10	30
	5 id.	5	25
	2 id.	2	20
	1 id.	1	15

La tolérance des poids est pour l'or de 1 millième sur les pièces de 100 francs, de 5 millièmes sur celles de 5 francs, et de 2 millièmes sur les autres ; pour *l'argent*, elle est de 5 millièmes sur les pièces de 5 et 2 francs, 5, 7 et 10 pour les autres. Pour le *billon*, la tolérance est de 10 millièmes sur les pièces de 10 et 5 centimes, et de 15 millièmes sur les autres.

Le titre français est 9 fin + 1 alliage : un sac de 1,000 francs en pièces d'argent de 5 francs pèse 5 kilog. ; 100 francs pèsent 0^k,50 ; 100 francs en pièces d'or de 20 francs pèsent 0^k,0325 ; et 1,000 francs *idem* pèsent 0^k,325. La tolérance sur le titre est de 2/1000 pour l'or et de 5/000 pour l'argent, en plus ou en moins.

Bijouterie. La loi prescrit 3 titres légaux pour les articles en or et 2 titres pour les ouvrages d'argent.

Or.	1er titre.. 920 millièmes.	Argent.	1er titre.. 950 millièmes.
	2e — .. 840 —		2e — .. 800 —
	3e — .. 750 —		

' Pour les pièces de 5 francs.

La tolérance est de 3 millièmes pour l'or et de 5 millièmes pour l'argent.

Karat. Dans la joaillerie, les diamants se pèsent à l'once de 29gr,592. Une once vaut 144 karats; chaque karat vaut 4 grains et se subdivise en $\frac{1}{2}$, $\frac{1}{4}$, $\frac{1}{8}$, $\frac{1}{16}$, $\frac{1}{32}$ et $\frac{1}{64}$.

MONNAIES ÉTRANGÈRES.

Observation. La monnaie, comme toute marchandise, a une valeur relative qui varie suivant le cours qu'on trouve à tous les bulletins quotidiens de la Bourse. La valeur *au pair* et absolue seule ne varie pas; elle est déduite de la proportion de métal pur contenue dans la pièce.

Ce sont ces dernières valeurs qui sont données ci-après dans le chapitre consacré aux monnaies, poids et mesures des pays étrangers.

Change. L'abondance ou la rareté du numéraire fait varier la valeur relative des monnaies. Généralement on donne ou on reçoit une prime en dehors de la valeur intrinsèque. C'est ce qu'on appelle le *change.*

Arbitrages. Les opérations nécessaires pour combiner entre eux les changes de diverses places s'appellent *arbitrages.*

Mesures anciennes françaises.

(AVANT 1812).

MESURES DE LONGUEUR. Le *pied de roi* = 12 pouces = 144 lignes = 1728 points = 0m,324839; le *pouce* = 12 lignes = 0m,02707; la *ligne* = 12 points = 0m,002256; le *point* = 0m,000188.

La *toise d'ordonnance* (toise du Pérou, 1766) = 6 pieds de roi = 1m,949036.

L'*aune* (divisée en 2, 4, 6, 8, 24, 32 parties) = 1m,188446.

La *palme* pour les mâts de navire = 13 lignes = 0m,029326.

MESURES AGRAIRES. La *perche* de l'arpent d'ordonnance = 22 pieds = 7m,146466; la *perche de l'arpent de Paris* = 18 pieds = 5m,847109; la perche de l'arpent commun = 20 pieds = 6m,496788.

MESURES ITINÉRAIRES. 1 *pas* = 2 pieds 1/2 = 0m,8121; 1 *pas géométrique* = 2 pas ordinaires = 5 pieds = 1m,6242; 1 *pas militaire* = 2 pieds = 0m,64968; 1 *mille* = 1000 toises = 1km,949036; 1 *lieue de poste* = 2 milles = 5898m,072; 1 *lieue commune* de 25 au degré = 4445m,4; 1 *lieue moyenne* de 22,2/9 au degré 5001m,0; 1 *lieue marine* de 20 au degré = 5 milles marins = 5556ᵐ,7 ; *1 mille marin* = 120 nœuds = 9 encablures 1/2 = 1852ᵐ,2 ; *1 encablure* = 120 brasses = 600 pieds = 194ᵐ,9056 ; *1 nœud* = 5 brasses = 25 pieds = 15ᵐ,458.

Mᴇsuʀᴇs ᴅᴇ sᴜʀғᴀᴄᴇ. 1 toise carrée = 36 pieds carrés de 144 pouces carrés = 3ᵐq,79874.

On divisait aussi la toise carrée en 6 toises pieds, la toise pied en 12 toises pouces, la toise pouce en 12 toises lignes etc., c'est-à-dire en rectangles ayant une toise de base et 1 pied, 1 pouce, 1 ligne ou 1 point de hauteur.

Mᴇsuʀᴇs ᴀɢʀᴀɪʀᴇs. *L'arpent* = 100 *perches carrées*. On distinguait : *l'arpent de Paris* = 32400 pieds carrés = 34ᵃʳᵉˢ,188685; *l'arpent d'ordonnance* = 48400 pieds carrés = 51ᵃʳᵉˢ,07198; *l'arpent commun* = 40000 pieds carrés 42ᵃʳᵉˢ,20825.

Mᴇsuʀᴇs ᴛᴇʀʀɪᴛᴏʀɪᴀʟᴇs. La *lieue commune carrée* = 19ᵏᵐq,761226; la *lieue moyenne carrée* = 25ᵏᵐq,010301; la lieue de *poste carrée* = 15ᵏᵐq,194970; la *lieue marine carrée* = 9 milles marins carrés = 30ᵏᵐq,876915.

Mᴇsuʀᴇs ᴅᴇ ᴠᴏʟuᴍᴇ. La *toise cube* = 216 pieds cubes = 1728 pouces cubes = 7ᵐᶜ,405887156; on divisait aussi la toise cube en 6 toises toises-pieds = 72 toises toises-pouces, etc., c'est-à-dire en parallélipipèdes ayant pour base une toise carrée et pour hauteur 1 pied, 1 pouce, 1 ligne.

La *solive* (bois de charpente) = 3 pieds cubes, soit une pièce de 144 pouces de long, 6 pouces de large et 6 pouces d'épaisseur = 0ᵐᶜ,102852.

La *voie* (bois à brûler) ayant 4 pieds de couche, 4 pieds de haut, 5 pieds 1/2 de longueur de bûche = 1ᵐᶜ,919526; la *corde* = 2 voies.

La *voie* (pierre de taille) = 5 carreaux = 15 pieds cubes = 0ᵐᶜ,0051416; la *voie* (moellons) = 20 pieds cubes = 0ᵐᶜ,005663.

Mᴇsuʀᴇs ᴅᴇ ᴄᴀᴘᴀᴄɪᴛᴇ́ (grains et matières sèches). Le *boisseau* de 4 quarts à 4 litrons de 16 mesurettes = 13ˡⁱᵗ,0083.

Le *setier* (froment) = 1/12 muid = 2 mines = 4 minots = 12 boisseaux = 156ˡⁱᵗ,10.

Le *setier* (avoine) = 1/12 muid = 24 boisseaux de 4 picotins = 312ˡⁱᵗ,20.

Le *setier* (sel) = 16 boisseaux = 208ˡⁱᵗ,15.

Le *setier* (charbon de bois) = 32 boisseaux = 416ˡⁱᵗ,27.

La *voie* (plâtre) = 12 sacs ou 24 boisseaux ras = 312ˡⁱᵗ,2.

La *voie* (charbon de terre) = 90 boisseaux combles = 1170ˡⁱᵗ,7.

Mᴇsuʀᴇs ᴅᴇ ᴄᴀᴘᴀᴄɪᴛᴇ́ (liquides). Le *muid* = 2 feuillettes = 3 tierçons = 4 quartauts = 36 grands setiers ou veltes = 268,22 lit.

La *queue* = 1 muid 1/2 = 2 demi-queues.

Lorsque le vin est avec lie on compte 1/25 en plus.

La *velte* = 4 quarts = 8 pintes = 16 chopines ou setiers = 32 demi-setiers = 64 poissons = 256 roquilles = 7lit,45.

Poids. La *livre* (poids de marc) = 2 marcs = 16 onces = 489gr,5058466; l'*once* = 8 gros ou drachmes = 24 scrupules de 72 grains = 30gr,5941 ; le *grain* = 24 primes ou carobes = 0gr,05311478.

Le *quintal* = 100 livres = 48kgs,9508 ; la *charge* ou *last* = 3 quintaux = 146kgs,85174 ; le *tonneau de mer* = 2 milliers = 2000 livres = 979 kilogrammes (pour les marchandises encombrantes le tonneau de mer était de 42 pieds cubes).

La *livre* de soie = 15 onces = 458kgs,9.

L'*once* (orfévrerie et monnaies) = 20 esterlins = 40 mailles = 80 felins de 7 grains 1/2 = 30gr,5941

Le *carat* (joaillerie) = 4 grains = 5,875 grains poids de marc = 0gr,2058719.

Titres. Pour les essais et le titre des matières d'or et d'argent, on comptait *pour l'or*, par *marc* de 24 carats à 32 grains, *pour l'argent*, par *marc* de 12 deniers de 24 grains.

Les titres s'indiquaient en exprimant le nombre de carats ou deniers et de grains en métal fin contenu dans l'alliage.

Monnaies. La *livre* de 20 *sous* de 12 *deniers* = 0fr,987650942.

Depuis longtemps cette monnaie est remplacée par le franc, qu'on divise encore en 20 sous, bien que cette division ne soit pas légale.

Mesures françaises anciennes transitoires

depuis 1812.

Ces mesures ont été en usage depuis un décret de 1812, qui portait simplement *autorisation* de les employer, mais seulement pour le détail et dans les relations journalières.

Le système métrique décimal devait seul être employé dans les travaux publics et dans le commerce en gros.

Mesures de longueur. Le pied (pied usuel) (constructions) = 12 pouces = 144 lignes = 1728 points................................. = 0m,33333

La toise usuelle ou métrique = 6 pieds .... = 2m,000

L'aune (étoffes) = 2/2 = 4/4 = 8/8, etc .... = 1m,200

Surfaces. La toise carrée = 36 pieds carrés usuels de 144 pouces carrés = 4 mètres carrés.

VOLUMES. La toise cube $= 216$ pieds cubes usuels de 1728 pouces cubes $= 8$ mètres cubes.

CAPACITÉ (*grains*). Le boisseau $= \dfrac{2}{2} = \dfrac{4}{4} = 12^{lit},50.$

Liquides. Le litre $= \dfrac{2}{2} = \dfrac{4}{4} = \dfrac{8}{8} = \dfrac{16}{16} = 1^{lit},00.$

Poids. La livre usuelle $= \dfrac{2}{2} = \dfrac{4}{4}$ (quarterons) $= \dfrac{8}{8}$ (demi-quarts) $= 16$ onces $= \dfrac{32}{32}$ (demi-onces) $= \dfrac{64}{64}$ (quart d'once) $= \dfrac{128}{128}$ ou gros $= 500$ grammes.

Rapport des mesures nouvelles aux anciennes

1 mètre....................	$=$ 0.515 074 de toise.
1 mètre carré..............	$=$ 0.265 244 929 476 de toise carrée.
1 mètre cube..............	$=$ 0.135 064 128 040 de toise cube.
1 mètre....................	$=$ 5 pieds, 0 pouce, 11 lignes,296.
0^m 1.....................	$=$ 0 5 8 5296.
0^m,01....................	$=$ 0 0 4 4530.
0^m,001...................	$=$ 0 0 0 4455.
1 kilomètre................	0 lieue,225 de 25 au degré.
1 kilomètre................	0 lieue,1777 de 20 au degré.
1 kilogramme..............	2 livres,0420.
1 quintal métrique.........	204 livres,20.
1 tonneau de mer..........	2042 livres,90.
1 litre....................	1 pinte,074.
1 litre....................	0 boiss.,0769.
1 hectolitre...............	7 boiss.,69.
1 hectolitre...............	0 setier,641.
1 are (en perches de 22 pieds des eaux et forêts)......	1 perche,058.
1 are (en perches de 18 pieds de Paris)................	2 perch.,0240.
1 hectare (en arpents des eaux et forêts).............	1 arp.,058.
1 hectare (en arpents de Paris)	2 arp.,9240.
1 stère....................	0. 26 corde de Paris.

Valeur en francs, au pair, des principales monnaies étrangères.

NOMS.	POIDS légal. (gr.)	VALEUR en francs (fr.)	(c.)
AMÉRIQUE (ÉTATS-UNIS). (Or.)			
Aigle de 10 dollars	16 717	51	82
Demi-aigle	8 358	25	91
Quart do	4 179	12	95
Argent.			
Dollar (100 cents)	26 729	5	34
Demi-dollar	13 364	2	67
Dime (10 cents)	2 672	0	53
AMÉRIQUE DU SUD (MEXIQUE). (Or.)			
Quadruple (8 escudos)	26 950	81	20
Argent.			
Piastre (8 réaux)	27 »	5	41
CHILI ET NOUVELLE-GRENADE. (Or.)			
Condor 1854	16 400	50	35
Argent.			
Piastre (10 réaux) 1854	25 »	5	»
Décimo	2 500	»	50
QUITO, PÉROU ET BOLIVIE. (Or.)			
Quadruple (8 escudos)	27 »	81	35
Argent.			
Piastre (8 réaux)	27 »	5	41
BUÉNOS-AYRES. (Or.)			
Quadruple (8 escudos)	27 100	81	»
BRÉSIL. (Or.)			
20,000 réis (1849)	17 926	56	00
10,000 id.	8 963	28	30
Argent.			
2,000 id.	25 495	5	19
1,000 id.	12 747	2	60
500 id.	6 373	1	30
AUTRICHE ET BOHÊME. (Or.)			
Ducat ancien	3 490	11	85
do impérial	3 490	11	81
Souverain 1749	11 112	35	17
Argent.			
Risdale ou écu, 1753	28 074	5	19
Florin	14 032	2	60
20 kreutzers, 1854	4 330	»	86
10 do (ancien)	3 898	»	43
1 do (cuivre)	» »	»	04
BELGIQUE.			
Système monétaire français.			

NOMS.	POIDS légal. (gr.)	VALEUR en francs (fr.)	(c.)
BAVIÈRE. (Or.)			
Carolin (3 florins d'or)	0 744	25	08
Maximilien (2 flor.)	6 496	17	18
Argent.			
Kronenthaler	29 540	5	78
Risdale courante	» »	3	24
Florin (60 kreut.)	10 600	2	16
6 kreutzers, 1837	2 208	»	19
DANEMARCK. (Or.)			
Chrétien, 1847	6 785	20	05
Ducat	3 143	9	47
Argent.			
Risdale (6 mares)	26 800	4	00
Mare ou 10 schillings	4 854	»	75
ESPAGNE. (Or.)			
Quadruple 1786	» »	81	51
Doubl. (100 r.), 1848	8 330	25	84
Pistole	» »	21	60
Argent.			
Piastre	27 045	5	40
Peseta (4 réaux)	5 258	1	08
Demi-peseta	2 620	»	61
Réal	1 314	»	56
GRANDE-BRETAGNE. (Or.)			
Double-souverain	15 962	50	»
Guinée (21 shillings)	8 380	26	47
Livre sterling (20 sh.), ou Souverain 1818	7 981	25	21
Argent.			
Couronne 1818 (5 sh.)	28 251	5	81
Demi-Couronne	14 125	2	91
Shilling	5 650	1	10
6 pences	2 825	»	00
1 penny (cuivre)	» »	»	19
INDES ANGLAISES. (Or.)			
Mohoor-Vict. (4 pag.)	11 664	30	83
Pagode do	2 916	9	20
Argent.			
Roupie do	11 664	2	81
2 annas	1 458	»	87
HAMBOURG. (Or.)			
Ducat de 6 mares 1/2	3 468	11	11
Argent.			
Risdale de 6 mares	20 255	5	11
Mare de 16 shillings	9 164	1	11

NOMS.	POIDS légal.	VALEUR en francs
	gr.	fr. c.
HANOVRE. (Or.)		
Ducat impérial. . .	3 491	11 85
Do de 10 thalers. . .	13 300	40 85
Argent.		
Risdale ou écu. . . .	20 213	5 70
Florin.	13 066	2 00
HOLLANDE. (Or.)		
Ducat d'or.	3 482	11 78
Ryder (14 florins). .	9 940	31 40
Argent.		
Ducat (3 florins).. .	32 208	6 41
Florin (100 cents) .	10 700	2 14
NAPLES. (Or.)		
Once de 3 ducats. .	3 787	12 90
Argent.		
12 carlins 1804. . .	27 538	5 10
Ducat (10 carlins) do.	22 948	4 34
1 carlin.	» »	» 43
Pour la Sicile, voir ci-après.		
PRUSSE. (Or.)		
Frédéric (1752) . . .	6 082	20 78
Ducat.	3 400	11 85
Argent.		
Risdale, thaler, écu. .	22 273	3 71
Groscher (cuivre). . .	» »	» 12
PORTUGAL. (Or.)		
Couronne 1854. . . .	17 733	56 »
1/2 Couronne.	6 007	28 »
1/10 Couronne. . . .	1 774	5 60
Argent.		
Cruzade de 480 reis. .	14 638	2 04
1000 reis.	» »	7 07
5 testons (500 r.) 1854	12 500	2 65
Teston de 100 reis.	2 500	» 61
ROME ET ÉTATS DE L'ÉGLISE. (Or.)		
Pistole de Pie VII. . .	5 471	17 98
Sequin 1760.	3 496	11 80
Scudo 1854..	1 784	5 36
Argent.		
Scudo de 100 baioque. 1854.	26 835	5 86
Teston de 30 b. do. .	8 050	1 62
RUSSIE. (Or.)		
Ducat de 1763. . . .	3 473	11 50
Impériale de 10 roub.	13 072	41 20
Demi-impériale. . . .	6 546	20 60

NOMS.	POIDS légal.	VALEUR en francs
	gr.	fr. c.
RUSSIE. (Argent.)		
Rouble de 100 copecks	20 040	4 »
Copeck (cuivre). . . .	» »	» 04
Monnaie de platine démonétisée.		
SARDAIGNE, SAVOIE, PIÉMONT. (Or.)		
Système monétaire français.		
Anciennes monnaies.		
Carlin sarde.	16 050	49 11
Génovino de 100 livr.	28 168	88 39
Sequin sarde.	3 452	11 84
Sequin de Gênes. . .	3 487	12 01
Argent.		
Ecu sarde.	23 500	4 70
Ecu de Gênes (banque).	20 708	4 21
SAXE. (Or.)		
Auguste (5 thalers). .	6 070	20 75
Ducat 1763.	3 490	11 85
Argent.		
Risdale	28 064	5 19
Thaler.	10 488	3 25
SICILE. (Or.)		
Once 1748.	4 800	13 78
Argent.		
Ecu de 12 tharins. . .	27 538	5 10
SUÈDE ET NORVÈGE. (Or.)		
Ducat.	3 482	11 70
Argent.		
Risdale (48 shillings).	20 808	5 75
Ecu de 4 riksdalers. .	33 925	5 66
Marck de Nor. (24 sh.)	5 790	1 12
SUISSE.		
Système monétaire français.		
TURQUIE. (Or.)		
Pièce de 100 piastres.	7 101	22 68
Do de 50 do...	3 595	11 34
Argent.		
Piastre.	1 203	» 22
Pièce de 5 piastres. .	6 017	1 11
Do de 10 do. . .	12 034	2 22
Do de 20 do. . .	24 008	4 45
WURTEMBERG. (Or.)		
Carolin ou florin. . .	9 744	25 67
Argent.		
Risdale.	28 004	5 19
ZOLLVEREIN ET AUTRICHE.		
(Association de 1857.)		
Thaler d'ass. argent.	»	3 75

Table des Mesures linéaires, itinéraires et commerciales des principaux États du globe, exprimées en mesures métriques, revue par M. Silbermann.

Noms des Pays.	Désignations	Mesures
		kil. mètres
ANGLETERRE	Yard impérial = 3 feet (pieds).	0,914 383
	Foot = 12 inches (pouces) . .	0,304 794
	Furlong = 220 yards	201,164 4
	Mille = 8 furlongs	1,609
	Mille géographique.	1,851
	League (lieue).	5,556
	Malte. Pied.	0,283,6
AUTRICHE	Vienne. Fuss (pied) = 12 zoll = 144 linie.	0,316 103
	— Elle (aune).	0,779 2
	— id. de la haute Autriche.	0,799 7
	Bohême. Fuss (pied) d'Ottembourg. . .	0,206 416
	Venise. id. (pied)	0,435 185
	— Brasse de laine.	0,683 4
	— id. de soie.	0,638 7
	— Palmo (pied)	0,347 398
	— id. d'architecte.	0,396 5
	Raguse, Dalmatie. Aune	0,513 2
	Milan et Pavie, Crémone. Brasse d'après les tavole di ragguaglio	0,594 0
	— Mille d'Autriche.	7,586
	— id. marin	1,852
	Bohême. Mille marin.	6,910
	Italie. id. id.	1,856
	Venise. id. id.	1,834
	Hongrie. id. id. = 26626 pieds du Rhin.	8,356
BADE	Carlsruhe. Fuss (pied) nouveau = 10 zoll = 100 linie.	0,3
	— Melle.	8,689
BAVIÈRE	Munich. Fuss (pied)	0,291 860
	— Elle (aune).	0,833 0
	Nuremberg. Fuss (pied)	0,303 793
	— Elle (aune).	0,656 4
	Augsbourg. Fuss (pied).	0,296 108
	— Melle = 23860 pieds du Rhin. . . .	7,426,
BELGIQUE	— Elle (aune) = 1 mètre.	1
	Anvers. Pied.	0,285 588
	— Mille métrique.	1
	— Lieue de Brabant	5,556
	Id. de Flandre = 20000 pieds du Rhin.	6,277
	Ostende. Aune	0,609 5
BRÊME	— Fuss (pied) = 12 zoll = 144 linie. . .	0,289 107
	— Elle (aune).	0,578 4

Noms des Pays.	Désignations	Mesures
		en mètres
BRUNSWICK	—Fuss (pied) = 12 zoll = 144 linie. . .	0,285 362
	—Elle	0,570 7
CHILI	Le système décimal français est décrété dans ce pays.	
CHINE	Ibold (pied).	0,306 288
COLOMBIE	Le système décimal français est décrété dans ce pays.	
CRACOVIE	Fuss (pied).	0,356 421
	Elle (aune).	0,617 0
DANEMARK	Fed (pied)	0,313 760
	Elle (aune).	0,627 7
	Perche = 10 pieds.	3,137 60
	Mille = 2400 perches.	7,532
ÉGYPTE	Coudée antique.	0,525 924
	Mètre (depuis 1850).	1
ESPAGNE	Burgos. Pied = 12 pouces = 144 lignes.	0,282 655
	—Vara de Castille (aune) = 3 pies.	0,836
	Havane. id. id. = 3 pies.	0,847 065
	—Lieue royale = 25000 pies. . . .	7,066
	—Lieue commune = 19800 pies.	5,607
	Mille marin.	6,305
ÉTATS DE L'ÉGLISE	Rome. Pic.	0,207 806
	—Palmo des architectes = 3|4 du pic. .	0,223 422
	—Pied antique	0,205 660
	—Canne des marchands divisée en 8 palmes.	1,092
	—Brasse des tisserands div. en 3 palmes.	0,636 1
	— id. des marchands div. en 4 palmes.	0,846 2
	Bologne. id. id. id.	0,645 2
	—Mille.	1,489
ÉTATS-UNIS D'AMÉRIQUE	Comme l'Angleterre.	
FRANCE	Mètre.	1
	Kilomètre = 1000 mètres.	1,000
	Myriamètre = 10,000 mètres.	10,000
	Lieue marine de 20 au degré.	5,556
	Lieue de poste (ancienne).	3,898
	Mille géographique de 60 au degré. . .	1,852
	Pied de roi (ancien).	0,324 83
FRANCFORT	Fuss (pied du Rhin comme la Prusse). .	0,284 610
	Elle (aune).	0,547 3
GRÈCE	Comme la France et l'Angleterre. . .	
GRENADE (Nouvelle-)	Le système décimal français est décrété dans ce pays.	

Noms des Pays.	Désignations	Mesures
		Lil. mètres
HAMBOURG	Palm.	0,095 496
	Fuss = 3 palm = 12 zoll = 96 parties.	0,286 490
	Elle (aune).	0,573 0
	Id. de Brabant.	0,691 5
	Mille = 24000 pieds du Rhin.	7,532
HANOVRE	Fuss (pied) = 12 zoll = 96 huitièmes, ou = 144 lignes.	0,291 995
	Elle (aune).	0,584 0
HESSE	Darmstadt. Fuss (pied) = 10 zoll = 100 lig.	0,25
	Cassel. id. de construction.	0,284 911
	—Elle (aune) = 24 zoll.	0,569 4
HOLLANDE	—Elle (aune).	1
	—Pied = 3 palm = 11 pouces = 264 quarts.	0,283 056
	—Pied du Rhin pour le Luxembourg.	0,313 854
	Middelbourg. Pied du Rhin.	0,300 025
	Amsterdam. Elle.	0,690 3
	—Elle de soie (d'Anvers).	0,694 3
	— id. de laine id.	0,684 4
	Harlem. Elle ordinaire.	0,683 5
	—Elle de linge.	0,742 6
	Leide. Elle.	0,683 1
	—Mille = 20692 pieds du Rhin.	5,857
	— id. marin de 20 au degré.	5,556
JONIENNE (R.)	Zante et Céphalonie. Pied.	0,347 398
LUCQUES	Brasse.	0,505 1
LUBECK	Fuss (pied) = 12 zoll = 144 lignes = 1728 points.	0,287 62
	Elle (aune) = 2 fuss.	0,575 24
	Melle (mille géographique).	1,852
MECKLENBOURG	Rostock. Fuss (pied)	0,291 002
MEXIQUE	Mètre. Le système décimal français est décrété dans la république.	1
MODÈNE	Modène. Pied.	0,523 048
	Reggio. id.	0,530 898
NASSAU	Wiesbaden. Fuss (pied).	0,287 844
OTTOMAN (Empire)	Constantinople. Grand pic; halebi ou archin.	0,669 079
	—Petit pic, draa stambulin.	0,647 874
	—Berri (mille).	1,670
	Mille marin.	1,479
PARME	Braccio di legno = 12 po. = 1728 atomi.	0,544 070
	id. pour laine, coton et linge.	0,643 8
	id. pour soie.	0,594 4
POLOGNE	Pied = 12 pouces = 144 lignes (stopy).	0,297 760
	Varsovie. Aune.	0,584 6
	—Mille de 20 au degré.	5,556

Noms des Pays.	Désignations	Mesures
		kil. mètres
PORTUGAL	—Palmo craveiro = 8 pouces = 96 lignes = 960 points.	0,218 59
	—Pied d'architecte.	0,326 6
	—Braça ou Brasse = 10 palmos = 2 vara.	2,185 9
	Lisbonne. Vara.	1,092 9
	—Lieue de 18 au degré.	6,180
	— id. de 20 au degré (maritime). . .	5,556
	— id. de 60 au degré id. . . .	1,852
PRUSSE	Rhein Fuss (pied du Rhin) = 12 zoll = 144 linien = 1728 scrupeln.	0,313 854
	Aix-la-Chapelle. Fuss (pied) = 12 zoll = 144 linien.	0,281 979
	—Fuss d'architecte.	0,288 701
	Berlin. Fuss = 12 zoll.	0,313 85
	—Elle (aune ancienne).	0,667 7
	—Elle (aune nouvelle). . . . , . . .	0,666 9
	Cologne. Elle (aune).	0,575 2
	—Lieue de 15 au degré. . , ...	7,407
	—Mille de 24801 pieds du Rhin.	7,783
	— id. de 24000 id. 2000 perches.	7,532
	Silésie. Mille de 20877 pieds du Rhin.	6,552
RUSSIE	Pied = 1/7 sachine = pied anglais. .	0,304 794
	Sagène = 3 archines	2,133 516
	Archine = 16 verchock = 20 pouces .	0,711 182
	Pétersbourg. Pied russe = 12 pouces	0,538 151
	Riga. Aune	0,548 2
	—Verste = 50 sagènes = 1500 archines .	1 066,758
	Lithuanie. Mille = 28530 pieds du Rhin.	8 954
SARDAIGNE	Mètre.	1
	Pied liprando = 12 onces = 144 points = 1728 atomes.	0,513 766
	Pied ordinaire = 8 onces = 96 points = 1520 atomi.	0,342 510
	Trabucco = 6 pieds lip. = 9 pieds ord.	3,082 595
	Turin. Raso = 14 onces (vassali candi).	0,599 4
	Gênes. Palmo (commission génoise). .	0,248 3
	—Mille = 1300 toises.	2,534
	Cagliari. Raso.	0,549 3
	—Palmo du pays.	0,248 367
	— id. de la ville.	0,202 573
SAXE	Fuss (pied) = 12 pouces = 144 lignes = 1728 points.	0,283 260
	Mille de police = 32000 pieds.	9,064
	Dresde. Aune.	0,566 5
	Leipzig. id.	0,565 31
	Weimar. id.	0,564 0
	Gotha. Pied.	0,287 618
	Weimar. Mille	6,798
	—Pied = 12 pouces = 144 lignes. . . .	0,281 979
	— id. d'arpenteur = 10 pouces = 100 lig.	0,281 979

Noms des Pays.	Désignations	Mesures kil. mètres
SICILES (DEUX-) (Mer. lég.) 1840.	Palmo = 10 decimi = 100 centesimi, etc.	0,261 509
	Pertica ou canna = 10 palmi.	2,616 691
	Miglio = 7000 palmi = 700 pertica.	1 851,075 926
	1 degré = 60 miglio.	111 119,555 560
	3,779,726 palmi.	1
	3,779,726 palmi.	1 000
SICILES (DEUX-) (Anc. mes.)	Naples. Palmo = 12 onces = 60 minuti.	0,263 670
	—Canne = 8 palmes napolitaines.	2,096 1
	Palerme. Canne = 8 palmes.	1,942 3
	Naples. Mille = 7000 palmi.	1,866
SUÈDE	—Fod (pied) = 12 pouces = 144 lignes.	0,296 838
	—Aune = 2 pieds.	0,593 7
	—Mille = 2250 perches (de 16 pieds).	10,688
	Norwége. Mille = 35491 pieds du Rhin.	11,139
SUISSE Le pied de 30 centimètres et le stab, aune de 4 pieds, ont remplacé.	Bâle. Pied.	0,304 537
	Berne. id. 12 pouces.	0,293 258
	Genève. id.	0,487 900
	Lausanne. id. = 10 pouces = 108 lig.	0,3
	Lucerne. id.	0,313 854
	Neufchâtel. id.	0,300 025
	Zurich. id.	0,301 379
	Berne. Aune.	0,542 50
	Genève. id.	1,143 7
	Neufchâtel. id.	1,111 1
	Zurich. id.	0,600 1
	—Mètre.	1
TOSCANE	Florence. Braccio.	0,594 2
	—Braccio, pied géographique.	0,583 028
	— id. id. de construction.	0,548 167
	—Mille.	1,608
WURTEMBERG	Stuttgard. Fuss = 10 zoll = 100 linie.	0,286 490
	—Elle.	0,614 3
	—Mille de 15 au degré.	7,407

Nota. Depuis l'époque où ce tableau a été fait, il a été apporté dans un grand nombre de pays des modifications au système de mesures. Pourtant les mesures indiquées ci-dessus sont encore d'un usage local.

Table des mesures agraires, de capacité et des poids

EN USAGE DANS QUELQUES CONTRÉES DE L'EUROPE.

Nous aurions voulu pouvoir donner plus de développement à cette table, mais l'espace dont nous disposons nous force à restreindre la nomenclature à un petit nombre d'États.

Mesures AGRAIRES

Pays.	Noms des mesures.	Valeur en ares.
BELGIQUE	Système décimal français.	
BRÉSIL	*braça carrée*, 4 varas carrées	0,048
	vara carrée	0,012
ESPAGNE	*estadal*, perche de 12 pieds de côté	0,112
	fanega, 24 perches de côté	04,400
HANOVRE	*morgen*	25,018
NAPLES	*moggia*	33,426
PORTUGAL	*geira*	58,275
PRUSSE	*morgen*	25,526
ROME	*pezza*	20,400
RUSSIE	*déciatine*, 2400 sagènes carrées	109,250
SAXE	*acre*	55,008
SUÈDE	*tuneland*	49,820
SUISSE	*perche carrée*, 100 pieds carrés	0,090
	arpent, 400 perches	36,000
TOSCANE	*quadrato*	34,062
VIENNE (Autriche)	*jóch*	57,508

Mesures DE CAPACITÉ (liquides).

Pays.	Noms des mesures.	Valeur en litres.
AUTRICHE	*eimer*	56,584
BRÉSIL	*pipas*, 25 almudes, 50 potes	423,75
	pote, 6 canadas	8,475
	canada	1,412

Pays.	Noms des mesures.	Valeur e litres.
ESPAGNE	*cantara*, 32 cnavtillos	16,133
POLOGNE	*garnicc*	1,59
PRUSSE	*eimer*	68,69
RUSSIE	*védro*	12,299
	stof, ⅛ védro	1,537
	crouchka, ¹⁄₁₆ védro	1,230
SUÈDE	*kann*	2,615
SUISSE	*pot*, 3 livres d'eau pure	1,50
	setier (brente), 25 pots	37,50
	muid, 100 pots	150,00

MESURES DE CAPACITÉ (*grains*).

Pays.	Noms des mesures.	Valeur en litres.
AUTRICHE	*metze*	61,50
BRÉSIL	*moio*, 15 fangas	828,00
	fanga, 16 quartas	55,20
	octava, ½ quarta	1,725
ESPAGNE	*fanega*, 12 celemines	55,50
POLOGNE	*korzec*	51,137
PRUSSE	*scheffel*	54,952
RUSSIE	*tchetvert*, 8 tchetvéries	209,817
	osmine, 4 tchetvéries	104,908
	tchetvéric	26,227
	garnitz, ⅛ tchetvéric	3,278
SARDAIGNE	*starello*	48,061
SICILE	*salma grossa*	344,33
	salma generale	276,60
SUÈDE	*tunna*, de 32 kappar	146,490
	kann	2,615
SUISSE	*quarteron* (boisseau)	15,00
	sac, 10 quarterons	150,00
WURTEMBERG	*scheffel*	178,44

POIDS A L'USAGE DU COMMERCE.

Pays.	Noms des poids.	Valeur en grammes.
ALLEMAGNE	marc de l'association douanière	233,855
AUTRICHE (Vienne)	livre	560,012

Pays.	Noms des poids.	Valeur en grammes.
BAVIÈRE	*livre*	560,00
BRÉSIL	*tonellada*	793,029
	quintal, 4 arrobas	58,743
	libra, 2 marcos, 16 onças	450,00
DANEMARK	*marc*	235,389
ESPAGNE	*livre*	460,00
HANOVRE	*livre*	486,652
HOLLANDE	*livre*, de 10 onces	1000,00
	once, 100 looden ou gros	100,00
	wigte ou *esterling*	1,00
	korrel	0,10
PIÉMONT	*libbra*	308,875
PORTUGAL	*arratel*	458,021
PRUSSE	*marc*	233,855
	livre	467,702
RUSSIE	*livre*, 9216 doli	409,512
	solotnic, 96 doli	4,266
	doli	0,044
SAXE	*livre*	467,141
SUÈDE	*livre*	525,082
SUISSE	*livre*, unité	500,00
	once, 1/16 de livre	31,25
	gramme, poids scientifique	1,00
WURTEMBERG	*livre*	467,788

Mesures anglaises.

Mesures de LONGUEUR.

		Mètres.
COMMER-CIALES.	1 Mile (8 furlongs).............	1609,3149
	1 Furlong (40 poles ou perches).	201,1644
	1 Pole (2 ¼ fathoms)...........	5,0291
	1 Fathom (2 yards)............	1,828767
	1 Yard (3 feet ou pieds)........	0,914383
	1 Foot (12 inches ou pouces)...	0,304794
	1 Inch	0,025400

		Mètres.
POUR LES TERRES.	1 Geografic degree (69,04 miles)..	111120,6
	1 Mile (80 chains).............	1609,31
	1 Chain (100 lincks)...........	20,12
	1 Linck (7,92 inches)..........	0,201

		Kilomètres.
NAUTIQUES.	1 Degree (20 leagues)..........	111,120
	1 League (3 nautical miles).....	5,556
	1 Nautical mile (6082,7 feet)....	1,852

Mesures de SURFACE.

		Mètres carrés.
	1 Acre (4 roods).............	4046,71
	1 Rood (40 square poles).......	1011,68
	1 Square pole (30 ¼ square yards).	25,29
	1 Square yard (9 square feet)..	0,8361
	1 Square foot (144 square inches).	0,0929
	1 Square inch	0,000645

		Ares.
SPÉCIALES POUR LES TERRES.	1 Square mile (640 acres).....	25898,94
	1 Acre (10 square chains)......	40,67
	1 Square chain (10000 square lincks)...................	4,05
	1 Square linck (62 square inches).	0,0004

MESURES ANGLAISES:

MESURES DE VOLUME.

		Décim. cubes.
1 Cubic yard (27 cubic feet).....		764,513
1 Cubic foot	1728 cubic inches.. 2200 inches cylindriques........ 3300 inches sphériques......... 6600 inches coniques..........	28,315296

1 Inch cubique................	0,016386
1 Inch cylindrique............	0,012871
1 Inch sphérique..............	0,008580
1 Inch conique...............	0,004290

MESURES DE CAPACITÉ.

		Litres.
POUR LES LIQUIDES.	1 Gallon (4 quarts).............	4,543
	1 Quart (2 pints)...............	1,136
	1 Pint (4 gills)................	0,568
	1 Gill (8 ¾ inches cubiques)......	0,142

POUR LES MATIÈRES SÈCHES.	1 Chaldron (12 sacks)	1308,516
	1 Load (5 quarters)............	1453,906
	1 Quarter (8 bushels)...........	296,781
	1 Sack (3 bushels).............	109,043
	1 Bushel (4 pecks).............	36,348
	1 Peck (2 gallons).............	9,087

MESURES DE POIDS.

		Grammes.
SYSTÈME TROY.	1 Livre ou pound (12 ounces)....	373,242
	1 Ounce (20 penny-weights).....	31,091
	1 Penny-weight (24 grains)......	1,555
	1 Grain (20 mites).............	0,065
	1 Mite......................	0,003

		Kilogrammes.
SYSTÈME AVOIR-DU-POIDS.	1 Ton (20 cwt ou quintals).......	1016,048
	1 Quintal (4 quarters)...........	50,802
	1 Quarter (2 stones)...........	12,700
	1 Stone (14 pounds ou livres)......	6,350
	1 Livre (16 ounces).............	0,454
		Grammes.
	1 Ounce (16 drams).............	28,350
	1 Dram (27 $\frac{1}{4}$ troy grain).........	1,772

MONNAIES.

		Poids en grammes.	Valeur en francs.
OR.	1 Guinée (21 shillings).....		26,25
	1 Souverain ou		
	1 Livre sterling (20 id.).....	7,981	25
	1 Demi-souverain (10 id.)...	3,990	12,50
ARGENT.	1 Couronne (5 id.)........	27,80	6,25
	1 Demi-couronne (2 $\frac{1}{2}$ id.)...	13,90	3,125
	1 Shilling (12 pence ou penny).............	5,65	1,25
	1 Demi-shilling (6 pence)....	2,85	0,625
	1 Douzième id. (1 penny)...	0,50	0,104
BRONZE.	1 Penny (4 farthings)......		0,104
	1 Demi-penny (2 id.).......		0,052
	1 Quart id. (1 id.)........		0,026

NOTA. On compte en Angleterre par guinées, mais la pièce de 1 guinée n'existe pas.

Comparaison des mesures FRANÇAISES *aux mesures* ANGLAISES.

LONGUEUR.

1 Millimètre....	0,039 inch.
1 Centimètre...	0,394 inch.
1 Décimètre....	0,328 foot, environ 4 inches.
1 Mètre........	1,094 yard, » 3 feet et 3 inches.
1 Décamètre...	1,988 pole, » 11 yards.
1 Hectomètre..	0,497 furlong, » 19 poles 5 yards.
1 Kilomètre....	0,621 mile, » 4 furlongs 39 poles.
1 Myriamètre..	6,214 miles, » 6 miles 68 poles.

1 Mètre........ 4,975 lincks, environ 39 inches.
1 Décamètre... 0,498 chain, » 49 lincks 6 inches.
1 Hectomètre.. 4,975 chains, » 4 chains 98 lincks.

SURFACES.

1 Millim. carré. 0,0016 square inch.
1 Centim. carré. 0,0011 sq. foot, environ $\frac{1}{7}$ sq. inch.
1 Décim. carré. 0,1076 sq. foot, » 16 sq. inches.
1 Mètre carré.. 1,1960 sq. yard, » 10 sq. feet 108 sq. inches.
1 Décam. carré. 119,6029 sq. yard, » 119 sq. yard 5 sq. feet.
1 Décam. carré. 3,9541 sq. poles, » 3 sq. poles 29 sq. yards.
1 Hectom. carré. 9,8845 roods, » 9 roods 35 sq. poles.
1 Hectom. carré. 2,4711 acres, » 2 acres 2 roods.

POUR LES TERRAINS.

1 Centiare..... 24,71 sq. lincks.
1 Are .... 0,2471 sq. chain, environ 2471 sq. lincks.
1 Hectare...... 2,4711 acres, » 24 sq. chain 7100 sq. lincks.

1 Kilom. carré.. 0,3861 sq. mile, » 247 acres 1 sq. chain.
1 Myriam. carré. 38,61 sq. miles, » 38 sq. milles 390 acres.

VOLUMES.

1 centim. cube. 0,2331 inch conique.

1 décim cube.
- 233,1 inches coniques.
- 116,55 inches sphériques.
- 77,7 inches cylindriques.
- 61,03 inches cubiques.

1 mètre cube.
- 35,317 cubic feet.
- 1,308 cubic yard.

CAPACITÉ.

1 décilitre. 0,704 gill.

1 litre.
- 7,043 gills.
- 1,761 pint.
- 0,880 quart, environ 1 pint 3 gills.
- 0,220 gallon.

$$
1 \text{ décalitre.} \begin{cases} 17,608 & \text{pints.} \\ 8,804 & \text{quarts, environ 8 quarts 6 gills } \tfrac{1}{4}. \\ 2,201 & \text{gallons,} \quad \text{» } 2 \text{ gallons 6 gills } \tfrac{1}{4}. \\ 1,100 & \text{peck.} \\ 0,275 & \text{bushel.} \end{cases}
$$

$$
1 \text{ hectolitre} \begin{cases} 22,010 & \text{gallons.} \\ 11,005 & \text{pecks.} \\ 2,751 & \text{bushels.} \\ 0,917 & \text{sack,} \quad \text{» } 2 \text{ bushels 3 pecks.} \\ 0,344 & \text{quarter.} \\ 0,069 & \text{load.} \\ 0,076 & \text{chaldron.} \end{cases}
$$

POIDS, SYSTÈME TROY.

Pour les matières précieuses.

1 milligr.   0,309 mite.

1 centigr.   3,088 mites.

$$
1 \text{ décigr.} \begin{cases} 30,878 & \text{mites.} \\ 1,535 & \text{grain,} \quad \text{environ 1 grain 11 mites.} \end{cases}
$$

$$
1 \text{ gramme.} \begin{cases} 15,349 & \text{grains.} \\ 0,643 & \text{penny-weight » 15 grains 7 mites.} \end{cases}
$$

$$
1 \text{ décagr.} \begin{cases} 6,431 & \text{penny-weights.} \\ 0,322 & \text{ounce,} \quad \text{» 6 penny-weights 10 grains} \end{cases}
$$

$$
1 \text{ hectogr.} \begin{cases} 64,308 & \text{penny-weights.} \\ 3,216 & \text{ounces,} \quad \text{» 3 ounces 4 penny-w.} \\ 0,268 & \text{pound.} \end{cases}
$$

$$
1 \text{ kilogr.} \begin{cases} 32,163 & \text{ounces.} \\ 2,680 & \text{pounds,} \quad \text{» 2 pounds 8 ounces.} \end{cases}
$$

POIDS, SYSTÈME AVOIR-DU-POIDS.

1 gramme.   0,565 dram.

$$
1 \text{ décagr.} \begin{cases} 5,646 & \text{drams.} \\ 0,352 & \text{ounce.} \end{cases}
$$

$$
1 \text{ hectogr.} \begin{cases} 56,460 & \text{drams, environ 3 ounces 8 drams.} \\ 3,529 & \text{ounces,} \quad \text{» } 3 \text{ ounces } \tfrac{1}{2}. \end{cases}
$$

$$
1 \text{ kilogr.} \begin{cases} 35,287 & \text{ounces.} \\ 2,205 & \text{livres,} \quad \quad 2 \text{ livres 3 ounces.} \end{cases}
$$

100 kilogr. { 15,753   stones, environ 15 stones 10 livres $\frac{3}{4}$.
             7,877   quarters,   »   7 quarters 1 stone $\frac{2}{3}$.
             1,969   quintal,   »   1 quintal 3 quarters $\frac{3}{4}$.

1000 kilog. { 78,767   quarters,   »   78 quarters 1 stone $\frac{2}{3}$.
tonne   19,692   quintals,   »   19 quintals 2 quarters $\frac{3}{4}$.
métrique. { 0,984   ton.

MONNAIES.

1 centime.   0,384   farthing.
2 centimes.   0,768   farthing.
5 centimes.   1,92   farthing.

10 centim. { 3,84   farthings.
           0,96   penny,   environ 3 farthings $\frac{3}{4}$.

20 centim. { 7,68   farthings.
           1,92   penny,   »   1 penny 3 farthings $\frac{3}{4}$.

50 centim. { 19,2   farthings.
           4,8   pence,   »   4 pence 3 farthings $\frac{3}{4}$.

1 franc. { 9,6   pence.
         0,8   shilling,   »   9 pence 2 farthings $\frac{1}{2}$.

2 francs. { 19,2   pence.
         1,6   shilling,   »   1 shilling 7 pence $\frac{3}{4}$.
         0,32   couronne.

5 francs. { 4   shillings.
         0,8   couronne.

10 francs. { 8   shillings.
         1,6   couronne,   »   1 couronne 3 shillings.
         0,4   livre sterling.

20 francs. { 16   shillings.
         3,2   couronnes,   »   3 couronnes 1 shilling.
         0,8   livre sterling.
         0,76   guinée.

50 francs. { 40   shillings.
         8   couronnes,   »   1 guinée 10 shillings.
         2   livres sterling.
         1,90   guinée.

100 francs. { 80   shillings.
         16   couronnes,   »   3 guinées 17 shillings.
         4   livres sterling.
         3,81   guinées.

Calcul des intérêts. — Annuités.

Une méthode très-simple permet de calculer de tête l'intérêt annuel à 5 pour 100 d'une somme. Elle consiste à prendre la moitié de cette somme et à retrancher le dernier chiffre à droite. Le reste exprime l'intérêt cherché. Ainsi, soit demandé l'intérêt de 96,000 francs à 5 pour 100 : la moitié de ce nombre est 48,000 francs, en retranchant le dernier 0, on a 4,800 francs, qui est l'intérêt demandé.

Réciproquement, voulant connaître la somme à verser pour avoir 1,400 francs de rente annuelle à 5 pour 100, ajoutez un *zéro* et *doublez*, vous aurez le nombre 28,000 francs, qui est la somme demandée.

Autre méthode générale.

Soit a une somme placée à intérêt, n le nombre d'années révolues pendant lequel a porte intérêt, f la valeur que *un* franc a acquise au bout d'une année de placement, de sorte que le *taux* de l'intérêt annuel étant, par exemple :

$$5\ ^0/_0, \quad 6\ ^0/_0, \quad 7\ ^0/_0\dots$$

les valeurs de f sont 1.05, 1.06, 1.07...., il en résulte que $(f-1)$ représentera évidemment le taux de l'intérêt annuel.

Soit enfin i l'intérêt *total* de la somme a après n années.

Cela posé, il y a plusieurs cas à considérer :

1° Ou l'on retire, à la fin de chaque année, l'intérêt du capital a et alors on doit toucher à la fin de chaque année

$$i = a\,(f-1)$$

2° Ou l'on convient de laisser dans les mains de l'emprunteur le capital a pendant n années avec la condition que les intérêts échus à la fin de chacune d'elles *ne s'ajouteront pas* au principal a pour porter intérêt; on dit alors qu'on place à *intérêt simple* et au bout de n années, on a à toucher en intérêts seulement

$$i = a\,(f-1)\,n$$

et si l'on retire des mains de l'emprunteur *capital* et *intérêts*, on a à recevoir une somme totale V

$$V = a + a\,(f-1)\,n = a\,\{1 + (f-1)\,n\}$$

3° Ou bien, enfin, l'on convient que les intérêts que le prêteur ne touche pas à la fin de chaque année *s'ajouteront au principal* et porteront intérêts de même que ce principal. On dit alors que l'intérêt est *composé* et (Voyez l'*Aide mémoire des Ingénieurs* de M. *Tom Richard*, d'où ces notions sont extraites) la valeur S que le principal a a acquise au bout de n années est donnée par la relation :

$$S = a\,f^{n}$$

Ainsi l'intérêt étant à 5 %, $f^{n} = (1.05)^{n}$; et ces valeurs de $(1.05)^{n}$ sont inscrites à la *deuxième* colonne de la table suivante pour les nombres d'années *révolues* indiqués dans la première colonne.

On y voit, par exemple, qu'une somme $a = 10000$ francs acquerrait en $n = 30$ années une valeur $S = 43219$ francs par l'accumulation des intérêts composés, le taux de l'intérêt étant 5 % l'an ; et réciproquement que pour que cette somme $a = 10000$ fr. eût *doublé*, elle devrait rester placée pendant un peu plus de 14 ans ($14^{années}2067$ exactement).

La formule précédente mise sous la forme

$$a = \frac{S}{f^{n}}$$

donne encore la solution de la question inverse : *Quelle somme a faut-il placer aujourd'hui à intérêts composés pour avoir droit à une somme S au bout de n années,* $(f-1)$ *étant le taux de l'intérêt annuel* et, par exemple, S étant 1000 et $(f-1) = 0.05$, on aurait

$$a = \frac{1000}{(1.05)^{n}}$$

Ce sont ces dernières valeurs de a qui sont inscrites à la *quatrième* colonne de la table suivante, et qui peuvent encore être considérées comme les *valeurs actuelles d'un capital de 1000 francs qui n'est réalisable qu'après n années révolues.*

Annuités (*question générale*). On emprunte aujourd'hui une somme S ; à la fin de chaque année on rend au prêteur une autre somme *constante a* plus grande que l'intérêt de S ; il arrivera dès lors nécessairement que, après un certain nombre n d'années révolues, on se sera complétement acquitté. $(f-1)$ étant toujours le taux de l'intérêt annuel, on a entre ces quantités (*Aide mémoire des Ingénieurs,* page 43) les relations :

$$S = \frac{a}{f^n} \frac{(f^n - 1)}{(f - 1)}$$

cette formule peut encore être considérée comme donnant la *valeur actuelle* S *de la somme que l'on devrait recevoir aujourd'hui si l'on aliénait un revenu annuel a auquel on aurait droit pendant n années.*

Et, par exemple, a étant $= 1000$ francs et $f = 1.05$, on aurait

$$S = \frac{\dfrac{a}{f^n}}{\dfrac{f-1}{f^n-1}} = \frac{\dfrac{1000}{(1.05)^n}}{\dfrac{0.05}{(1.05)^n-1}}$$

Ce sont ces dernières valeurs de S qui sont inscrites à la *cinquième* colonne de la table, et comme la *troisième* colonne fournit à vue les valeurs successives de $\dfrac{5}{(1.05)^n - 1}$ et la *quatrième* celles de $\dfrac{1000}{(1.05)^n}$, on voit que les nombres de la *cinquième* colonne peuvent être obtenus en divisant ceux de la quatrième par le *centième* de ceux qui sont inscrits à la troisième.

Nous remarquerons que cette troisième colonne, qui ne contient rien autre chose que les facteurs $\dfrac{5}{(1.05)^n - 1}$, a porté dans les *neuf premières* éditions de ce carnet le titre de *rente annuelle nécessaire pour l'amortissement d'un capital de 100 francs dans un nombre donné d'années* : titre tout à fait inexact, ce qui n'a pas empêché qu'il n'ait été fidèlement reproduit par les plagiaires de notre carnet. La somme annuelle a, qu'il faudrait verser à la fin de chaque année pour éteindre en n années une somme S empruntée aujourd'hui, serait donnée par la formule des annuités, mise sous la forme

$$a = \frac{S f^n \cdot (f - 1)}{(f^n - 1)}$$

Si l'on y fait $S = 100$ et $f = 1.05$, ce qui est l'hypothèse de l'ancien titre, on a

$$a = \frac{(1.05)^n \cdot 5}{(1.05)^n - 1}$$

c'est-à-dire, que pour obtenir a dans ces conditions, il faudrait multiplier les nombres de la deuxième colonne $(1.05)^n$ par ceux de la troisième colonne $\dfrac{5}{(1.05)^n - 1}$.

TABLES DIVERSES D'INTÉRÊT ET D'ESCOMPTE.

Étendues par E. Lorentz.

NOMBRE d'années. (n)	VALEURS successives de 1 fr., plus ses intérêts composés au taux de 5 pour 100. $((1.05)^n)$	VALEURS de $\left(\dfrac{5}{(1,05)^n - 1}\right)$	VALEURS actuelles d'un capital de 1000 f., qui n'est réalisable que dans un nombre donné d'années. $\left(\dfrac{1.000}{(1.05)^n}\right)$	VALEURS ACTUELLES totales d'une rente annuelle de 1000 fr., payable pendant un certain nombre d'années.
	fr. c.	fr. c.	fr. c.	fr. c.
1	1 05 00	100 00 00	952 38 10	952 38 10
2	1 10 25	48 78 05	907 02 95	1.859 41 05
3	1 15 76	31 72 09	863 83 38	2.723 24 43
4	1 21 55	23 20 12	822 70 25	3.545 94 68
5	1 27 63	18 09 75	783 52 62	4.329 47 30
6	1 34 01	14 70 17	746 21 54	5.075 68 84
7	1 40 71	12 28 20	710 68 18	5.786 36 97
8	1 47 75	10 47 22	676 83 94	6.463 20 91
9	1 55 13	9 06 90	644 60 89	7.107 81 80
10	1 62 89	7 95 05	613 91 33	7.721 78 13
11	1 71 03	7 03 89	584 67 93	8.306 41 06
12	1 79 59	6 28 25	556 83 74	8.863 24 80
13	1 88 57	5 64 56	530 32 14	9.393 56 94
14	1 97 99	5 10 24	505 06 80	9.898 63 74
15	2 07 89	4 63 42	481 01 71	10.379 65 45
16	2 18 29	4 22 70	458 11 15	10.837 76 60
17	2 29 20	3 86 99	436 29 67	11.274 06 27
18	2 40 66	3 55 46	415 52 07	11.689 58 34
19	2 52 70	3 27 45	395 73 40	12.085 81 74
20	2 65 33	3 02 43	376 88 95	12.462 20 69
21	2 78 60	2 79 06	358 94 24	12.821 14 93
22	2 92 53	2 59 71	341 85 00	13.162 99 93
23	3 07 15	2 41 37	325 57 13	13.488 57 06
24	3 22 51	2 24 71	310 06 79	13.798 63 85
25	3 38 64	2 09 52	295 30 28	14.093 94 13
26	3 55 57	1 95 64	281 24 07	14.375 18 20
27	3 73 35	1 82 92	267 84 83	14.643 03 03
28	3 92 01	1 71 23	255 00 86	14.808 12 39
29	4 11 61	1 60 46	242 04 63	15.141 07 02
30	4 32 19	1 50 51	231 87 75	15.372 44 77
31	4 53 80	1 41 32	220 35 95	15.592 80 72
32	4 76 49	1 32 80	209 86 02	15.802 67 34
33	5 00 32	1 24 90	199 87 25	16.002 51 59
34	5 25 34	1 17 55	190 35 48	16.192 90 07
35	5 51 60	1 10 72	181 20 03	16.374 10 10
36	5 79 18	1 04 34	172 65 74	16.546 84 84
37	6 08 14	0 98 40	164 43 56	16.711 28 40
38	6 38 55	0 92 84	156 60 54	16.867 88 94
39	6 70 48	0 87 65	149 14 80	17.017 03 74
40	7 04 00	0 82 78	142 04 57	17.159 08 31

NOMBRE d'années. (n)	VALEURS successives de 1 fr., plus ses intérêts composés au taux de 5 pour 100. $\left((1,05)^n\right)$	VALEURS de $\left(\frac{5}{(1,05)^n - 1}\right)$	VALEURS actuelles d'un capital de 1000 f., qui n'est réalisable que dans un nombre donné d'années. $\left(\frac{1\,000}{(1,05)^n}\right)$	VALEURS ACTUELLES totales d'une rente annuelle de 1000 fr., payable pendant un certain nombre d'années.
	fr. c.	fr. c.	fr. c.	fr. c.
41	7 39 20	0 78 22	135 28 16	17.294 36 47
42	7 76 16	0 73 95	128 83 96	17.423 20 43
43	8 14 97	0 69 93	122 70 41	17.545 90 87
44	8 55 72	0 66 16	116 86 13	17.662 77 00
45	8 98 50	0 62 62	111 29 65	17.774 06 65
46	9 43 43	0 59 28	105 99 67	17.880 06 32
47	9 90 60	0 56 14	100 94 92	17.981 01 24
48	10 40 13	0 53 18	96 14 21	18.077 15 45
49	10 92 13	0 50 40	91 56 39	18.168 71 84
50	11 46 74	0 47 77	87 20 37	18.255 92 21
51	12 04 08	0 45 18	83 05 12	18.338 97 33
52	12 64 28	0 42 93	79 09 64	18.418 06 97
53	13 27 50	0 40 73	75 32 99	18.493 39 96
54	13 93 87	0 38 64	71 74 27	18.565 14 25
55	14 63 56	0 36 67	68 32 64	18.633 46 87
56	15 36 74	0 34 72	65 07 28	18.698 54 15
57	16 13 58	0 33 03	61 97 41	18.760 51 56
58	16 94 26	0 31 36	59 02 29	18.819 53 85
59	17 78 97	0 29 78	56 21 23	18 875 75 08
60	18 67 92	0 28 28	53 53 55	18.929 28 63
61	19 61 31	0 26 86	50 98 63	18.980 27 26
62	20 59 38	0 25 52	48 55 83	19.028 83 09
63	21 62 35	0 24 24	46 24 60	19.075 07 69
64	22 70 47	0 23 03	44 01 38	19.119 12 07
65	23 83 99	0 21 89	41 94 65	19.161 06 72
66	25 03 19	0 20 81	39 91 91	19.201 01 63
67	26 28 35	0 19 78	38 04 67	19.239 06 30
68	27 59 77	0 18 80	36 23 50	19.275 29 80
69	28 97 75	0 17 87	34 50 95	19.399 80 75
70	30 42 74	0 16 99	32 86 62	19.312 67 37
71	31 94 77	0 16 16	31 30 11	19.373 97 48
72	33 54 51	0 15 36	29 81 06	19.403 78 54
73	35 22 24	0 14 61	28 39 10	19.432 17 64
74	36 98 35	0 13 90	27 03 91	19.459 21 55
75	38 83 27	0 13 22	25 75 16	19.484 96 70
76	40 77 43	0 12 57	24 52 63	19.509 49 23
77	42 81 30	0 11 96	23 35 74	19.532 84 97
78	44 95 37	0 11 38	22 24 51	19.555 09 48
79	47 20 13	0 10 82	21 18 58	19.576 28 06
80	49 56 14	0 10 30	20 17 70	19.596 45 76
81	52 03 95	0 09 61	19 21 61	19.615 67 37
82	54 64 15	0 09 15	18 30 11	19.633 97 48
83	57 37 36	0 08 87	17 42 96	19.651 40 44
84	60 24 22	0 08 44	16 59 97	19.668 00 41
85	63 25 44	0 08 03	15 80 92	19.683 81 33
86	66 41 71	0 07 64	15 05 64	19.698 80 92
87	69 73 79	0 07 27	14 33 94	19.713 20 91
88	73 22 48	0 06 92	13 65 66	19.726 86 67
89	76 88 60	0 06 59	13 00 63	19.739 87 20
90	80 73 04	0 06 27	12 38 69	19.752 25 89

NOMBRE d'années. (n)	VALEURS successives de 1 fr., plus ses intérêts composés ou taux de 5 pour 100. $(1.05)^n$	VALEURS de $\left(\dfrac{5}{(1,05)^n - 1}\right)$	VALEURS actuelles d'un capital de 1000 f., qui n'est réalisable que dans un nombre donné d'années. $\left(\dfrac{1.000}{(1,05)^n}\right)$	VALEURS ACTUELLES totales d'une rente annuelle de 1000 fr., payable pendant un certain nombre d'années.
	fr. c.	fr. c.	fr. c.	fr. c.
91	84 76 69	0 05 97	11 79 71	19 761 05 60
92	89 00 52	0 05 68	11 23 53	19 775 29 13
93	93 45 55	0 05 41	10 70 03	19 785 99 16
94	98 12 83	0 05 15	10 19 08	19 796 18 24
95	103 03 47	0 04 90	9 70 55	19 805 88 79
96	108 18 64	0 04 67	9 24 33	19 815 13 12
97	113 59 57	0 04 44	8 80 32	19 823 93 44
98	119 27 55	0 04 23	8 38 40	19 832 31 84
99	125 23 93	0 04 03	7 98 47	19 840 30 31
100	131 50 13	0 03 83	7 60 45	19 847 90 76

Les tables précédentes donnent les résultats des calculs d'intérêt en procédant par *années*, or les intérêts simples à courte échéance se calculent souvent par *jours*.

$$i = a\,(f - 1)$$

étant l'intérêt à percevoir sur une somme a au bout de *une année* au taux annuel $(f - 1)$, il est clair que le 365me de cette valeur sera, au même taux annuel, et, année commune, l'intérêt à percevoir par *jour*;

faisant $\dfrac{i}{365} = j$ on aura donc nj pour l'intérêt de n jours à percevoir ou à payer sur la somme a

$$nj = \frac{n\,a\,(f - 1)}{365}$$

et suivant que le taux annuel sera $(f - 1) = 0.03$ ou 0.04 ou 0.05 ou, etc., on aura

$$nj = \frac{n\,a.\,3}{36500}; \qquad nj = \frac{n\,a \times 4}{36500}; \qquad nj = \frac{n\,a \times 5}{36500}$$

ou

$$nj = \frac{n\,a}{12167}; \qquad nj = \frac{n\,a}{9125}; \qquad nj = \frac{n\,a}{7300}$$

Les dénominateurs de ces dernières fractions sont ce que la table suivante appelle *diviseurs fixes* (page 66).

En divisant par ces nombres le produit de la somme prêtée a par la durée du prêt exprimée en jours, on a donc l'intérêt total $a\,j$ à payer ou à recevoir.

Quant au *nombre de jours écoulés* entre le prêt et le payement de l'intérêt on pourra le tirer, à vue, de l'une des tables qui suit ou précède celle des diviseurs fixes.

TAUX de l'intérêt par 100.	DIVISEURS fixes par année de 360 jours.	365 jours.
1/8	288 000	292 000
1/4	144 000	146 000
3/8	96 000	97 333
1/2	72 000	73 000
5/8	57 600	58 400
3/4	48 000	48 667
7/8	41 143	41 714
1	36 000	36 500
1 1/8	32 000	32 444
1 1/4	28 820	29 200
1 3/8	26 182	26 545
1 1/2	24 000	24 333
1 5/8	22 154	22 462
1 3/4	20 571	20 857
1 7/8	19 200	19 467
2	18 000	18 250
2 1/8	16 941	17 176
2 1/4	16 000	16 222
2 3/8	15 157	15 368
2 1/2	14 400	14 600
2 5/8	13 714	13 905
2 3/4	13 090	13 272
2 7/8	12 522	12 696
3	12 000	12 167
3 1/8	11 520	11 680
3 1/4	11 077	11 231
3 3/8	10 667	10 815
3 1/2	10 286	10 429
3 5/8	9 931	10 069
3 3/4	9 600	9 733
3 7/8	9 290	9 419

TAUX de l'intérêt par 100.	DIVISEURS fixes par année de 360 jours.	365 jours.
4	9 000	9 125
4 1/8	8 727	8 848
4 1/4	8 470	8 533
4 3/8	8 298	8 313
4 1/2	8 000	8 111
4 5/8	7 784	7 892
4 3/4	7 578	7 684
4 7/8	7 384	7 487
5	7 200	7 3 0
5 1/8	7 024	7 122
5 1/4	6 857	6 952
5 3/8	6 697	6 791
5 1/2	6 545	6 636
5 5/8	6 400	6 489
5 3/4	6 260	6 348
5 7/8	6 128	6 213
6	6 000	6 083
6 1/8	5 877	5 959
6 1/4	5 760	5 840
6 3/8	5 647	5 725
6 1/2	5 538	5 615
6 5/8	5 433	5 509
6 3/4	5 333	5 407
6 7/8	5 236	5 309
7	5 142	5 214
7 1/8	5 053	5 123
7 1/4	4 965	5 034
7 3/8	4 881	4 932
7 1/2	4 800	4 867
7 5/8	4 721	4 787
7 3/4	4 645	4 710
7 7/8	4 571	4 635

TAUX de l'intérêt par 100.	DIVISEURS fixes par année de 360 jours.	365 jours.
8	4 500	4 562
8 1/8	4 430	4 492
8 1/4	4 363	4 424
8 3/8	4 295	4 358
8 1/2	4 235	4 269
8 5/8	4 173	4 232
8 3/4	4 114	4 171
8 7/8	4 056	4 113
9	4 000	4 056
9 1/8	3 945	4 000
9 1/4	3 892	3 946
9 3/8	3 840	3 893
9 1/2	3 789	3 842
9 5/8	3 740	3 792
9 3/4	3 692	3 744
9 7/8	3 645	3 696
10	3 600	3 650
10 1/8	3 556	3 595
10 1/4	3 512	3 561
10 3/8	3 470	3 518
10 1/2	3 439	3 476
10 5/8	3 388	3 435
10 3/4	3 349	3 395
10 7/8	3 310	3 356
11	3 273	3 309
11 1/8	3 236	3 281
11 1/4	3 200	3 244
11 3/8	3 165	3 209
11 1/2	3 130	3 174
11 5/8	3 097	3 141
11 3/4	3 064	3 106
11 7/8	3 032	3 074
12	3 000	3 042

Montant d'une somme connue à recevoir ou à dépenser par heure, par jour, par semaine, par mois et par année.

Par heure.	Par jour de 10 heures.	Par semaine de 6 jours.	Par an de 52 semaines.	Par jour de 10 heures.	Par semaine de 6 jours.	Par mois de 30 jours.	Par an de 12 mois.
f. c.	f. c.	f. c.	f. c.	f. c.	f. c.	f. c.	f. c.
0 22	2 20	13 20	686 40	10 00	60 00	300 00	3.600 00
0 24	2 40	14 40	748 80	12 00	72 00	360 00	4.320 00
0 25	2 50	15 00	780 00	15 00	90 00	450 00	5.400 00
0 50	5 00	30 00	1.560 00	25 00	150 00	750 00	9.000 00
0 60	6 00	36 00	1.872 00	30 00	180 00	900 00	10.800 00
0 63	6 30	37 80	1.965 60	36 00	216 00	1.080 00	12.960 00
0 69	6 90	41 40	2.152 80	45 00	270 00	1.350 00	16.200 00
0 73	7 30	43 80	2.277 60	54 00	324 00	1.620 00	19.440 00
0 86	8 60	51 60	2.683 00	63 00	378 00	1.890 00	22.680 00
0 90	9 00	54 00	2.808 00	72 00	432 00	2.160 00	25.920 00

Jours écoulés depuis le 1ᵉʳ janvier et à parcourir jusqu'au 31 décembre, pour les années de 365 jours.

QUANTIÈME	JANVIER Écoulé	Reste	FÉVRIER Écoulé	Reste	MARS Écoulé	Reste	AVRIL Écoulé	Reste	MAI Écoulé	Reste	JUIN Écoulé	Reste	JUILLET Écoulé	Reste	AOUT Écoulé	Reste	SEPTEMB. Écoulé	Reste	OCTOBRE Écoulé	Reste	NOVEMBRE Écoulé	Reste	DÉCEMBRE Écoulé	Reste
1	1	365	32	334	60	306	91	275	121	245	152	214	182	184	213	153	244	122	274	92	305	61	335	31
2	2	364	33	333	61	305	92	274	122	244	153	213	183	183	214	152	245	121	275	91	306	60	336	30
3	3	363	34	332	62	304	93	273	123	243	154	212	184	182	215	151	246	120	276	90	307	59	337	29
4	4	362	35	331	63	303	94	272	124	242	155	211	185	181	216	150	247	119	277	89	308	58	338	28
5	5	361	36	330	64	302	95	271	125	241	156	210	186	180	217	149	248	118	278	88	309	57	339	27
6	6	360	37	329	65	301	96	270	126	240	157	209	187	179	218	148	249	117	279	87	310	56	340	26
7	7	359	38	328	66	300	97	269	127	239	158	208	188	178	219	147	250	116	280	86	311	55	341	25
8	8	358	39	327	67	299	98	268	128	238	159	207	189	177	220	146	251	115	281	85	312	54	342	24
9	9	357	40	326	68	298	99	267	129	237	160	206	190	176	221	145	252	114	282	84	313	53	343	23
10	10	356	41	325	69	297	100	266	130	236	161	205	191	175	222	144	253	113	283	83	314	52	344	22
11	11	355	42	324	70	296	101	265	131	235	162	204	192	174	223	143	254	112	284	82	315	51	345	21
12	12	354	43	323	71	295	102	264	132	234	163	203	193	173	224	142	255	111	285	81	316	50	346	20
13	13	353	44	322	72	294	103	263	133	233	164	202	194	172	225	141	256	110	286	80	317	49	347	19
14	14	352	45	321	73	293	104	262	134	232	165	201	195	171	226	140	257	109	287	79	318	48	348	18
15	15	351	46	320	74	292	105	261	135	231	166	200	196	170	227	139	258	108	288	78	319	47	349	17
16	16	350	47	319	75	291	106	260	136	230	167	199	197	169	228	138	259	107	289	77	320	46	350	16
17	17	349	48	318	76	290	107	259	137	229	168	198	198	168	229	137	260	106	290	76	321	45	351	15
18	18	348	49	317	77	289	108	258	138	228	169	197	199	167	230	136	261	105	291	75	322	44	352	14
19	19	347	50	316	78	288	109	257	139	227	170	196	200	166	231	135	262	104	292	74	323	43	353	13
20	20	346	51	315	79	287	110	256	140	226	171	195	201	165	232	134	263	103	293	73	324	42	354	12
21	21	345	52	314	80	286	111	255	141	225	172	194	202	164	233	133	264	102	294	72	325	41	355	11
22	22	344	53	313	81	285	112	254	142	224	173	193	203	163	234	132	265	101	295	71	326	40	356	10
23	23	343	54	312	82	284	113	253	143	223	174	192	204	162	235	131	266	100	296	70	327	39	357	9
24	24	342	55	311	83	283	114	252	144	222	175	191	205	161	236	130	267	99	297	69	328	38	358	8
25	25	341	56	310	84	282	115	251	145	221	176	190	206	160	237	129	268	98	298	68	329	37	359	7
26	26	340	57	309	85	281	116	250	146	220	177	189	207	159	238	128	269	97	299	67	330	36	350	6
27	27	339	58	308	86	280	117	249	147	219	178	188	208	158	239	127	270	96	300	66	331	35	361	5
28	28	338	59	307	87	279	118	248	148	218	179	187	209	157	240	126	271	95	301	65	332	34	362	4
29	29	337	0	0	88	278	119	247	149	217	180	186	210	156	241	125	272	94	302	64	333	33	363	3
30	30	336	0	0	89	277	120	246	150	216	181	185	211	155	242	124	273	93	303	63	334	32	364	2
31	31	335	0	0	90	276	0	0	151	215	0	0	212	154	243	123	0	0	304	62	0	0	365	1

(Extraits des calculs tout faits de Lenoir.)

Nombre de jours.	Sommes à payer.	Sommes à payer.	Sommes à payer.	Sommes à payer.	Sommes à payer.	Sommes à payer.	Sommes à payer.
	à 50 c.	à 60 c.	à 75 c.	à 90 c.	à 1 f.	à 1 f. 25	à 1 f. 50
1/4	0,13	0,15	0,19	0,23	0,25	0,31	0,38
1/3	0,17	0,20	0,25	0,30	0,33	0,42	0,50
1/2	0,25	0,30	0,38	0,45	0,50	0,63	0,75
2/3	0,33	0,40	0,50	0,60	0,67	0,83	1
3/4	0,38	0,45	0,56	0,68	0,75	0,94	1,13
1 jour	0,50	0,60	0,75	0,90	1	1,25	1,50
2	1	1,20	1,50	1,80	2	2,50	3
3	1,50	1,80	2,25	2,70	3	3,75	4,50
4	2	2,40	3	3,60	4	5	6
5	2,50	3	3,75	4,50	5	6,25	7,50
6	3	3,60	4,50	5,40	6	7,50	9
7	3,50	4,20	5,25	6,30	7	8,75	10,50
8	4	4,80	6	7,20	8	10	12
9	4,50	5,40	6,75	8,40	9	11,25	13,50
10	5	6	7,50	9	10	12,50	15
11	5,50	6,60	8,25	9,90	11	13,75	16,50
12	6	7,20	9	10,80	12	15	18
13	6,50	7,80	9,75	11,70	13	16,25	19,50
14	7	8,40	10,50	12,60	14	17,50	21
15	7,50	9	11,25	13,50	15	18,75	22,50
16	8	9,60	12	14,40	16	20	24
17	8,50	10,20	12,75	15,30	17	21,25	25,50
18	9	10,80	13,50	16,20	18	22,50	27
19	9,50	11,40	14,25	17,40	19	23,75	28,50
20	10	12	15	18	20	25	30
21	10,50	12,60	15,75	18,90	21	26,25	31,50
22	11	13,20	16,50	19,80	22	27,50	33
23	11,50	13,80	17,25	20,70	23	28,75	34,50
24	12	14,40	18	21,60	24	30	36
25	12,50	15	18,75	22,50	25	31,25	37,50
26	13	15,60	19,50	23,40	26	32,50	39
27	13,50	16,20	20,25	24,30	27	33,75	40,50
28	14	16,80	21	25,20	28	35	42
29	14,50	17,40	21,75	26,40	29	36,25	43,50
30	15	18	22,50	27	30	37,50	45

COMPTES FAITS DU PRIX DES JOURNÉES D'OUVRIERS

Nombre de jours.	Sommes à payer.	Sommes à payer.	Sommes à payer.	Sommes à payer.	Sommes à payer.	Sommes à payer.	Sommes à payer.
	à 1 f. 75	à 2 f.	à 2 f. 25	à 2 f. 50	à 2 f. 75	à 3 f.	à 3 f. 25
1/4	0,44	0,50	0,56	0,63	0,69	0,75	0,81
1/3	0,58	0,67	0,75	0,83	0,92	1	1,08
1/2	0,88	1	1,13	1,25	1,38	1,50	1,63
2/3	1,17	1,33	1,50	1,67	1,83	2	2,17
3/4	1,31	1,50	1,69	1,88	2,06	2,25	2,44
1 jour.	1,75	2	2,25	2,50	2,75	3	3,25
2	3,50	4	4,50	5	5,50	6	6,50
3	5,25	6	6,75	7,50	8,25	9	9,75
4	7	8	9	10	11	12	13
5	8,75	10	11,25	12,50	13,75	15	16,25
6	10,50	12	13,50	15	16,50	18	19,50
7	12,25	14	15,75	17,50	19,25	21	22,75
8	14	16	18	20	22	24	26
9	15,75	18	20,25	22,50	24,75	27	29,25
10	17,50	20	22,50	25	27,50	30	32,50
11	19,25	22	24,75	27,50	30,25	33	35,75
12	21	24	27	30	33	36	39
13	22,75	26	29,25	32,50	35,75	39	42,25
14	24,50	28	31,50	35	38,50	42	45,50
15	26,25	30	33,75	37,50	41,25	45	48,75
16	28	32	36	40	44	48	52
17	29,75	34	38,25	42,50	46,75	51	52,25
18	31,50	36	40,50	45	49,50	54	58,50
19	33,25	38	42,75	47,50	52,25	57	91,75
20	35	40	45	50	55	60	65
21	36,75	42	47,25	52,50	57,75	63	68,25
22	38,50	44	49,50	55	60,50	66	71,50
23	40,25	46	51,75	57,50	63,25	69	74,75
24	42	48	54	60	66	72	78
25	43,75	50	56,25	62,50	68,75	75	81,25
26	45,50	52	58,50	65	71,50	78	84,50
27	47,25	54	60,75	67,50	74,25	81	87,75
28	49	56	63	70	77	84	91
29	50,75	58	65,25	72,50	79,75	87	94,25
30	52,50	60	67,50	75	82,50	90	97,50

COMPTES FAITS DU PRIX DES JOURNÉES D'OUVRIERS.

Nombre de jours.	Sommes à payer.	Sommes à payer.	Sommes à payer.	Sommes à payer.	Sommes à payer.	Sommes à payer.	Sommes à payer.
	à 3 f. 50	à 3 f. 75	à 4 f.	à 4 f. 25	à 4 f. 50	à 4 f. 75	à 5 f.
1/4	0,88	0,94	1	1,06	1,13	1,19	1,25
1/3	1,17	1,25	1,33	1,42	1,50	1,58	1,67
1/2	1,75	1,88	2	2,13	2,25	2,38	2,50
2/3	2,33	2,50	2,67	2,83	3	3,17	3,33
3/4	2,63	2,81	3	3,19	3,38	3,56	3,75
1 jour.	3,50	3,75	4	4,25	4,50	4,75	5
2	7	7,50	8	8,50	9	9,50	10
3	10,50	11,25	12	12,75	13,50	14,25	15
4	14	15	16	17	18	19	20
5	17,50	18,75	20	21,25	22,50	23,75	25
6	21	22,50	24	25,50	27	28,50	30
7	24,50	22,25	28	29,75	31,50	33,25	35
8	28	30	32	34	36	38	40
9	31,50	33,75	36	38,25	40,50	42,75	45
10	35	37,50	40	42,50	45	47,50	50
11	38,50	41,25	44	46,75	49,50	52,25	55
12	42	45	48	51	54	57	60
13	45,50	48,75	52	55,25	58,50	61,75	65
14	49	52,50	56	59,50	63	66,50	70
15	52,50	56,25	60	63,75	67,50	71,25	75
16	56	60	64	68	72	76	80
17	59,50	63,75	68	72,25	76,50	80,75	85
18	63	67,50	72	76,50	81	85,50	90
19	66,50	71,25	76	80,75	85,50	90,25	95
20	70	75	80	85	90	95	100
21	73,50	78,75	84	89,25	94,50	99,75	105
22	77	82,50	88	93,50	99	104,50	110
23	80,50	86,25	92	97,75	103,50	109,25	115
24	84	90	96	102	108	114	120
25	87,50	93,75	100	106,25	112,50	118,75	125
26	91	97,50	104	110,50	117	123,50	130
27	94,50	101,25	108	114,75	121,50	128,25	135
28	98	105	112	119	126	133	140
29	101,50	108,75	116	123,25	130,50	137,75	145
30	105	112,50	120	127,50	135	142,50	150

ABONNEMENT A LA FOURNITURE DU GAZ A PARIS.

(Extrait du cahier des charges de la commission municipale du 23 juillet 1857.)

La concession est faite aux compagnies pour 32 ans, qui ont commencé le 1er janvier 1857. L'éclairage sera fait par le gaz extrait de la houille. Le gaz sera parfaitement épuré. Son pouvoir éclairant devra être tel qu'il donne, pour les becs de l'éclairage public, les intensités de lumière ci-après :

1re série, consommant 100 litres à l'heure, 0,77 de l'éclat d'une lampe Carcel brûlant 42 grammes d'huile à l'heure.

2e série, consommant 140 litres à l'heure, 1,10 de l'éclat d'une lampe Carcel brûlant 42 grammes d'huile à l'heure.

3e série, consommant 200 litres à l'heure, 1,72 de l'éclat d'une lampe Carcel brûlant 42 grammes d'huile à l'heure.

Pendant la durée de l'éclairage, pendant toute la durée du jour, dans les quartiers où l'état de la canalisation et le nombre des consommateurs le permettront, le gaz devra être tenu dans les conduites sous une pression assez forte pour qu'il arrive aux becs.

Pour l'éclairage public (qui comprend toutes les voies publiques existantes, celles qui pourront être créées, tous les établissements municipaux et départementaux dans la ville de Paris, et les établissements militaires qui seront indiqués par le préfet de police), le prix du gaz est fixé par heure :

$$\text{Pour les becs de 1re série, à } 0^f,0200$$
$$— \qquad 2e \qquad — \qquad 0^f,0280$$
$$— \qquad 3e \qquad — \qquad 0^f,0400$$

Lorsque le gaz sera livré au compteur, il sera payé à raison de 0 fr. 20 c. le mètre cube.

Pour l'éclairage particulier, le prix du mètre cube de gaz vendu au compteur est fixé ainsi qu'il suit, sauf le cas d'adoption de procédés nouveaux ou de découvertes :

1857		1860		1863		1866	
1858	0,39	1861	0,38	1864	0,37	1867	0,36
1859		1862		1865		1868	

et 1869 et années suivantes, 0 fr. 35 c.

Le prix de vente du gaz, livré à l'heure au moyen de becs cylindriques à double courant d'air, dit d'Argant, à partir du 1er janvier 1857, est débattu de gré à gré entre la société et les abonnés.

Renseignements sur le service de l'éclairage.

Fourniture du gaz. — Chaque compagnie d'éclairage par le gaz est tenue, dans la circonscription et dans les localités où il existe des conduites, de fournir le gaz à toute personne qui a contracté un abonnement de trois mois au moins, et qui s'est d'ailleurs conformée aux dispositions des règlements concernant la pose des appareils.

Abonnements. — Aucun abonnement ne peut être refusé ; mais les compagnies sont en droit d'exiger que le payement s'en fasse par mois et d'avance. Le gaz est fourni soit au compteur, soit au bec et à l'heure, à la volonté des abonnés.

Compteurs. — Les compteurs sont à la charge des abonnés, qui ont la faculté de les faire établir et entretenir par des fournisseurs de leur choix.

Les abonnés au compteur ont la libre disposition du gaz qui a passé par le compteur ; ils peuvent distribuer le gaz comme bon leur semble, soit à l'intérieur, soit à l'extérieur de leur domicile.

Épaisseur et poids au mètre courant des tuyaux de gaz.

Diamètre intérieur en centimètres.	Épaisseur en millimètres.	Poids du mètre en kil.	Diamètre intérieur en centimètres.	Épaisseur en millimètres.	Poids du mètre en kil.
3	6	4.07	21	8	38.00
6	6	8.12	24	8	43.50
9	6	12.18	27	10	61.00
12	8	21.65	30	10	68.00
15	8	27.13	33	10	74.00
18	8	32.50	40	11	110.11
			50	12	145.00

TARIF LÉGAL

DU 22 MARS 1855 SUR L'ABONNEMENT AUX EAUX DE PARIS.

(Extrait de l'Agenda des architectes.)

	Fournit. journalière de 1 hectolitre.	Abonnement minimum.
Eau de l'Ourcq......................	5 fr. par an.	75 fr. par an.
Eau de Seine......................	} 10 —	100 —
Eau des sources ou puits artésien..........		

Réduction de tarif sur les abonnements de 50 hect. et au delà.

	Prix annuel de chaque hect.	
	Ourcq.	Seine et autre.
Premier demi-module équivalant à 1/4 de pouce, ou 1 à 50 hectolitres.....................	5 fr.	10 fr.
Deuxième demi-module, ou de 50 à 100 hectol.	4	8
Trois. demi-module, ou de 101 h. et au-dessus.	4	6

Au delà de 50 hect., le prix de l'eau de l'Ourcq sera appliqué aux autres eaux, sans distinction de nature ni d'origine, s'il n'y a qu'une seule sorte d'eau dans la rue.

Renseignements sur les formalités à remplir pour obtenir des concessions d'eaux et sur les prix des ouvrages qui sont relatifs aux abonnements.

Les abonnements aux eaux de Paris sont annuels.

Le mode de délivrance des eaux a lieu d'après un des systèmes suivants :

1o *Par écoulement déterminé, constant ou intermittent, régulier ou irrégulier,* réglé par un robinet de jauge établi aux frais de l'abonné et fermé par un cadenas dont les agents du service des eaux ont seuls la clef. Dans ce mode de livraison, les eaux sont reçues dans un réservoir à flotteur dont la hauteur est indiquée par l'ingénieur de service;

2o *Par attachement;*

3o *Par estimation et sans jaugeage.* Ce dernier mode n'est applicable qu'aux eaux de l'Ourcq : toutefois, on peut le suivre pour celles des autres provenances dans des circonstances exceptionnelles et par autorisation spéciale.

La soumission doit indiquer les usages auxquels les eaux sont destinées.

Les abonnés ne peuvent renoncer à leur abonnement qu'en avertissant le préfet de la Seine, par écrit, trois mois d'avance.

L'abonnement n'est pas résilié par le seul fait de la mutation de la propriété où les eaux sont fournies. Le successeur est engagé comme le titulaire.

Les abonnés ne peuvent réclamer aucune indemnité pour les interruptions momentanées du service, résultant soit des gelées, des sécheresses et des réparations, soit de toute autre cause analogue, et notamment de celles de force majeure; mais il est tenu compte, en déduction du prix de l'abonnement, de tout le temps d'interruption du service qui excède huit jours consécutifs.

Chaque propriété doit avoir un embranchement séparé avec prise d'eau distincte sur la voie publique.

Un robinet d'arrêt sous bouche à clef est placé sous la voie publique à l'origine de chaque embranchement. Les agents de l'administration ont seuls le droit de manœuvrer ce robinet.

Les travaux d'embranchement sur la conduite publique, jusques et y compris le robinet d'arrêt, sont exécutés et réparés aux frais des abonnés sous la surveillance des ingénieurs, par l'entrepreneur de l'entretien des conduites de la Ville, au prix de son adjudication, et d'après le règlement desdits ingénieurs.

Au delà dudit robinet, les abonnés peuvent employer les ouvriers de leur choix, mais toujours sous la surveillance des ingénieurs.

Les travaux de pavage et de trottoirs sont faits par les soins des ingénieurs du pavé de Paris, aux frais des abonnés, et conformément aux arrêtés préfectoraux des 20 décembre 1843 et 18 décembre 1844.

L'abonné ne peut rien changer aux dispositions primitivement exécutées, à moins d'en avoir préalablement obtenu l'autorisation.

Il est formellement interdit à tout abonné, sauf le cas d'incendie, de disposer, à quelque titre que ce soit, en faveur d'un autre particulier, de la totalité ou d'une partie des eaux qui lui sont fournies, ni même du trop-plein de son réservoir. Toute contravention à ces dispositions entraîne pour l'abonné l'obligation de payer à la ville de Paris, à titre de dommages-intérêts, une indemnité de 1000 francs.

Le prix de l'abonnement au-dessous de 100 francs est payé à la caisse du receveur municipal par semestre et d'avance. Celui au-dessus de 100 fr. peut être payé par trimestre.

À défaut de payement régulier, le service des eaux est suspendu et l'abonnement peut être résilié.

AVIS SUR LES DROITS AUXQUELS SONT ASSUJETTIS LES MATÉRIAUX ET MARCHANDISES.

La plupart des produits naturels ou fabriqués payent des *droits de douane à l'entrée ou à la sortie*, aux frontières du territoire de presque tous les États civilisés.

Des *droits d'octroi* se perçoivent, en outre, à l'entrée des *villes et communes*, principalement sur les matériaux de construction et les combustibles.

Des *droits d'enregistrement et de timbre* sont dus aussi à l'**État** pour tous actes judiciaires, mutation de propriétés immobilières et effets mobiliers au porteur.

Viennent enfin les *contributions* de toute sorte, qui grèvent la propriété sous diverses formes.

Nous ne pouvons donner ici la nomenclature très-étendue et très-compliquée de ces divers droits, mais on ne saurait trop rappeler qu'ils existent. On obtient à leur égard, avec facilité, tous renseignements nécessaires au siége des administrations publiques, où se perçoivent ces droits, qui d'ailleurs sont souvent modifiés par l'autorité.

AVIS SUR LES ARBITRAGES ET EXPERTISES DEVANT LES TRIBUNAUX.

Des experts sont souvent nommés pour éclairer les tribunaux sur les questions litigieuses de mécanique. Un expert n'est, de même qu'un arbitre, l'homme d'aucune partie ; son premier et essentiel devoir est l'impartialité. Après avoir fait ses constatations, il rédige un rapport pour le tribunal ; il est écrit sur papier timbré et se dépose au greffe du tribunal, après avoir été visé au bureau d'enregistrement ordinaire des actes judiciaires. L'expert n'a de compte à rendre qu'au tribunal. Si une ou plusieurs parties l'empêchent de remplir ses fonctions, il en écrit au président, qui lui fait savoir ce qu'il doit faire, ou du moins il constate ce qu'il peut, et fait mention, dans son rapport, des entraves qu'il a rencontrées.

Outre les frais de timbre, copie, enregistrement et dépôt de rapport, les experts peuvent avoir des avances de fonds à faire en sus du temps et du travail qu'ils dépensent.

La fixation des honoraires est délicate : ils doivent être la juste rémunération de la peine qu'on a prise ; si on s'est trop alloué, on court risque que la taxe du juge ne force à rendre l'excédant. D'après les articles 159 à 162 du tarif des frais judiciaires, il est dû aux ingénieurs (assimilés aux architectes) 8 francs par vacation de trois heures dans le lieu de leur résidence ou dans la distance de deux myriamètres, plus 6 francs pour frais de voyage, aller et retour compris, au delà de deux myriamètres et pour chacun d'eux. Il est bon de se faire rembourser par les parties avant le dépôt du rapport. Si on ne l'a pas fait, et qu'on ne puisse se faire payer, on s'adresse au greffier pour se faire délivrer un *titre exécutoire*, à l'aide duquel on poursuit celle des parties qui paraît la plus solvable.

TABLEAU DE CONCORDANCE

de la mesure de la pression de la vapeur en Angleterre
avec celle de la même mesure en France.

PRESSION en livres anglaises par pouce carré.	PRESSION en atmosphères.	PRESSION en kilogrammes sur un centimètre carré.	PRESSION en centimètres de mercure.
L.	A.	K.	P.
		k.	
1	0.068	0.07040	5.18
1,5	0.102	0.10559	7.77
2	0.136	0.14079	10.36
2,5	0.170	0.17599	12.95
3	0.204	0.21119	15.54
3,5	0.238	0.24639	18.13
4	0.272	0.28158	20.72
4,5	0.306	0.31678	23.31
5	0.340	0.35198	25.90
5,5	0.375	0.38718	28.49
6	0.409	0.42238	31.08
6,5	0.443	0.45758	33.67
7	0.477	0.49277	36.26
7,5	0.511	0.52797	38.85
8	0.545	0.56317	41.44
8,5	0.579	0.59837	44.03
9	0.613	0.63357	46.62
9,5	0.647	0.66876	49.21
10	0.681	0.70396	51.80
10,5	0.715	0.73916	54.39
11	0.749	0.77436	56.98
11,5	0.783	0.80956	59.57
12	0.818	0.84475	62.16
12,5	0.851	0.87995	64.75
13	0.886	0.91515	67.34
13,5	0.920	0.95035	69.93
14	0.954	0.98555	72.52
14,5	0.988	1.02074	75.11
15	1.022	1.05594	77.70
15,5	1.056	1.09114	80.29
16	1.090	1.12634	82.88
16,5	1.124	1.16154	85.47
17	1.158	1.19674	88.06

TABLEAU DE CONCORDANCE

de la mesure de la pression de la vapeur en Angleterre
avec celle de la même mesure en France.

PRESSION en livres anglaises par pouce carré. L.	PRESSION en atmosphères. A.	PRESSION en kilogrammes sur un centimètre carré. K.	PRESSION en centimètres de mercure. P.
		k.	
17.5	1.192	1.23193	90.65
18	1.226	1.26713	93.24
18.5	1.260	1.30233	95.83
19	1.295	1.33753	98.42
19.5	1.329	1.37273	101.01
20	1.363	1.40792	103.60
20.5	1.397	1.44312	106.19
21	1.431	1.47832	108.78
21.5	1.465	1.51352	111.37
22	1.499	1.54872	113.96
22.5	1.533	1.58391	116.55
23	1.567	1.61911	119.14
23.5	1.601	1.65431	121.73
24	1.636	1.68951	124.32
24.5	1.669	1.72471	126.91
25	1.703	1.75990	129.50
25.5	1.738	1.79510	132.09
26	1.772	1.83030	134.68
26.5	1.806	1.86550	137.27
27	1.840	1.90070	139.86
27.5	1.874	1.93590	142.45
28	1.908	1.97109	145.04
28.5	1.942	2.00629	147.63
29	1.976	2.04149	150.22
29.5	2.010	2.07669	152.81
30	2.044	2.11189	155.40
30.5	2.078	2.14708	157.99
31	2.113	2.18228	160.58
31.5	2.147	2.21748	163.17
32	2.181	2.25268	165.76
32.5	2.215	2.28788	168.35
33	2.249	2.32307	170.94
33.5	2.283	2.35827	173.53

TABLEAU DE CONCORDANCE

de la mesure de la pression de la vapeur en Angleterre
avec celle de la même mesure en France.

PRESSION en livres anglaises par pouce carré.	PRESSION en atmosphères.	PRESSION en kilogrammes sur un centimètre carré.	PRESSION en centimètres de mercure.
L.	A.	K.	P.
		k.	
34	2.317	2.39347	176.12
34.5	2.351	2.42867	178.71
35	2.385	2.46387	181.30
35.5	2.419	2.49906	183.89
36	2.453	2.53426	186.48
36.5	2.487	2.56946	189.07
37	2.522	2.60466	191.66
37.5	2.556	2.63986	194.25
38	2.590	2.67506	196.84
38.5	2.624	2.71025	199.43
39	2.658	2.74545	202.02
39.5	2.692	2.78065	204.61
40	2.726	2.81585	200.581
40.5	2.760	2.85105	203.088
41	2.794	2.88624	205.595
41.5	2.828	2.92144	208.102
42	2.862	2.95664	210.610
42.5	2.896	2.99184	213.117
43	2.931	3.02704	215.624
43.5	2.965	3.06223	218.131
44	2.999	3.09743	220.639
44.5	3.033	3.13263	223.146
45	3.067	3.16783	225.653
45.5	3.101	3.20303	228.161
46	3.135	3.23822	230.668
46.5	3.169	3.27342	233.175
47	3.203	3.30862	235.682
47.5	3.237	3.34382	238.189
48	3.271	3.37902	240.697
48.5	3.305	3.41422	243.204
49	3.339	3.44941	245.711
49.5	3.374	3.48461	248.219
50	3.408	3.51981	250.726

Table du travail de la vapeur avec détente ou sans détente.

VALEUR de $\dfrac{c}{c}$	POINT de la course totale du piston auquel la détente commence.	TRAVAIL dû à la détente seule, le travail à pleine vapeur étant 1.	TRAVAIL total, le travail à pleine vapeur étant 1.	RAPPORT du travail total avec la détente au travail total sans détente pendant la course complète.
1.	2.	3.	4.	5.
1.4925	0.67	0.4012	1.4012	0 9388
1.4705	0.68	0.3853	1.3853	0.9420
1.449	0.69	0.3718	1.3718	0.9465
1.4285	0.70	0.3563	1.3563	0.9494
1.4084	0.71	0.3124	1.3424	0.9531
1.3888	0.72	0.3284	1.3284	0.9564
1.3698	0.73	0.3147	1.3147	0.9597
1.3513	0.74	0.3011	1.3011	0.9628
1.333	0.75	0.2877	1.2877	0.9658
1.3157	0.76	0.2723	1.2723	0.9669
1.2985	0.77	0.2614	1.2614	0.9713
1.282	0.78	0.2466	1.2466	0.9723
1.2658	0.79	0.2357	1.2357	0.9762
1.250	0.80	0.2231	1.2231	0.9785
1.2345	0.81	0.2107	1.2107	0.9807
1.2195	0.82	0.1984	1.1984	0.9827
1.2048	0.83	0.1863	1.1863	0.9846
1.1904	0.84	0.1743	1.1743	0.9864
1.176	0.85	0.1625	1.1625	0.9881
1.1627	0.86	0.1507	1.1507	0.9896
1.149	0.87	0.1392	1.1392	0.9911
1.136	0.88	0.1278	1.1278	0.9925
1.1236	0.89	0.1164	1.1164	0.9936
1.111	0.90	0.1054	1.1054	0.9949
1.0989	0.91	0.0943	1.0943	0.9959
1.0869	0.92	0.0833	1.0833	0,9966
1.075	0.93	0.0725	1.0725	0.9974
1.0638	0.94	0.0618	1.0618	0.9981
1.0526	0.95	0.0513	1.0513	0.9987
1.0416	0.96	0.0408	1.0408	0.9992
1.0309	0.97	0.0307	1.0307	0.9998
1.020	0.98	0.0202	1.0202	0.9999
1.010	0.99	0.0110	1.0110	1.0000
1.00	1.00	0 0011	1.0010	1.0000

Table du travail de la vapeur avec détente ou sans détente.

VALEUR de $\dfrac{C}{c}$	POINT de la course totale du piston auquel la détente commence.	TRAVAIL dû à la détente seule, le travail à pleine vapeur étant 1.	TRAVAIL total, le travail à pleine vapeur étant 1.	RAPPORT du travail total avec la détente au travail total sans détente pendant la course complète.
1.	2.	3.	4.	5.
2.941	0.34	1.0788	2.0788	0.707
2.857	0.35	1.0498	2.0498	0.717
2.777	0.36	1.0217	2.0217	0.729
2.702	0.37	0.9943	1.9943	0.738
2.631	0.38	0.9676	1.9676	0.748
2.564	0.39	0.9416	1.9416	0.757
2.500	0.40	0.9163	1.9163	0.767
2.439	0.41	0.8917	1.8917	0.776
2.3809	0.42	0.8674	1.8674	0.784
2.325	0.43	0.8440	1.8440	0.793
2.272	0.44	0.8209	1.8209	0.801
2.222	0.45	0.7985	1.7985	0.810
2.173	0.46	0.7765	1.7765	0.817
2.127	0.47	0.7550	1.7550	0.825
2.083	0.48	0.7340	1.7340	0.832
2.0408	0.49	0.7133	1.7133	0.840
2.000	0.50	0.6932	1.6932	0.846
1.9607	0.51	0.6733	1.6733	0.854
1.923	0.52	0.6539	1.6539	0.860
1.8867	0.53	0.6348	1.6348	0.866
1.8518	0.54	0.6162	1.6162	0.873
1.818	0.55	0.5978	1.5978	0.879
1.7857	0.56	0.5798	1.5798	0.885
1.754	0.57	0.5621	1.5621	0.890
1.724	0.58	0.5447	1.5447	0.896
1.695	0.59	0.5276	1.5276	0.901
1.666	0.60	0.5108	1.5108	0.906
1.639	0.61	0.4943	1.4943	0.912
1.6129	0.62	0.4780	1.4780	0.916
1.587	0.63	0.4620	1.4620	0.921
1.564	0.64	0.4460	1.4460	0.925
1.538	0.65	0.4307	1.4307	0.9299
1.515	0.66	0.4155	1.4155	0.9342

Table du travail de la vapeur avec détente ou sans détente.

VALEUR de $\dfrac{C}{c}$	POINT de la course totale du piston auquel la détente commence.	TRAVAIL dû à la détente seule, le travail à pleine vapeur étant 1.	TRAVAIL total, le travail à pleine vapeur étant 1.	RAPPORT du travail total avec la détente au travail total sans détente pendant la course complète.
1.	2.	3.	4.	5.
100.000	0.01	4.6052	5.6052	0.056
50.000	0.02	3.9120	4.9120	0.098
33.333	0.03	3.5066	4.5066	0.135
25.000	0.04	3.2189	4.2189	0.179
20.000	0.05	2.9958	3.9958	0.200
16.666	0.06	2.8134	3.8134	0.229
14.285	0.07	2.6703	3.6703	0.257
12.500	0.08	2.5257	3.5257	0.282
11.111	0.09	2.4080	3.4080	0.307
10.000	0.10	2.3026	3.3026	0.330
9.090	0.11	2.2073	3.2073	0.353
8.333	0.12	2.1203	3.1203	0.374
7.692	0.13	2.0400	3.0400	0.389
7.143	0.14	1.9661	2.9661	0.415
6.666	0.15	1.8971	2.8971	0.435
6.250	0.16	1.8326	2.8326	0.453
5.882	0.17	1.7720	2.7720	0.471
5.555	0.18	1.7148	2.7148	0.489
5.263	0.19	1.6607	2.6607	0.506
5.000	0.20	1.6094	2.6094	0.522
4.762	0.21	1.5607	2.5607	0.538
4.545	0.22	1.5207	2.5207	0.555
4.347	0.23	1.4697	2.4697	0.569
4.166	0.24	1.4271	2.4271	0.583
4.000	0.25	1.3863	2.3863	0.597
3.846	0.26	1.3471	2.3471	0.610
3.703	0.27	1.3093	2.3093	0.624
3.571	0.28	1.2730	2.2730	0.636
3.448	0.29	1.2378	2.2378	0.649
3.333	0.30	1.2040	2.2042	0.661
3.225	0.31	1.1712	2.1712	0.673
3.125	0.32	1.1394	2.1394	0.685
3.0303	0.33	1.1087	2.1087	0.696

TABLE DES MATIÈRES

	Pages.
Tables usuelles.	
Facteurs usuels dans les calculs.	1
Équations relatives à la valeur de g	2
Logarithmes et réciproques.	3-71
Logarithmes hyperboliques.	78
Carrés et cubes.	16-69
Quatrième et cinquième puissances des nombres.	29
Racines carrée et cubique.	31
Cercle et circonférence.	44
Arcs de cercle (Longueur des) donnés en degrés, minutes et secondes.	57
Arcs de cercle (Longueur des) donnés par la flèche et la corde.	59
Segments circulaires (Surface des) donnés par la flèche et la corde.	63
Sinus et tangentes (naturels).	68-80
Notions usuelles.	
Algèbre, géométrie.	69
Puissances et racines des nombres.	69
Racines de degré élevé (Extraction des).	69
Progression arithmétique.	70
Progression géométrique.	71
Binôme de Newton.	71
Logarithmes.	71-3
Logarithmes (Propriétés des).	72
Arrangements, permutations, combinaisons.	73
Équations du deuxième degré.	73
Interpolations.	74
Calcul infinitésimal; *règle pour différentier; règle pour intégrer*	76
Logarithmes hyperboliques.	78
Radicaux du second degré.	78
Fonctions circulaires.	79
Lignes et angles, relations trigonométriques usuelles.	80-68
Triangles rectilignes (Résolution des).	82
Triangles rectangles.	82

	Pages.
Triangles obliquangles.	85
Surfaces planes (Aire des).	85
Triangle, polygone quelconque, rectangle, parallélogramme, trapèze.	85
Quadrilatère, polygones réguliers.	86
Cercle, circonférence. anneau, secteur, segment.	87
Cercles et carrés, relations entre eux.	87
Thomas Simpson (Méthode de).	88
Solides (Aires et volumes des).	90
Pyramide, tronc de pyramide, prisme, cylindre, cône.	90
Secteur polygonal tournant autour d'un axe.	91
Sphère.	91
Calotte, fuseau, segment, secteur sphérique.	92
Polyèdres.	93
Solides gauches, etc.	94
Mesurage des bois.	96
Tonneaux (Jaugeage des).	96

Géométrie analytique.

Coordonnées (Transformation des).	98
Equation du premier degré (ligne droite)	99
Courbes du second degré.	100
Cercle.	101
Ellipse.	101
Hyperbole.	103
Parabole.	103
Tracé des courbes.	106

Mécanique (Définitions).

Chute des corps, pesanteur.	109
Pendule.	110
Tables des hauteurs correspondantes aux vitesses.	111
Centres de gravité.	113
Forces.	114
Travail.	115
Travail dynamique (de l'homme et des animaux).	116
Quantités de travail dynamique nécessaires pour produire divers effets utiles.	118
Force consommée dans les ateliers de construction de machines avec la transmission.	121
Vitesses (Tableau comparatif des).	122
Frottements.	123
Frottements de glissement (Table des).	124
Frottement (Coefficient de) sous des pressions croissantes.	128
Frottements de glissement (Table des) pendant le mouvement.	129
Pistons dans les corps de pompe (Frottement des).	133
Axes ou tourillons (Frottement des) dans leurs boîtes.	135
Matières à lubrifier les articulations des machines.	136
Alliages de frictions et mastics pour joints.	137
Roulement (Résistance au).	138
Force de tirage (Rapport de la) sur diverses routes à la	

	Pages.
charge totale traînée.	158
Frottement de roulement	159
Roues de voitures.	159
Frottement des cordes et des courroies.	140
Tension du brin conducteur.	142
Cordes (Roideur des).	143
Courroies de cuir (Largeur des).	144
Câbles en fil de fer (Force des)	144

Machines simples.

Levier.	145
Plan incliné.	145
Coin.	146
Treuil à axe horizontal.	146
Treuil à axe vertical ou cabestan.	147
Cric.	147
Poulie fixe.	147
Poulie mobile.	148
Moufles à poulies égales.	148
Moufles à poulies inégales.	148
Vis.	149
Vis à filets quarrés.	149
Vis à filets triangulaires.	149
Vis sans fin.	150
Forces centrales.	150
Roues et engrenages.	150
Volants.	151
Frein de Prony.	151
Roue d'engrenage (Diamètre d'une) d'après le nombre de dents.	152

Résistance des matériaux. 153

Résistance à la traction.	154-161
Tiges, fils.	154-161
Cordes, cordages, câbles.	155
Résistance et poids des cordes marines.	156
Effort de traction des chaînes en fer.	156
Module d'élasticité, allongement, charge.	157
Résistance à l'écrasement.	158
Bois, fonte.	158
Fer.	159
Pierres, briques.	160
Colonnes, piliers, étais (Poids que peuvent supporter les).	161
Résistance à la flexion transversale.	162
Equation de l'équilibre permanent.	162
Valeurs de $\dfrac{R_1}{v'}$.	162
Formules pratiques.	165
Ressorts pour waggons et locomotives.	168
Résistance à la torsion.	169

Hydraulique. 170

	Pages.
Puissance motrice d'une chute d'eau.	170
Écoulement de l'eau.	170
Dépense d'eau en 1″ par une vanne trempée.	172
Mouvement de l'eau dans les conduits de divers diamètres.	174
Pouces de fontainier en mètres cubes.	177
Déversoirs.	177
Dépenses d'eau par des lames en déversoirs versant à l'air libre.	178
Documents relatifs aux constructions.	182
Réduction des pentes exprimées en millimètres ou degrés.	182
Réduction des pentes exprimées en degrés, en pente par mètre.	182
Rectifications à opérer sur les hauteurs apparentes lues à la mire dans les nivellements.	183
Ordres d'architecture.	183
Tableau comparatif des proportions des parties principales des ordres d'architecture.	184
Dimensions modulaires de l'ordre toscan.	185
Dimensions usuelles des murs de bâtiments.	186
Couverture des bâtiments.	187
Dimensions des briques creuses, tuiles, carreaux, ardoises, etc.	187-213
Equarrissage des bois employés dans les combles.	188
Dimensions des bois méplats du commerce.	189
Bois employés dans l'industrie.	190
Equarrissage des bois.	191
Matières premières servant aux constructions.	192
Dimensions des fers marchands en barres.	192
Dimensions courantes et poids des tôles minces.	192
Dimensions et poids des plombs ouvrés (plomb en feuilles, tuyaux).	193
Dimensions courantes des tôles pour chaudières et bateaux.	194
Poids par mètre quarré de feuilles de divers métaux.	195
Tables du poids d'un mètre linéaire de fer.	195
Poids des fers ronds et quarrés de 2 à 500 millimètres.	201
Poids des zincs laminés minces.	202
Dimension des tuyaux de fonte, coudes arrondis, conduites d'eau et conduites de gaz.	203
Dimensions des tuyaux de conduite pour le service des distributions d'eau dans les villes.	204
Gros boulons de 55 à 200 millimètres.	205
Dimensions des boulons, harpons, goupilles, etc., pour les machines.	206
Diamètres des tourillons en fer forgé.	207
Diamètres des tourillons en fonte.	207
Physique et chimie.	208
Équivalents chimiques.	208
Composition des eaux.	209
Analyse de la houille et du coke.	209

	Pages.
Poids absolus de diverses substances.	210
Poids du mètre cube de divers matériaux de construction.	212
Poids de l'hectolitre ras de diverses substances.	213
Dimensions et poids des briques, tuiles, etc.	213
Aréomètres, pèse-sels, pèse-esprits.	214
Chaleur et combustibles.	215
Comparaison de divers thermomètres.	215
Points de fusion de différents corps, etc..	217
Recuit de l'acier trempé.	217
Froid produit par quelques mélanges frigorifiques.	218
Termes d'ébullition de divers liquides.	219
Chaleur spécifique à poids égaux et pression constante.	219
Chaleur latente et totale et absorbée par divers liquides.	219
Températures correspondantes aux différents degrés de chaleur rouge.	220
Dilatations.	220
Combustibles (puissances calorifiques et pouvoirs rayonnants).	220
Quantités de chaleur développées par divers combustibles.	221
Comparaison des puissances dynamiques des gaz.	222
Pressions atmosphériques sur des surfaces métriques quarrées et circulaires.	223
Pressions en kilogrammes, par centimètre, correspondantes aux pressions en livres anglaises par pouce quarré anglais.	223
Tensions, températures, volumes et densités de la vapeur.	224
Force expansive de la vapeur d'alcool et d'éther sulfurique.	225
Évaporation de l'eau à l'air calme.	225
Quantités de travail produites par 1 mètre cube de vapeur.	227
Densités de la vapeur à diverses tensions.	227
Travail de la vapeur d'eau à diverses détentes.	228
Poids et vitesse de la vapeur s'échappant dans l'atmosphère.	229
Écoulement de la vapeur dans un milieu à une pression plus faible.	229
Vitesse d'écoulement dans l'air d'un mélange d'eau et de vapeur.	230
Pressions exercées par le vent à différentes vitesses..	230
Machines à vapeur.	231
Épaisseurs pratiques à donner aux chaudières cylindriques en tôle ou en cuivre laminé.	232
Épaisseurs pratiques à donner aux bouilleurs.	232
Soupapes de sûreté.	233
Locomotives de chemins de fer.	234
Résistance des trains à la traction.	234
Locomotives.	235
Marine.	237
Équations relatives à l'immersion des navires.	237
Dimensions, déplacement, charge, jauge et prix de construction des navires du commerce.	238
Dimensions des parties principales des machines à basse	

Pages.

pression pour la navigation en mer. 239
Géologie. Tableau des formations géologiques de l'Europe. 242
Données économiques. 248
Mesures légales françaises. 248
Monnaies légales françaises. 250
Titre. 250
Mesures anciennes françaises. 251
Mesures anciennes transitoires (1812) françaises. . . . 252
Rapport des mesures nouvelles aux anciennes. 254
Monnaies étrangères (valeur en francs). 255
Mesures linéaires, itinéraires et commerciales des principaux États du globe. 257
Mesures agraires et de capacité. — Poids en usage dans quelques contrées de l'Europe. 262
Mesures anglaises. 265
Monnaies anglaises. 267
Mesures anglaises et mesures françaises comparées. . . 267
Calcul des intérêts. — Annuités. 270
Intérêts et escomptes (Table d'). 274
Diviseurs fixes. 277
Sommes à dépenser, par heure, par jour, etc. 277
Jours écoulés et jours à parcourir à une date donnée. . 278
Comptes faits des journées d'ouvriers. 279
Tarif légal des eaux de Paris. 282
Abonnement à la fourniture du gaz à Paris. 283
Droits sur les matériaux et marchandises. 284
Arbitrages et expertises devant les tribunaux. 284
Tableau de concordance de la mesure de la pression de la vapeur en Angleterre avec celle de la même mesure en France. 285, 286, 287
Table de travail de la vapeur avec détente ou sans détente. 288, 289, 290

FIN DE LA TABLE DES MATIÈRES.

PUBLICATIONS SCIENTIFIQUES-INDUSTRIELLES

DE E. LACROIX

PARIS, 54, rue des Saints-Pères, 54

EXTRAIT DU CATALOGUE GÉNÉRAL

CHRÉTIEN (A.). — **Des machines outils**, leur importance, leur utilité, progrès apportés dans leur fabrication. 3 pl. grand in-folio. In-8, 53 pages. 3 fr. 50.

CLAESSENS DE JONGSTE — **Mathématiques marines.** 1 vol. oblong, 72 pages et 1 pl. 3 fr.

CLARINVAL (A.) . — **Amortissement des obligations de chemins de fer** et valeur de la prime de remboursement d'une obligation. In-4, 72 pages. 5 fr.

CLAUSIUS (R.), professeur à l'Université de Wurzbourg, correspondant de l'Institut. — **Théorie mécanique de la chaleur** traduit de l'allemand par F. Folie, docteur ès-sciences, professeur à l'école industrielle et répétiteur à l'école des mines de Liége. 2 vol. in-8, ensemble 748 p. avec fig. 15 fr.

Bibliothèque des professions industrielles et agricoles, série B, n° 2.

CLEGG (Samuel). — **Traité pratique de la fabrication et de la distribution du gaz d'éclairage et de chauffage.** Traduit de l'anglais et annoté par Ed. SERVIER, ingénieur civil, sous-chef du service des usines de la Compagnie parisienne d'éclairage et de chauffage par le gaz. 1 vol. in-4, 303 p., avec nombreux bois dans le texte et atlas de 28 planches. 40 fr.

Ce traité ne comprend pas seulement l'ouvrage de Clegg. On y a ajouté les nombreux perfectionnements apportés après la mort de l'auteur dans l'industrie du gaz. L'application des cornues en terre, l'emploi des extracteurs, les nouveaux procédés d'épuration, les perfectionnements apportés aux gazomètres, aux compteurs, aux brûleurs et aux procédés photométriques, ont donné lieu à de nombreuses additions.
(Voir plus loin *Schilling.*)

COGNIET — **Des huiles minérales.** In-8. 1 fr.

COIGNET — **Mémoire sur les allumettes chimiques.** In-4, 39 p. 1 fr

COIGNET (F.). — **Emploi des bétons agglomérés**, pour fortifications, ponts, digues, voûtes, aqueducs, chemins de fer, travaux à la mer, pierres artificielles. 1 vol. in-8, 376 p. (*Rare.*) 20 fr.

— **Rapport** sur l'emploi à la mer et sur terre des bétons agglomérés à base de chaux. Broch. in 4. 　　　　1 fr.

COLLADON et STURM. — **Mémoire sur la compression des liquides.** In-4, 81 p. 　　　　10 fr.

COLSON (FÉLIX). — **Un chapitre sur les hydrocarbures des schistes bitumineux lignifères.** In-8. 　　　　1 fr.

COMBES (Hippolyte). — **De l'éclairage au gaz** étudié au point de vue économique et administratif, et spécialement de son action sur le corps de l'homme. In-18, 174 pages. 　　　　2 fr.

COMBES (CH). — **Exposé** des principes de la théorie mécanique de la chaleur et de ses applications principales. 1 vol. in 8, 288 p. 　　　　6 fr.

COMBY — **Théorie** ou manière de conduire, de chauffer et d'entretenir une machine locomotive sur les chemins de fer. In-12. 47 p. 1 fr.

COMPAGNON — **Traité complet théorique et pratique des transactions sur les blés et farines.** In-12, 148 pages. 　3 fr. 50

Le but de cet ouvrage est de déterminer le prix de chaque qualité de blé, réglé sur le prix et le poids de l'hectolitre, et de faire connaître les rendements en farine, en son, en déchets, enfin la quantité de pain qu'un poids quelconque de blé de chaque qualité peut donner. Ce travail, fruit d'études approfondies et d'expériences réitérées, est également utile aux grands propriétaires, aux cultivateurs, aux meuniers et aux boulangers.

Le petit travail qui suit en est le complément naturel :

— **Contrôle raisonné du traité des transactions.** In-12, 14 p.
　　　　2 fr.
Les deux ouvrages. 　　　　5 fr.

Construction (La.). — Cours pratique d'architecture civile, d'architecture rurale et de constructions forestières ; avec quelques notions sur la construction et l'entretien des machines et de l'outillage employés dans les constructions et dans l'agriculture, à l'usage des ingénieurs, des architectes, des propriétaires ruraux, des entrepreneurs, des constructeurs, des chefs d'ateliers, des contre-maîtres et des ouvriers. Cet ouvrage comprend tous les travaux de bâtiment et les ouvrages d'art, avec une étude approfondie de tous les matériaux employés dans la construction, provenance, classification, gisement, la pierre, le bois, le fer, la fonte, le cuivre, le plomb, le zinc, la chaux, l'argile, le ciment, la pouzzolane, les bétons, les mortiers, etc., par M. Toussaint Lemaître, architecte, avec la collaboration de MM. les rédacteurs des *Annales du Génie civil*, M. Eugène Lacroix, membre de la Société industrielle de Mulhouse, de l'Institut royal des ingénieurs hollandais et de la Société des ingénieurs de Hongrie, etc. Directeur de la publication.

PROGRAMME DU COURS DE CONSTRUCTION : Sondages, déblais et remblais, terrassements, fondations, maçonnerie, art du mouleur en plâtre, carrelage, pavage, bitume, dallage, etc. Charpenterie, échafaudages en bois et en fer, combles, ponceaux, etc. Art du couvreur, plomberie, zinguerie, ferblanterie, etc. Menuiserie, construction des escaliers, art du tourneur, serrurerie, vitrerie, peinture, etc.

Cet important travail est publié par livraisons, chacune d'elles est composée d'une feuille de texte in-4 sur deux colonnes, et de trois planches d'ensemble, de plans et de détails avec les teintes conventionnelles.

Spécimen des fig. intercalées dans le texte.

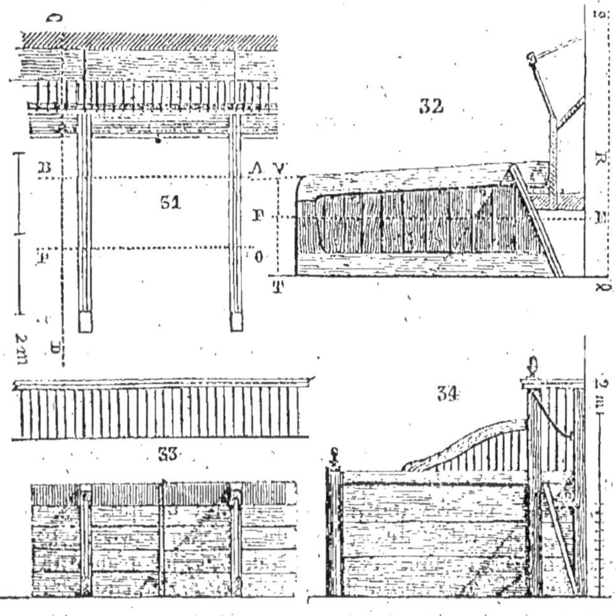

Stalles d'écurie.

Prix de l'ouvrage complet (48 livraisons)   200 fr.
Prix de la première série (livraisons 1 à 12)   60 fr.
— de la deuxième série (livraisons 13 à 24)   60 fr.
Prix de la troisième série (livraisons 25 à 36)   60 fr.
— de la quatrième série (livraisons 37 à 48)   60 fr.
— de chaque livraison séparée   6 fr.

4   EUGÈNE LACROIX, IMPRIMEUR-ÉDITEUR.

Trois livraisons sont publiées. — Sommaire de ces 3 livraisons.
1re *Livraison.*

    Pl. 1. — Vacherie, coupe, plan, détail.
    Pl. 2. — Grange ouverte.
    Pl. 3. — Porcherie.

2e *Livraison.*

    Pl. 4. — Vacherie, coupe à l'échelle de $0^m,020$.
    Pl. 5. — Écurie de ferme.
    Pl. 6. — Porcherie, plan, coupe, élévation, détails.

3e *Livraison.*

    Pl. 7. — Poulaillier et colombier.
    Pl. 8. — Ferme moyenne.
    Pl. 9. — Grange ouverte.

Les planches ci-dessus ne se vendent pas séparément, on doit prendre une livraison complète.

CONTANT — Parallèle des principaux **théâtres modernes** de l'Europe et des **machines théâtrales** françaises, allemandes et anglaises. 2 vol. in-folio.   160 fr.

COQUILLARD. — **Réorganisation de l'armée française.** Broch. in-8.   1 fr.

COQUELIN — Filature mécanique du **lin et du chanvre.** in-8, 356 p. (rare).   30 fr.

CORNET, ingénieur, ancien élève de l'École centrale des Arts et Manufactures, répétiteur à cette École. — **Album des chemins de fer.** Résumé graphique du cours professé à l'École centrale des arts et manufactures, 4e édition, texte grand, in-18, avec 74 planches. Relié à l'anglaise.   10 fr.

Cet album est le résumé graphique du cours professé à l'École centrale des Arts et Manufactures. Il se compose de 74 planches représentant en détail tout ce qui se rapporte aux dispositions générales des voies de fer, aux terrassements, à la construction de la voie, aux changements, croisements et coupements des voies, aux plaques tournantes et chariots, aux dispositions des gares, au matériel roulant, wagons, machines, etc., etc.

Quatre éditions successives ont démontré que l'utilité de cet Album a été promptement appréciée.

COSNUEL (G.). — **Perfectionnement des machines locomotives et fixes.** In-4, 44 p. et 3 pl. in-folio.   3 fr.

Imprimerie Polytechnique de E. LACROIX, à Saint-Nicolas-Varangéville.

ENSEIGNEMENT PROFESSIONNEL

BIBLIOTHÈQUE

DES

PROFESSIONS INDUSTRIELLES ET AGRICOLES

FONDÉE PAR

E. LACROIX ✳

Ex-Officier de marine, Ingénieur civil
Membre de la Société industrielle de Mulhouse, de l'Institut royal
des Ingénieurs hollandais
de la Société des Ingénieurs de Hongrie, etc.

AVEC LA COLLABORATION

de MM. les Rédacteurs des *Annales du Génie civil*

ET CELLE

d'Ingénieurs, de Professeurs et de Savants français et étrangers

TABLE DES MATIÈRES.

	Pages.
Avertissement.	III
Table par ordre alphabétique des noms d'auteurs.	
Catalogue par ordre alphabétique des matières.	11
Catalogue par ordre méthodique de matières ou de séries.	19
Catalogue général des ouvrages publiés par la librairie Lacroix, autres que ceux qui font partie de la bibliothèque.	65

BIBLIOTHÈQUE

DES

PROFESSIONS INDUSTRIELLES ET AGRICOLES

Publiée par Eugène LACROIX

AVERTISSEMENT

Depuis 1816, c'est-à-dire depuis soixante ans que notre maison est fondée (1), nos prédécesseurs ont publié, et nous continuons à publier des ouvrages sur les sciences appliquées à l'industrie, ux arts et métiers, à l'agriculture. L'ensemble de ces publications forme une collection très-variée : donc, nous avions créé par le fait une *Bibliothèque des professions industrielles et agricoles*. Mais l'étendue de quelques-uns de ces ouvrages, l'enseignement plus ou moins scientifique où plus particulièrement pratique qu'ils contiennent, la forme typographique, différente pour le plus grand nombre, et enfin le prix élevé

(1) Réunion (en 1856) des anciennes maisons Malher et Cᵉ (fondée en 1816), Aug. Mathias (fondée en 1827), Comptoir des Imprimeurs-unis (fondé en 1842), G. Comon (fondée en 1848).

de quelques-uns ne permettaient pas de les comprendre par séries dans une encyclopédie accessible, par la forme, par le fond et par le prix, aux personnes qui ont le plus souvent besoin d'indications pratiques sur la profession dont elles font l'apprentisage, ou dans laquelle elles veulent devenir plus intelligemment habiles.

A ces personnes, dont le nombre est très-grand, il faut des *guides pratiques* exacts, d'un format commode, d'un prix modéré, rédigés avec clarté et méthode, comme est clair et méthodique l'enseignement direct du professeur à l'élève ou celui du maître à l'apprenti. Telle a été notre pensée en commençant, en 1863, la publication de la *Bibliothèque des professions industrielles et agricoles*.

Nous atteindrons le but que nous nous sommes proposé, nous en avons aujourd'hui l'assurance, par la vente soutenue des séries déjà publiées, par le nombre et le mérite, soit comme savants, soit comme praticiens, des collaborateurs acquis à l'œuvre, et par les adhésions qui nous arrivent de tous côtés et sous toutes les formes.

Notre publication s'adresse à l'ingénieur, à l'industriel, à l'ouvrier mécanicien, dans chacune des professions spéciales, à l'artisan de tous les métiers, à l'instituteur, à l'agriculteur; certaines séries conviennent à l'homme du monde qui désire satisfaire utilement sa curiosité, ou qui veut augmenter les notions déjà acquises, par des connaissances particulières sur les professions qui procurent à la société entière les éléments du bien-être matériel, base indispensable du progrès moral.

C'est donc à un très-grand nombre de lecteurs ou plutôt de travailleurs que nous offrons un concours efficace pour l'étude et les applications des questions d'utilité privée ou publique. Nous leur faisons un appel direct, en leur rappelant qu'il n'y a pas possibilité d'abaisser le prix de vente d'un livre qu'à la condition de pouvoir imprimer ce livre à un très-grand nombre d'exemplaires, en prévision d'un grand nombre d'acheteurs : en effet, les premières dépenses, c'est-à-dire la gravure des bois et des planches, la composition typographique du texte et le travail de l'auteur sont les mêmes pour un exemplaire que pour mille, dix mille, etc. Dans l'espoir que le nombre des adhérents à notre œuvre ne cessera pas d'augmenter, — que rédacteurs et souscripteurs nous prêteront leur appui, de plus en plus efficace, — nous continuerons à publier les volumes annoncés, le plus promptement qu'il nous sera possible.

Le prix de vente de chacun d'eux sera fixé d'après le chiffre des frais occasionnés par sa fabrication.

Table par noms d'auteurs. . . . . pages 1 à 10.
Table par ordre de matières. . . . . 11 à 18.
Table par séries. . . . . 19 à 65.

Cette Bibliothèque est composée de *neuf Séries*, qui se subdivisent comme suit :

Séries.			Pages.
A. — Sciences exactes.	9 vol.	19 – 20
B. — Sciences d'observation	24 »	19 à 24
C. — Constructions civiles.	29 »	25 à 30
D. — Mines et Métallurgie.	20 »	31 à 34
E. — Machines motrices.	6 »	35
F. — Professions militaires et maritimes.	9 »	37 – 38
G. — Professions industrielles . . .	67 »	39 à 48
H. — Agriculture, Jardinage, etc. .	57 »	49 à 60
I. — Économie domestique, Comptabilité, Législation, Mélanges.	29 »	61 et 64
Total.	250 vol.	

Les volumes de cette collection sont publiés dans le format grand in-18, la plupart d'entre eux sont illustrés de gravures qui viennent mieux faire comprendre le texte ; des atlas renferment les dessins qui exigent d'être représentés à grandes échelles et avec plus de détails.

CATALOGUE

PAR ORDRE ALPHABÉTIQUE DES NOMS D'AUTEURS

DES VOLUMES PUBLIÉS

DE LA BIBLIOTHÈQUE LACROIX

Septembre 1872

		Pages.
Série G, n° 26. Barbot. Joaillerie. 1 vol. avec 101 fig. 10 fr.		44
— H — 9. **Basset.** Chimie agricole. 1 vol., 4 fr.		51
— G — 1. — Culture et alcoolisation de la betterave. 1 vol. avec fig., 4 fr.		39
— C — 2. **Birot.** Guide pratique du Conducteur des Ponts et Chaussées et de l'Agent-Voyer. 1 vol. et 1 atlas, 10 fr.		25
— H, — 45. **Bona.** Jardins d'agrément. 1 vol., 3 fr. 50 c.		57
— H — 57. — Constructions rurales. 1 vol., 5 fr.		60
— G — 1. — Préparation et tissage des étoffes. 1 vol. et un atlas, 10 fr.		39
La 1re partie. Draperie-nouveauté. 1 vol. et atlas se vend séparément, 6 fr.		»

Pages.

Série F n° 2. **Bousquet**. Architecture navale. 1 vol. avec fig. 3 fr. 37

— C — 20. **Bouniceau**. Constructions à la mer. 1 vol. avec fig. et 1 atlas, 18 fr. 27

— H — 50. **Bourgoin d'Orli**. Culture de la canne à sucre du caféier et du cacaoyer, suivi de la fabrication du chocolat. 5 fr. 58

Se vend séparément :

— H — 46. — Culture du caféier et du cacaoyer. 3 fr. 57

— H — 50. — Culture de la canne à sucre. 3 fr. 58

— B — 12. **Brun**. Fraudes et maladies du vin. 1 vol., 3 fr. 23

— G — 60. **Cailletet**. Huiles, essais et dosage. 1 vol., 4 fr. 47

— H — 20. **Carbonnier**. Pisciculture. 1 vol., 3 fr. 53

— C — 3. Carnet de l'Ingénieur. 1 vol., 4 fr. 25

— C — 3 bis. Carnet de papier quadrillé. 1 vol., 4 fr. 25

— G — 9. **Chateau**. Corps gras industriels. 1 vol., 5 fr. 42

— C, — 16. **Chauvao de la Place**. Chemins de fer (courbes de raccordement. 1 vol., 6 fr. 26

— B — 5. **Chevalier**. Photographie. 1 vol. avec fig., 4 fr. 22

— B — 2. **Clausius**. Théorie mécanique de la chaleur. 2 vol. avec fig., 15 fr. 21

Pages

Série C n° 4. **Cornet**. Album des chemins de fer, cours de l'École centrale, 10 fr. — 25

— H — 41. **Courtois-Gérard**. Jardinage. 1 vol. avec fig., 5 fr. — 56

— H — 28. — Culture maraîchère. 1 vol. avec fig., 5 fr. — 54

— C — 10. **Demanet**. Maçonnerie. 1 vol. avec 20 planches doubles, 6 fr. — 26

— D — 1. **Demanet** (fils). Exploitation de la houille. 1 vol. avec fig., 6 fr. — 31

— D — 5. **Dessoye**. Acier. 1 vol., 4 fr. — 31

— E — 6. **Dinée**. Engrenages. 1 vol. avec 17 planches doubles, 5 fr. — 35

— I — 16. **D'Omalius d'Halloy**. Ethnographie. Etudes sur les races humaines. 1 vol. avec une planche en couleur, 4 fr. — 63

— F — 1. **Doneaud**. Droit maritime. 1 vol., 3 fr. — 37

— D — 15. **Drapiez**. Minéralogie. 1 vol., 3 fr. — 33

— G — 5. **Dromart**. Pin maritime. 1 vol. avec 3 planches doubles, 4 fr. — 40

— G — 50. **Dubief**. Traité de la fabrication des liqueurs, 5 fr. — 46

— I, — 4. **Dubief**. Liquoriste des dames. 1 v., 3 fr. — 62

— I — 1. — Vins factices. 1 vol., 2 fr. — 61

— G — 48 bis. — Le Féculier et l'Amidonnier. 1 vol., 5 fr. — 46

— I — 21. — L'Immense trésor des Vignerons et des marchands de vin. 5 fr. — 64

			Pages.
Série H n° 14.	**Dubos**. Choix des vaches laitières. 1 vol. avec fig., 3 fr.		51
— I — 6.	**Dufrené**. Droit des inventeurs, brevets. 1 vol., 3 fr.		62
— C — 21.	**Emion**. Traité de l'exploitation des chemins de fer. 1 fort vol., 8 fr.		27
	Deux parties se vendent séparément.		
	1° Voyageurs et bagages. 1 vol., 3 fr. 50.		»
	2° Marchandises. 1 vol., 3 fr. 50.		»
— I — 12.	— Expropriations. 1 vol., 1 fr.		63
— I — 7.	— Courtage des marchandises. 1 vol., 2 fr.		62
— D — 4.	**Fairbairn**. Métallurgie du fer. 1 vol. avec fig., 6 fr.		31
— G — 12.	**Flamm**. Appareils économiques de chauffage, 1 vol. avec 4 planches, 4 fr.		42
— H — 40.	**Fleury-Lacoste**. Vigneron. 1 vol., 3 fr.		55
— G, — 14.	— **Fol**. Nouveau manuel complet du Teinturier, préparation et application des matières tinctoriales. 1 fort vol. avec nombreuses figures, *sous presse. Pour les souscripteurs*, 8 fr.		44
— H — 2.	**Forney**. Taille du rosier, sa culture, etc. 1 vol., 3 fr.		49
— H — 52.	**Fraiche**. Ostréiculture, ou culture des huîtres. 1 vol. avec fig., 4 fr.		58

Pages.

Série C   n° 8. **Frncon**. Cubage des bois. 1 vol.,
    4 fr.   26

— B — 10. **Frésénius**. Potasses, soudes, cendres,
    acides, etc., 1 vol. avec fig., 3 fr.   22

— B — 17. **Garnault**. Electricité. 1 vol. avec fig.,
    3 fr.   24

— H —   **Gaudry**. Machines à vapeur rurales.
    1 vol. 107 p. Nouvelle édition sous
    presse.   »

— H — 4. **Gayot**. Traité pratique de construc-
    tion des habitations des ani-
    maux, pour le bon aménagement
    et l'hygiène. 1 fort vol. avec nom-
    breuses fig., 7 fr.   49
        Deux parties se vendent séparé-
    ment.

— H — 4   1° Ecuries et étables. 1 vol., **3 fr.**   50

— H — 4   2° Bergeries, porcheries, etc.,
    1 vol., 3 fr.   49

— H — 49. **Gobin** (H.). Entomologie et destruc-
    tion des insectes nuisibles. 1 vol.
    avec fig., 4 fr.   58

— H — 32. **Gobin** (A.). Traité de la culture des
    plantes fourragères. 1 très-fort vol.
    avec fig., 8 fr.   54
        Deux parties se vendent séparé-
    ment.

— H — 32.   1° Prairies naturelles. 3 fr.   55

— H — 32.   2° Prairies artificielles. 3 fr. 50   55

— H — 1. — Agriculture générale. 1 vol. avec fig.,
    4 fr.   49

Pages.

Série H, n° 11. **Gossin.** Conférences agricoles. 1 fr.   51

— D — 12. **Guettier.** Alliages des métaux. 1 vol.,
4 fr.   32

— C — 1. **Guy.** Géomètre arpenteur. 1 vol.,
183 fig., 4 fr.   25

— H — 25. **Hamet.** Apiculture ou culture des
abeilles. 1 vol. avec fig., 5 fr.   53

— G — 7. **Jaunez.** Manuel du Chauffeur. 1 vol.
avec fig., 3 fr.   41

— I — 5. Essai sur l'éducation ou sur les devoirs de l'homme. 1 vol., 6 fr.   62

— G — 3. **Kaeppelin.** Impression des tissus
avec échantillons et planches, 1 vol.,
10 fr.   40

— H — 8. **Kielmann.** Drainage. 1 vol avec fig.,
1 fr.   50

— H — 42. **Koltz.** Culture du saule. 1 vol. avec
fig., 3 fr.   56

— H — 3. **Laffineur.** Guide de l'Ingénieur agricole, hydraulique, desséchement, irrigations, lois, décrets, etc. et un
traité d'hydraulique urbaine et
agricole. 1 vol. avec 5 planches
oblongues, 6 fr.   49

— H — 31. — Hydraulique urbaine et agricole.
1 vol., 3 fr. (Cet ouvrage est extrait
de l'Ingénieur agricole.)   54

— E — 1. — Roues hydrauliques. 1 vol. avec
planches, 3 fr. 50.   35

— G — 4. **Laterrière** (de). Literie. 1 vol. avec
fig., 2 fr.   40

Pages.

SÉRIE H, n° 56. **Lérolle** (Léon). Botanique appliquée à la culture des plantes. 1 vol. avec fig., 6 fr.   69

— I — 9. **Lesoure**. Géographie à l'usage des écoles d'architecture, des arts et métiers, des artistes, etc. 1 v., 3 fr.   62

— B — 11. **Liebig**. Introduction à l'étude de la chimie. 1 vol., 2 fr. 50.   23

— I — 26. **Lincol**. Comptabilité des entreprises industrielles et commerciales. 1 vol., 5 fr.   64

— G — 44. **Lunel**. Épicerie. 3 fr.   45

— I — 2. — Économie domestique. 3 fr.   61

— G — 43. — Parfumerie. 5 fr.   45

— H — 48. — Acclimatation. 3 fr.   57

— I — 14. — Hygiène et médecine usuelle. 2 fr.   63

— D — 18. **Malo**. Asphaltes, bitumes. 1 vol. avec 7 planches, 5 fr.   33

— D — 17. **Marcel de Serres**. Traité des roches. 1 vol., 5 fr.   33

— H — 18. **Mariot-Didieux**. Basse-cour : Éducation lucrative des poules des oies et canards, etc. 1 vol. avec fig., 6 fr.   52
Deux parties se vendent séparément.

SÉRIE H, n° 18 bis. — Les Poules, Oies et et Canards. 1 vol., 6 fr.   52

— H — 19. — Oies et canards. 1 vol., 2 fr. (Extrait du précédent ouvrage.)   52

— H — 17. — Éducation lucrative du lapin. 1 vol. 2 fr. 50.   52

Pages.

— H — 21. — Traitement des maladies du chien. 1 vol., 3 fr.   53

— G — 13. **Merly**. Guide du charpentier. 1 vol. avec 130 planches, 6 fr.   43

— B — 4. **Miége**. Télégraphie électrique. 1 vol. avec fig., 3 fr.

— G — 48. **Monier**. Analyse des sucres. 1 vol. avec fig., 3 fr.   46

— G — 23. **Moreau**. Bijoutier. 1 vol. avec fig. col., 2 fr.   44

— G — 10. **Mulder**. Guide du brasseur. 1 fort vol. 6 fr.   42

— B — 14. **Noguès**. Minéralogie appliquée. 2 vol. avec fig., 12 fr.   23

— G — 6. **Ortolan**. L'ouvrier mécanicien ou la mécanique de l'atelier. 1 fort vol. et atlas de 52 planches doubles, 12 fr.   41

— A — 6. — **Mesta**. Dessin linéaire appliqué aux écoles industrielles et professionnelles. 1 vol. et atlas de 41 planches doubles, 6 fr.   20

— C — 27. **Perdonnet**. Chemins de fer. (Notions générales.) 1 vol. avec fig., 15 fr.   28

— C — 26. **Pernot et Tronquoy**. Dictionnaire du Constructeur. 1 vol., 6 fr.   28

— C — 17. **Peronne**. Tracé des courbes sur le terrain, 1 vol., 3 fr.   26

— H — 6 et 7. **Pouriau**. Traité des sciences physiques appliquées à l'agriculture, 2 fort vol., 14 fr.   50
   Deux parties se vendent séparément.

SCIENCES INDUSTRIELLES ET AGRICOLES. 9

Pages.

Série H   n° 6.   1° Chimie inorganique. 7 fr.   50

— H — 7.   2° Chimie organique. 7 fr.   50

— H — 55. — Chimiste agriculteur. 1 vol. avec fig., 7 fr.   59

— G — 35. **Prouteaux**. Fabrication du papier et du carton. 1 vol. avec 7 planches oblongues, 5 fr.   45

— I — 10. **Rambosson**. La science populaire. 4 vol. avec nombreuses fig. dans le texte, 14 fr.   62

— H — 38. **Reynaud**. Culture de l'olivier. 1 vol., 4 fr.   55

— G — 11. **Roux** (L.). Armes et poudres de chasse. 1 vol., 3 fr.   48

— A — 3. **Rozan**. Leçons de géométrie élémentaire à l'usage des écoles professionnelles. 1 vol. et atlas de 31 planches doubles, 6 fr.   19

— B — 1 et 1 bis. **Sacc**. Élément de Chimie. 2 vol.; ensemble, 6 fr.   21
  Se vendent séparément :
  1° Chimie minérale ou synthétique. 1 vol., 3 fr.   21
  2° Chimie organique ou asynthétique, 1 vol., 3 fr.   21

— I — 3. **Sébillot**. Mouvement industriel et commercial. 1 vol., 2 fr.   61

Série A, n° 1. **Sella**. Théorie et emploi de la règle à calcul. 1 vol. avec planches, 4 fr.   19

— H — 43. **Sicard**. Culture et préparation du coton. 1 vol. avec fig., 3 fr.   57

Pages.

— D — 19. **Soulié**. Gisement, exploitation, emploi du pétrole. 1 vol. avec fig., 7 fr.   34

— F — 4. **Steerk**. Fabrication des poudres et salpêtres ; — feux d'artifice. 1 vol. avec fig., 6 fr.   37

— H — 22. **Tarade** (E. DE). Traité de l'élevage et de l'éducation du chien. 1 v., 4 fr.   53

— G — 15. **Ternant**. Télégraphie sous-marine. 1 vol. 4 fr.   44

— D — 11. **Tissier** (Ch. et A.). Aluminium, propriétés, procédés, extraction. 1 vol. avec planches, 5 fr.   32

— I. — 8. **Tondeur**. Sténographie, 1 fr.   62

— H — 52 bis. **Touchet**. Vidange agricole. 1 vol. avec fig., 2 fr.   59

— C — 25. **Vanalphen**. Poids des métaux. 1 vol., tableaux et 2 planches, 5 fr.   28

— G — 8. **Violette**. Fabrication des vernis. 1 vol. avec fig., 6 fr.   44

— F — 6. **Vincent**. Guide du commandant de navires à vapeur. 1 vol. et 2 planches, 5 fr.   37

— A — 2. **Vinot**. Calculs et comptes-faits à l'usage des industriels. 1 vol. 4 fr.   19

— B — 9. **Will**. Analyse qualitative. 1 vol., 3 fr.   22

— H — 53. **Wolff**. Fumiers de ferme et engrais en général. 1 vol., 3 fr.   59

CATALOGUE

PAR ORDRE ALPHABÉTIQUE DES MATIÈRES

POUR LES VOLUMES PUBLIÉS

Acclimatation des animaux domestiques, par le Dr B. LUNEL. 1 vol., 185 p. 3 fr.

Acier (son emploi et ses propriétés), par G.-B. J. DESSOYE, avec introduction et Notes, par E. GRATEAU. 1 vol., 309 pages 4 fr.

Agent-voyer (Guide de l'), par BINOT. 1 vol et atlas. 10 fr.

Agriculture. Guide pratique d'agriculture générale, par A. GOBIN. 1 vol., x 448 p., avec fig. 4 fr.

Alcoolisation. V. *Betterave.*

Alliages métalliques, par A. GUETTIER, directeur de fonderie. 1 vol., 343 p. 4 fr.

Aluminium et métaux alcalins (Recherche, extraction et fabrication), par C.-H. et A. TISSIER. 1 vol., 228 p. avec 1 pl. et de nombreuses figures dans le texte. 5 fr.

Amidon (fabrication de l'), par DUBIEF. 1 vol. 5 fr.

Analyse des vins. V. *Vins.*

Analyse des sucres. V. *Sucres.*

Analyse qualitative, par H. WILL, traduit par W. BICHON. 1 vol., 259 p. avec tableaux dans le texte. 3 fr.

Animaux domestiques. V. *Habitations.*

Animaux nuisibles : leur destruction, par H. Gobin. 3 fr.

Apiculture (culture des abeilles), par H. HAMET. 1 vol., 336 p. avec figures. 5 fr.

Appareils économiques de chauffage pour les combustibles solides et gazeux, par P. FLAMM. 1 v., 157 p., 4 pl. 4 fr.

Architecture navale. (Guide pratique), par G. BOUSQUET. 1 vol., VI-102 p. avec fig. 3 fr.

Architecture rurale, par T. BONA. 1 vol. 4 fr. 50.

Armes et poudres de chasse. 1 vol., 138 p. 3 fr.

Artifice (Feux d') V. *Poudres et salpêtres.*

Asphaltes, bitumes, par Malo. 1 v., III-319 p., 7 pl. 5 fr.

Basse-cour, éducation lucrative des poules, oies et canards, etc. par MARIOT-DIDIEUX. 1 fort vol. avec fig. 6 fr.

Betterave (Culture et Alcoolisation), par BASSET. 1 vol., 284 p. 4 fr.

Bijoutier. Application de l'harmonie des couleurs, par L. MOREAU. 1 vol., 108 p., 2 pl. col. 2 fr.

Bois. Tarif de cubage des bois, par A. FRANCON. 1 vol., 402 p. 4 fr.

Botanique appliquée à la culture des plantes, par LÉON LEROLLE, 1 vol. 464 p., avec nombr. fig. dans le texte 6 fr.

Brasseur (Guide du), par MULDER. 1 vol. 6 fr.

Brevets. Droit des inventeurs, par H. DUFRENE. 3 fr.

Carton (Fabrication du), par PROUTEAUX. 1 vol. avec planches. 5 fr.

Caféier, cacaoyer et de la canne à sucre (Culture et exploitation du), par BOURGOIN D'ORLI. 1 vol., 260 p. 5 fr.

Canards, par MARIOT-DIDIEUX. 1 vol. 1 fr. 50

Carnet de l'ingénieur. Aide manuel de l'ingénieur, etc. 1 vol., 290 p. avec fig. et table. 4 fr.

Chaleur (Théorie mécanique de la chaleur), par CLAUSIUS, traduit par FOLIE. 2 vol., ensemble 748 p. avec fig. 15 fr.

Charpentier (Livre de poche du). Collection de 150 épures, avec texte explicatif en regard, par J.-F. MERLY. 1 v., 287 p. 6 fr.

Chasseur médecin (Traité complet sur les maladies du chien), par F. CLATER, traduit par MARIOT-DIDIEUX. 1 vol., 195 p. 3 fr.

Chauffage (Appareils de), par FLAMM. 1 vol. 4 fr.

Chauffeur (Manuel du), par JAUNEZ. 1 vol. avec fig. 3 fr.

Chemins de fer. Traité d'Exploitation par Victor EMION, avec préface de Jules FAVRE. 1 fort vol. 787 pages. 8 fr.

Chemins de fer (Notions générales), par A. PERDONNET.
— Album des chemins de fer, cours de l'Ecole centrale. 1 vol., texte et 74 pl. 10 fr.
1 vol., 458 p. 15 fr.
— Courbes sur le terrain, par PERONNE. 3 fr.
— Courbes de raccordement, par CHAUVAC DE LA PLACE. 1 vol. 6 fr.

Chien (Education du), par E. de TARADE. 1 vol. 4 fr.

Chimie. Eléments de chimie, par le Dr SACC. 2 vol. 6 fr.

Chimie agricole, par N. BASSET. 1 vol. 339 p. 4 fr.

Chimie (introduction à l'étude de la), par M. J. LIEBIG. 1 vol., 248 p. 2 fr. 50.
— Analyse qualitative, par WILL. 3 fr.

Chimie inorganique, par POURIAU. 1 v., 520 p., avec fig. 7 fr.

Chimie organique, par le même, 1 v., 546 p., avec fig. 7 fr.

Chimiste agriculteur, par le même, 1 vol., 460 p., 148 fig.
7 fr.
Commandant de navires (Guide du), par Vincent. 1 v. 5 fr.
Comptes-faits à l'usage des industriels, par Vinot. 1 v. 4 fr.
Conducteur des Ponts et Chaussées (Guide du), par Binot
1 vol et atlas. 10 fr.
Conférences agricoles, par Gossin. 1 vol., 124 p. 1 fr.
Constructeur (Guide du). Dictionnaire des mots techniques
employés dans la construction, par Pernot, revu et com-
plétement refondu, par C. Tronquoy. 1 vol., 532 p. 6 fr.
— Maçonnerie, par Demanet. 1 vol., 252 p. avec tableaux
et 20 planches doubles. 6 fr.
Constructions et travaux à la mer, par M. Bouniceau.
1 vol. viii-420 p. et atlas de 44 planches doubles. 18 fr.
Constructions rurales, par Bona. 1 vol., 296 p., avec fig.
5 fr.
Corps gras industriels, Savons, Bougies, Chandelles, etc.
(Connaissance et exploitation), par Th. Chateau 1 vol.,
435 p. 5 fr.
Coton (Culture du), par le docteur A. Sicard. 1 vol. de
148 p. avec figures dans le texte. 3 fr.
Courbes de raccordement. *Chemins de fer, routes et
chemins* (Nouvelles tables pour le tracé des), par Chauvac
de la Place. 1 vol., 121 p., 1 pl]. 6 fr.
Courbes sur le terrain (Guide pratique pour le tracé des),
par Eug. Peronne. 66 p. ou tableaux, avec figures
intercalées dans le texte. 3 fr.
Courtage. La liberté et le courtage des marchandises, par
V. Emion. 1 vol., 142 p. 2 fr.
Culture maraîchère, par Courtois-Gérard, 1 vol, 899 p.,
avec de nombreuses fig. dans le texte. 5 fr.
Dessin linéaire, par A. Ortolan et J. Mesta. 1 vol., 281
p. avec un atlas de 42 pl. 6 fr.
Dictionnaire du Constructeur, par Tronquoy, 1 vol. 6 fr.
Drainage. Résultats d'observations et d'expériences pra-
tiques, par Kielmann. 1 vol., 104 p., fig. dans le texte. 1 fr.
Droit maritime international et commercial (Notions
pratiques de), par Alp. Doneaud. 1 vol., 155 p. 3 fr.
Économie domestique, contenant des notions d'une
application journalière, par le doct. B. Lunel. 1 vol.,
227 p. 2 fr.
Éducation de l'homme. 1 vol. 6 fr.
Électricité. Principes généraux, applications, par Snow-

HARRIS, traduit par E. GARNAULT. 1 vol. de 264 p. avec 72 figures dans le texte.   3 fr.

Engrais. La vidange agricole, par TOUCHET. 1 v. avec fig. 2 fr.

Engrenages (Traité pratique du tracé et de la construction des), par F.-G. DINÉE 1 vol., 80 p. et 17 pl.   5 fr.

Entomologie agricole. Destruction des insectes nuisibles, par H. Gobin. 1 vol., 285 p., avec fig. et tableaux.   4 fr.

Entreprises industrielles et commerciales, par LINCOL, 1 vol., 343 p.   5 fr.

Epicerie, ou Dictionnaire des denrées indigènes et exotiques, par le doct. B. LUNEL. 1 vol., 262 p.   3 fr.

Ethnographie (Descriptions des races humaines), par d'O- MALIUS D HALLOY. 1 vol., avec une pl. coloriée, 130 p. 4 fr.

Expropriations. Manuel des expropriés, par Victor EMION. 1 vol., 125 p.   1 fr.

Fécules et amidons, par DUBIEF. 1 vol., 267 p.   5 fr.

Fer (le), par FAIRBAIRN, 1 vol. avec fig.   6 fr.

Fumiers de ferme et engrais en général, par le Dr Emile WOLFF. 1 vol., 204 p.   3 fr.

Feux d'artifice. V. *Poudres et salpêtres.*

Géographie Physique, Ethnographique et Historique à l'usage des artistes, des écoles d'architecture et des gens du monde, par O. LESCURE, 1 vol. 351 pages. 3 fr.

Géomètre arpenteur (Arpentages, nivellements, levé des plans, partage des propriétés agricoles), par M. P. GUY. 1 vol., 272 p., avec 183 fig.   4 fr.

Géométrie élémentaire (Leçons de), par Ch. ROZAN. 1 vol., 270 p., avec un atlas de 31 pl.   6 fr.

Habitations des animaux (Bon aménagement des). Ecuries et étables, bergeries, porcheries, etc., par GAYOT. 558 pages et nombreuses fig.   7 fr.

Houille. Gisement, extraction et exploitation des Mines de Houille, par DEMANET, 1 vol., 404 p. et 4 tableaux. Broché.   6 fr.

Huiles (Essai et dosages des) employées dans le commerce ou servant à l'alimentation des savons et de la farine de blé, par CAILLETET. 1 vol., 107 p.   4 fr.

Hydrauliques (Roues), par J. LAFFINEUR. 1 vol. de 142 p. et 8 planches.   3 fr. 50

Hydraulique, Dessèchement. 1 vol.   4 fr.

Hydraulique urbaine. 1 vol.   3 fr.

Hygiène et médecine usuelle, par le doct. B. LUNEL. 1 vol., 212 p.   2 fr.

Ingénieur agricole (Hydraulique, dessèchement, drainage, irrigation, etc.), par LAFFINEUR. 1 vol., 898 p., 5 pl. 6 fr.
La deuxième partie, hydraulique urbaine, se vend séparément. 3 fr.

Insectes nuisibles (Destruction des). V. *Entomologie.*

Inventeurs (Droit des). Législation, par H. DUFRENÉ, 1 vol., 168 pages. 3 fr.

Jardinage (Manière de cultiver son jardin), par COURTOIS-GÉRARD. 1 vol., 403 p., avec 1 planche et figures dans le texte. (Nouvelle édition.) 5 fr.

Jardins d'agrément (Tracé et ornementation), par T. BONA. 1 vol., 304 p., 4ᵉ éd. 3 fr. 50.

Joaillier. Traité complet des pierres précieuses, par CH. BARBOT. 1 vol., 567 p. et 178 figures gravées. Relié. 10 fr.

Lapins (Éducation lucrative des), par MARIOT-DIDIEUX. 1 vol., 163 p. 2 fr. 50

Liqueurs (Fabrication des), sans distillation, par DUBIEF. 1 vol., 288 p. avec figures et 1 pl. 5 fr.
— Le liquoriste des Dames, par DUBIEF. 1 vol., 120 p. 3 fr.
iterie, par JEAN DE LATERRIÈRE. 1 vol., 180 p., avec 13 pl. 2 fr.

Machines agricoles en général et machines à vapeur rurales (construction, emploi et conduite), par GAUDRY 1 vol., 107 p.

Maçonnerie (Constructeur), par A. DEMANET. 1 volume texte de 252 p. et atlas de 20 pl. 6 fr.

Marine. Guide pratique du commandant de navires à vapeur, par A. VINCENT. 1 vol., 288 p., 2 pl. 5 fr.
— Le droit maritime. 1 vol. 3 fr.
— Architecture navale. 1 vol., avec fig. 3 fr.

Matières résineuses (Provenance et travail), par E. DROMART. 1 vol. 101 p. avec 3 pl. 4 fr.

Mécanique pratique, (Guide de l'ouvrier mécanicien), par ORTOLAN, un vol. et atlas. 12 fr.

Manuel du Chauffeur, par A. JAUNEZ, 1 vol., 212 p., 37 fig. et 1 planche. 4 fr.

Médecine usuelle. V. *Hygiène.*

Métallurgie (le Fer, son histoire, ses propriétés), par William FAIRBAIRN ; traduit par G. MAURICE. 1 vol., 351 pages, avec 5 pl. 6 fr.
— L'acier, par DESSOYE. 1 vol. 4 fr.

Métaux. Manuel calculateur du poids des métaux, par VANALPHEN. 1 vol. X-86 p. et 2 pl. 5 fr.

Minéralogie appliquée, par A.-F. Noguès, 2 v. avec fig. 12 fr.
Minéralogie usuelle (Exposition succincte et méthodique des minéraux), par M. Drapiez. 1 vol., 507 p. 3 fr.
— Extraction de l'aluminium. 1 vol. 5 fr.
Mines de Houille, par Demanet, 1 vol. avec fig. 6 fr.
Mouvement industriel et commercial, par A. Sébillot, 1 vol., 232 p. 2 fr.
Oies et canards (Educat. lucrative des), par Mariot-Didieux. 1 vol., 187 p., avec de nombreuses fig. dans le texte. 2 fr.
Olivier (sa culture, son fruit et son huile), par J. Reynaud. 1 vol., 330 p. 4 fr.
Ostréiculture. Elevage et multiplication des races marines comestibles, par Fraiche. 1 vol., 178 p., avec fig. 4 fr.
Ouvrier Mécanicien (Guide pratique de l'), par Ortolan. 1 vol. avec atlas. 12 fr.
Papier quadrillé (Carnet de). 1 vol. 4 fr.
Papiers et cartons (Fabrication), par A. Prouteaux. 1 vol., 277 p., avec atlas, 7 pl. 5 fr.
Parfumeur. Dictionnaire des cosmétiques et parfums, par le docteur B. Lunel. 1 vol., 215 p. 5 fr.
Pétrole (Gisements, exploitation et traitement industriel), par E. Soulié et H. Haudouin. 1 vol. 236 p. 4 fr.
Physique. Sciences physiques appliquées à l'agriculture, par M. Pouriau. 2 vol. 14 fr.
Photographie (l'Etudiant photographe), par A. Chevalier. 1 vol. avec nombreuses fig. 4 fr.
Pin maritime (Exploitation du), par Dromart. 1 vol. 4 fr.
Pisciculteur, par P. Carbonnier. 1 vol., 208 p. 3 fr.
Plantes fourragères, par M. A. Gobin. Deux parties se vendent séparément. 1re partie. Prairies naturelles, irrigations, pâturages. 1 vol. 3 fr.
2e partie. Prairies artificielles, plantes, racines. 1 très-fort vol. de 680 p. avec fig. 3 fr. 50.
Les deux parties en 1 vol. 8 fr.
Ponts et chaussées et agent voyer (Conducteur des), 1 vol. 558 pages avec atlas de 144 fig. 10 fr.
Ponts et chaussées. Tracé des courbes sur le terrain, par Péronne. 3 fr.
Poudres et salpêtres, par le major Steerk, avec un appendice sur les feux d'artifice. 1 vol., 360 p. 6 fr.
Poudres de chasse. 1 vol. 3 fr.
Poules (Education lucrative des), ou Traité raisonné de gallinoculture, par Mariot-Didieux. 1 vol., 456 p. 6 fr.

Potasses et soudes. Guide pratique pour reconnaître et déterminer le titre véritable et la valeur commerciale des potasses, des soudes, des cendres, des acides et des manganèses, avec 9 tables de déterminations, par le Dr R. Frésénius, le Dr H. Will, traduit de l'allemand, par le Dr G.-W. Bichon. 1 vol. VI-229 p. 3 fr.

Prairies naturelles et artificielles. V. *Plantes fourragères.*

Procédés industriels. V. *Economie, hygiène,* etc.

Règle à calcul (Théorie et pratique de la), par Q. Sella. 1 vol., 133 p., 39 tableaux. 4 fr.

Roches simples et composées (Classification et caractères minéralogiques), par Marcel de Serres. 1 vol., 291 p. 5 fr.

Roser (Taille du), par Forney. 1 vol. 3 fr.

Roues hydrauliques, par Laffineur. 3 fr. 50

Salpêtres, par Steerck. 1 vol. 6 fr.

avons. V. *Corps gras.*

Saule et osier (Culture du), par M.-J. Koltz. 144 p. et 30 fig. dans le texte. 3 fr.

Science populaire (la), par J. Rambosson. 4 vol., avec de nombreuses figures dans le texte. 14 fr.

Soudes. V. *Potasses.*

Sténographie, par Tondeur. 1 fr.

Sucres. Essai et analyse des sucres, par E. Monier, avec fig. et tableaux. 2 fr.

— La canne à sucre, par Bourgoin d'Orli. 1 vol., 156 p. 3 fr.

Tarif des poids et métaux, par Vanalphen. 5 fr.

Teinturier (Guide du), par Fol. 1 vol. avec fig. 8 fr.

Télégraphie électrique, par B. Miége. 1 vol., 158 p. avec de nombreuses figures dans le texte. 3 fr.

Télégraphie sous-marine, par A.-L. Ternant. 1 vol., 226 p., tableaux et planches. 5 fr.

Tissage et préparation des étoffes, par T. Bona. Texte 2 parties en 1 vol., ensemble 364 p. ; plus 2 atlas en 1 seul ensemble, 116 pl. 10 fr.

La 1re partie seule: *Préparation des étoffes,* se vend séparément, 1 vol. et atlas. 6 fr.

Tissus imprimés (leur fabrication). Impression des étoffes de soie, par D. Kaeppelin. 1 vol., 151 p., avec 4 pl. et de nombreux échantillons. 10 fr.

Vaches. Choix des vaches laitières, par E. Dubos. 1 vol., 132 p. et pl. 3 fr.

Vernis (Fabrication des), par Henri Violette, 1 vol., avec figures dans le texte. 6 fr.

Vidange agricole. Engrais humain, par J.-H. TOUCHET. 1
   vol., 88 p.
                                                    2 fr.
Vigneron, par FLEURY-LACOSTE. 1 vol., 144 p., avec fig. 3 fr.
Vignes et vinification. L'immense trésor des vignerons
   et des marchands de vins. 1 vol.   5 fr.
Vins (falsifications et maladies des), par J. BRUN. 1 vol.,
   avec de nombreux tableaux, 2ᵉ éd. 1 vol., 191 p.   3 fr.
Vins factices et boissons vineuses, par DUBIEF, 1 vol.,
   67 p.
                                                    2 fr.

CATALOGUE
DES OUVRAGES PUBLIÉS OU EN PRÉPARATION
PAR ORDRE MÉTHODIQUE DE MATIÈRES OU DE SÉRIES.

TABLE DES MATIÈRES[1].

SÉRIE A.
SCIENCES EXACTES.

1. Théorie et pratique de la **Règle à calcul**, par Q. SELLA ministre des finances du royaume d'Italie, traduit de l'Italien par G. Montefiore Levi. 1 vol., 133 pages, 39 tableaux.   4 fr.

2. **Calculs et comptes-faits** à l'usage des industriels en général et spécialement des mécaniciens, charpentiers, serruriers, chaudronniers, pompiers, toiseurs, arpenteurs, vérificateurs, etc. Nouvelle édition de l'ouvrage de LENOIR, revue et complétée par Joseph VINOT. 1 vol., 194 pages. Cartonné   4 fr.

3. Leçons de **Géométrie élémentaire**, par M. Ch. ROZAN, professeur de mathématiques. 1 vol., 262 pages et un atlas de 31 planches doubles, gravées. 5 fr. Relié. 6 fr.

Ces leçons sont conçues sur un plan tout nouveau. M. Rozan s'est surtout attaché à faire sentir la liaison qui existe entre les principes essentiels de la géométrie élémentaire et la manière dont ils découlent les uns des autres par un enchaînement continuel de déductions et de conséquences. La division par leçons amène graduellement l'élève à acquérir, même sans professeur,

---

[1] Cette table est loin d'être complète comme matières à publier. La collection devant former une technologie complète des arts et métiers, des manufactures, des mines, de l'agriculture, etc., beaucoup d'autres volumes, traitant de sujets non mentionnés ici, viendront en leur temps en élargir le cadre : mais nous avons l'intention, pour le moment, de ne nous occuper que des ouvrages indiqués, parce que nous pensons que ce sont ceux dont la publication est le plus promptement désirée.

la connaissance des théorèmes les plus avancés de la géométrie. L'atlas est composé de planches gravées avec le plus grand soin.

6. Guide pratique pour l'étude du **Dessin linéaire** et de son application aux professions industrielles, par MM. A. ORTOLAN et J. MESTA. 1 vol., LXXVI-204 pages et un atlas de 41 planches doubles, grav. par EHRARD. 5 fr. Relié. 6 fr.

Excellent manuel élémentaire, précédé d'une introduction dans laquelle les auteurs donnent, sous forme de dictionnaire, l'explication de tous les termes techniques et la description des divers instruments spéciaux. Ce guide pratique est une introduction naturelle à l'ouvrage auquel nous avons donné le titre de *Guide de l'ouvrier mécanicien*.

En préparation[1] : Arithmétique. — Algèbre. — Trigonométrie. — Géométrie descriptive. — Perspective. — Connaissance et pratique des Logarithmes[2].

[1] Plusieurs ouvrages indiqués comme étant en préparation seront mis sous presse dans le courant de 1873.
[2] Nous croyons devoir recommander spécialement un travail sur les logarithmes qui a paru il y a quelque temps, intitulé : *Tables des logarithmes* à sept décimales, par Jean Luvini : ces tables sont très-complètes, et ce volume comprend plusieurs autres tables usuelles. Prix : 4 francs. (Librairie scientifique-industrielle E. Lacroix.)

SÉRIE B.

SCIENCES D'OBSERVATION, CHIMIE, PHYSIQUE, ÉLECTRICITÉ, ETC.

1. Eléments de **Chimie**, par le Dr SACC, professeur à l'Académie de Neufchatel, etc. 2 vol. Br. 5 fr. Relié 7 fr. Se vendent séparément.
1º **Chimie minérale ou synthétique.** 1 vol.   3 fr. 50.
2º **Chimie organique ou asynthétique.** 1 vol.   3 fr. 50.

2. **Théorie mécanique de la chaleur**, par R. CLAUSIUS, professeur à l'Université de Wurtzbourg, traduit de l'allemand par F. FOLIE, professeur à l'Ecole industrielle et répétiteur à l'Ecole des mines de Liége. *Première partie*, 1 vol., XXIV-441 pages.— *Deuxième partie*, Mémoires sur l'application de la théorie mécanique de la chaleur aux **phénomènes électriques** et sur les **mouvements moléculaires** admis pour l'explication de la chaleur. 1 vol. VI-307 p. Prix des 2 volumes.   15 fr.

« Depuis que l'on a utilisé la chaleur comme force motrice au moyen des machines à vapeur, et que l'on a été ainsi amené pratiquement à regarder une certaine quantité de travail comme l'équivalent de la chaleur nécessaire pour le produire, il était naturel de rechercher théoriquement une relation déterminée entre une quantité de chaleur et le travail qu'il est possible de lui faire produire, et d'utiliser cette relation pour en déduire des conclusions sur l'essence et les lois de la chaleur elle-même. »

Ainsi s'exprime M. Clausius au début de son premier Mémoire. Ces lignes suffisent pour faire comprendre l'importance d'une question dont l'étude s'impose aujourd'hui aux savants et aux hommes pratiques qui veulent tirer de la machine à vapeur tout l'effet utile qu'elle peut donner.

4. **Télégraphie électrique**, ou *Vade mecum* pratique a l'usage des employés des lignes télégraphiques, suivi du programme des connaissances exigées pour être ad-

mis au surnumérariat dans l'administration des lignes télégraphiques, par M. B. MIÉGE, directeur de station de ligne télégraphique. 1 vol., xi-148 pages, avec 45 figures dans le texte. Br. 2 fr. Relié.   3 fr.

M. Miége n'a pas voulu faire seulement un livre utile, mais bien un guide indispensable. Aux notions préliminaires sur le magnétisme, les différentes sources d'électricité et les propriétés des courants, succède la description de tous les appareils usités, avec l'indication des signaux généralement adoptés. Des formules d'une grande simplicité permettent de se rendre compte de l'intensité des courants et de rechercher la cause des dérangements.

L'ouvrage de M. Miége sera aussi d'une incontestable utilité pour toute personne qui veut acquérir la connaissance des lois de l'électricité appliquées à la télégraphie.

8. **L'Etudiant photographe**, par A. CHEVALIER, avec le procédés de MM. Civiale, Bacot, Cavelier, Robert, 1 vol. de 216 pages, avec 68 figures. 3 fr. Relié   4 fr.

Pas de considérations théoriques, mais beaucoup de renseignements et de détails sur les instruments employés et la manière d'opérer. Ajoutons que l'auteur a tenu à mettre le lecteur au courant des procédés les plus nouveaux.

9. **Analyse qualitative**, instruction pratique à l'usage de laboratoires de chimie, par M. le Docteur H. WILL, professeur agrégé de l'université de Giessen ; traduit de l'allemand par M. le Dr. G.-W. BICHON, traducteur des Lettres de M. Justas Liebig sur la chimie, et auteur de plusieurs travaux sur cette science. 1 vol., 248 pages.   3 fr.

Les traités spéciaux sur la chimie analytique sont ou trop volumineux ou incomplets, en ce sens que, dans ces derniers, manquent les indications indispensables pour que l'élève puisse se conduire lui-même. M. le docteur Will a su éviter ces deux défauts : son guide enseigne d'une manière simple, substantielle et méthodique, tout ce qu'il faut savoir pour devenir capable de découvrir et de séparer les parties constituantes des corps composés.

10. Guide pratique pour reconnaître et pour déterminer le titre véritable et la valeur commerciale des **Potasses**.

des **Soudes**, des **Cendres**, des **Acides** et des **Manganè- ses**, avec neuf tables de déterminations, par le docteur R. FRÉSÉNIUS et le Dʳ WILL, assistants et préparateurs au laboratoire de Giessen, traduit de l'allemand par le Dʳ G.-W. BICHON, ancien élève de M. Justus Liebig, augmenté de notes, tables et documents puisés dans les *Annales du Génie civil*. 1 vol. VI-229 pages   3 fr.

11. **Introduction à l'étude de la Chimie**, contenant les principes généraux de cette science, les proportions chimiques, la théorie atomique, le rapport des poids atomatiques avec le volume des corps, l'isomorphisme, les usages des poids atomatiques et des formules chimiques les combinaisons isomériques des corps catalyptiques, etc., accompagnée de considérations détaillées sur les acides, les bases et les sels, par M. J. LIEBIG, traduit de l'allemand par Ch. GERHARD, augmentée d'une table alphabétique des matières présentant les définitions techniques et les relations des corps. 1 v., 248 pages. 2 fr. 50

L'accueil favorable que cette traduction a rencontré en France rappelle le succès obtenu en Allemagne par l'édition originale de l'illustre savant, considéré à juste titre comme l'un des princes de la chimie moderne.

12. Guide pratique pour reconnaître et corriger les **Frau- des et maladies du vin**, suivi d'un traité d'ANALYSE CHI- MIQUE de tous les vins, par M. JACQUES BRUN, vice-président de la Société suisse des pharmaciens, 2 éd., 1 vol., 191 p., avec de nombreux tableaux. Br. 2 fr. 50. R. 3 fr.

L'art de falsifier les vins a fait ces dernières années de rapides progrès. La chimie ne doit pas se laisser devancer par la fraude : elle doit lui tenir tête et pouvoir toujours montrer du doigt la substance ajoutée. Cette tâche, dit M. Brun, incombe surtout aux pharmaciens. Son livre est le résumé des différents traitements qu'il a trouvés réellement utiles, et qui, dans sa longue pratique, lui ont le mieux réussi pour l'examen chimique des vins suspects.

14. Guide pratique de **Minéralogie appliquée** (histoire naturelle inorganique) ou connaissance des combustibles minéraux, des pierres précieuses, des matériaux de construction, des argiles céramiques, des minerais manufacturiers et des laboratoires, des minerais de fer, de cui-

vre, de zinc, de plomb, d'étain, de mercure, d'argent, d'antimoine, d'or, de platine, etc., par M. A.-F. Noguès. professeur de sciences physiques et naturelles. 2 vol, ensemble 919 p. et 248 fig. Br. 10 fr. Relié.   12 fr.

Comme l'auteur l'indique dans sa préface, ce guide a été écrit principalement pour les personnes qui désirent acquérir des notions justes, pratiques et usuelles sur les minerais métallifères et les minéraux employés dans les arts et l'industrie. Les étudiants qui suivent les cours des Facultés, les élèves des Écoles spéciales et industrielles, les ingénieurs, les élèves des Écoles des mines, les mineurs, les agriculteurs, les directeurs d'exploitations minières, les garde-mines, les amateurs et les gens du monde qui voudront acquérir des connaissances pratiques en minéralogie, le consulteront avec fruit.

Ce guide a été conçu dans un esprit essentiellement pratique et industriel.

47. Leçons élémentaires d'**Électricité** ou exposition concise des principes généraux de l'ÉLECTRICITÉ ET DE SES APPLICATIONS, par SNOW-HARRIS, de la Société royale de Londres, etc., annotées et traduites par E. GARNAULT, ancien élève de l'École normale, professeur de physique à l'École navale nationale. 1 vol., 264 pages, avec 72 figures dans le texte.   3 fr.

Les leçons de M. Snow-Harris ont eu un grand succès en Angleterre. L'auteur s'est surtout attaché à donner des idées saines, pratiques et théoriques sur les principes généraux de l'électricité et les faits les plus simples qu'il démontre à l'aide d'expériences faciles à répéter.

Son élégant traducteur, M. Garnault, a ajouté à l'ouvrage anglais des notes dans lesquelles il donne surtout des aperçus sur les principales applications de l'électricité qui ont passé dans l'industrie.

En préparation : Physique. — Galvanoplastie. — Astronomie. — Chimie industrielle. — Géologie. — Vinaigrier et moutardier. — Météorologie. — Anatomie. — Zoologie.

SÉRIE C.

ART DE L'INGÉNIEUR, PONTS ET CHAUSSÉES, CONSTRUCTIONS CIVILES.

1. Guide pratique du **Géomètre arpenteur**, comprenant l'arpentage, le nivellement, le levé des plans, le partage des propriétés agricoles, par M. P.-G. Guy, ancien élève de l'Ecole polytechnique, officier d'artillerie. Nouv. édition. 1 vol. de 272 pages avec 5 planches.   4 fr.

Les deux premières éditions de ce guide étaient épuisées. Celle que nous annonçons a été complétement revue et quelques additions importantes y ont trouvé place. Les planches gravées à nouveau, sont d'une grande netteté.

2. Guide pratique du **Conducteur des ponts et chaussées** et de l'**Agent voyer**. Principes de l'art de l'ingénieur, par M. F. Birot, ingénieur civil, ancien conducteur des ponts et chaussées, 3e édition, revue et augmentée. 1 vol., 545 pages, avec un atlas de 19 planches doubles, contenant 144 figures. Br. 8 fr. Relié   10 fr.

Quatre parties se vendent séparément.

   1° Plans et nivellements, 1 vol, viii-124 pages, et 6 planches.   3 fr.

   2° Routes et chemins. 1 vol. de 155 pages, 5 planches.   3 fr.

   3° Ponts et aqueducs. 1 vol. de 124 pages et 8 planches.   3 fr.

   4° Travaux de construction en général, 1 vol. de 145 pages et pl.   3 fr.

3. **Carnet de l'Ingénieur**, recueil de tables, de formules et de renseignements usuels et pratiques.   4 fr.

3 bis. **Carnet de papier quadrillé** à l'usage des ingénieurs et des architectes, accompagné de renseignements usuels et pratiques extraits du Carnet de l'ingénieur. 1 vol., Cartonné   4 fr.

   4. **Album des chemins de fer**, résumé graphique du cours professé à l'école centrale des arts et manufactures. 4e édition, par G. Cornet, ingénieur, 1 vol. texte et 74 pl. gravées sur acier.   10 fr.

8. Tarif de **Cubage des bois** équarris et ronds évalués en stères et fractions décimales du stère, par J.-A. FRANCON, cubeur juré de la ville de Lyon. 1 vol., 402 pages. 4 fr.

10. Guide pratique du **Constructeur**. — MAÇONNERIE, par A. DEMANET, lieutenant-colonel honoraire du génie, membre de l'Académie royale de Belgique, etc. 1 vol., 252 pages, avec tableaux et 1 atlas in-18 de 20 planches doubles, gravées sur acier par CHAUMONT. Br. 5 fr. Relié 6 fr.

Ce guide, écrit par M. Demanet, qui a professé un cours de construction à l'École militaire de Bruxelles, emprunte une grande autorité à l'expérience et à la position qu'occupait l'auteur.

Les 20 planches de l'atlas qui accompagnent ce guide comprennent 137 figures, que Chaumont a gravées avec cette exactitude et cette élégance qui ont fondé sa réputation.

Nous rappellerons que M. le lieutenant-colonel Demanet est auteur d'un *Cours de construction* qui a eu très-rapidement deux éditions et qui embrasse la connaissance des matériaux et leur emploi, la théorie des constructions, l'établissement des fondations, l'économie des travaux, leur entretien, etc., etc. Cet ouvrage, édité par la Librairie scientifique, industrielle et agricole, coûte, avec l'atlas, 70 fr., et ne pouvait, par conséquent, entrer dans le cadre de la *Bibliothèque des professions industrielles et agricoles*. Le *Guide pratique du constructeur* (maçonnerie) est un extrait de l'œuvre si estimée de M. Demanet, mais forme cependant un tout complet.

16. Nouvelles tables pour le tracé des **Courbes de raccordement** (chemins de fer, routes et chemins), calculées par M. CHAUVAC DE LA PLACE, chef de section au chemin de fer de l'Est. 1 vol., 120 pages, 1 planche. Nouvelle édition, augmentée d'un supplément. 6 fr.

Ces tables, calculées pour 82 rayons les plus fréquemment employés, et prenant pour base un petit arc exprimé en nombre rond et s'ajoutant successivement à lui-même, offrent une grande facilité. Leur mérite a été promptement apprécié par tous ceux qui ont eu l'occasion de s'en servir.

17. Guide pratique pour le tracé des **Courbes sur le terrain**, par Eug. PÉRONNE. 66 pages ou tableaux, avec figures dans le texte. 3 fr.

Les ouvrages spéciaux destinés à faciliter les opérations des ingénieurs sur le terrain sont généralement volumineux ou incomplets. M. Peronne a su éviter ce double écueil, et il a réuni dans un format commode les tables concernant les tangentes, les cercles, les flèches, les conversions de la graduation et le lever des plans.

Chaque table est précédée d'une explication et d'une figure géométrique, et l'auteur a, en outre, indiqué soigneusement la manière de se servir de ces diverses tables.

20. Etudes et notions sur les **Constructions à la mer**, par M. BOUNICEAU, ingénieur en chef des ponts et chaussées. 1 vol. VIII-421 p. et atlas de 44 pl. in-4°, dont plusieurs doubles, gravées par Ehrard. Br. 15 fr. Relié. 18 fr.

Cet ouvrage est le résumé d'études longues et consciencieuses d'un des ingénieurs en chef les plus distingués du corps national des ponts et chaussées. M. Bouniceau a attaché son nom à des travaux d'une haute importance. Son travail devra être médité par tous ceux qu'intéressent les nouveaux développements que doivent prendre les constructions conçues en vue d'améliorer les ports de mer et les ouvrages nécessaires à la préservation des côtes. L'atlas qui accompagne ces Etudes est remarquable sous le rapport du choix des planches et de leur exécution.

21. Traité de l'**Exploitation des chemins de fer**, par M. V. EMION. 1 fort vol. précédé d'une préface par M. Jules FAVRE. 787 pages.   8 fr.
Deux parties se vendent séparément.
Première partie : VOYAGEURS ET BAGAGES, 1 vol., XVI-308 pages.   3 fr. 50
Deuxième partie : MARCHANDISES. 1 vol. VII-459 p.   3 fr. 50

Aujourd'hui tout le monde voyage. Le manuel de M. V. Emion est donc le guide obligé de tout le monde. Il fait connaître à chacun ses droits et ses devoirs vis-à-vis des Compagnies; il prend le voyageur chez lui, le mène à la gare, le suit à son départ, pendant sa route, à son arrivée et le ramène à son domicile : il prévoit toutes les difficultés, toutes les contestations et en donne la solution fondée sur la loi, les règlements, la jurisprudence et l'équité.

Dans la seconde partie, M. Emion traite avec beaucoup de détails l'organisation du service des marchandises, les tarifs, les formalités exigées pour la remise des marchandises en gare, l'expédition, la livraison, enfin tout ce qui concerne les actions à intenter aux Compagnies, soit pour avaries, soit pour retard, perte, négligence, etc.

25. Manuel calculateur du **Poids des métaux** employés dans les constructions, contenant : 1° les tableaux de la classification nouvelle des fers unis divers, des feuillards et de la tôle ; 2° 36 tableaux de poids de 1100 échantillons divers de fers unis ; 3° 5 tableaux de poids de 25 épaisseurs de tôle ; 4° 14 tableaux de poids de toutes les fontes employées journellement dans les bâtiments, avec divers renseignements très-utiles à consulter ; 5° 9 tableaux de poids de plomb, zinc et cuivre rouge par VANALPHEN, métreur vérificateur spécial de serrurerie, avec un appendice contenant : 1° Le poids par mètre carré de feuille de divers métaux ; 2° le poids d'un mètre linéaire de fer (fers plats et carrés, fers ronds et carrés) ; 3° le poids des zincs laminés minces. 1 vol. x-86 pages, 2 pl. 5 fr.

26* Guide pratique du **Constructeur.** Dictionnaire des mots techniques employés dans la construction à l'usage des architectes, propriétaires, entrepreneurs de maçonnerie, charpentes, serrurerie, couvertures, etc., renfermant les termes d'architecture civile, l'analyse des lois de voirie, des bâtiments et des dessèchements, par M. L.-P. PERNOT, officier de la Légion d'honneur, architecte-vérificateur des travaux publics. Nouvelle édition, augmentée et entièrement refondue, par Camille TRONQUOY, ingénieur civil. 1 vol. de 532 p. 5 fr. Relié. 6 fr.

Les premières éditions de ce *Dictionnaire de la construction* étaient complétement épuisées. Pour répondre aux nombreuses demandes qui lui parvenaient, le directeur de la *Bibliothèque des professions industrielles et agricoles* ne s'est pas borné à faire réimprimer le travail primitif ; il a voulu que dans la nouvelle édition aucun des progrès réalisés pendant les quinze dernières années ne fût omis, et M. C. Tronquoy, l'un de nos ingénieurs civils les plus distingués et en même temps l'un de nos technologistes les plus érudits, a bien voulu se charger du travail ingrat d'une révision complète de l'œuvre. Le *Dictionnaire* que nous annonçons est le résultat de ce travail consciencieux.

27. Notions générales sur les chemins de fer, statistique, histoire, exploitation, accidents, organisation des compagnies, administration, tarifs, service médical, institutions de prévoyance, construction de la voie, voitures, machines fixes, locomotives, nouveaux systèmes, suivies des Biographies de Cugnot, Seguin et George Stephenson, d'un mémoire sur les avantages respectifs des différentes voies de communication, d'un mémoire sur les chemins de fer considérés comme moyens de défense d'un pays, et d'une Bibliographie raisonnée; par M. Auguste PERDONNET, ancien élève de l'École polytechnique, ancien ingénieur en chef de plusieurs chemins de fer, etc. 1 vol., 452 p., avec de nombreuses figures dans le texte. 15 fr.

Après avoir publié deux ouvrages techniques sur les chemins de fer, qui s'adressent directement aux hommes spéciaux, M. A. Perdonnet avait voulu, dans ses *Notions générales*, se rendre intelligible pour tout le monde. Outre les questions techniques et économiques, il a traité dans ces *Notions* des questions d'organisation des Compagnies et d'exploitation dont il n'avait pas à parler dans ses deux grands ouvrages. Nous signalerons l'importance des renseignements historiques et statistiques dont M. Perdonnet a enrichi notre publication.

En préparation : Métreur vérificateur. — Fabrication des briques. — Architecte. — Tailleur de pierre. — Construction des escaliers. — Fumisterie. — Chaufournier et plâtrier, ciments et mortiers. — Marbrier. — Peintre en bâtiments. — Constructions en fer. — Architecture religieuse. — Chauffage et ventilation. — Tables de cubages pour les matériaux de toutes natures. — Tables pour les poids des matériaux de toutes natures. — Terrassier. — L'appareilleur.

SÉRIE D.

MINES ET MÉTALLURGIE, MINÉRALOGIE GÉOLOGIE, HISTOIRE NATURELLE.

1. Gisement, extraction et exploitation des **Mines de houille**, traité pratique à l'usage des ingénieurs, des contre-maîtres, ouvriers mineurs, etc., par M. Demanet, ingénieur. 1 vol., 404 pages, nombreuses figures dans le texte et 4 tableaux. Br. 5 fr. Relié.　　6 fr.

Guide pratique du métallurgiste. **Le fer**, son histoire, ses propriétés et ses différents procédés de fabrication, par M. William Fairbairn, ingénieur civil, membre de la Société royale de Londres, correspondant de l'Institut de France, etc., traduit de l'anglais, avec l'approbation de l'auteur et augmenté de notes et d'appendices, par M. Gustave Maurice, ingénieur civil des mines, secrétaire de la rédaction du Bulletin de la Société d'encouragement. 1 vol., 331 p. et 68 fig. dans le texte, Relié.　　6 fr.

Depuis longtemps, le nom de M. Fairbairn fait autorité dans l'industrie du fer. Après avoir tracé l'histoire des progrès de la fabrication du fer, l'auteur donne les analyses des minerais et des combustibles dans leurs rapports avec les résultats des différents procédés de fabrication : il saisit cette occasion pour donner la description des fourneaux, machines, etc., employés dans la métallurgie du fer.

M. Maurice, l'élégant traducteur du livre de M. Fairbairn, a complété, par des notes et des appendices, tout ce que le texte original pouvait présenter de trop laconique ou de trop exclusivement rédigé en vue de la métallurgie anglaise. Parmi ces appendices, on remarquera ceux concernant les procédés Bessemer et sur la résistance des tubes à l'écrasement.

5. **Emploi de l'acier**, ses propriétés, par J.-B.-J. Dessoye, ancien manufacturier, avec une introduction et des notes. par Ed. Grateau, ingénieur civil des mines. 1 vol. de 303 pages.　　4 fr.

Ce livre constitue une véritable monographie de l'acier, M. Dessoye prend l'art de fabriquer l'acier à son origine et nous montre ses progrès. Il signale la nature et les propriétés natives de l'acier, en indique les différents modes d'élaboration et termine son guide par une étude sur l'emploi de l'acier dans les manipulations qu'on lui fait subir. Comme le fait remarquer M. Grateau dans sa savante introduction, ce livre s'adresse à tous ceux qui sont appelés à acheter et à consommer de l'acier d'une qualité quelconque, sous toute forme, et il devra être consulté par tous les praticiens.

Cet ouvrage est en quelque sorte complété par un volume de M. Landrin fils, intitulé *Traité de l'acier*. Quoique nous ayons publié cet ouvrage en dehors de la Bibliothèque, nous devons le citer ici. Il forme 1 volume, format de la Bibliothèque, de 515 pages avec figures dans le texte.   5 fr.

11. Guide pratique de la recherche, de l'extraction et de la fabrication de l'Aluminium et des Métaux alcalins. Recherches techniques sur leurs propriétés, leurs procédés d'extraction et leurs usages, par MM. Charles et Alexandre Tissier, chimistes-manufacturiers. 1 vol., 226 pages, 1 planche et figures dans le texte.   5 fr.

Les notions sur l'aluminium se trouvaient disséminées dans des recueils nombreux publiés en France et à l'étranger. Les auteurs de ce guide ont eu l'heureuse idée de faire de ces notions éparses un tout homogène dans lequel, après avoir retracé l'historique de la préparation des métaux alcalins, ils esquissent à grands traits l'histoire de la préparation de l'aluminium. Des chapitres spéciaux sont consacrés à la fabrication industrielle et aux propriétés physiques et chimiques du nouveau métal, qui a conquis très-rapidement une grande place dans l'industrie.

12. Guide pratique de l'Alliage des métaux, par M. A. Guettier. 1 vol., VII-342 pages. Br. 3 fr. Relié.   4 fr.

Après avoir donné quelques explications préliminaires sur les propriétés physiques et chimiques des métaux et des alliages, l'auteur examine au point de vue des alliages entre eux les métaux spécialement industriels, c'est-à-dire d'un usage vulgaire très-répandu (cuivre, étain, zinc, plomb, fer, fonte, acier). Il donne ensuite quelques indications générales sur les métaux appartenant aux autres industries, mais n'occupant qu'une place secondaire (bismuth, antimoine, nickel, arsenic, mercure), et sur des métaux riches appartenant aux arts ou aux industries de luxe (or, argent, aluminium, platine); enfin, il envisage les métaux d'un usage industriel restreint, au point de vue possible de leur association avec les alliages présentant quelque intérêt dans les arts industriels.

15. **Minéralogie usuelle.** Exposition succincte et méthodique des minéraux, de leurs caractères, de leur composition chimique, de leurs gisements, de leur application aux arts et à l'économie, par M. DRAPIEZ. 1 vol., 504 p. Relié.   3 fr.

A la lucidité des définitions et à la simplicité de la méthode d'exposition, ce guide joint un mérite qui n'échappera pas aux hommes pratiques ; il contient la description de 1500 espèces minérales dont il analyse les caractères distinctifs, la forme régulière et la forme irrégulière, les propriétés particulières, les compositions chimiques et les synonymies, les gisements, les applications dans les arts, dans l'industrie, etc.

17. Traité des **Roches** simples et composées ou de la classification géognostique des Roches d'après leurs caractères minéralogiques et l'époque de leur apparition, par M. Marcel DE SERRES, professeur à la Faculté des sciences de Montpellier, conseiller honoraire à la Cour de la même ville, officier de la Légion d'honneur. 1 vol., 288 pages.   5 fr.

Une analyse de la table des matières de ce traité sera la meilleure recommandation que nous puissions en faire : De la composition du globe ; — de la classification minéralogique des roches composées : — des roches plutoniques ou des roches cristallines ; — des roches plutoniques composées à deux éléments des granites (six sous-familles) ; — roches plutoniques, composées à trois éléments dont l'un est l'amphibole : — *idem*. dont l'un est le talc, la stéatique ou le chlorate ; — *idem*, dont l'un est le pyroxène ; — de quelques roches simples ; — des divers degrés d'ancienneté des roches composées. — L'ouvrage est complété par divers tableaux et par les coupes idéales des terrains de gneiss de l'Ecosse.

18. Guide pratique pour la fabrication et l'application de l'**Asphalte** et des **bitumes**, par M. Léon MALO, ingénieur civil, ancien élève de l'Ecole centrale. 1 vol., III-319 pages, 7 planches. Br. 4 fr. Relié   5 fr.

L'usage de l'asphalte et des bitumes se généralise, et cependant il n'existait pas de traité pratique sur la fabrication et l'emploi de ces substances. Le livre de M. Malo comble cette lacune. Il abonde en renseignements intéressants non-seulement pour les ingénieurs, mais aussi pour les autorités municipales. Il contient aussi des données d'un grand intérêt au point de vue historique, c'est-à-dire sur les origines de l'asphalte. Ce guide pratique est accompagné de sept planches, dont quelques-unes de très-grand format.

19. **Pétrole** (le), ses gisements, son exploitation, son traitement industriel, ses produits dérivés, ses applications à l'éclairage et au chauffage, par MM. Emile Soulié et Hipp. Haudouin, anciens élèves de l'Ecole des mines, 1 vol., 232 pages, avec figures dans le texte.   3 fr.

Le pétrole tend à prendre une place de plus en plus grande dans l'industrie. Chaque jour voit essayer de nouvelles applications de cette substance, naguère dédaignée. A l'étude chimique du pétrole naturel, les auteurs ont joint l'étude industrielle qui a pour but d'indiquer les moyens d'appliquer les données de la science. Les fabricants trouveront dans ce livre des renseignements véritablement pratiques, non-seulement sur le traitement chimique en lui-même, mais aussi sur les appareils qui serviront à l'effectuer.

En préparation : Recherche et exploitation des mines métalliques. — Sondeur. — Le zinc. — Le cuivre. — Le plomb.—L'étain — L'argent. — L'or. — Essayeur. — Extraction de la tourbe.

SÉRIE E.

MACHINES MOTRICES.

1. Traité de la construction des **Roues hydrauliques**, contenant tous les systèmes de roues en usage, les renseignements pratiques sur les dimensions à adopter pour les arbres tournants, les tourillons, les bras de roues hydrauliques, etc. 1 vol. de 142 pages, avec de nombreux tableaux et 8 planches, par M. Jules Laffineur, ingénieur civil, membre de plusieurs sociétés savantes. Br. 2 fr. 50. Relié   3 fr. 50

L'auteur démontre dans sa préface que le perfectionnement des machines motrices des usines est à la fois une nécessité d'intérêt général et privé. Dans son ouvrage, il recherche et il définit les principales conditions à remplir sous ce rapport, et il donne ensuite tous les détails relatifs à la construction des roues hydrauliques dans les meilleures conditions possibles.

Fidèle à la méthode qui lui est propre, M. Laffineur s'est surtout attaché à se faire comprendre par la simplicité des termes employés et par les nombreux exemples qu'il donne.

Les planches sont d'une grande netteté.

6. Traité pratique du tracé et de la construction des **Engrenages**, de la vis sans fin et des cames, par M. F.-G. Dinée, mécanicien de la marine, ex-élève de l'École des arts et métiers de Châlons-sur-Marne. 1 vol., 80 p. et 17 pl. 3 fr. 50. Relié   5 fr.

Ce livre répond à un besoin, car depuis longtemps il manquait à toute bibliothèque industrielle; c'est une œuvre de mécanique véritablement pratique.

Il se divise en trois chapitres:

1° Des courbes en usage dans la construction des engrenages;
2° dimensions des détails et de l'ensemble des engrenages;
3° tracé des engrenages, des vis sans fin, des cames.

En préparation : Conduite, chauffage et entretien des machines fixes et locomobiles. — Construction des machines locomotives. — Des machines à vapeur marines.— Construction des moulins à vent.

(Voir série G, n° 6, *le Guide de l'ouvrier mécanicien.*)
— n° 7, le Guide du chauffeur.

SÉRIE F.

PROFESSIONS MILITAIRES ET MARITIMES.

1. *Aide-mémoire de l'officier de marine* (marine militaire et marine marchande). Notions pratiques de **Droit maritime international et commercial**, par Alp. DONEAUD, professeur à l'École navale. 1 vol., 155 pages. 3 fr.

Les derniers traités de commerce ont augmenté dans des proportions considérables les relations internationales. Cet ouvrage de M. Doneaud devient donc d'une grande utilité pratique.

Nous ajouterons que ce livre commence une série de volumes dont l'ensemble formera, dans notre bibliothèque, *l'Aide-mémoire* de l'officier de marine.

2. Guide pratique d'**architecture navale** à l'usage des capitaines de la marine du commerce appelés à surveiller les constructions et réparations de leurs navires, par Gustave BOUSQUET, capitaine au long cours, ingénieur. 1 vol., VI-102 pages, nombreuses figures dans le texte. Br. 2 fr. Relié. 3 fr.

4. Guide pratique de la fabrication des **Poudres et salpêtres**, par M. le major STEERK, avec un appendice sur les feux d'artifice. 1 vol., 360 pages, avec de nombreuses figures dans le texte. 5 fr. Relié. 6 fr.

Dès les premières lignes de ce livre, on s'aperçoit que l'auteur est un homme compétent dans la matière qu'il traite, et qu'à l'étude dans le laboratoire, le major Steerk a joint l'expérience de la fabrication en grand. Dans ses données, tout est rigoureusement exact, et on peut accepter l'auteur comme guide, sans craindre de se tromper.

L'appendice sur les feux d'artifice résume en quelques pages les notions nécessaires pour la confection de ces feux.

6. Guide pratique du **Commandant de navires à vapeur**, résumé des principales connaissances théoriques et pratiques nécessaires pour bien diriger ces sortes de navires et en tirer tout le parti possible, par A. VINCENT; ouvrage enrichi de deux chapitres empruntés, avec l'autorisation de l'auteur, à l'ouvrage intitulé *Manuel du gréement et de la manœuvre*, par E. BRÉART, capitaine de frégate, 1 vol., 285 pages et 2 planches. 5 fr.

En préparation : Topographie militaire. — Pontonnier. — Capitaine au long cours. — Maître au cabotage. —Topographie marine, le lever du plan d'une côte ou d'une baie. — Instruments et calculs nautiques.

SÉRIE G.

ARTS. — PROFESSIONS INDUSTRIELLES.

1. Traité pratique de la **Culture** et de l'**Alcoolisation de la Betterave**, Résumé complet des meilleurs travaux faits jusqu'à ce jour sur la betterave et son alcoolisation, renfermant toutes les notions nécessaires au cultivateur et au distillateur, ainsi que l'examen critique des méthodes de pulpation, de macération, de fermentation et de distillation employées aujourd'hui, par M. N. BASSET. 3ᵉ édition, corrigée et considérablement augmentée, accompagnée de nombreuses gravures dans le texte. 1 vol. de 284 pages. 2 fr. Relié.   4 fr.

Avant de donner au public cette nouvelle édition, l'auteur avait étudié à fond les principales questions relatives à la betterave, afin d'apporter son contingent à la grande question de la transformation agricole, par les données que l'expérience lui a fournies. Il a cherché, et il y a réussi, à mettre sous les yeux des agriculteurs et des distillateurs, les faits techniques, scientifiques ou pratiques, dans la plus grande simplicité d'expression, et à les tenir bien en garde contre toutes les exagérations.

(Pour le sucre de canne, voir plus loin série H, nᵒ 50.)

2*. **Traité de Tissage.** Manuel complet de la fabrication, de la composition des tissus, et spécialement de la draperie-nouveautés, par T. BONA, directeur de l'Ecole de tissage et de dessin industriel de Verviers, membre de la Société industrielle, etc.

Cet ouvrage se compose de deux parties et de deux atlas.

La première partie, renfermant 192 pages de texte avec un atlas de 157 planches, traite des opérations préparatoires du tissage et des tissus; c'est le résumé de tout ce qui a paru à l'auteur utile à la pratique intelligente du tissage.

La deuxième partie, de 171 pages avec un atlas de 56 planches, traite de la classification des tissus. « Il ne suffit plus, dit l'auteur, de produire bien et économiquement, il faut aussi savoir *créer*, et pour cela des études spéciales sont indispensables. » C'est dans le but de faciliter ces études et de les populariser, que M. BONA a entrepris la rédaction du supplément au *Manuel*.

---

* Par erreur, le titre porte nᵒ 1.

Les deux parties reliées ensemble, avec les deux atlas également reliés ensemble, se vendent   10 fr.

La première partie, *qui se vend seule séparément*, est du prix de   6 fr.

3. **Fabrication des tissus imprimés**, impression des ÉTOFFES DE SOIE. Ouvrage accompagné de planches et enrichi de nombreux échantillons, par M. D. KAEPPELIN, chimiste, directeur de fabrique d'impression sur étoffes. Deuxième édition augmentée d'un appendice. 1 vol., 142 p., 1 pl. et nombreux échantillons.   10 fr.

M. Kaeppelin, avec l'autorité qui s'attache à une longue expérience, décrit successivement toutes les opérations de l'impression proprement dite, en commençant par celles qui les précèdent (blanchiment et mordançage); puis vient l'impression à la main, à la perrotine, au rouleau, à l'aide de pierres lithographiques. Des chapitres spéciaux sont consacrés au fixage, au lavage, à l'apprêt, à la fabrication des foulards, aux différents genres de dérivés, etc.

4. Manuel de la **Literie**, par M. Jean DE LATERRIÈRE, manufacturier. 1 vol., 180 pages, avec 14 planches.   2 fr.

Ce manuel contient : 1° la description analytique, le genre de fabrication et le mode de traitement des meubles et objets mobiliers usités dans la literie; 2° une série d'observations pratiques sur la composition et l'installation des lits dans les hôpitaux.

Quelque aride que puisse paraître le sujet traité par M. de Laterrière, abstraction faite de son incontestable utilité, l'auteur a su le parsemer de réflexions humouristiques qui font du *Manuel de la literie* une lecture attrayante.

5. Traité théorique et pratique de la recherche, du travail et de l'exploitation commerciale des **Matières résineuses** provenant du pin maritime, par M. E. DROMART, ingénieur civil à Bordeaux. 1 vol., VIII-96 pages, 3 planches.   4 fr.

Après quelques mots sur le pin en général, M. Dromart donne les caractères chimiques de la gemme qui en découle, ainsi que ceux des essences de térébenthine et de la colophane qui en dérivent. Il compare les deux systèmes de gemmage usités dans les Landes et décrit tous les appareils nécessaires à la fabrication des produits résineux, avec les perfectionnements qu'on y a apportés. Le livre se termine par un aperçu de l'emploi des essences et des colophanes dans les principales industries.

6. **Guide pratique de l'Ouvrier Mécanicien**, par A. Ortolan, mécanicien en chef de la flotte, avec la collaboration de MM. Bonnefoy, Cochez, Dinée, Gibert, Guipont, Juhel, mécaniciens de la marine. 1 vol., x-627 pages, nombreuses figures dans le texte et atlas de 52 planches. Broché, 10 fr. Relié.   12 fr.

7. **Manuel du Chauffeur** — Guide pratique à l'usage des mécaniciens, des chauffeurs et des propriétaires de machines à vapeur, exposé des connaissances nécessaires, suivi de conseils afin d'éviter les explosions des chaudières à vapeur, par Jaunez, ingénieur civil. 1 vol. 212 p., 37 fig. dans le texte et pl. 2 fr. Relié.   3 fr.

Cet ouvrage est spécialement destiné aux chauffeurs, comme l'indique son titre. Les bons chauffeurs pour l'industrie privée sont rares et, par conséquent, recherchés. Les personnes qui ont des machines à vapeur ne sont que trop souvent obligées d'employer pour chauffeurs des hommes qui manquent, non-seulement des connaissances pour un tel emploi, mais quelquefois même de toute pratique ; dans de telles circonstances, il y a évidemment danger, et c'est pourquoi nous avons publié cet ouvrage afin qu'il soit mis dans les mains de tous les ouvriers qui, sans savoir le premier mot de la théorie de la chaleur ni de la mécanique, sont mis à même de conduire une machine à vapeur. Cet ouvrage doit être dans leurs mains comme un catéchisme qui viendra leur apprendre leur métier.

8. **Guide pratique de la Fabrication des vernis**, par M. Henry Violette, ancien élève de l'École polytechnique, commissaire des poudres et salpêtres, membre de plusieurs sociétés savantes. 1 vol., 401 p., avec de nombreuses figures dans le texte. 5 fr. Relié.   6 fr.

« Nous avons cherché à faire connaître, dit M. Violette, les causes et les effets des réactions, les conditions du succès ; nous nous sommes efforcé de faire sortir l'art du vernisseur des obscurités de l'empirisme, pour le faire entrer dans le domaine de la science. Faire connaître les conditions nécessaires et suffisantes à remplir, en écartant les faits accessoires et inutiles, simplifier les recettes, faciliter et assurer les opérations, tel est le but que nous avons cherché à atteindre. »

Ce plan, largement conçu, a été ponctuellement réalisé, et M. Violette a passé successivement en revue les vernis à l'éther, à l'alcool, à l'essence et les vernis gras.

9. **Connaissance et Exploitation des Corps gras industriels**, contenant l'histoire des provenances, des modes d'extraction, des propriétés physiques et chimiques, du commerce des corps gras, des altérations et des falsifications dont ils sont l'objet, et des moyens anciens et nouveaux de reconnaître ces sophistications, par M. Théodore CHATEAU, chimiste, ex-préparateur au Muséum d'histoire naturelle; ouvrage à l'usage des chimistes, des pharmaciens, des parfumeurs, des fabricants d'huiles, etc., des épurateurs, des fondeurs de suif, des fabricants de savon, de bougie, de chandelle, d'huiles et de graisses pour machines, des entrepositaires de graines oléagineuses et de corps gras, etc., 2ᵉ édition, revue et augmentée. 1 vol., 386 pages ou tableaux, 2ᵉ édition suivie d'un appendice nouveau. Br. 4 fr. Relié.   5 fr.

M. Chateau, en publiant la première édition de cet ouvrage, avait eu pour but de donner aux chimistes et aux manufacturiers une histoire aussi complète que possible des corps gras industriels employés tant en France qu'à l'étranger, et considérés au point de vue de leur provenance, de leur extraction, de leur composition, de leurs propriétés physiques et chimiques, de leur commerce et de leurs altérations spontanées ou frauduleuses.

Dans la nouvelle édition publiée dans notre *Bibliothèque*, M. Chateau a ajouté à sa monographie des corps gras un appendice renfermant quelques corrections indispensables et d'importantes additions.

10. **Guide du Brasseur**, par MULDER. 1 vol.   6 fr.

11. **Armes et poudres de chasse**, par M. Louis Roux, ingénieur des poudres. 1 vol. de 138 p., 2 fr. Relié.   3 fr.

Ce livre renferme des indications précieuses pour tout chasseur qui veut se rendre compte des qualités de sa poudre et de l'arme qu'il emploie. Par sa position, M. Roux a pu puiser ses renseignements aux sources officielles, et n'oublions pas que la fabrication de la poudre étant un monopole du gouvernement, il fallait un homme qui occupât une semblable position pour connaître les détails de toutes les expériences comparatives dont il rend compte. De plus, l'auteur du livre est un fervent chasseur et ce sont les observations qu'il a pu faire lui-même qu'il communique au lecteur.

12. **Trois sources d'économies de combustible. Guide pratique du Constructeur d'appareils économiques de**

chauffage pour les combustibles solides et gazeux, traitant des générateurs à gaz fixes et locomobiles, de l'application de la chaleur concentrée et du calorique perdu aux chaudières à vapeur et aux fours de toute espèce, à l'usage des ingénieurs, architectes, fumistes, verriers, briquetiers, des forges, fabriques de zinc, de porcelaine, de faïence, d'acier, de produits chimiques; des raffineries de sucre, de sel; des industries métallurgiques et autres employant la chaleur; par M. Pierre FLAMM, manufacturier, auteur d'un ouvrage qui a pour titre : *Le Verrier au dix-neuvième siècle*, 157 pages et 4 pl.   4 fr.

M. Flamm a pris pour épigraphe de son livre : *Non multa, Sed multum*. Jamais devise n'a été plus fidèlement respectée. Dans ce traité, tout est substantiel, rien n'est inutile. Les constructeurs y trouveront des données pratiques, et les grands industriels pourront, après l'avoir lu, se rendre compte des qualités que doivent posséder les appareils qu'ils font établir dans leurs usines ou dans leurs fabriques.

Le même auteur a publié dans le même format une excellente petite brochure qui a pour titre : Un chapitre sur la *verrerie*, ou transformation complète de la *fabrication* actuelle du *verre* donnant les méthodes du chauffage aux gaz combustibles, les modes nouveaux de *couler les glaces*, le *cristal*, le *flint* et le *crown-glass*; de travailler le *verre à vitres*, la *gobeletterie* et les *bouteilles*, de supprimer les creusets et le cueillage du *verre* sur les *pots*. 1 vol., 44 pages et 1 planche.   1 fr. 50.

13. Le **Livre de poche du Charpentier**, application pratique à l'usage des CHANTIERS, des ÉLÈVES DES ÉCOLES PROFESSIONNELLES, etc. Collection de 140 ÉPURES, avec texte explicatif en regard, par M. J.-F. MERLY, charpentier, entrepreneur de travaux publics, membre de la Société industrielle d'Angers et de l'Académie nationale de Paris, auteur de l'album du Trait théorique et pratique, etc. 1 vol., 287 p., 5 fr. Relié.   6 fr.

A propos du *Livre de poche du Charpentier*, nous répétons ce qui a été dit d'un autre livre de M. Merly. Les deux ouvrages méritent les mêmes éloges.

« M. Merly n'est pas un savant qui doit s'efforcer d'oublier la technologie de l'École pour parler le langage ordinaire de la plupart de ses auditeurs, M. Merly est, au contraire, un ouvrier, un homme pratique, qui a cherché à se faire comprendre par les compagnons de travail auxquels il s'adressait, et qui est arrivé à des démonstrations si claires, à des explications si naturelles, que les théoriciens eux-mêmes ont bientôt eu à s'inspirer de ses travaux. Rien de plus net que ses dessins, rien de plus simple que ses préceptes : c'est en quelque sorte en se jouant qu'il arrive aux épures les plus compliquées. L'*Album du Trait théorique et pratique* restera comme une preuve des résultats que peuvent donner l'intelligence, la persévérance et l'amour du travail.

14. Guide du **Teinturier**, par FOL, 1 fort vol. avec nombreuses fig. Sous presse. Pour les souscripteurs. 8 fr.

15. Manuel pratique de **Télégraphie sous-marine**, construction, pose, entretien et exploitation des câbles sous-marins, épreuves électriques qu'ils subissent, etc., à l'usage des électriciens-constructeurs, des employés du télégraphe, etc., par A.-L. TERNANT. 1 vol., 226 pages avec planches, tableaux et fig. dans le texte. 4 fr.

Cet ouvrage a été traduit en italien pour le service des télégraphes du royaume d'Italie.

23. Guide pratique du **Bijoutier**. Application de l'harmonie des couleurs dans la juxta-position des pierres précieuses, des émaux et de l'or de couleur, par M. L. MOREAU, bijoutier et dessinateur. 1 vol., 108 pages avec 2 planches. 2 fr.

Ce petit livre est une protestation hardie contre l'esprit de routine. L'auteur a réuni les données fournies par la science sur l'harmonie et le contraste des couleurs, et comparant ces données aux observations faites dans la pratique du métier, il a formé une théorie applicable à la bijouterie.

26. Guide pratique du **Joaillier**, ou Traité complet des pierres précieuses, leur étude chimique et minéralogique, les moyens de les reconnaître sûrement, leur valeur approximative et raisonnée, leur emploi, la description des plus extraordinaires et des chefs-d'œuvre anciens et modernes auxquels elles ont concouru, par M. Ch. BARBOT, ancien joaillier, inventeur du procédé de décoloration du diamant brut, membre de plusieurs sociétés savantes. 1 vol., 567 pages, 3 planches renfermant 178 figures représentant les diamants les plus célèbres de l'Inde, du Brésil et de l'Europe, bruts et taillés, et les dimensions exactes des brillants et roses

en rapport avec leur poids, depuis un carat jusqu'à cent carats (*rare*). Relié.   10 fr.

Écrit tout à la fois pour les praticiens et les gens du monde, ce guide donne, par ordre alphabétique, la description de toutes les pierres précieuses, en en indiquant l'aspect, la couleur, la dureté, l'éclat, la pesanteur spécifique, la composition chimique, la forme géométrique, le gisement, l'abondance et la rareté, l'emploi et le prix. — Un article spécial a été consacré au diamant, la pierre de prédilection de nos jours.

35. **Fabrication du Papier et du Carton**, par M. A. PROUTEAUX, ingénieur civil, ancien élève de l'École centrale des arts et manufactures, directeur de la papeterie de Thiers (Puy-de-Dôme). 1 vol., 273 pages et atlas de 7 pl. doubles, gravées sur acier avec leurs légendes en regard. 4 fr. Relié.   5 fr.

Après avoir énuméré et classé méthodiquement les diverses matières premières, l'auteur nous initie aux détails de fabrication et nous décrit les nombreuses transformations que subit le chiffon avant de sortir de la cuve ou de la machine sous forme de papier. Il nous apprend à connaître et à distinguer les différentes espèces de papier, leurs formats, leurs poids, leurs dimensions, et décrit les diverses machines qui constituent le matériel d'une papeterie. — Un éditeur américain s'est empressé de faire traduire en anglais l'ouvrage de M. Prouteaux.

43. Guide pratique du **Parfumeur**. Dictionnaire raisonné des **Cosmétiques** et **Parfums**, contenant la description des substances employées en parfumerie, les altérations ou falsifications qui peuvent les dénaturer, etc., les formules de plus de 500 préparations cosmétiques, huiles parfumées, poudres dentifrices dilatoires, eaux diverses, extraits, eaux distillées, essences, teintures, infusions, esprits aromatiques, vinaigres et savons de toilette, pastilles, crèmes, etc. Ouvrage entièrement nouveau, présentant des considérations hygiéniques sur les préparations cosmétiques qui peuvent offrir des dangers dans leur emploi, par M. le docteur Adolphe-Benestor LUNEL, chimiste, membre des Académies des sciences de Caen, Chambéry, etc., ancien professeur de chimie et d'histoire naturelle. 1 vol., XXVII-340 pages. Relié.   5 fr.

44. Guide pratique de l'**Épicerie**, ou Dictionnaire des denrées indigènes et exotiques en usage dans l'économie

domestique, comprenant : l'étude, la description des objets consommables; les moyens de constater leurs qualités, leur nature, leur valeur réelle; les procédés de préparation, d'amélioration et de conservation des denrées, etc., contenant, en outre, la fabrication des liqueurs, le collage des vins, etc., enfin les procédés de fabrication d'une foule de produits que l'on peut ajouter au commerce de l'épicerie, par le Dr Benestor LUNEL, membre de plusieurs sociétés savantes. 1 v. de 256 p. 3 fr.

Nous n'avons rien à ajouter aux titres de ces deux ouvrages, qui indiquent leur utilité. Nous devons seulement constater que le docteur Lunel a consciencieusement rempli le cadre qu'il s'était tracé.

48. Guide pour l'essai et l'analyse des **Sucres** indigènes et exotiques, à l'usage des fabricants de sucre. Résultats de 200 analyses de sucre classés d'après leur nuance, par M. Émile MONIER, ingénieur chimiste, ancien élève de l'École centrale des arts et manufactures, membre de la Société de chimie de Paris. 1 vol., 96 p., avec figures dans le texte et tableaux.   2 fr.

L'auteur, après avoir rappelé les propriétés générales des substances saccharifères, donne les méthodes les plus simples qui permettent de doser avec précision ces mêmes substances. Quelques notes sur l'altération et le rendement des sucres soumis au raffinage terminent le travail de M. Monier, dont M. Payen a fait un éloge mérité devant l'Académie des sciences.
(Pour la culture de *la Canne à sucre*, voir série H, n° 50.)
(Pour *la Culture et l'alcoolisation de la Betterave*, voir série G, n° 1.)

48 *bis*. Guide pratique du **Féculier** et de **l'Amidonnier**, suivi de la conversion de la fécule et de l'amidon en dextrine sèche et liquide, en sirop de glucose, sirop de froment, sirop impondérable ; en sucre de raisin, sucre massé, sucre granulé et cassonade, en vin, bière, cidre, alcool et vinaigre, ainsi que leur application dans beaucoup d'autres industries, par M. L.-F. DUBIEF, chimiste. 1 vol. de 267 pages.   5 fr.

50. Traité de la fabrication des **Liqueurs** françaises et étrangères sans distillation. 3e édition, augmentée de développements plus étendus, de nouvelles recettes pour la

fabrication des liqueurs, du kirsch, du rhum, du bitter, la préparation et la bonification des eaux-de-vie et l'imitation de celles de Cognac, de différentes provenances, de la fabrication des sirops, etc., etc,, par M.-L.-F. Dubief, chimiste œnologue. 1 vol., 288 pages.   5 fr.

Ce traité est formulé en termes clairs et familiers ; la personne la moins expérimentée dans l'art du distillateur qui en lira attentivement les préceptes pourra, sans aucun guide, devenir un bon fabricant après quelques essais.

57. Manuel des **constructions rurales**, par T. Bona, auteur du tracé et ornementation des jardins. 3e édition.   5 fr.

60. **Essai et dosage des huiles** employées dans le commerce ou servant à l'alimentation des savons et de la farine de blé ; manuel pratique à l'usage des commerçants et des manufacturiers, par Cyrille Cailletet, pharmacien de première classe, etc. 1 vol., 104 pages.   4 fr.

Ce guide décrit avec clarté des procédés nouveaux et pratiques pour découvrir la sophistication des huiles, pour l'analyse prompte des savons et pour l'essai commercial de la farine de blé. Les procédés de M. Cailletet ont à leur tour subi la pierre de touche de l'expérience ; la Société industrielle de Mulhouse a couronné en 1857 et en 1859, le dosage des huiles mélangées et celui des savons. La Société des arts, sciences et belles-lettres de Paris a couronné en 1855 l'essai de la farine de blé.

En préparation : Fabrication des couleurs. — Le forgeron et l'Ouvrier forgeron. — Menuisier modeleur. — Ébéniste. — Tourneur en bois. — Sculpteur. — Tapissier, ameublement, etc. — Serrurier. — Ajusteur et tourneur de métaux. — Fondeur et mouleur. — Ferblantier. — Marqueteur. — Chaudronnier. — Horloger-mécanicien. — Graveur. — Luthier. — Brocheur, relieur et cartonnier. — Vitrification et fabrication des glaces. — Porcelaines (Fabrication des). — Faïencier. — Peinture sur verre et sur porcelaine. — Imprimeur typographe. — Imprimeur-lithographe et en taille douce. — Charbonnage, coke, tourbe. — Fabrication du gaz. — Huiles. — Bougies et chandelles. — Fabrication des savons. — Meunerie et Boulangerie. — Saunier. — Cuisinier. — Sommelier. — Pâtissier. — Distillation. — Pharmacien. — Fabrication du sucre. — Raffinage. — Chocolatier, confiseur, etc. — Pharmacien-droguiste. — Instruments de précision. — Préparation et filature du chanvre et du lin. — Blanchiment. — Blanchissage et buanderie. — Naturaliste préparateur. — Herboriste. — Conservation des bois.

SÉRIE II.

AGRICULTURE, JARDINAGE, HORTICULTURE. — EAUX ET FORÊTS. — CULTURES INDUSTRIELLES, ANIMAUX DOMESTIQUES. — APICULTURE, PISCICULTURE, ETC.

1. **Guide pratique d'Agriculture générale**, par A. GOBIN, professeur de zootechnie, ancien sous-directeur de ferme-école, etc. 1 vol. x-448 pages avec figures dans le texte. Broché 3 fr. Relié. 4 fr.

2. **Taille du Rosier**, sa culture, etc. par FORNEY. 1 vol. 3 fr.

3. **Ingénieur agricole (L')**, hydraulique, dessèchement drainage, irrigations, etc. ; suivi d'un appendice contenant les lois, décrets, règlements et instructions ministérielles qui régissent ces matières et de l'hydraulique urbaine, par M. Jules LAFFINEUR, ingénieur civil et agronome, membre de plusieurs sociétés savantes, etc. 1 vol., 398 pages et 5 planches 6 fr.

   Deux parties se vendent séparément.

   Le *Guide pratique d'hydraulique* (série II, n· 31) du même auteur, s'adresse plus particulièrement aux habitants des villes, aux grands propriétaires, à ceux qui ont mission d'étudier ou d'établir des conduites d'eau. L'*Ingénieur agricole* s'occupe plus spécialement des travaux de la campagne. Les agriculteurs y trouveront des notions précises sur les travaux qu'il est de leur intérêt de faire exécuter, et des renseignements exacts sur leurs droits et leurs devoirs.

4. **Guide pratique** pour la construction et le bon aménagement des **Habitations des animaux**, par M. Eug. GAYOT, membre de la Société centrale d'agriculture de France. 1 fort vol. avec nombreuses fig. 7 fr.
   Deux parties se vendent séparément.

   Les Bergeries, les Porcheries, les Habitations des animaux de la basse-cour, Clapiers, Oiseleries et Colombiers. 1 volume de 355 pages et 31 figures dans le texte. 3 fr.

Les Ecuries et les Etables, par le même. 1 vol., 208 pages
et 65 figures dans le texte.   3 fr.

Aucun animal ne saurait être développé dans ses facultés natives,
dans ses aptitudes propres, et produire activement dans le sens de ces
dernières, si on ne le place dans les meilleures conditions d'alimentation, de logement, de multiplication. M. Gayot, avec l'autorité d'une longue expérience, a réuni dans ces deux volumes les conditions générales
d'établissement et les dispositions particulières aux diverses espèces
d'animaux.

6 et 7. Eléments des **Sciences physiques** appliquées à l'a-
griculture, par M. A.- F. POURIAU, docteur ès-sciences,
ancien élève de l'Ecole centrale, etc., en deux volumes,
savoir :

6. 1° *Chimie inorganique*, suivie de l'étude des marnes, des
eaux et d'une méthode générale pour reconnaître la nature d'un des composés *minéraux* intéressant l'agriculture ou la médecine vétérinaire. 1 vol., 912 p., 153 figures dans le texte et tableaux. Br. 6 fr. Relié.   7 fr.

7. 2° *Chimie organique*, comprenant l'étude des éléments
constitutifs des végétaux et des animaux, des notions de
physiologie végétale et animale, l'alimentation du bétail,
la production du fumier, etc., par le même. 1 vol., 541
p., 66 figures dans le texte et tableaux. Br. 6 fr. Relié.
                                                         7 fr.

On ne fait plus l'éloge des livres de M. Pouriau. M. Pouriau est
professeur et sous-directeur à l'Ecole d'agriculture de Grignon ; l'é-
lection l'a fait secrétaire général de la Société d'agriculture de Lyon ;
voilà quelques-uns des titres de l'homme ; quant à ses ouvrages, ils
sont promptement devenus classiques, et ils sont en même temps con-
sultés avec fruit par les gens du monde.
(Voir aussi plus loin n° 55).

8. **Drainage**, résultats d'observations et d'expériences pratiques faites par M. C.- E. KIELMANN, directeur de l'Ecole
agricole de Haasenfeld (Prusse), et publiées à l'usage des
agriculteurs français, par C. HOMBOURG. 1 vol., 104 pages
avec figures dans le texte.   1 fr.

La plupart des ouvrages publiés sur le drainage sont le résultat d'études théoriques que l'expérience n'a pas encore sanctionnées. M. Kielmann est entré dans une autre voie : il n'a eu recours à la théorie qu'autant que cela était nécessaire pour expliquer certains phénomènes. Comme il le dit dans sa préface, il voulait offrir à ceux qui commencent à s'occuper du drainage, et même au simple paysan, un manuel tel que le lecteur pût dire, après l'avoir parcouru : C'est facile à comprendre, désormais je pourrai travailler. — Ce but, le succès du *Guide pratique du drainage* le prouve, a été largement atteint.

9. **Chimie agricole.** Leçons familières sur les notions de chimie élémentaire utiles au cultivateur et sur les opérations chimiques les plus nécessaires à la pratique agricole, par M. N. BASSET, auteur de plusieurs ouvrages d'agriculture et de chimie appliquée. 1 vol., 336 p. avec figures dans le texte. Broch. 3 fr. Relié.   4 fr.

L'auteur, laissant de côté les grands mots et les formules scientifiques, a cherché, avant tout, à se rendre intelligible à tous. Dans une série de leçons familières, après avoir prouvé la nécessité de la chimie pour l'agriculture, il a successivement traité de l'analyse des sols, des amendements, de la composition des plantes, des animaux, de quelques industries agricoles, etc. Des observations succinctes et des notions intéressantes sur divers sujets complètent cette *Chimie agricole.*
(Voir aussi même série, n° 55).

11. Guide pratique des **Conférences Agricoles**, par M. Louis GOSSIN, cultivateur, professeur d'agriculture dans l'Oise, etc. 1 vol., XII-112 pages.   1 fr.

(Ouvrage recommandé officiellement pour les écoles normales, etc).

14. Guide pratique pour le choix de la **Vache laitière**, par M. Ernest DUBOS, vétérinaire de l'arrondissement de Beauvais, professeur de zootechnie à l'institut agricole de la même ville. In-18, 132 p. et pl. Br. 2 fr. Rel. 3 fr.

Les diverses méthodes pour le choix des vaches laitières sont résumées dans ce livre. Les agriculteurs et les éleveurs y trouveront l'indication des signes qui peuvent les guider pour la conservation et l'acquisition des animaux qui conviennent le mieux à leurs exploitations.
— Les figures représentant les diverses races de vaches laitières sont remarquables.

7. **Éducation lucrative des lapins**, ou Traité de la race
cuniculine, suivi de l'Art de mégisser leurs peaux et
d'en confectionner des fourrures, par M. MARIOT-DIDIEUX,
vétérinaire en premier attaché aux remontes de l'armée,
membre de plusieurs sociétés savantes. 1 vol., 156 p.
2 fr. 50

L'industrie de l'éducation de la race cuniculine est créée et elle
marche vers le progrès. C'est dans le but de la voir se propager dans
les campagnes comme une des industries peut-être les plus propres à
tarir les sources du paupérisme et de la misère que l'auteur a publié
cette nouvelle édition de son *Guide pratique*, en l'enrichissant d'un grand
nombre de données nouvelles. En résumé, l'auteur démontre qu'aucune
viande ne peut être produite à aussi bon marché que celle du lapin.

18. **Basse-cour, Éducation lucrative des poules, des
oies, des canards**, etc., etc. 1 fort vol. avec pl. 6 fr.
Deux parties se vendent séparément.

18bis. 1o **Éducation lucrative des poules**, ou Traité raisonné de gallinoculture, par le même. 1 vol., 444 p. 4 fr.

L'éducation, la multiplication et l'amélioration des animaux
qui peuplent les basses-cours ont fait depuis une quinzaine
d'années de notables progrès. Répondant à un besoin de l'économie domestique, l'auteur de ce guide pratique a voulu faire
un traité complet de gallinoculture dans lequel, après des considérations historiques, anatomiques et physiologiques sur les
poules, il décrit les caractères physiques et moraux de quarante-
deux races, apprend à faire un choix parmi ces races si diverses et indique les moyens de conservation et de multiplication des individus. Des chapitres spéciaux sont consacrés aux
maladies, à la pharmacie gallinée, à la statistique des poules et
des œufs de la France, etc.

19. 2o **Éducation lucrative des Oies et des Canards**, par le
même, 1 vol., 180 p. avec de nombreuses figures dans
le texte. 2 fr.

Ces deux monographies sont à la fois utiles, instructives et
amusantes. L'auteur décrit les mœurs particulières de chaque espèce et indique le genre de nourriture favorable à leur multiplication et propre à donner des bénéfices aux éleveurs. Toutes
ces notions, parsemées de données historiques, d'anecdotes,
de réflexions philosophiques, offrent une lecture des plus at-
trayantes.

20. Guide pratique du **Pisciculteur**, par M. Pierre CAR-
BONNIER, pisciculteur, fabricant d'appareils à éclosion,
membre de la section des poissons de la Société d'acclimatation et de plusieurs sociétés savantes, etc. 1 vol.
200 pages, avec de nombreuses figures dans le texte.
Br. 2 fr. Relié.   3 fr.

Ce n'est pas comme un théoricien ou un savant systématique
que M. Carbonnier se présente à ses lecteurs : ce sont les résultats pratiques qu'il a obtenus dans la *piscifacture* construite
et exploitée par lui à Champigny, qui lui donne le droit d'indiquer les méthodes et les systèmes qui lui ont le mieux réussi,
c'est-à-dire qui lui ont donné les résultats les plus profitables.
Le *traité de pisciculture* est suivi d'une notice sur les poissons
d'eau douce qui vivent dans nos climats, leurs formes, leurs
habitudes, enfin les particularités relatives à la culture artificielle
de chacun d'eux. Un appendice est consacré aux *aquariums*
d'appartement.
(Pour l'*Ostréiculture*, voir même série, n° 52.)

21. Guide pratique du **Chasseur médecin**, ou traité complet sur les maladies du chien, par M. Francis CLATER,
vétérinaire anglais; traduit de l'anglais sur la 27e édition. 3e édition française, corrigée et augmentée, par
M. MARIOT-DIDIEUX, vétérinaire en premier attaché aux
remontes de l'armée, etc. 1 vol., 189 pages.   3 fr.

La mention que ce livre a eu en Angleterre, vingt-sept éditions, dispense de tout commentaire. Le guide que nous avons
placé dans notre Bibliothèque en est la troisième édition française. M. Mariot-Didieux, le savant vétérinaire, en acceptant la
révision de cette édition, s'est attaché à supprimer dans le
texte original des formules trop compliquées, à en simplifier
d'autres et à en ajouter de nouvelles. Ainsi entièrement refondu,
l'ouvrage est véritablement un traité complet sur les maladies du
chien, traité auquel un chapitre sur l'art de mégisser les peaux
pour en faire des tapis sert de complément.

22. Traité de l'**Elevage et de l'éducation du Chien**, par
E. de TARADE. 1 vol. 360 p.   4 fr.

23. Guide pratique d'**apiculture** (culture des abeilles), cours
professé au jardin du Luxembourg, par H. HAMET, api-
phile. 1 vol., 336 pages, figures dans le texte.   5 fr.

28. Manuel pratique de **Culture maraîchère**, par M. Cour-
TOIS-GÉRARD, marchand grainier, horticulteur. 5° édition, augmentée d'un grand nombre de figures et de
plusieurs articles nouveaux. Ouvrage couronné d'une
médaille d'or par la Société centrale d'agriculture,
d'une grande médaille de vermeil par la Société
centrale d'horticulture. 1 vol., 396 p. 88 figures dans
le texte. Br., 3 fr. 50. Relié.   5 fr.

Outre les récompenses honorifiques qui viennent d'être mentionnées, l'auteur de ce manuel a obtenu une attestation que
garantit la valeur de son travail aux yeux du public, en même
temps qu'elle constate l'exactitude de ses recherches et l'utilité
des notions renfermées dans son ouvrage. Cette attestation
émane de vingt-cinq jardiniers maraîchers de la ville de Paris
qui, après avoir entendu la lecture du travail de M. Courtois-
Gérard, déclarent qu'ils lui donnent toute leur approbation, comm
étant conforme aux bonnes méthodes de culture en usage parmi
eux et autorisent l'auteur à le publier sous leur patronage.
    Cet ouvrage est officiellement recommandé pour les écoles
normales, etc.
    Cette nouvelle édition a été augmentée d'un chapitre sur la
culture des portes-graines et d'un vocabulaire maraîcher.

31. Guide pratique d'**Hydraulique** urbaine et agricole, ou
Traité complet de l'établissement des conduites d'eau
pour l'alimentation des villes, des bourgs, châteaux,
fermes, usines, etc., comprenant les moyens de créer
partout des sources abondantes d'eau potable, par
M. Jules LAFFINEUR, ingénieur civil, etc. Ouvrage formant le complément du *Guide pratique de l'Ingénieur
agricole* (voir plus haut, série H, n° 3). 2° tirage, augmenté d'un supplément. 1 vol., 130 pages et 2 pl.   3 fr.

En publiant cet ouvrage, M. Laffineur a eu pour but de réu-
nir en un faisceau les principales données de la science hydraulique expérimentale. On y trouvera réunis tous les renseignements, toutes les formules, toutes les applications pour la
conduite des eaux.

32. Guide pratique pour la **Culture des plantes fourragères**, par M. A. GOBIN, ancien élève de l'Ecole
de Grand-Jouan, directeur de la colonie péniten-

tiaire du Val-d'Yèvres (Cher). 1 très-fort vol. 680 p. avec
fig.   8 fr.
   Deux parties se vendent séparément.

1° PRAIRIES NATURELLES, irrigations, pâturages, avec un appendice reproduisant la loi du 21 juin 1866 sur les asso-
   ciations agricoles. 1 vol., 284 pages, avec nombreuses
   figures.   3 fr.

2° PRAIRIES ARTIFICIELLES. *Plantes-racines.* 1 vol. de 388 p.
   et 87 figures.   3 fr. 50

   Les fourrages sont la base de toute culture, et il est admis aujour-
d'hui, par tous les agriculteurs intelligents, que pour avoir du
blé il faut faire des prés. M. Gobin à voulu rédiger un guide tout
pratique indiquant tout ce qui doit être observé pour obtenir
les meilleurs résultats et éviter les dépenses inutiles : mais
comme il le dit dans sa préface, si le titre même de son livre lui
a fait une loi de se restreindre à la culture des plantes fourragères et de s'abstenir de considérations scientifiques inutiles au but qu'il poursuit, il ne s'est pas interdit les applications pratiques des sciences en tant qu'elles se rapportent à l'explication des phénomènes ou à l'amélioration des méthodes de
culture. « C'est là, en effet, dit-il, ce que nous entendons par la
pratique, et non point seulement la routine manuelle, qui consiste à savoir tenir les mancherons de la charrue, charger une
voiture de gerbes ou manier la faux, celle-ci suffit à un ouvrier,
celle-là est nécessaire au moindre cultivateur intelligent. »
   C'est donc la *pratique intelligente* qui a dicté ce guide qui a
obtenu promptement le succès qu'il mérite.

38. **Culture de l'Olivier**, son fruit et son huile, par M.
   Joseph REYNAUD (de Nimes), négociant et manufacturier.
   1 vol., 300 pages.   4 fr.

   Ce livre est le fruit de trente-cinq années de durs travaux, de longues veilles, de nombreux voyages, de recherches patientes, de minu-
tieuses expériences : aussi a-t-il été l'objet de nombreuses distinctions
et les procédés de M. Reynaud n'ont pas tardé à être pratiqués chez
un grand nombre d'extracteurs d'huile.

40. Guide pratique du **Vigneron**, culture, vendange et vinification, par FLEURY-LACOSTE, président de la Société
   centrale d'agriculture du département de la Savoie, membre de plusieurs sociétés savantes. 1 vol., 137 pages. 3 fr.

Il existe un grand nombre de livres sur l'art de faire le vin. Malheureusement, il en est beaucoup qui ne sont que des reproductions presque serviles d'ouvrages antérieurs, tandis que d'autres ne présentent que le résultat d'expériences personnelles de systèmes individuels.

M. Fleury-Lacoste est à la fois un homme instruit et un homme pratique. Dans son *Guide du Vigneron*, il a su éviter ces deux écueils ; son livre sera consulté avec fruit, et l'on peut avec confiance en adopter les préceptes. Au surplus, S. Exc. M. le ministre de l'agriculture, certes plus compétent que nous, vient d'engager M. Fleury-Lacoste à poursuivre ses études en souscrivant à cet excellent petit traité. C'est bien là le meilleur éloge que l'on puisse faire de cet ouvrage.

41. Manuel pratique de **Jardinage**, contenant la manière de cultiver soi-même un jardin ou d'en diriger la culture, par M. COURTOIS-GÉRARD, marchand grainier, horticulteur, 6e édition. 1 vol., 396 pages, 1 planche et de nombreuses figures dans le texte. Br., 3 fr. 50. Relié.   5 fr.

Nous renvoyons à la note accompagnant le nº 28 (*Manuel de culture maraîchère*) pour les titres de M. Courtois-Gérard à la confiance publique. Dans le *Manuel du jardinier*, les jardiniers de profession trouveront des conseils, des détails nouveaux et des renseignements pratiques qu'ils peuvent ignorer ; le propriétaire et l'amateur de jardin y puiseront des instructions précises et claires qui leur éviteront toute espèce de méprises et d'erreurs.

42. Guide pratique de la culture du **Saule** et de son emploi en agriculture, notamment dans la création des oseraies et des saussaies, avec un appendice sur la culture du **Roseau**, par M. M.-J. KOLTZ, chevalier de l'ordre R. G. D. de la Couronne de chêne, agent des eaux et forêts, etc., etc. Vol. in-18, 144 pages et 35 figures dans le texte. Br. 2 fr. Relié   3 fr.

Ce travail a pour objet de faire ressortir les avantages que procure la culture du saule dans les terrains qui lui conviennent, et qui, le plus souvent, ne peuvent être rendus productifs qu'à l'aide de cette essence. M. Koltz donne donc le moyen de mettre en produit des terrains vagues ; et à ce point de vue, son traité est un véritable service rendu à l'agriculture.

Dans certains parages, le roseau commun forme le complément obligé de l'osier : l'appendice que M. Koltz a consacré à cette plante renferme des détails intéressants, surtout pour les propriétaires de terrains aujourd'hui tout à fait improductifs.

43. Guide pratique de la **Culture du coton**, par le docteur
Adrien SICARD, secrétaire général de la Société d'horticulture et du comité d'aquiculture pratique de Marseille,
etc. 1 vol., 143 pages, avec figures dans le texte. 3 fr.

Ce guide, écrit par un homme compétent, est le fruit de longues
études pratiques. Lorsque M. Sicard fait une affirmation, c'est qu'il
parle *de visu* et d'après ses propres expériences. Ainsi, les figures intercalées dans le texte, et qui donnent une idée exacte du cotonnier
et des détails du coton, ont été photographiées d'après nature par lui-
même et par l'un de ses fils.

45. Guide pratique du tracé et de l'ornementation des **Jardins d'agrément**, par M. T. BONA, ancien architecte, directeur de l'École de dessin industriel de Verviers. 1 vol.,
304 pages. 4e édition, complétement refondue et ornée de
238 figures dans le texte. Br., 2 fr. 50. Relié. 3 fr. 50

Il existe quelques ouvrages spéciaux sur la composition et l'ornementation des jardins : malheureusement, ils sont généralement d'un
prix élevé, et puis la plupart des auteurs arborent des prétentions qui
se traduisent par la classification qu'ils ont adoptée : ils ont, en fait de
jardins, des genres *graves*, *terribles*, *mélancoliques*, *riants*, *lu-
gubres*, etc. ; M. Bona pense qu'il faut oublier le terrain dont on dis-
pose et l'embellir par des créations conformes à sa situation.

46. Guide pratique de la **Culture du caféier et du cacaoyer**, suivi de la fabrication du chocolat, par
M. P.-H.-F. BOURGOIN D'ORLI, 1 vol. 100 pages. 3 fr.

Ce livre est le fruit d'une longue expérience acquise par l'auteur
dans une pratique de plusieurs années et par ses propres observations
en Asie et en Amérique.

46 et 50. Le **Caféier** et la **Canne** à sucre, ensemble, relié.
5 fr.

48. **Acclimatation des animaux domestiques**, Étude des
animaux destinés à l'acclimatation, la naturalisation et
la domestication : Animaux domestiques, méthodes de
perfectionnement, mammifères, oiseaux, poissons, insectes, vers à soie ; précédée de Considérations générales
sur les climats, de l'Exposé des diverses classifications
d'histoire naturelle, etc., pouvant servir de *Guide au
Jardin d'acclimatation* ; par M. le docteur B. LUNEL, ancien professeur d'histoire naturelle. 1 vol., 188 pages,
avec figures dans le texte. 3 fr.

M. le docteur Lunel a résumé d'une manière concise dans ce guide les notions concernant l'acclimatation disséminées dans un grand nombre d'ouvrages volumineux. Ce livre sera consulté avec fruit par toutes les personnes qu'intéresse la grande question de l'acclimatation.

49. **Guide pratique d'Entomologie agricole**, et petit traité de la destruction des insectes nuisibles, par M. H. GOBIN. 1 vol., 279 pages, avec fig. dans le texte.   4 fr.

Ce traité, d'une lecture attrayante, dissimule un grand fond de science sous des apparences légères. Le volume se compose de lettres familières adressées à un nouveau propriétaire rural. Tous les insectes qui s'attaquent aux champs et à leurs produits et aux animaux y sont passés en revue, et, ce qui est mieux encore, l'auteur a indiqué le moyen de se débarrasser de cette engeance envahissante. Le livre est terminé par des nomenclatures scientifiques avec les noms français.

50. **Guide pratique de la Culture de la canne à sucre** et Traité de la sucrerie exotique, suivi de la culture du caféier et du cacaoyer, par M. P.-H.-F. BOURGOIN D'ORLI. 1 vol. de 256 pages.   3 fr.

Ce guide n'est pas, comme beaucoup de manuels, un livre fait avec d'autres livres. M. Bourgoin d'Orli s'est, pendant de longues années, livré à une étude toute spéciale de la canne à sucre et de sa culture dans plusieurs contrées équatoriales et tropicales. Il a réuni dans ce volume, comme il l'a fait pour le caféier, le résultat de son expérience et de ses observations personnelles.

La manipulation du sucre est complètement traitée dans cet ouvrage, indispensable aux propriétaires et aux cultivateurs qui veulent mettre en sucreries tout ou partie de leurs possessions dans les colonies.

(Pour l'*Essai des sucres*, voir série G, n° 48.)
(Pour la *Betterave et son alcoolisation*, voir série G, n° 1.)

52. **Guide pratique de l'Ostréiculteur**, ou Culture des huîtres et procédés d'élevage et de multiplication des races marines comestibles, par M. Félix FRAICHE, professeur de sciences mathématiques et naturelles. 1 vol. 175 pages, avec figures dans le texte.   4 fr.

Les chemins de fer et la navigation, en diminuant les distances, ont créé pour les races marines comestibles des débouchés qui leur avaient manqué jusqu'alors. De là, et d'autres causes que M. Fraiche indique, l'appauvrissement des bancs d'huîtres. L'auteur, qui s'est inspiré des travaux de M. Coste, démontre que l'ostréiculture est une industrie facile à créer et à développer, et qui donne des résultats rémunérateurs à ceux qui savent l'exploiter.

(Pour la *Pisciculture*, voir même série, n° 20.)

52 *bis*. Richesse de l'agriculture. — Guide pratique de la **Vidange agricole**, à l'usage des agronomes, propriétaires et fermiers. Description de moyens faciles, économiques, salubres et pratiques de recueillir, de désinfecter et d'employer utilement en agriculture l'engrais humain, par M. J.-H. TOUCHET, ancien chef de service à la compagnie Richer. 2ᵉ édition. 1 vol. de 88 pages avec figures. Br. 1 fr. Relié.   2 fr.

Les pages de M. Touchet sont riches en enseignement : son guide, en ce qui concerne les vidanges et les différentes manières d'employer l'engrais humain, est le résumé des meilleures méthodes pratiquées actuellement. Les constructeurs, les entrepreneurs, les propriétaires, les fermiers y trouveront tous des indications utiles.

53. Etude pratique sur les **Fumiers de ferme** et les engrais en général, précédée d'une introduction sur les éléments nutritifs généraux des plantes, par le docteur Emile WOLFF, professeur à l'Académie agricole de Hohenheim, traduit de l'allemand par Ad. Damseaux, professeur à l'Institut agricole de l'Etat (Belgique). 1 v., 204 pages.   3 fr.

55. Manuel du **Chimiste-Agriculteur**, par A.-F. POURIAU, docteur ès-sciences, ancien élève de l'Ecole centrale, etc. 1 vol., 460 pages, 148 figures et de nombreux tableaux, suivi d'un appendice. Br. 5 fr. Relié.   7 fr.

Ce volume forme en quelque sorte le complément de la *Chimie organique* et de la *Chimie inorganique*. Il fait connaître les diverses manipulations qui sont décrites avec un très-grand soin. Il contient, en outre, un grand nombre d'indications d'une utilité toute pratique. (Voir plus haut, série G, nᵒˢ 6 et 7.)

56. Guide pratique élémentaire de **Botanique** et Traité de **Physiologie végétale** appliquée à la culture des plantes, par M. Léon LEROLLE, ancien élève de l'Ecole d'agriculture de Grand-Jouan, membre de la Société d'horticulture de Marseille. 1 vol., VIII-464 pages, 108 fig. dans le texte. 5 fr. Relié.   6 fr.

Dans ce traité, simple dans sa forme, mais rigoureusement exact quant au fond, l'auteur a eu pour but de donner la science en guide à la pratique, et il présente au cultivateur des explications rationnelles sur les phénomènes qui s'accomplissent journellement dans les champs, les forêts et les jardins. M. Lerolle s'est étendu principalement sur les points de la physiologie végétale où les différentes branches de culture trouveront d'utiles applications. Les nombreuses gravures sur bois qui élucident le texte en rendent la lecture attrayante, même pour les gens du monde.

57. Manuel des **Constructions rurales**, par T. BONA. 4ᵉ édition complétement refondue. 2 vol., 292 p. et 210 fig. dans le texte. 5 fr.

En préparation : Traité complet d'agriculture. — Fabrication, choix et emploi des engrais. — Guide pratique de l'éleveur du cheval (production, élevage et utilisation). — Elevage des bœufs. — Elevage des moutons. — Elevage des porcs. — Elevage et entretien des oiseaux de volière. — Le berger. — Sériciculture. — Animaux de basse-cour en général. — Fabrication du fromage. — Laiterie et fabrication du beurre. — Culture des céréales. — Défrichement des landes et des bruyères. — Culture du sorgho. — Culture du tabac. — Culture du mûrier. — Culture du houblon. — De la culture et de l'aménagement des forêts. — Pépiniériste. — Arboriculture.

SÉRIE I.

ÉCONOMIE DOMESTIQUE, COMPTABILITÉ, LÉGISLATION, MÉLANGES.

1. Guide pratique de la **Fabrication des vins factices** et des boissons vineuses en général, ou Manière de fabriquer soi-même les vins, cidres, poirés, bières, hydromels, piquettes et toutes sortes de boissons vineuses, par des procédés faciles, économiques et des plus hygiéniques, par M. L.-F. Dubief, chimiste, auteur de plusieurs ouvrages qui ont mérité les honneurs de la réimpression en France et à l'étranger. 1 vol., 72 pages.   2 fr.

L'auteur a publié ce petit ouvrage, non-seulement pour venir en aide aux personnes économes, mais encore, et plus, pour celles dont l'économie est une nécessité. Si elles suivent les prescriptions qui y sont indiquées, elles peuvent être assurées de bien fabriquer elles-mêmes et avec facilités toutes sortes de vins, bières, cidres, etc.

2. Guide pratique d'**Économie domestique**, publié sous forme de dictionnaire, contenant des notions d'une application journalière, chauffage, éclairage, blanchissage, dégraissage, préparation et conservation des substances alimentaires, boissons, liqueurs de toutes sortes, cosmétiques, soins hygiéniques, médecine, pharmacie, etc., par M. le docteur B. Lunel, médecin-chimiste, etc., 1 v., 227 pages.   3 fr.

L'économie domestique, longtemps dédaignée, est élevée aujourd'hui au rang de science. Le guide de M. le docteur Lunel, sous la forme commode de dictionnaire, constitue une véritable encyclopédie de cette science nouvelle.

3. Le **Mouvement industriel et commercial** en 1864-1865 (Chemins de fer, — Navigation intérieure, — Navigation maritime), par M. Amédée Sébillot, ingénieur, ancien élève de l'École centrale des arts et manufactures. 1 vol., XVI-216 p.   2 fr.

M. Sébillot ne s'est pas contenté d'être l'historiographe du mouvement industriel, il indique les voies ouvertes à la grande industrie. Son livre abonde en conseils qui méritent d'être médités.

4. **Le Liquoriste des Dames** ou l'art de préparer en quelques instants toutes sortes de liqueurs de table et des parfums de toilette avec toutes les fleurs cultivées dans les jardins, suivi de procédés très-simples et expérimentés pour mettre les fruits à l'eau-de-vie, faire des liqueurs et des ratafias, des vins de dessert, mousseux et non mousseux, des sirops rafraîchissants, etc., par L.-F. Dubief, 1 vol., 120 pages. Br. 2 fr. 50. Relié. 3 fr.

5. **Essai sur l'éducation** ou les **devoirs de l'homme**. L'homme avec Dieu et l'homme sans Dieu. Mon tribut à la société, par J. L. 1 vol. Broché 6 fr. Cartonné 7 fr.

6. Les droits des **inventeurs en France et à l'étranger**. Conseils généraux, — Brevet d'invention, — Péremption, — Vente, — Licences, — Exploitation, — Géographie industrielle, — Marques de fabrique, — Dessins, — Objet d'utilité, par M. H. Dufrené, ingénieur civil, ancien élève de l'École des arts et manufactures, 1 vol. de 108 pages. 3 fr.

Ce livre est un guide indispensable pour les inventeurs qui veulent demander un brevet et pour ceux qui en possèdent déjà, soit en France, soit à l'étranger. Pour tous, M. Dufrené a de bons conseils. D'après ses indications, résultant d'une longue pratique, on peut prévoir presque avec certitude les résultats que doivent ou que peuvent produire les inventions ou les perfectionnements, d'après la nature des brevets et les pays où on veut les exploiter.

7. **La liberté et le courtage des marchandises**, commentaire pratique de la loi du 18 juillet 1866, par Victor Emion, avocat à la Cour de Paris. Vol. de 125 pages. 2 fr.

L'application pratique de la nouvelle loi sur le courtage des marchandises devait donner lieu à de nombreuses difficultés ; ce sont ces difficultés que M. V. Emion s'est étudié à prévoir et à résoudre dans son commentaire, suivi d'un appendice qui renferme de nombreux documents intéressant tout les commerçants.

8. **Leçons de sténographie**, par Tondeur. 1 fr.

9. **Géographie** à l'usage des écoles d'architecture, d'arts et métiers, des artistes et des gens du monde, par O. Lescure, professeur, 1 vol., 351 pages. 3 fr.

10. La **Science populaire**, par Rambosson. 4 vol. 14 fr.

11. Manuel des **Conseillers généraux**, lois organiques avec les commentaires officiels etc., par J. ALBIOT. 1 vol. in-18.   4 fr.

12. Manuel pratique et juridique des **Expropriés pour cause d'utilité publique**, suivi de deux tableaux donnant le chiffre de la valeur du mètre de terrain dans Paris, et faisant connaître les principales indemnités accordées aux industriels négociants et commerçants expropriés, par M. Victor EMION, avocat à la Cour de Paris. Vol. de 125 pages.   1 fr.

Ce manuel est le résumé simple et concis des règles pratiques que les expropriés ont intérêt à connaître pour se diriger dans la défense de leurs droits. En étudiant ce manuel, les expropriés sauront qu'avant de se présenter devant le jury, ils n'ont que peu ou point de formalités à remplir et *pas de frais* à débourser. Ils y apprendront encore qu'en général les traités souscrits d'avance avec des intermédiaires ne sont *habituellement* avantageux *que pour ceux qui contractent avec l'exproprié.*

Les tableaux de la valeur du mètre dans les différents arrondissements de Paris et des principales indemnités accordées par le jury offrent un très-grand intérêt pour les propriétaires et les locataires.

14. Guide pratique d'**Hygiène et de Médecine usuelle**, complété par le traitement du choléra épidémique par le docteur B. LUNEL, chimiste, membre des Académies des sciences de Caen, etc., ancien médecin commissionné pour les épidémies, etc. 1 vol., 209 pages.   2 fr.

Ce livre ne s'adresse à aucune spécialité de lecteurs et convient à tout le monde. Il se subdivise en hygiène privée et en hygiène publique. Dans la première partie, l'auteur examine dans quelle mesure l'homme qui veut conserver sa santé doit, selon son âge, sa constitution et les circonstances dans lesquelles il se trouve, user des choses qui l'environnent et de ses propres facultés, soit pour ses besoins, soit pour ses plaisirs. Dans la seconde, il s'occupe de tout ce qui concerne la salubrité publique. Un chapitre spécial est consacré à la médecine des accidents.

16. Manuel pratique d'**Ethnographie**, ou description des races humaines ; les différents peuples, leurs caractères naturels, leurs caractères sociaux, divisions et subdivisions des différentes races humaines, par M. le baron J. D'OMALIUS D'HALLOY. 5e édition. 1 vol., 127 pages, avec 1 planche coloriée.   4 fr.

Après avoir exposé [les[principes généraux de l'ethnographie, l'auteur décrit les races, rameaux, familles et peuples que l'on distingue dans le genre humain. Le *Manuel d'ethnographie* est terminé par des tableaux synoptiques représentant les diverses divisions, avec l'indication approximative de la force de chaque peuple et de la distribution des familles dans les cinq parties de la terre. Cet ouvrage est accompagné de nombreuses notes dans lesquelles l'auteur discute les diverses questions sur lesquelles il ne partage pas les opinions de la plupart des ethnographes.

24. **L'immense trésor des vignerons et des marchands de vin**, indiquant des moyens inédits pour vieillir instantanément les vins, leur enlever les mauvais goûts, même d'une manière hygiénique, sans aucun coupage, éviter leur dégénérescence, partant plus de vins aigres, amers, gras, ou poussés ; découverte d'un agent supérieur à l'acool pour le maintien, la conservation et l'expédition lointaine des vins. Nouvelle édition considérablement augmentée, par M. L.-F. DUBIEF, vol. in-18, de 234 pages.   5 fr.

25. Essai sur l'**Administration des entreprises industrielles et commerciales**, par M. LINCOL, vol. de 343 pages. 4 fr. Relié.   5 fr.

Il nous suffira de reproduire le titre de quelques chapitres pour faire juger de l'importance de cet ouvrage et de l'intérêt des personnes qui s'occupent de commerce et d'industrie.

Constitution des entreprises. — Conception du capital et de ses emplois : 1º dans l'industrie ; 2º dans le commerce. — Des rapports entre entrepreneurs ou chefs de maison et leurs employés. — Des services administratifs (direction, secrétariat, correspondance, caisse, portefeuille, comptes courants, factures, main-d'œuvre, etc.). — De l'inventaire annuel. — De la liquidation.

En préparation. — Comptabilité manufacturière. — Comptabilité agricole. — Législation agricole. — Géographie commerciale. — Géographie industrielle. — Droit usuel. — Créancier hypothécaire. — Économie industrielle. — Maires et adjoints. — Électricité médicale. — Pêcheur. — Conservation des substances alimentaires. — Chimie amusante. — Physique amusante. — Extinction des incendies, ou Guide du sapeur-pompier. — Personnel des chemins de fer.

Librairie scientifique, industrielle et agricole de E. Lacroix

A PARIS, 54, RUE DES SAINTS-PÈRES

CATALOGUE ABRÉGÉ

DES PRINCIPAUX OUVRAGES

Autres que ceux publiés dans la Bibliothèque

A

Achard. Ventilation des hôpitaux, in-8 avec pl.   3 fr.

Adhémar. Chemins américains dits à la traction de cheval. 1 vol. gr. in-8 avec fig. dans le texte et 1 pl.   5 fr.

Aérostat dirigeable. In-8, pl.   2 fr. 50

Album de papier quadrillé pour plans et croquis. 2 fr. 50

Album de machines-outils. 40 planches in-4. 20 fr.

Album encyclopédique des chemins de fer. Cette publication paraît par livraisons, chacune se vend séparément 4 fr ; douze livraisons forment une série. 40 livraisons sont publiées.

Album de fers spéciaux de Dupont et Dreyfus. In-f°. 10 fr.

Alcan. Industries textiles. 1 vol. in-8 et atlas in-4 de 56 pl.   32 fr.

Allibert. Alimentation des animaux domestiques. 1 vol. in-8   2 fr. 50

Annales du Conservatoire des arts et métiers. Recueil d'articles par les professeurs du Conservatoire. 5 vol. 80 fr.
  Chaque volume.   20 fr.

Annales du Génie civil. Cette revue mérite une mention toute spéciale ; son premier numéro a été publié le 1er janvier 1862, elle a ensuite continué de paraître sans interruption et mensuellement jusqu'à cette époque.

Elle termine donc sa onzième année, et ce sont tous ses collaborateurs réunis qui ont su, sans aucun appui officiel et sans le secours d'une publicité intéressée, faire un rapport consciencieux sur l'Exposition de 1867. Ce travail remarquable sera probablement le seul souvenir recommandable qui nous restera de la grande exhibition de 1867. Une table générale des matières de cette œuvre remarquable, comprenant également et par ordre méthodique tous les articles publiés dans les *Annales du Génie civil* de 1862 à 1871 inclus, est distribuée à la librairie Lacroix.

Le prix de la collection des *Annales du Génie civil*, 1862 à 1871 inclus, y compris le supplément pour les années 1867 et 1868 ou *Études sur l'Exposition de 1867*, le tout formant 17 vol. et 11 atlas, est de . . . . . . 300 fr.

Chaque année se vend séparément, texte et atlas . 25 fr.

Le supplément ou *Études sur l'Exposition* se vend séparément. 8 vol. et 2 atlas de 300 pl. . . . . . 120 fr.

La collection du *Génie civil*, 1862 à 1871 inclus, sans le supplément, 10 années, 9 vol. texte et 9 atlas. . 180 fr.

Abonnement à l'année courante, Paris, 20 fr. Départements, Alsace-Lorraine et Algérie, 25 fr. Étranger, 30 fr. Pays d'outre-mer, 35 fr.

Annales télégraphiques. 1 vol. in-8 et fig. . 9 fr.

Annuaire de la Société des anciens élèves des Écoles d'arts et métiers ; paraît tous les ans, depuis 1848, en 1 vol. in-8. Prix de chaque année. . . . . . . 6 fr.

Par exception, l'année 1867 coûte . . . 10 fr.

Ansiaux. Fabrication du fer et de l'acier. 1 vol. et atlas. 10 fr.

Arcet (d'). Assainissement des ateliers, 1 vol. et atlas in-4. 15 fr.

— Latrines modèles, br. in-4. . . . . 2 fr. 50

Archambault et **Violette.** Dictionnaire des analyses chimiques 2 vol. . . . . 12 fr.

Arlot. Guide du peintre en voiture. 1 vol., fig. coloriées 6 fr. 50

Armengaud. L'Industrie des chemins de fer. 1 vol. in-4 et atlas grand in-fol. . . . . . . 80 fr.

Art (l') de l'**Ingénieur.** (Voir *Vigreux*.)

Arthaud. De la vigne et de ses produits. 1 vol. . fr.

Aubré. Cours de géométrie descriptive. In-4 . 10 fr.

Audibert. Tableau pour la racine carrée et la racine cubique. 1 vol. . . . . 1 fr. 50

Audiganne. Les ouvriers d'à-présent. 1 vol. . 6 fr.

Aulagnier. Études sur la navigation de la France et de la Belgique. 2 vol. in-4. . . . . . 20 fr.

Aymard. Études sur les grands travaux hydrauliques. 1 vol. in-8 et atlas. . . . . . . 30 fr.

B

Balliano. Métallurgie du mercure. Gr. in-8 . 4 fr.

Baltet. Arboriculture fruitière et viticulture. Gr. in-8°, 45 fig., 5 pl. . . . . 4 fr. 50

Barberot. Chemin de fer, système de voie Barberot. Gr. in-8 et pl. 2 fr.

Barbot. Guide du joaillier. 1 vol. grand in-18 et pl. 10 fr.

Bardin. Cours de dessin industriel adopté pour les écoles de la ville de Paris, publié en trois parties:

1re partie: Géométrie graphique. 3 fr.
2e — Etudes des solides. 5 fr.
3e — Construction des machines. 5 fr.

Barrault. La fonte. Voir *Flachat*.

Barreswil. Répertoire de chimie appliquée. 1 vol. 7 fr..

Barretta. Manuel du chocolatier et du confiseur, 1 vol. in-8. 10 fr.

Basset. Guide de chimie agricole. 1 vol. avec fig. 4 fr.

— Culture et alcoolisation de la betterave. 1 vol. 4 fr.

— Le pain par la viande. 1 vol. 2 fr.

— La sucrerie indigène, étrangère et exotique. Gr. in-8. 50 c.

Bast. (A. de). Les merveilles du génie de l'homme. 1 vol. in-8 avec fig. 10 fr.

Beau de Rochas. Machines locomotives à grande pression 1 vol. in-4. 9 fr.

— Recherches sur l'utilisation de la vapeur. 1 vol. in-4 . 6 fr.

Bellenez. Théorie des parallèles. In-8 et pl. 3 fr.

Belleville. Générateurs à vapeurs inexplosibles. In-8 . 1 fr.

Benoît. Cours complet de topographie et de géodésie. 1 vol. in 8° et pl. 7 fr. 50

— Théorie des pèse liqueurs. 1 vol. in-8 et pl. 5 fr. 50

Benoît Duportail, Morandière et Sambuc. Chemins de fer, Voitures, wagons, matériel de la voie. In-8, fig. et 6 pl. 10 fr.

Berlioz. Etude sur l'horlogerie. Gr. in-8 et fig. 3 fr.

Berthelot. Industrie de la cochenille. In-8. 75 c.

Berthieu (De). Construct. maritimes. Gr. in-8, fig. et 4 pl. 4 fr.

Bertrand. (Le général). Campagne d'Egypte. 2 v. in-8 et atlas. 60 fr.

Besnard. Traité d'éclairage minéral. In-8. 1 fr.

Bezon. Dictionnaire général des tissus anciens et modernes ; traité complet du tissage de toutes les matières textiles. 8 tomes brochés en 4 vol. in-8 et atlas de 151 pl. in-4. 80 fr.

Bibliothèque des professions industrielles et agricoles. Pour le détail des volumes publiés, demander le catalogue à la librairie Eug. Lacroix.

Bideault. Etudes sur les mines de houille. In-4 10 fr.

Bintzer. Description de la Cathédrale de Cologne. In-4 avec pl. (*Rare*). 25 fr.

Birot. Guide du conducteur des ponts et chaussées et de l'agent voyer. 1 vol. grand in-18 et atlas. 10 fr.

Bisson. Accidents des chemins de fer, In-8.   2 fr.

Blanchère (De la). Répertoire de photographie; véritable traité pratique de photographie. 3 vol. in-8 avec fig.   18 fr.

Blavier. Traité de télégraphie électrique; cours complet théorique et pratique. 2 vol. gr. in-8 compacte, 600 figures.   20 fr.

Bochet. Comptabilité commerciale. Grand in-8.   5 fr.

Boileau. Instructions sur les scieries. 1 vol. in-8 avec 5 pl. 5 fr.

Boitard. Instructions sur les chronomètres. In-8.   3 fr.

Boland. Traité de boulangerie. In-8 avec pl.   5 fr.

Bona (Christave). Combustion du charbon. 1 v. in-8 avec fig.   7 fr.

Bona (T.), architecte, ancien directeur de filature. Tracé et ornementation des jardins d'agrément. 1 vol. gr. in-18, fig.   3 fr. 50

— Traité des constructions rurales. 1 vol. grand in-18. 3 fr. 50

— Traité complet de tissage. 1 vol. et 1 atlas grand in-18. 10 fr.

Bonnard. De l'art de lever les plans. In-4 et 8 planches. 15 fr.

Bonnefoux (P.). Traité du vaisseau à la mer. 1 vol. in-8.   7 fr. 50

Bonneville. Tuiles et briques. 64 pages, 8 fig., 6 pl.   5 fr.

Borde. Tables des surfaces pour les déblais et remblais. 5 vol. in-8. (*Rare.*)   100 fr.

— Machines élévatoires pour la construction des grands bâtiments et des habitations civiles. Grand in-f°, texte anglais et français, avec pl.   25 fr.

Bouchacourt. Notice industrielle sur la Californie. Br. in-8, 72 p.   2 fr. 50

Boucherie. Conservation des bois. In-8, 59 fig.   2 fr. 50

Boucherie. (M.) Les conserves alimentaires. Gr. In-8.   1 fr.

Boudet. L'expédition des dépêches télégraphiques. In-32. 50 c.

Boudin. Technologie du constructeur-mécanicien. In-8. Autographie.   20 fr.

Boudoin (B). Intruments de musique. Gr. In-8, 27 fig.   2 fr.

Bouniceau. Les constructions à la mer. 1 vol. de 500 pages avec atlas et 50 pl. doubles. 15 fr. Relié.   18 fr.

— Navigation des rivières à marées, et conquête des lais et relais de leur embouchure. 1 vol. in-8, 304 p.   7 fr. 50

Boussac. Télégraphie électrique. In-8, 503 p., fig.   7 fr.

Bréart. Gréement et manœuvre des bâtiments à voiles et à vapeur. 1 vol. gr. in-8, 447 p., avec atlas.   10 fr.

Brees. Science pratique des chemins de fer. 1 vol. in-4 de 164 pages et 77 pl. in-f° (*Rare*).   50 fr.

Breton. aîné. Guide forestier. In-18.   3 fr.

Breton (Ph.) et **Beau de Rochas**. Télégraphe sous-marin. In-8, 72 p. et 2 pl.   5 fr.

Breton (de Champ). Description de courbes à plusieurs centres
In-4, 63 p.   5 fr.
Briques (Fabrication des). des produits céramiques de chaux
et ciment. Br. in-8, 48 p.   2 fr.
Bruère. Consolidation des talus, routes, canaux et chemins de fer.
1 v. in-12 de 312 p., accompagné d'un atlas in-4 de 25 pl. 10 fr.
Brull. Locomotives de marchandises de grande puissance. 1 vol.
in-8, 39 p. et 5 pl.   7 fr.
Bujault. Œuvres complètes. Gr. in-8, avec fig.   6 fr.
Bulletin de la Société industrielle de Mulhouse, 12 livraisons
mensuelles. Abonnement annuel, Paris 15 fr. prov., 18 fr.
Les numéros séparés à prix divers.
Burat (A.). Matériel des houillères en France et en Belgique.
1 vol. gr. in-8 et atlas de 77 pl.   60 fr.

C

Campagnac. Navigation par la vapeur. In-4, 335 p. et 5 pl.
                                                             26 fr.
Camus. Trempe des fers et des aciers. In-8, 590 p.   6 fr.
Cardon. Agriculture et colonisation de l'Algérie, in-8   1 fr. 50
Carnet de l'ingénieur. Recueil de tables, de formules, etc., etc.
Cartonné, 4 fr. ; relié en portefeuille, 6 fr.
Carnet du mécanicien de la marine nationale. 150 p. Relié en
portefeuille avec poches, porte-crayon, etc.   5 fr.
Carteron. Ininflammabilité des feuilles, papiers, etc. 65 p. 1 fr.
Cartier (E). Album et calculs de résistance de fers marchands
et spéciaux, in-fol.   5 fr.
Cartier (J.). Les sels alcalins et agriculture. In-8, 135 p. 2 fr.
Castor. Recueil d'appareils à vapeur. In-8, XII 127 p. et atlas.
                                                             40 fr.
Castro (De). L'électricité et les chemins de fer. 2 vol., 1160 p.,
avec 351 fig.   16 fr.
Catéchisme des chauffeurs et machinistes, orné de 19 gravures.
In-8, 110 p.   5 fr.
Cavelier de Cuverville. Cours de tir. In-8, 754 p., avec fig.
et 16 pl.   15 fr.
Cavos. Construction des théâtres. 1 vol. in-8, 242 p. et atlas
de 25 planches in-fol.   55 fr.
— *Le même ouvrage*, avec l'*Architectonographie* des théâtres,
de Kaufmann.   90 fr.
Cavrois. Manuel des agents voyers experts. 1 vol. in-8, 160 p.
                                                             5 fr. 50

Cazot. Barême commercial. 1 v. in-8, 280 p.   5 fr. 50
Céramique. Tarif de décoration. In-4 oblong.   6 fr.
Cerclet. Code des chemins de fer. In-8 636 p.   8 fr.
Cerfbeer de Mendelsheim. La métallurgie en Europe. In-8, 447 p.   6 fr.
Chairgrasse. Niveau Chairgrasse, brochure explicative. 54 p.
                                                                    1 fr.
Challeton de Brughat. De la tourbe. In-8, 500 p.   7 fr. 50
— Le Briquetier. In-8, 356 p., et atlas in-8 de 52 planches doubles.   7 fr. 50
Chappe (l'aîné). Histoire de la télégraphie. In-8, 270 p. et atlas in-4 de 34 pl.   12 fr.
Charbonnier. Du volant et du régulateur à boules. In-8, 148 p. et 4 pl.   5 fr.
Charpentier. Matériel de l'artillerie de nos navires de guerre. In-8, 474 p.   6 fr.
Chateau (L.). Etude sur l'enseignement primaire et professionnel. Gr. in-8.   5 fr.
— L'industrie de l'ébénisterie, meubles, etc. Gr. in-8, 3 pl.
                                                                    5 fr.
Chauveau des Roches et Belin. *Hydraulique.* Des divers appareils servant à élever l'eau. Gr. in-8, 8 pl.   6 fr.
Chemins de fer à fortes rampes de 5 à 6 pour 100. Avec 4 pl. in-fol.   5 fr.
Chevreul. Théorie des effets optiques que présentent des étoffes de soie. In-8.   5 fr.
Choimet. Filature du lin et du chanvre. In-8, 448 p., avec tableaux et planches. (*Rare.*)   30 fr.
Chrétien. Des machines-outils. 3 pl. gr. in-fol. In-8, 53 p.
                                                                    5 fr. 50
Claessens de Jongste. Mathématiques marines, 1 vol. oblong, 72 p. et 1 pl.   3 fr.
Clarinval. Amortissement des obligations de chemins de fer. In-4, 72 p.   5 fr.
Clegg. Fabrication et distribution du gaz d'éclairage et de chauffage. Traduit par Servier. In-4, 303 p. Nombreuses fig. et 28 pl.   40 fr.
Cogniet. Les huiles minérales. Gr. in-8.   1 fr.
Coigniet. Allumettes chimiques. In-4 39 p.   1 fr.
Coignet (F.). Sur l'emploi des bétons agglomérés. In-4.   1 fr.
Colladon et Sturm. Compression des liquides. In-4, 81 p.
                                                                    10 fr.
Collin. Les voies navigables de la France et de la Belgique, etc. in-8, 61 p. — Avec une carte coloriée.   12 fr.

Colson. Hydrocarbures des schistes bitumineux lignifères. In-8.
1 fr.
Combes (H.). De l'éclairage au gaz. In-18, 174 p. 2 fr.
Comby. Conduite des machines locomotives. In-12, 47 p. 1 fr.
Compagnon. Transaction sur les blés et farines. In-12, 148 p.
3 fr. 50
— Contrôle du traité des transactions. 2 fr.
(Les deux ouvrages 5 francs.)
Conseils de santé, par le docteur Dupuy, in-32. 20 c.
Construction (La). Cours pratique d'architecture civile, architure rurale, etc., par M. Toussaint-Lemaître. L'ouvrage complet (48 livr.), 200 fr.; une série (12 livr.), 60 fr.; une livraison. 6 fr.
Coquelin. Filature mécanique du lin et du chanvre. In-8, 356 p.
(rare) 30 fr.
Cosnuel. Machines locomotives et fixes. In-4, 44 p. et 5 pl. in-fol. 3 fr.
Cottrau. Trente-six ponts métalliques des chemins de fer italiens. Atlas gr. in-fol. de 30 pl. 32 fr.
Couche. Emploi de la houille dans les machines locomotives. In-8, 75 p. 5 fr.
Courtois. Traité des moteurs hydrauliques. 1 vol. in-8. 5 fr.
— Routes, voitures, attelages. 3 fr.
— Voies de communications. 2 fr. 50
— Hydraulique rationnelle. In-8, 52 p., 1 pl. 2 fr.
Cousinery. Sur le propulseur hélicoïde. In-8, 31 p., 1 pl.
1 fr. 50
Coussin. Catéchisme agricole. 162 p. 1 fr.
Craufurd. Dépolarisation des navires de fer. Avec 1 pl. 3 fr.
Crinier. Frais d'entretien des chaussées en empierrement. In-8
2 fr.
Crisenoy (De). Marine. Description et manœuvre de tous les appareils de sauvetage. Gr. in-8, 27 fig. 4 fr. 50
Cronier. Les chemins de fer de la France. In-8, 648 p. 5 fr.
Crussard. Agriculture rationnelle. In-8. 9 fr.
Crussy. Nivellement de Clamart. Br. in-8. 50 c.

D

Daguzan. Les beaux-arts et l'industrie. Gr. in-8 et 5 pl.
3 fr. 50

Dalemagne. Matériaux silicatisés. In-18.   50 c.
Dallot. Ponts métalliques. 47 p. 4 pl.   6 fr.
Dalloz. Propriété des mines. 2 vol. in-8, 1570 p.   20 fr.
Dalloz (P.). Générateurs Belleville.   1 fr.
D'Auberville. Conversion des monnaies, poids, etc.   2 fr. 50
Décret (1865) concernant les machines à vapeur.   50 c.
De Granges de Ranoy. Comptabilité agricole. In-8, 124 p.
                                                                            5 fr.
Delamarche. Télégraphie sous-marine. 85 p.   2 fr.
Delagarde. De l'engrais pour rien. 1 vol. in-18, 216 p. 2 fr. 50
Delbos et **Kœchlin-Schlumberger.** Géologie et minéralogie
    du Haut-Rhin. 2 vol. in-8. 1054 p. et 1 carte.   30 fr.
Delesse. Carte lithologique des mers de l'Europe, imprimée en
    plusieurs couleurs sur papier grand-aigle.   12 fr.
— Carte lithologique des mers de France, imprimée en couleurs
    sur papier grand-aigle.   12 fr.
— Matériaux de construction. In-8, 278 p.   2 fr.
Delprino. Sériciculture. In-4, 80 p. et 20 pl.   4 fr.
— Perte sur le produit de la soie.   1 fr.
Delvincourt. Le livre des entrepreneurs. 1 vol. gr. in-8,
                                                                           10 fr.
Demanet (A.). Cours de construction. 2 vol. gr. in-8, 1159 p.
    avec in-fol. et 61 pl.   70 fr.
— Architecture des églises. In-4, 90 p.   5 fr.
Desbains. Tracé des chemins de fer. Vol. pet. in-18.   3 fr.
Desnos. Le barillet producteur du mouvement circulaire. 19 p.
                                                                            1 fr.
Desrousseaux. Électricité dévoilée. In-8.   4 fr.
Dessoye. Emploi de l'acier. Vol. in-18. 303 p. Relié.   4 fr.
Destrem (D.). L'industrie minérale de la France. In-8, 147 p.
    et 10 pl. in-4.   6 fr.
Devillez. Théorie des machines à vapeur, 1 v. et atlas in-8.
                                                                           18 fr.
D'Hurcourt. Industrie du gaz. Gr. in-8, fig. et pl.   2 fr. 50
Dictionary of engineering, civil, mechanical, military and na-
    val. 60 livraisons très-gr. in-8. Chacune.   1 fr. 25
    55 livraisons publiées
Dictionnaire encyclopédique usuel (histoire, biographie, géo-
    graphie, etc.), par Ch. Saint-Laurent. 2 vol. gr. in-8, 1487 p.
                                                                           25 fr.
Dictionnaires technologiques (Essai de). Machine à vapeur et
    construction mécanique, français-anglais, anglais-français;
    nomenclature en quatre langues des termes de la mécanique,
    etc.   3 fr.

Didier-Goyard. Solivage métrique des bois en grume.   1 fr.
— Tarif du poids des fers et des fontes. In-8.   1 fr.
Distribution de l'eau potable à Berlin. 25 pl. *in-plano* et 18 p. (allem.-franc.).   40 fr.
Documents statistiques, réunis par l'administration des douanes, sur le commerce de la France, publication mensuelle 36 fr. pour Paris, 42 fr. pour la province ; pour l'étranger le port en plus.
Dorsaz et **Captier**. Traversée des Alpes en chemins de fer. Avec carte.   2 fr.
Douliot. Cours de construction. Mathémétiques. In-4 548 p. et 16 pl.   15 fr.
— Charpente en bois. In-4, 274 pl. et atlas de 136 pl.   20 fr.
— Stabilité des édifices. In-4 et 7 pl.   15 fr.
Droux. Etude sur les produits chimiques et le matériel des arts chimiques. Gr. in-8, et pl.   6 fr.
Dubief. Traité de vinification. In-8, 450 p., fig. et 1 pl. 7 fr. 50
Dubois. Nouveau Cosmos. 1 vol. in-8, 111 p.   2 fr.
Dubos. Animaux domestiques. In-8, 200 p.   5 fr.
Duchesne. Domaine public maritime. In-8, 130 p.   5 fr.
— Manuel du capitaine au long cours. In-8, 628 p.   7 fr. 50
Duffau. Analyse de prix de travaux de bâtiment. In-8, 316 p.   8 fr.
Dufour. Description d'un pont suspendu en fil de fer. In-4, 89 p., 3 pl.   5 fr.
Dufour (B.). Sériciculture simplifiée. In-4, et pl.   3 fr.
Dufour, Champion et **Rous**. Les industries de l'Orient et de l'extrême Orient. Gr. in-8, 11 fig. et 8 pl.   6 fr. 50
— Les monnaies, historique, fabrication. Gr. in-8, 26 gr.   1 fr. 50
— Les métaux bruts, extraction, exploitation et manipulation. Gr. in-8, et 2 pl.   2 fr.
— Fabrication de la glace artificielle. Gr. in-8, 1 pl.   1 fr.
— L'histoire du travail. Etude de la galerie de l'Exposition de 1867. Gr. in-8.   1 fr.
Dumas. La science des fontaines. 1 vol. in-8, 447 p. et 12 pl.   10 fr.
— Inondations, causes et remèdes. In-8 75 p. et 4 pl.   4 fr. 50
Du Mesnil-Marigny. Le rôle de l'industrie française 2º édition. In-8, 316 p.   3 fr.
Du Moncel (le comte). Applications de l'électricité. 5 vol. in-8.   46 fr.
— Sur l'électro-magnétisme. In-8.   3 fr.
— De la perspective apparente. In-8.   2 fr.

— Sur les manomètres. In-8.   1 fr. 50
— Étude sur la télégraphie. Télégraphes écrivants, système Morse, Bonneli, etc. Gr. in-8, 19 fig.   2 fr. 50
— Sur les courants induits.   1 fr. 50
Dumont. De l'organisation légale des cours d'eau. 1 vol. in-8, 536 p.   8 fr.
Duponchel. Traité d'hydraulique et de géologie agricoles. In-8 et 5 pl.   10 fr.
Du Suzeau. Lectures choisies. In-12, 181 p.   60 c.
— Choix de poésies. In-12, 136 p.   60 c.
— Premières connaissances en agriculture. 125 p.   50 c.

E

Ebray. Géologie de la Nièvre. Gr. in-8 et 2 pl. col.   20 fr.
Écoles de Mulhouse (Notice sur les). In-8, 103 p.   1 fr. 50
Ether, électricité, matière. 382 p.   5 fr.
Études sur l'Exposition universelle de 1867, par MM. les rédacteurs des *Annales du Génie civil*, M. Eug. Lacroix, directeur de la Publication ; avec environ 300 pl. et nombreuses gravures dans le texte.
    Prix des 8 vol. et de la table.   120 fr.
    Prix de chaque volume.   20 fr.
    Prix de chaque fascicule. (Plusieurs fasc. sont doubles.)   5 fr.

    (Voir plus haut *Annales du Génie civil.*)
Étude de l'exposition de 1862, par MM. Alcan, Becquerel, etc. In-8 de 912 p. avec un grand nombre de grav. et de pl.   16 fr.
Etzel. Grands chantiers de terrassement. 48 p. avec pl.   15 fr.
Eveillard. Navigation de plaisance. 12 p., 1 pl.   1 fr.

F

Fabré. Notions économiques (chemins de fer). 47 p. et 1 pl.   2 fr. 50
— Corps fibreux.   3 fr.
Fabré. Formules relatives aux ponts métalliques.   2 fr. 50
— Mouvements des eaux.   2 fr. 50
— Théorie des voûtes. 61 p. et 1 pl.   3 fr.
Faivre. Courbes de raccordement, 90 p. et 1 pl.   3 fr.
Ferguson. Tulles et dentelles mécaniques 212 p. et pl.   3 fr.
Ferry (Hyp.) L'obélisque de Louqsor, 1 vol. in-32.   1 fr.

Five hundred and seven mechanical movements. Cinq cent-sept mouvements mécaniques. Petit in-4.   20 fr.

Flachat. De la traversée des Alpes. In-8, 295 p. et 3 pl.   5 fr.

— Questions de tracé et d'exploitation. 83 p.   3 fr.

— Usure et renouvellement des rails. In-8, 26 p.   2 fr.

— Travaux de l'isthme de Suez.   1 fr. 50

Flachat, Barrault et Petiet. Fabrication de la fonte et du fer 3 vol. in-4, ensemble de 1439 p., avec atlas. Gr. in-fol. de 92 pl., dont 6 doubles.   200 fr.

Flachat (J.). Le fleuve du Darien et les canaux interocéaniques. In-8, avec pl.   6 fr.

Flachat (Y.). Chemins de fer départementaux du Cantal. In-8, avec carte.   1 fr.

Flamm. Le verrier au dix-neuvième siècle. **Gr.** in-8, 511 p.   12 fr.

— Un chapitre sur la verrerie. 44 p. avec pl.   1 fr. 50

Flinz. Le distillateur praticien, in-18, 64 p.   5 fr.

Fontenay. Combustible des chemins de fer français. In-8.   1 fr. 50

Foucher de Careil (le comte) et **Puteaux.** Habitations ouvrières et constructions civiles. Gr. in-8 fig. et pl.   9 fr.

Fournel. Théorie chimique des fumiers.   1 fr. 50

Fraiche. L'ostréiculteur. In-18, 175 p. avec fig.   3 fr.

François. Manuel du débitant de boissons. In-12.   2 fr.

Frochot. Etude de sylviculture. Gr. in-8 avec fig.   1 fr.

Frot. Note sur une machine à ammoniaque.   1 fr 25

Fuchs. Stéréochromie. In-8.   2 fr.

G

Gadriot. L'ouvrier menuisier. 1 vol. in-8, 334 p., 90 pl. in-fol.   35 fr.

Gaillard. Sténographie. In-8.   4 fr.

Gand. Cubage des bois en grume. In-12.   2 fr. 50

Garnault. Leçons d'électricité de M. Snow-Harris (traduit de l'anglais). In-18, avec fig. Relié   3 fr.

— Instruments de Physique, de navigation, etc. Gr. in-8, 11 fig. et 11 pl.   9 fr.

Gastineau. Histoire des chemins de fer. In-12.   50 c.

Gaudard. Système de ponts en fer. Gr. in-8, 140 p., 14 tableaux avec atlas de 9 planches doubles.   12 fr.

Gaudry et Ortolan. *Machines à vapeur*, visites faites à l'Exposition de 1867 et dans les principales usines. Gr. in-8 avec 47 fig. et pl.   15 fr.

Gaultier de Claubry et Martin. Chimie, physique et applications. 5 vol. in-8, avec pl. (*Rare*). 60 fr.
Gautey. Construction des ponts. 3 vol. in-4, avec 36 pl. 57 fr.
Gayot. L'agriculture en 1862. 558 p. 3 fr.
— L'agriculture en 1863. In-12, 516 p. 3 fr.
— Les animaux domestiques. Études faites à l'Exposition de 1867. Gr. in-8, 5 fig., 9 pl. 7 fr.
Gilet-Hainaux. Système métrique d'égalité. In-18, 544 p. 3 fr. 50
Girard. Moteur à air chaud. 1 vol. in-4 et pl. in-fol. 30 fr.
Girault. Éclairage, chauffage, ventilation, etc. 1 fr. 25
— Les insectes utiles et nuisibles; propagation et conservation des premiers, destruction des seconds. Gr. in-8 avec 11 fig. 2 fr. 50
Gobin (H.). Étude sur la gravure; gravure sur bois, sur pierre, la taille douce. Gr. in-8. 1 fr. 50
Godard. Vie rurale. In-12 de 200 p. 3 fr.
Godillot. Résistance des poutres en tôle. 72 p. et 1 pl. 2 fr. 50
Gonfreville. Art de la teinture des laines. In-8 de 700 p., avec atlas et 128 échantillons. 15 fr.
Gouilly. Résistance des matériaux. 158 p. et 3 pl. 6 fr.
Graef. Construction des canaux et des chemins de fer. In-8, 371 p. et atlas de 6 pl. in-folio. 15 fr.
Grandvoinnet. Le génie rural. Gr. in-8 de 396 p. avec fig. et atlas de 62 pl. 15 fr.
Grandvoinnet. Génie rural et machinerie agricole, à l'Exposition de 1867. Gr. in-8, avec pl. et fig. 6 fr.
Granjez. Perception des droits de navigation, etc. In-8, 6 fr.
Griffon. Voilerie. In-8 de 188 p. et 8 pl. 5 fr.
Gruby. Appareils et instruments de l'art médical. Gr. in-8, 28 fig. 1 fr. 50
Guérard. Marine à vapeur. In-8. 1 fr. 25
Guettier. Organisation de l'enseignement industriel. In-8, 16. p. 4 fr.
— De l'emploi de la fonte de fer. In-8, 550 p. et atlas de 24 pl. 30 fr.
— De la fonderie. In-4, 395 p. et 13 pl. (*Rare*). 60 fr.
— Histoire des Écoles d'arts et métiers. In-8, 444 p. 6 fr.
— Bronzes et fonte d'arts. Gr. in-8 1 fr. 50
Guillaume. Tableau des fers à T. In-fol. 3 fr.
Guy. Le géomètre arpenteur. 1 vol., 272 p. avec 5 pl. 3 fr.

H

Harant. Enseignement populaire. Gr. in-8.   1 fr.
Henvaux. Construction des laminoirs. 72 p. et 7 pl.   10 fr.
Herlant. Chimie usuelle. 592 p. et pl.   7 fr.
Hervé de Lavaur. Guide d'agriculture. 233 pages.   2 fr.
Hervieux. Hausse et baisse des céréales. In-8.   3 fr.
Heudicourt. Comptabilité industrielle.   50 c.
Heylandt. Emploi des instruments d'agriculture.   1 fr.
Hirn. Arithmomètre. In-8 avec pl.   3 fr.
Hochereau. Calcul des poids, des volants. In-8, 144 p. 4 fr. 50
Hodge, Kendwich, David et **Stevenson.** Des machines à va-
   peur. In-4, 310 p. avec fig. et atlas de 46 pl.   60 fr.
Hotessier. Fabrication du sucre exotique. 48 p. et 2 pl.   2 fr. 50
Huet et Geyler. Outillage nouveau (minerais). In-8 et 2 pl.   5 fr.
Huguenet. Asphaltes et naphtes. In-8, 404 pages.   10 fr.
Hugues. Table des terrassements. In-4 avec tableaux et planches.
                18 fr.

I

Industrie au dix-neuvième siècle. Voir *Études sur l'Exposition.*

J

Jaquemin. Barême. 1 vol. in-8.   5 fr.
Jariez. Arithmétique.   3 fr. 50
Jariez. Algèbre et trigonométrie. Avec planches.   5 fr.
— Géométrie descriptive. Avec atlas et 13 planches.   6 fr.
— Mécanique industrielle. 2 vol. avec pl. (*Rare.*)   20 fr.
— Arithmetica. In-8, 252 p.   5 fr.
— Aljebra y trigonométrie. In-8, 348 p. et 50 fig.   6 fr.
— Jeometria elemental, tercere edition, revista y correjida. In-8,
   498 pages et 831 fig.   8 fr.
— Jeometria descriptiva, segunda edition, revista y correjida.
   In-8, 183 p., 13 pl.   7 fr.
— Mecanica industrial. 2 vol. in-8 de 800 p., 12 pl.   18 fr.
Jaunez. (A et L). Revue des produits céramiques. Gr. in-8
                1 fr. 50
Jeunesse. La chasse et la pêche. Gr. in-8.   1 fr.
— L'imprimerie et les livres. Gr. in-8.   2 fr. 50
— Fonderie en caractères, stéréotypie, etc.   1 fr.
Julien. Nivellement. In-8.   1 fr. 50

K

Kœppelin. Blanchiment et blanchissage. Gr. in-8, fig. et 3 pl.
           2 fr. 50.
— Fabrication des papiers peints. Gr. in-8, fig.   1 fr.
— Etudes sur la lithographie, l'autographie, etc. In-8, fig.   1 fr.
— Impression et teinture des tissus. Gr. in-8, fig. et 5 pl.   5 fr.
Kauffmann. Architectonographie des théâtres. 2 vol. 750 p. et
   2 atlas.   80 fr.
— Le même ouvrage, avec celui de Cavos. (Constructions des
   théâtres).   90 fr.
Kessler. Distilleries agricoles.   1 fr. 50
Knab. Sept tableaux (Machines, moteurs, turbines, presses, loco-
   motives, etc.). Chaque tableau monté sur toile, sur rouleau et
   verni, etc,   35 fr.
— Les goudrons et leurs nombreux dérivés. Gr. in-8 et figures.
           1 fr. 50

L

Lacroix (Eug.). Nouvelle Technologie des arts et métiers. 4 forts
   vol. gr. in-8 et deux atlas in-4. 80 fr. Relié   100 fr.
— Bibliographie des ingénieurs, des architectes, etc. 1re série,
   in-4 (Ouvrages antérieurs à 1857).   50 fr.
   (L'achat de cette série donne droit à l'abonnement gratuit aux
     suivantes.)
   2e série, in-4 (1857 à 1861).   10 fr.
   3e —   — (1862 à 1865).   10 fr.
   4e —   — (En cours de publication.)   10 fr.
Lacroix (Eug.). La construction du Champ de Mars. Gr. in-8,
   avec le plan du palais et du parc.   1 fr. 50
Lahaye. Maladies organiques des arbres fruitiers.   1 fr. 50
Lallour. Stabilité et consolidation des terrassements. In-8 avec
   5 pl.   5 fr.
Lambert. Art céramique. Gr. in-8, 380 p. et 27 pl.   7 fr. 50
Lambert (A.). Album de cinématique. In-4 avec atlas de 36 pl.
          20 fr.
Larmanjat. Chemin d'intérêt local. In-8.   1 fr.
La Salle. Sur le procédé Bessemer.   2 fr.
Laterrière (De). La literie. 180 p. avec 14 pl.   2 fr.
Leblanc. Recueil des machines, instruments et appareils (Che-
   mins de fer, etc.). Chaque livraison.   7 fr.
— Choix de modèles (Enseignement du dessin) 152 p. et 60 pl. 22 fr.
— Le mécanicien-constructeur. 153 p. et 59 pl. in-fol.   20 fr.

Le Blon. Les abeilles. 25 c.
Lecoq. Prix de réglement (Jardinage). 3 fr.
Lefour. Trois cents problèmes agricoles. 50 c.
Léon. Les falsifications. 159 pages. 2 fr.
Leroux. Filature de la laine. In-8, 289 p. et atlas (*Rare*). 30 fr.
— Rouissage et teillage du lin, etc. 3 fr.
Le Senne. Code des brevets d'invention. 568 pages. 5 fr.
Liebig. (Baron). Analyse des corps organiques. 44 p., 1 tabl. et 2 pl. 2 fr.
Liége de Puichaumex. Débitants de boissons. 80 p. 1 fr.
Limnell. Tracé des courbes. 1 fr. 50
Love. Résistance de la fonte, du fer, de l'acier, etc. 591 p. et 2 tableaux avec fig. 8 fr. 50
— Identité des agents qui produisent le son, la chaleur, etc. 6 fr.
Lutterbach. Révolution dans la marche. 707 pages. 5 fr.
— Principes pour marcher. 75 c.
— Entretien de la beauté. 1 fr.
Luvini. Logarithmes à 7 décimales. 4 fr.

M

Magne. Traité d'agriculture et d'hygiène vétérinaire. 5 vol. 12 fr.
Mailand. Anciens vernis italiens pour les instruments de musique. 3 fr. 50
Malaguti. Leçons de chimie. 4 vol. in-18. 16 fr.
Male. Levé des plans de mines. In-8, 96 p., 4 pl. 5 fr.
Mangeot. Traité du fusil de chasse. In-8, 319 p. avec fig. 5 fr.
Marcel de Serres. Roches simples et composées. In-18, 288 pages. 3 fr.
Mareau. Culture et préparation du lin et des chanvres. Grand in-8, 387 p., 28 pl. et 1 carte. 15 fr.
Marmay. Meunerie et boulangerie. Gr. in-8, 145 p. et atlas de 9 pl. 8 fr.
Martin de Vervins. Nouvelle électro-chimie. In-8, 487 pages. 7 fr. 50
— L'atomisme opposé au dynamisme. In-8, 228 p. 5 fr.
— Les théories dynamiques idéales. 50 c.
Masselin. Dictionnaire du Métré. 1 vol. gd. in-8 et 25 pl. 25 fr.
— Série des prix. (Maçonnerie). 5 fr.
Mathias. Machines locomotives de Sharps et Roberts. 280 p., 1 pl. et atlas de 11 pl. 25 fr.
Mathias et Callon. Navigation fluviale par la vapeur. 305 p. avec tabl. et pl. 6 fr.

Mazaudier et **Lombard**. Bateaux à vapeur, à roues, à hélice. In-8 avec 60 fig.   10 fr.

Mémoires et compte rendu de la Société des ingénieurs civils. Abonnement annuel : pour la France.   20 fr. Pour l'étranger. Les numéros séparés : France, 7 fr ; étranger, 9 fr.

Mémoires et travaux des mécaniciens de la marine. In-8 avec pl.   6 fr.

Merault. Arbres fruitiers.   2 fr. 50

Merly. Album du trait théorique et pratique. 2 vol.   20 fr. Chaque partie séparée.   10 fr.

Meunerie. Moulins de Saint-Maur. 47 p. et 40 pl.   10 fr.

Meunier. Causes de sinistres dans les usines. In-8.   6 fr.

Miège. Physique et chimie. 239 p. avec gravures.   2 fr. 50

Molinos et **Pronnier**. Construction des ponts métalliques. In-4, 541 p. avec grav. et atlas de 48 demi-feuilles gr. aigle.   125 fr.

Monbro. La chaudière de Field.   1 fr.

Mongé. Constructions en fer. In-4, 60 p. et 9 planch. doubles.   12 fr. 50

— Analyse des sucres. (Études sur l'Exposition de 1867.) Gr. in-8.   50 c.

Moniteur de la **Photographie**, publication bi-mensuelle. La première série, 1862 à 1871 inclus,   100 fr. Prix de l'abonnement annuel : Paris, 16 fr.; Départements, Alsace-Lorraine et Algérie, 18 fr.; Étranger   22 fr.

Montefiore Lévy. De la règle à calcul, par Quintino Sella. 1 vol. avec table. Relié.   3 fr.

Morandière. Exploitation et matériel des chemins de fer anglais.   4 fr.

Moreau (J.-P.). Le bon Meunier.   1 fr. 50

Moreau. (L.). Guide du bijoutier. 108 p. et 2 pl. coloriées   2 fr.

Morin. La ventilation. 2 vol. in-8.   18 fr.

Moskowa (N. de la). Du papier-monnaie. In-8, 80 p.   2 fr.

Mulat. Géométrie pratique.   1 fr. 25

Muller. Habitations ouvrières et agricoles. 570 p. et atlas de 40 pl. (*Rare*).   50 fr.

N

Nicklès. Électro-aimants. In-8.   5 fr.

Nicolet. Atlas de géographie de la France. In-fol. pl. coloriées.   40 fr.

Normand. Vignole des architectes.

    1re partie., 36 pl. in-4 et 6 pl. ombrées.   12 fr.

    2e partie, détails, 36 pl. et texte.   10 fr.

— Vignole des ouvriers.

    1re partie. Cinq ordres d'architecture.   10 fr.

    2e partie. Plans de maisons.   12 fr.

    3o partie. Habitations particulières.   12 fr.

    4e partie. Escaliers.   10 fr.

— Plans et façades.   25 fr.

— Parallèle des ordres d'architecture.   40 fr.

— Guide de l'ornemaniste. 36 pl.   25 fr.

— Perspective pratique, texte et atlas.   30 fr.

Normand et **Reboult.** Ombres et lavis. 15 pl. et texte.   18 fr.

Notice sur les écoles de Mulhouse, 1 vol. gr. in-8.   1 fr. 50

Nouveau portefeuille des principaux appareils, etc. Cette publication se compose de deux années. 96 p., 96 pl.   20 fr.

Nouvelle Technologie des arts et métiers, des manufactures, des mines, de l'agriculture, etc. Annales et Archives de l'industrie au XIXe siècle, publiées par MM. les Rédacteurs des *Annales du Génie civil*, sous la direction de M. Eugène Lacroix ※. 4 forts volumes gr. in-8 et 2 atlas in-4. 80 fr. Relié   100 fr.

O

Olivier. Déraillement des wagons. 92 p., 2 pl.   2 fr. 50

Oppelt. Comptabilité commerciale, industrielle et administrative. In-8. 367 p. et tabl.   5 fr.

Ortolan. Traité des machines à vapeur. 474 p. et atlas.   12 fr.

— Code de l'acheteur de machines à vapeur.   5 fr.

— Etudes des machines à vapeur. Tableaux de grande dimension, vernis, montés sur toile.   25 fr.

— Cuisines et appareils distillatoires. 53 p. et fig.   2 fr.

Ortolan, Lotte et **Lacarrière.** Cours de machines à vapeur. Gr. in-8, 344 p., atlas de 11 pl.   10 fr.

P

Palaa. Dictionnaire législatif des chemins de fer. Gr. in-8. 736 pages.   12 fr.

— Complément du dictionnaire.   5 fr.

— Supplément au dictionnaire.   5 fr.

— Engins et appareils des grands travaux publics. 1 vol. gr. in-8, fig. 13 pl.   9 fr.

Paladio. OEuvres complètes. Les quatre livres, etc., 1 vol. in-fol. relié. 200 fr.

Papier quadrillé de 2 en 2 millimètres. Chaque carnet, 2 r. ; la main. 6 fr.

Parant. Filature et tissage. 1 vol. gr. in-8, fig. et 4 pl. 7 fr.

Paul. Détail de fabrication des pierres artificielles. Gr. in-8, 50 c.

Paulet. L'engrais humain. In-8. 516 p. 6 fr.

Peligot. Composition chimique de la canne à sucre. 3 fr.

— Douze leçons sur l'art de la verrerie. In-8. 6 fr.

Pelissier. Conduite des locomotives. 172 p. 3 fr.

Pelouze. Art du maître de forges. 2 vol. 806 p., 10 pl. 15 fr.

Penot. Institutions privées du Haut-Rhin. 103 p. 1 fr. 50

— Les cités ouvrières de Mulhouse. 178 p. et 9 pl. 3 fr. 50

Perdonnet. Portefeuille de l'ingénieur. 6 vol. in-8 (texte, documents, légendes), 2 albums de 170 pl. 350 fr.

— Chemins de fer vicinaux. 1 fr.

Peroche. Manuel des distilleries. 340 p. et tableau. 6 fr.

Perpigna, Robinet, Dussart. Industrie étrangère, dessins et description, 290 p., avec atlas de 54 pl. 60 fr.

Petit. Tracé des courbes circulaires et elliptiques, avec pl. 4 fr. 50

Petitcollin et Chaumont. Portefeuille des principaux appareils. 1 vol. de texte et 1 atlas de 88 pl. 40 fr.

 Chaque planche séparément. 75 c.

Phocas Lejeune. Défrichement des bruyères. 136 p. 1 fr. 50

Pichon. Série des prix (serrurerie.) 4 fr.

Picot. Défense des places. 3 fr. 50

Pierragi. Enseignement professionnel : la construction des cartes et des globes. Gr. in-8. 1 fr.

Piobert. Roues hydrauliques, 40 p., 4 pl. 5 fr.

Plazanet. (A. de). Hydroplastie, électro-chimie, galvanoplastie. Gr. in-8, fig. et 2 pl. 2 fr. 50

Poirel (Victor). Essai sur les discours de Machiavel avec les Considérations de Guicciardini. In-8. 7 fr. 50

Polonceau. Améliorations des routes. 92 p., 5 pl. 5 fr.

— Régularisation de la Loue et du Doubs. 5 fr.

— Débordement des fleuves. 1 fr. 50

— Causes des ravages produits par les rivières. 4 fr.

Portefeuille des conducteurs des ponts et chaussées et des gardemines.—Par an : 15 fr. Paris, 18 fr. départements, 22 fr. étranger.

Pouriau. Construction et emploi des appareils météorologiques enregistreurs. Gr. in-8, fig. et 5 pl. 5 fr.

Poussin. Les chemins de fer en France et à l'étranger. 160 p. 3 fr. 50

Poussin. Les chemins de fer anglais. 180 p. 3 fr. 50

Puteaux et Foucher de Careil (le comte). Constructions civiles,

habitations à bon marché et cités ouvrières. 1 vol. gr. in-8 avec
fig. et 13 pl.   9 fr.

Q

Question des subsistances. 1 vol. in-4.   5 fr.

R

Raillet. Origine de la grêle.   1 fr.
Railway-reform. 115 p.   2 fr. 50
Ramée. Le palais de l'Exposition.   1 fr.
Rambosson. La Science populaire. 4 vol. in-18, ensemble.   14 fr.
    Chaque volume séparé   3 fr. 50
— Les ouragans, avec une carte.   3 fr.
Rapport des délégués à l'Exposition de Londres. 885 p.   8 fr.
Raucourt de Charleviile. Art de faire de bons mortiers. In-8.
  368 p., 2 pl.   7 fr. 50
Renoir. Éléments de géognosie. In-8, 252 p.   4 fr.
Richard. (Tom). Extraction immédiate du fer des minerais. In-4.
                                                                     3 fr.

— Aide-mémoire des ingénieurs, 2 vol. in-8, 1531 p. et atlas de
  112 pl.   30 fr.
Richon. Le pétrole. Br. in-8.   1 fr.
Richoux. Changements de voies. Gr. in-8, 57 p. et 3 pl.   5 fr.
Ringuelet. Système métrique. In-8, 348 p.   3 fr. 50
Robinet. Cours de lavis. Texte et 50 pl.   25 fr.
Robinson. Les corps gras alimentaires, le beurre, le fromage, les
  œufs, etc. Gr. in-8, fig., 5 pl.   4 fr. 50
— Aménagment des bois et forêts. Gr. in-8.   1 fr.
Rohault de Fleury. La Toscane au moyen âge. Souscription an-
  nuelle. 4 livraisons.   30 fr.
    Une livraison séparée.   9 fr.
    L'ouvrage comprendra environ 20 livraisons.
Rondelle. Album de l'ameublement, avec 400 modèles. In-8. 6 fr.
Roseleur. Manipulations hydroplastiques. 212 p. avec fig.   15 fr.
Roswag. Les métaux précieux. In-8, 424 p., 28 gr., 16 pl. 25 fr.
— Le même, édition de luxe. In-4.   40 fr.
Rouget de Lisle. L'industrie des vêtements. 1 vol. gr. in-8 et
  figures.   2 fr. 50
—Études sur les appareils et les produits agricoles, pour l'alimen-
  tation et les arts industriels. Gr. in-8.   50 c.

Rous (capitaine). Abaque népérien. In-8, 52 p. 3 fr.
— Fabrication et usage des machines à calculer. Gr. in-8 et fig. 1 fr.
Rous et Schwaeblé. Art militaire. Armes blanches, armes à feu, armes de chasse, armes de guerre. L'artillerie. 1 vol. gr. in-8, avec 22 pl. 14 fr.
Roy. Architecture des ponts et viaducs, 62 p. et 5 pl. 4 fr.
Royerre. Cartes des chemins de fer en 1868. 1 feuille gr. aigle 5 fr.

S

Sagebien. Roue hydraulique. In-8 avec pl. 1 fr. 50
Saint-Laurent. Dictionnaire encyclopédique, 1488 pages à 3 col. 25 fr.
Saint-Léon. Manuel des chemins de fer. 212 p. et 1 pl. 2 fr.
Samuda. Railways atmosphériques. 48 p. et 2 pl. 2 fr. 50
Salubrité publique. Epuration des eaux de la ville de Reims. Br. in-8, 47 p. 4 fr.
Sarah (Félix). La chevelure, 164 p. 2 fr.
Sauvage et Hamy. Terrains quaternaires du Boulonnais. In-8. 2 fr. 50
Schilling. Traité d'éclairage par le gaz, traduit par Servier. Un beau volume in-4, avec 72 pl. et 210 fig. 41 fr.
Schmit. Utilisation des engrais. 257 p. 6 fr.
Schwaeblé. Emploi des fers Zorès. 8 p. in-4 et 6 pl. 10 fr.
— *Idem.* 40 pages in-8 et 5 pl. 3 fr. 50
Sebillot. Le mouvement industriel et commercial. 216 p. 2 fr.
Sergent. Mesurages, métrages, jaugeages. 1406 p. avec gr. atlas de 44 pl. 35 fr.
Serrurerie. Album in-4 de 126 pl. 45 fr.
Sicard. Culture du coton. 143 p. avec fig. 2 fr.
— Sorgho à sucre. In-8. 6 fr.
Siemens. Four à gaz. 16 p. et 2 pl. 1 fr. 25
Simms. Construction des tunnels. In-18, 167 p. et 10 pl. in-fol. 15 fr.
Simon. Niveau parallèle. In-8 avec pl. 3 fr.
Simonin. Le Creuzot. In-8. 2 fr.
Snow-Harris. Leçons d'électricité. 264 p., 72 fig. Relié. 3 fr.
Soulié. Gisement des métaux précieux dans les Etats du Pacifique. In-4. 2 fr.
— Le locomoteur funiculaire, système Agudio. Gr. in-8, 3 pl. 2 fr.
Soulié et Lacour. Matériel et procédés de l'exploitation des mines. Gr. in-8 avec fig. et 12 pl. 9 fr.

Soulié et **Haudoin**. Le pétrole. 332 p. avec fig.   3 fr.
Squier. Chemin de fer de Honduras. In-8, 59 pages, 1 carte.
                                                                          3 fr. 50
Stamm. Des métiers à filer. In-8 et atlas in-4 de 10 pl.   32 fr.
Statistique du Haut-Rhin. Historique de l'indienne à Mulhouse,
   jusqu'à 1830. Vol. in-4.   3 fr.

T

Tassin. Explosion des chaudières. In-18, 345 p.   3 fr. 50
Teissereno. Voies de communications perfectionnées. 2 vol. 944 p.
                                                                      16 fr.
— Prix de revient des transports.   4 fr.
— Travaux publics en Belgique.   8 fr.
— Politique des chemins de fer. 584 p. et 2 cartes.   12 fr.
Tessier. Chimie pyrotechnique. In-8, 438 p.   7 fr.
Thierry-Tollard. Guérison des pommes de terre. In-18.   1 fr.
Thomé de Gamond. (Pêche côtière). Institutions en faveur des
   marins.   4 fr.
Thomas. Fabrication des tulles et dentelles. Gr. in-8 et fig.   1 fr.
Tomassy. Géologie de la Louisiane. In-4 et 6 pl.   15 fr.
— **De la Salle**. Découverte du Mississipi. In-4 et cartes.   3 fr.
— Cartographie de la Louisiane.   3 fr.
— Hydrologie. In-4 et pl.   5 fr.
Thorain. Le chauffeur-mécanicien. In-18.   3 fr.
Tony-Fontenay. Construction des grands tunnels, 44 p. in-8
   et 2 pl.   7 fr.
Tourneux. Les chemins de fer de l'Allemagne (législation). 57 p.
   In-8 et 1 carte.   7 fr.
Trelat. Etudes architecturales.   3 fr.
— Le théâtre et l'architecture. In-8.   2 fr.
Tremtsuk. Décrets, etc., sur les machines. 293 p. in-8 et 4 pl.
                                                                      7 fr. 50
— Etude sur la photographie. Gr. in-8 et fig.   2 fr.
Troubat. Les vaches laitières et les taureaux reproducteurs. Br.
   in-8.   1 fr. 50

V

Vail. Télégraphe électro-magnétique. In-8, 263 p. et fig.   7 fr.
Van Berchen. Connaissance du sol. In-12, 217 p.   3 fr.
Van den Corput. Ecoles pratiques professionnelles.   3 fr.

Vaucourt. Cube des bois. In-8, 399 p. 6 fr.

Vene. Loi que suivent les pressions. In-4, 13 p. et 1 pl. 2 fr.

Verguin. Chimie générale. In-12, 772 p., fig. 3 fr. 50

Vidard. Questions de sécurité et d'économie des chemins de fer. In-8. 2 fr.

Vigreux et Raux (A.). Théorie et pratique de l'art de l'Ingénieur, du constructeur de machines et de l'entrepreneur de travaux publics, ouvrages comprenant onze livraisons avec une introduction de M. Ch. Callon.

Prix des onze livraisons : 28 fr.

Chacune d'elles se vend séparément.

1re Livraison. Série *A*, 1re Introduction, **Résistance des matériaux.** 72 pages, 44 fig. dans le texte 2 fr.

2e — Série *A*, Mémoire du projet n° 1, **Transmission de mouvement par engrenages pour un laminoir.** 56 pages, 3 pl. grand aigle. 5 fr.

3e — Série *B*, 1re Introduction, **Cinématique.** 128 pages, 69 figures. 2 fr.

4e — Série *B*, Mémoire du projet n° 1, **Tracé des engrenages.** 80 p. et 3 pl. in fol. 3 fr.

6e — Série *A*. Mémoire du projet n° 2. **Comble en fer à grande portée,** du système Polonceau. 102 p. et 3 pl. grand aigle. 5 fr.

7e — Série *A*, 5e Introduction, **Résistance des matériaux.** Pages 127 à 196, fig. dans le texte. 2 fr.

8e — Série *A*, Mémoire du projet n° 3, **Murs de soutènement.** Pages 103 à 162 et 2 planches grand aigle. 3 fr.

9e — Série *E*. 1re Introduction, **Mécanique appliquée.** In-8, pages 1 à 104, fig. 1 à 34 2 fr.

10e — Série *E*, **Mécanique appliquée,** projet n° 1.— Calculs de frottement.— Étude d'un treuil à engrenages, muni du frein automoteur de MM. Tanney et Maîtrejean 3 fr.

11e — Série *E*, Mémoire du projet n° 2, **Calcul des dimensions d'un frein de Prony.** In-8 p. 49 à 84 pl. 14 et 15 grand in-fol. 5 fr.

Vilain. boulangerie et pâtisserie, manutention, procédés, appareils. Gr. in-8. 1 fr. 50

— Études sur les cuirs et peaux, procédés du tannage, du corroyage, de la mégisserie. Gr. in-8. 2 fr.

Violette. Manipulations chimiques. 476 p. in-8, tableaux et fig. 7 fr. 50

Violette et Archambault. Dictionnaire des analyses chimiques.
2 vol. in-8.   12 fr.
Vuillemin, Guebhard et Dieudonné. De la résistance des
trains, etc. In-8, 100 pages, tableaux et 8 pl.   10 fr.

W

Walter de Saint-Ange. Métallurgie du fer. In-4, 600 pages, atlas
de 66 pl.   80 fr.
Weckerlin. Bêtes ovines, 366 p.   3 fr. 50
Williams. (Wye). Combustion du charbon, 320 p. in-8.   7 fr.
Woehler. Chimie inorganique et organique. 591 pages in-8.
                                                                 7 fr. 50

Z

Ziegler. Etudes céramiques, In-8, 348 pages, grav., atlas de 12
pl. (*Très-rare.*)   100 fr.
Zorès (fers). In-8.   3 fr. 50
— In-4.   10 fr.
— Recueil de fers spéciaux.   15 fr.
— Système de voies ferrées.   10 fr.

ANNALES
DU GÉNIE CIVIL

ET RECUEIL DE MÉMOIRES

Sur les Ponts et Chaussées, — les Routes et Chemins de fer
les Constructions et la Navigation maritime et fluviale
l'Architecture, — les Mines, — la Métallurgie, — la Chimie
la Physique, les Arts mécaniques, — l'Économie industrielle
le Génie rural

Renfermant des données pratiques sur les Arts et Métiers et les Manufactures

Annales et Revue descriptive de l'industrie française et étrangère ;
Répertoire de toutes les inventions nouvelles, publiées par une
réunion d'ingénieurs, d'architectes, de professeurs et d'anciens
élèves des Écoles d'Arts et Métiers, avec le concours d'ingénieurs
et de savants étrangers.

EUGÈNE LACROIX

Membre de la Société industrielle de Mulhouse, de l'Institut royal des Ingénieurs
hollandais et de la Société des Ingénieurs de Hongrie

DIRECTEUR DE LA PUBLICATION

Les **Annales du Génie civil** paraissent mensuellement depuis le 1ᵉʳ Janvier 1862, par brochures de 5 feuilles grand in-8, avec figures intercalées dans le texte et 4 planches in-4 ou in-folio, de manière à former chaque année un volume d'environ 900 pages et un atlas de 40 planches.

Prix de l'abonnement annuel :

Paris . . . . 20 fr. »
Départements, Alsace-Lorraine et Algérie . . . . 25 fr. »
Étranger . . . . 30 fr. »
Pays d'outre-mer . . . . 35 fr. »
Les numéros ou articles se vendent séparément . . . . . . 4 fr. »
Pour l'étranger et les pays d'outre-mer . . . . 5 fr. »
*Les années 1862 à 1871 inclus (10 années), forment 9 volumes et
9 atlas à 20 fr* . . . . 180 fr.
Il n'a été publié pour les années 1870 et 1871, qu'un seul volume
et un seul atlas. (La guerre l'a voulu ainsi.)

*Le complément à 1867 et 1868 ou Études sur l'Exposition de 1867,
8 volumes et 300 planches.* . . . . 120 fr.

Total . . . . 300 fr.

Les recouvrements sur la province étant très-onéreux pour des sommes au-dessous de 100 francs, et quelquefois impossibles pour certaines localités, nous prions instamment nos abonnés de suivre le mode que nous leur indiquons :

On s'abonne en adressant (franco), à l'ordre de M. Eugène LACROIX, propriétaire-gérant, demeurant à Paris, 54, rue des Saints-Pères, un mandat sur la poste ou un effet à vue sur Paris de la somme de VINGT FRANCS. Les nouveaux abonnés qui prennent en même temps ou qui s'engagent à prendre dans un temps déterminé les années parues ne les payeront que VINGT FRANCS.

LES ABONNEMENTS PARTENT DU 1ᵉʳ JANVIER DE CHAQUE ANNÉE.

LA MÉCANIQUE DE L'ATELIER

GUIDE PRATIQUE

DE

L'OUVRIER MÉCANICIEN

PAR

M. A. ORTOLAN

Mécanicien en chef de la Flotte

AVEC LA COLLABORATION

DE

MM. BONNEFOY, COCHEZ, DINÉE, GIBERT, GUIPONT & JUHEL
Mécaniciens de la Marine, ex-élèves des Écoles d'arts et métiers

Un volume in-18 jésus de 627 pages, avec 61 figures dans le texte, et un atlas de 52 planches. L'atlas et le texte, reliés à l'anglaise. Prix . . . . 12 fr.

Quelque brillantes que soient les facultés natives de celui qui se trouve jeté aujourd'hui dans le grand courant des carrières industrielles, que son point de départ soit l'établi de l'ouvrier ou le bureau du dessinateur, qu'il arrive de l'humble école mutuelle ou de grandes écoles professionnelles, le succès ne lui est possible qu'à la condition d'ajouter aux suggestions de son intelligence ou à son instruction théorique, la connaissance des faits acquis par l'expérience de tous, les méthodes abrégées en usage dans les grandes usines. Les publications, les livres spéciaux, les dessins accompagnés de légendes sont indispensables pour abréger le temps de ce nouvel apprentissage, mais à la condition qu'ils soient à la portée des connaissances déjà acquises par les personnes qui y cherchent le complément de leur instruction professionnelle...

Les *Guides pratiques* conviennent au plus grand nombre (apprentis, ouvriers, contre-maîtres). Ils sont très-souvent utiles aux personnes familiarisées avec la démonstration des principes et les données mathématiques qui conduisent aux meilleures applications.

C'est à ces deux titres que le Guide pratique de l'*Ouvrier mécanicien* vient prendre sa place dans la *Bibliothèque des professions industrielles* fondée par nous depuis six années et comptant plus de cent volumes favorablement accueillis par le public.

S'il était d'usage de placer une épigraphe en tête d'un livre de cette nature, comme il l'est lorsqu'il s'agit de littérature et de philosophie, nous aurions choisi cette vérité caractéristique du progrès :

       Le *mieux* qui succède *au bien*, doit lui être préféré.

Nous attendons avec confiance le droit de dire que l'œuvre modeste et consciencieuse à laquelle nous avons pris part dans une certaine mesure, justifie la promesse de cette épigraphe.

                      L'ÉDITEUR.

Extrait de la Préface. L'ouvrier mécanicien est un recueil de faits réunis sous la forme de calculs arithmétiques accessibles à toutes les personnes qui savent faire les quatre premières règles. Nous ne saurions trop recommander aux ouvriers qui ne sont plus familiarisés avec les signes et les annotations des mathématiques élémentaires, de ne pas croire qu'il y a pour eux quelque difficulté à comprendre les formules écrites dans ce livre et à s'en servir. Les calculs qu'elles résument sous la forme la plus simple, sont suivis d'un ou de plusieurs exemples d'application.

Les parties du texte imprimées en petits caractères, traitent le côté plus théorique que pratique des questions ou contiennent l'exposé des principes et les dispositions. On peut se dispenser de les étudier, si on ne veut trouver dans l'Ouvrier mécanicien que le secours d'un formulaire pour l'application immédiate.

Les parties du texte imprimées en caractères plus fort, contiennent les indications simples et précises sur le plus grand nombre de cas d'application de la mécanique aux professions industrielles. Ces indications proviennent de l'expérience des ingénieurs et des constructeurs en renom et de celle des auteurs du livre

St-Nicolas-Varangéville. — Imp. Polytechnique de E. LACROIX.